Springer-Lehrbuch

Klaus Krickeberg
Herbert Ziezold

Stochastische Methoden

Vierte, neubearbeitete und
erweiterte Auflage
Mit 11 Abbildungen

Springer-Verlag Berlin Heidelberg GmbH

Prof. Dr. Klaus Krickeberg

UFR de Mathématiques et Informatique
Université de Paris V
45, rue des Saints-Pères
F-75270 Paris Cedex 06
e-mail: krik@math-info.univ-paris5.fr

Prof. Dr. Herbert Ziezold

Fachbereich Mathematik/Informatik
Gesamthochschule Kassel
Heinrich-Plett-Straße 40
D-34109 Kassel
e-mail: ziezold@mathematik.uni-kassel.de

Mathematics Subject Classification (1991): 60-01, 60A05, 60C05, 60E05, 60F05, 60G05, 62-01, 62A10, 62A15, 62C05, 62F05, 62F10, 62F25, 62H10, 62J05, 62J10

Dieser Band erschien bis zur 3. Auflage (1988) in der Reihe *Hochschultext*

ISBN 978-3-540-57792-8

Die Deutsche Bibliothek – CIP-Einheitsaufnahme
Krickeberg, Klaus: Stochastische Methoden / Klaus Krickeberg; Herbert Ziezold. -
4. neubearb. und erw. Aufl. – Berlin; Heidelberg; New York; London; Paris; Tokyo; Hong Kong;
Barcelona; Budapest: Springer, 1995 (Springer-Lehrbuch)
ISBN 978-3-540-57792-8   ISBN 978-3-642-57862-5 (eBook)
DOI 10.1007/978-3-642-57862-5
NE: Ziezold, Herbert:

Satz: Datenkonvertierung durch Springer-Verlag
SPIN 10465715   44/3140 -5 4 3 2 1 0 – Gedruckt auf säurefreiem Papier

Vorwort zur vierten Auflage

Hiermit erscheint eine von Grund auf neubearbeitete Auflage. Ein Kapitel, über nichtparametrische Statistik, ist ganz neu, ein weiteres, über Simulation, ist aus dem alten Anhang 2 hervorgegangen. Dennoch sind die Ziele des Buchs, seine Leitideen und seine Organisation, wie sie im Vorwort zur ersten Auflage beschrieben worden waren, unverändert geblieben.

Wir hatten damals einen „genetischen" Aufbau gewählt, in dem die elementare Stichprobentheorie mit der hypergeometrischen Verteilung und damit „exakte" statistische Verfahren am Anfang standen. Asymptotische Methoden, die zwar manchmal mathematisch einfacher aussehen, aber die Motivationen und fundamentalen Prinzipien zunächst einmal verschleiern und in der Praxis oft zu erheblichen Fehlern führen, erschienen erst später. Dieser Aufbau, der vor 17 Jahren ungewöhnlich erscheinen mochte, ist inzwischen durch die Entwicklung exakter statistischer Rechenverfahren und Monte Carlo-Methoden, sogar für den persönlichen Computer, weiter gerechtfertigt worden.

Für die praktische, statistische und wahrscheinlichkeitstheoretische Rechnung, sei es mit exakten oder mit asymptotischen Methoden, gibt es jetzt eine Vielfalt von fertigen Rechenprogrammsystemen, und wir haben darauf verzichtet, für gewisse unter ihnen Reklame zu machen. Die hier beschriebenen Verfahren können mit allen von ihnen leicht in die Praxis umgesetzt werden. Zum Lösen der Aufgaben reicht jedoch ein Taschenrechner aus, was auch didaktisch besser ist.

Daneben haben wir uns weiter um mathematische Eleganz in den Einzelheiten bemüht, z.B. durch den „geometrischen" Aufbau des Kapitels X. Dazu hat auch der Beweis des Satzes VII.6.1 beigetragen, den uns Herr Dür (Innsbruck) mitgeteilt hat.

Am Ende des Literaturverzeichnisses finden sich einige Hinweise zu weiterführenden Studien.

Herrn Henryk Zähle danken wir für seine Unterstützung bei der Erstellung der Tabellen und Abbildungen.

Paris, Kassel, im August 1994

Klaus Krickeberg
Herbert Ziezold

Aus dem Vorwort zur ersten Auflage

Alle Vorgänge der Natur enthalten eine zufällige Komponente. Das Wirken zufälliger Faktoren zu beschreiben und daraus praktische Folgerungen zu ziehen, ist Aufgabe der Stochastik, die sich aus der Wahrscheinlichkeitsrechnung und der mathematischen Statistik zusammensetzt. Die Stochastik ist in den letzten Jahrzehnten eines der zentralen Gebiete der angewandten Mathematik geworden. Ihre Methoden sind in allen Naturwissenschaften unentbehrlich, sie stellen fundamentale Werkzeuge der theoretischen und praktischen Medizin dar, sie bilden einen wesentlichen Bestandteil der Technik und der Wirtschaftsplanung im kleinen und im großen, und sie spielen eine wichtige Rolle in vielen Sozial- und Geisteswissenschaften und ihren Anwendungen, von der Geschichte und Archäologie bis zur Städteplanung. Die Stochastik ist aber gleichzeitig eine große mathematische Disziplin mit all deren Kennzeichen: reizvolle, gelöste und ungelöste Probleme, interessante Methoden, strenge Begründungen und umfassende kohärente Theorien. Durch ihre einzigartige Kombination von konkreten und anschaulichen Ideen mit tiefliegenden und oft abstrakten Theorien übt sie auf den Mathematiker eine besondere Anziehungskraft aus.

Eine gewisse Kenntnis dieses Gebiets erscheint für jeden Mathematiker unentbehrlich, vom Standpunkt seiner Berufschancen aus gesehen ebenso wie von dem seiner allgemeinen Bildung. Dasselbe gilt für alle die, die Mathematik als Nebenfach im Hinblick auf Anwendungen in ihrem Hauptgebiet studieren, vor allem Natur- und Wirtschaftswissenschaftler. Das vorliegende Buch verfolgt dementsprechend das Ziel, die Grundideen der Stochastik darzustellen und gleichzeitig die praktischen Methoden soweit zu entwickeln, daß sie z.B. die Lösung der hauptsächlichen Standardprobleme der alltäglichen medizinischen Statistik oder der Wirtschaftsstatistik erlauben. Es ist als Grundlage einer etwa einsemestrigen Vorlesung gedacht, die für den Mathematiker das vor dem Vordiplom zu absolvierende Pensum an angewandter Mathematik darstellen könnte.

Die Darstellung ist mathematisch streng, mit vollständigen Beweisen, von wenigen Ausnahmen abgesehen. Vorausgesetzt wird, was normalerweise Gegenstand der Vorlesung des ersten Studienjahrs bildet, d.h. Grundkenntnisse der Analysis und der linearen Algebra. Im Vordergrund stehen aber die anschaulichen Ideen und die für die Stochastik charakteristischen Denkweisen, nicht die Feinheiten der mathematischen Technik. Ein wesentliches Kennzeichen des Buchs ist die enge Verflechtung von Wahrscheinlichkeitsrechnung und mathematischer Statistik von Anfang bis Ende. So werden die wahrscheinlichkeitstheoretischen Grundbegriffe und die klassischen statistischen Verfahren zuerst anhand der elementaren und fundamentalen Aufgabe einer zufälligen Stichprobe ohne Wiederholung aus einer endlichen Menge behandelt, d. h. im Fall der hypergeometrischen Verteilung. Grenzübergänge, also asymptotische Methoden, die eins der grundlegenden Prinzipien stochastischer Methoden darstellen, führen dann sukzessive zu anderen Verteilungen (binomial, normal, Poissonsch u.a.) und den analogen Verfahren in diesen Fällen.

Der vorliegende Text ist in mehreren Vorlesungen der Verfasser erprobt worden. Die Übungsaufgaben sind keine Fortsetzung der Theorie mit anderen Mitteln, enthalten aber doch an einigen Stellen weitere Beispiele oder Methoden und sind sicherlich zum tieferen Verständnis der Denkweise der Stochastik und zum Erlangen einer gewissen Fertigkeit in ihrer praktischen Anwendung unentbehrlich. Natürlich sind Variationen des Stoffes in den späteren Teilen des Buchs möglich.

Wir hoffen, daß das Buch im Hinblick auf die anfangs erwähnten Ziele hinreichend vollständig und in sich abgeschlossen ist. Es dürfte zugleich ausreichen als Propädeutikum, das dem Mathematiker, der die weiterführende Theorie studieren will, die Motivationen und die anschaulichen Grundvorstellungen vermittelt.

Paris, Bielefeld, im August 1977

Klaus Krickeberg
Herbert Ziezold

Inhaltsverzeichnis

Kapitel I

Diskrete Wahrscheinlichkeitsräume

Nach einer Einführung in praktische stochastische Problemstellungen werden wir in diesem Kapitel den zentralen Begriff der Wahrscheinlichkeitstheorie, nämlich den eines Zufallselements und seiner Verteilung, entwickeln.

1. Einführung, Beispiele

Überall im Leben begegnet uns der Zufall als ein Phänomen, das unseren Tagesablauf beeinflußt. Oberflächlich betrachtet scheint dieses Phänomen unkalkulierbar zu sein und keinem Gesetz zu gehorchen: wir können nicht vorhersagen, wie es sich „realisieren" wird.

Beispiel 1. Frau Krause raucht während ihrer Schwangerschaft täglich über 15 Zigaretten. Das Gewicht des Neugeborenen kann sich in verschiedener Weise „realisieren". Ob es „anormal" niedrig sein wird, können wir nicht voraussagen; das hängt nicht nur vom Zigarettenkonsum der Mutter, sondern auch vom „Zufall" ab.

In der Wahrscheinlichkeitstheorie ist man bemüht, dieses Phänomen „Zufall" unter Abstraktion von inhaltlichen Bedeutungen in rein mathematischen Termen wie Mengen, Abbildungen, arithmetischen Operationen, Integrationen zu beschreiben und mit rein mathematischen Methoden zu analysieren. Ohne sich auf die Beobachtung der einen oder anderen Realisierung zu stützen, versucht man, ein mathematisches Modell für den betreffenden Zufallsmechanismus zu konstruieren.

In der mathematischen Statistik steht dagegen die Beobachtung am Anfang: es geht darum, „gute", wenngleich fast nie absolut sichere Verfahren zu entwickeln, um aus der Beobachtung einer tatsächlich eingetretenen Realisierung oder, anders gesagt, aus dem Beobachtungsergebnis eines „Zufallsexperiments", spezifische Schlüsse zu ziehen, z. B. über die besondere Form des zugrundeliegenden Zufallsmechanismus, das „Gesamtverhalten" dieses Experiments. Dabei stützt man sich auf die in der Wahrscheinlichkeitstheorie gewonnenen Erkenntnisse.

Die folgenden Beispiele mögen zur weiteren Erläuterung dienen.

Beispiel 2. Ein Spieler zweifelt an der Homogenität eines Würfels, da dieser anscheinend zu häufig die 6 zeigt. Er wirft ihn deswegen 1000mal und erhält 200mal die 6. Sind seine Zweifel aufgrund dieses Experimentausgangs berechtigt, oder ist es auch bei einem homogenen Würfel ganz „normal", daß in 1000 Würfen wenigstens 200mal die 6 fällt? Die Präzisierung und Beantwortung von Fragen dieser Art ist eine der Hauptaufgaben der Statistik. Die Wahrscheinlichkeitstheorie liefert ihr das dazugehörige Modell. Das „Zufallsexperiment" ist hier das 1000malige Werfen des Würfels, die „Realisierung" oder das „Beobachtungsergebnis" ist „200mal erschien die 6", und daraus möchte der Spieler zurückschließen, ob der Würfel homogen oder inhomogen und also „falsch" ist, d. h., ob auch in Zukunft damit zu rechnen ist, daß die 6 häufiger erscheint als bei einem homogenen Würfel zu erwarten wäre („Gesamtverhalten"). Natürlich kann er auf keinen Fall mit Sicherheit behaupten, der Würfel sei falsch; seine Entscheidung, eine solche Behauptung zu wagen, wird davon abhängen, welchen Grad von Unsicherheit er in Kauf zu nehmen bereit ist.

Beispiel 3. Zur Kontrolle der Haltbarkeit eines Artikels, z. B. eines Relais, entnimmt man bei zum Beispiel 10 000 produzierten Relais eine Stichprobe mit 100 Stück und unterzieht sie einem Dauertest. Von der Anzahl k der Relais, die den Dauertest nicht bestehen, macht man abhängig, ob ihre Produktion weiterlaufen kann oder der Produktionsprozeß verbessert werden soll. Die wesentliche Frage ist hier, für welche k man sich für Weiterlaufen oder Produktionsverbesserung entscheiden soll. Die Antwort hängt natürlich erstens davon ab, was man noch als „zufriedenstellende" Produktion ansieht, z.B. „höchstens 5% der 10 000 Relais sind defekt". Sie hängt zweitens davon ab, wie sicher man sich bei einer Entscheidung „Verbesserung des Produktionsprozesses" sein will, daß die Produktion nicht doch zufriedenstellend war.

Beispiel 4. Um die Wirksamkeit einer neuen Behandlungsmethode einer bestimmten Herzkrankeit zu testen, wählt ein Arzt aus 10 Patienten, die sich in ihrer allgemeinen physischen und psychischen Verfassung und in der Schwere ihrer Krankheit weitgehend ähnlich sind, 5 Patienten aus, bei denen er die neue Therapie anwendet, während er die anderen 5 in traditioneller Weise behandelt. Nach 5 Jahren mögen von den ersteren noch 4, von den letzteren jedoch nur noch 2 am Leben sein. Kann man hieraus „einigermaßen zuverlässig" schließen, daß die neue Behandlungsmethode „besser" sei?

Beispiel 5. Im Knobelspiel „Schere–Papier–Stein" müssen zwei Spieler gleichzeitig mit der Hand eins der Symbole „Schere", „Papier", „Stein" andeuten. Dann gewinnt

„Schere" gegen „Papier",

„Papier" gegen „Stein",

„Stein" gegen „Schere".

Es ist klar, daß von der Struktur dieses Spiels her alle drei Symbole gleichwertig sind. Ferner ist klar, daß ein Spieler bei häufiger Wiederholung mit demselben Gegenspieler die Symbole nicht in systematischer Reihenfolge andeuten darf, da sich sonst der Gegner darauf einstellen kann. Jeder Spieler muß also die Symbole in einer für den anderen möglichst unberechenbaren Reihenfolge zeigen. Es drängt sich hier die Frage auf, ob die Mathematik auch Modelle für „unberechenbares" Verhalten zur Verfügung hat.

Beispiel 6. In einer Telefonzentrale mögen werktags zwischen 10 und 11 Uhr durchschnittlich λ Telefonanrufe eingehen. Für Kapazitätsberechnungen wäre es z. B. nützlich, für ein kleines Zeitintervall der Länge t und jede natürliche Zahl γ zu wissen, wie oft in diesem Zeitintervall höchstens γ Telefonanrufe eingehen.

Beispiel 7. In Lehrbüchern der Experimentalphysik werden physikalische Konstanten häufig in der Form

$$
\begin{aligned}
\gamma &= (6{,}670 \pm 0{,}007) \cdot 10^{-8}\ \mathrm{cm}^3/\mathrm{g} \cdot \mathrm{sec}^2 \quad \text{(Gravitationskonstante)} \\
m_p &= (1{,}67243 \pm 0{,}00010) \cdot 10^{-24}\ \mathrm{g} \quad\quad\ \text{(Masse des Protons)} \\
c_0 &= (2{,}99792 \pm 0{,}00003) \cdot 10^{10}\ \mathrm{cm}/\mathrm{sec} \quad \text{(Lichtgeschwindigkeit im Vakuum)}
\end{aligned}
$$

angegeben. Was bedeutet diese Schreibweise? Sie bedeutet sicher nicht, daß die Experimentalphysiker, die diese Werte ermittelt haben, mit 100%-iger Sicherheit sagen wollen, die physikalischen Konstanten lägen innerhalb der angegebenen Schranken. Vielmehr liegt diesen Angaben ein wahrscheinlichkeitstheoretisches Modell zugrunde.

Im folgenden werden wir wahrscheinlichkeitstheoretische und statistische, kurzum „stochastische", Methoden kennenlernen, mit deren Hilfe die in diesen Beispielen aufgeworfenen Fragen genauso wie eine Vielzahl ähnlicher Probleme aus Natur, reiner und angewandter Wissenschaft, Technik, Spiel und Alltag analysiert werden können.

2. Ergebnisraum, Ereignisse, Wahrscheinlichkeitsverteilung

Der erste Schritt zur mathematischen Modellierung eines zufälligen Phänomens ist die Angabe eines geeigneten „Ergebnisraums".

In den Beispielen der Einführung haben wir immer ein vom Zufall abhängiges Element oder kurz „Zufallselement" in einer gewissen Menge Ω, die ihrerseits nicht vom Zufall abhängt. Jede Realisierung des betreffenden Experiments ist ein Element von Ω, d.h. Ω enthält alle „möglichen Werte" dieses Zufallselements.

So hängt es in Beispiel 1.1 unter anderem vom Zufall ab, ob Frau Krause ein untergewichtiges Baby zur Welt bringt. Wir können $\Omega = \{0, 1\}$ setzen, worin 0 das Ergebnis „Geburtsgewicht unter 2500 g" beschreibt und 1 die Realisierung „Geburtsgewicht mindestens 2500 g" darstellt.

In Beispiel 1.2 bestimmt der Zufall, wie häufig nach 1000maligem Würfeln eine 6 auftritt. Hier tritt also als Zufallselement die Anzahl der gefallenen Sechsen auf; sie liegt in $\Omega = \{0, 1, \ldots, 1000\}$.

In Beispiel 1.3 kommt analog ein Zufallselement in der Menge $\Omega = \{0, 1, \ldots, 100\}$ vor, nämlich die Anzahl der defekten Relais unter den 100 geprüften.

In Beispiel 1.4 haben wir ein Zufallselement in der Menge $\Omega = \{0, 1, 2, 3, 4, 5\}^2 = \{(i, k) : i, k = 0, \ldots, 5\}$, wenn wir i als die Anzahl der nach fünf Jahren noch lebenden, der neuen Therapie unterworfenen Patienten und k als die nach fünf Jahren noch nicht gestorbenen, in traditioneller Weise behandelten Patienten interpretieren.

In Beispiel 1.5 liegt ein Zufallselement in der Menge $\Omega = \{$Schere, Papier, Stein$\}$ vor, wenn wir einmal knobeln. Tun wir es dagegen n-mal, so ist jede mögliche Realisierung ein n-Tupel $(\omega_1, \ldots, \omega_n)$, wobei jedes ω_i gleich „Schere", „Papier" oder „Stein" sein kann, d. h. $\Omega = \{$Schere, Papier, Stein$\}^n$.

In Beispiel 1.6 ist die Anzahl der Telefonanrufe im betrachteten Zeitraum ein Zufallselement in der Menge $\Omega = \mathbb{Z}_+ = \{0, 1, 2, \ldots\}$.

In Beispiel 1.7 haben wir schließlich eine zufällige reelle Zahl, nämlich das Meßergebnis für die jeweilige physikalische Konstante, so daß Ω die reelle Gerade $\mathbb{R}$ sein kann. Dem liegt die Vorstellung zugrunde, daß das Meßergebnis aufgrund zufälliger Meßfehler selbst vom Zufall abhängt.

Jede dieser Mengen Ω werde ein *Ergebnisraum* des betreffenden Zufallsexperiments oder der betreffenden Zufallsbeobachtung genannt, und ihre Elemente heißen *Realisierungen* oder *Beobachtungsergebnisse*.

Die Wahl eines Ergebnisraums zu einem gegebenen Zufallsexperiment ist nicht kanonisch; sie hängt von der Fragestellung und von der angestrebten mathematischen Behandlung ab. Betrachtet man z.B. den einmaligen Wurf mit einem Würfel, so bietet sich als geeigneter Ergebnisraum die Menge $\Omega = \{1, \ldots, 6\}$ an. Es ist aber auch denkbar, als Ergebnisraum die Menge aller möglichen Ruhelagen des Würfels nach dem Wurf zu nehmen, denn der Ort, an dem der Würfel zur Ruhe kommt, zusammen mit seiner Position dort, ist ja auch zufällig. Für den, der sich nur für die gewürfelte Zahl interessiert, ist dies aber offensichtlich ein ungeeignetes, weil unnötig kompliziertes, Modell.

Eine tiefer liegende Frage wäre schon, ob wir nicht in Beispiel 1.2 die ganze Folge der 1000 gewürfelten Zahlen als die relevante Realisierung ansehen sollten, d. h. $\omega = (\omega_1, \ldots, \omega_{1000})$, wobei $\omega_i \in \{1, \ldots, 6\}$ für jedes i; dann wäre also $\Omega = \{1, \ldots, 6\}^{1000}$. Kennen wir ω, so kennen wir auch die Anzahl der gefallenen Sechsen, aber nicht umgekehrt. Wie wir später, in Beispiel 6.3, sehen werden, ist der Ergebnisraum Ω ein bequemes Zwischenstadium in der Konstruktion des Modells für das, was uns eigenlich interessiert, nämlich die Zahl der Sechsen.

Wir wollen zunächst nur abzählbare Ergebnisräume betrachten, die also entweder endlich oder abzählbar unendlich sind.

Wir interessieren uns für Ereignisse, die bei einer Realisierung eines Zufallsexperiments eintreten können. Beispiele solcher Ereignisse beim Wurf mit einem Würfel sind: „die gefallene Zahl ist gerade" oder „eine Primzahl ist gefallen". Benutzen wir den Ergebnisraum $\Omega = \{0, \ldots, 6\}$ mit der Interpretation „$\omega = $ erschienene Zahl", so tritt das erste Ereignis dann und nur dann ein, wenn die Realisierung ω ein Element der Menge $\{2, 4, 6\}$ ist, und das zweite dann und nur dann, wenn ω der Menge $\{2, 3, 5\}$ angehört.

Wir erkennen aus diesen Beispielen, daß den Ereignissen gerade die Teilmengen des Ergebnisraums entsprechen: wir beschreiben eben ein Ereignis durch die Menge der Realisierungen, bei denen es eintritt. Deswegen werden diese Teilmengen selbst ebenfalls als *Ereignisse* bezeichnet. Infolgedessen stehen bei gegebenen Ereignissen A und $B \subseteq \Omega$ die Mengen $A \cap B$ und $A \cup B$ für die Ereignisse „A und B sind eingetreten" bzw. „A oder B ist eingetreten". Die leere Menge, $\emptyset$, wird das *unmögliche Ereignis* und der gesamte Ergebnisraum, Ω, das *sichere Ereignis*, genannt. Die Komplementärmenge $\Omega \setminus A$ eines Ereignisses A heißt *Komplementärereignis* zu oder *Negation* von A, und die einelementigen Teilmengen $\{\omega\}$ von Ω heißen *Elementarereignisse*. Ferner nennen wir zwei Ereignisse A und B *unvereinbar*, wenn A und B als Mengen disjunkt sind, d.h. $A \cap B = \emptyset$. Sinngemäße Redeweisen gelten für mehr als zwei, insbesondere auch für unendlich viele Ereignisse.

Die Wahrscheinlichkeitstheorie befaßt sich mit der *Wahrscheinlichkeit* von Ereignissen. In Beispiel 1.2 etwa ist $\Omega = \{1, \ldots, 6\}$ ein geeigneter Ergebnisraum für das einmalige Würfeln: egal ob der Würfel homogen ist oder nicht, die Zahlen 1 bis 6 sind die einzig relevanten Ergebnisse des Wurfs. Die Zweifel des Spielers an der Homogenität stammen daher, daß seiner Meinung nach bei einer sehr großen Zahl von unabhängig voneinander wiederholten Würfen die Zahlen 1 bis 6 alle ungefähr gleich häufig vorkommen sollten. *Bevor* er n-mal würfelt und dabei n_j-mal die Zahl j erhält für $j = 1, \ldots, 6$, erwartet er also bei einen homogenem Würfel und großem n, daß alle *relativen Häufigkeiten* n_j/n annähernd gleich sein sollten. Wegen $n_1/n + \cdots + n_6/n = 1$ würde dann

$$\frac{n_j}{n} \approx \frac{1}{6}, \quad j = 1, \ldots, 6,$$

folgen. *Nach* seiner Beobachtung wird der Spieler dagegen den Verdacht haben, daß das Verhalten seines Würfels vielmehr durch ein 6tupel $(p_1, \ldots, p_6) \neq (1/6, \ldots, 1/6)$ in der Weise beschrieben wird, daß n_j/n für großes n in der Nähe von p_j zu erwarten ist für $j = 1, \ldots, 6$. Insbesondere wird er $p_6 \neq 1/6$ vermuten. Aufgrund dieser *Häufigkeitsinterpretation* ist dabei wieder $p_j \geq 0$ für jedes j und $p_1 + \cdots + p_6 = 1$.

Es bezeichne $\mathfrak{P}(\Omega)$ die Potenzmenge von Ω, d.h. die Menge aller ihrer Teilmengen. Für ein Ereignis $A \in \mathfrak{P}(\Omega)$ sei n_A die Häufigkeit, mit der A bei den n Beobachtungen eingetreten ist. Dann folgt bei großem n:

$$\frac{n_A}{n} = \sum_{j \in A} \frac{n_j}{n} \approx \sum_{j \in A} p_j \, . \tag{1}$$

Durch $P(A) = \sum_{j \in A} p_j$ für $A \subseteq \Omega$ ist somit eine Funktion $P : \mathfrak{P}(\Omega) \to [0, 1]$ derart definiert, daß man bei großem n

$$\frac{n_A}{n} \approx P(A) \quad \text{für alle } A \subseteq \Omega \tag{2}$$

erwartet. Statt $P(A)$ schreiben wir auch kurz PA.

In (2) haben wir eine mögliche Interpretation dessen vor uns, was wir uns unter der Wahrscheinlichkeit PA eines Ereignisses A vorstellen. Auf andere

Interpretationen wollen wir hier nicht eingehen. In jedem Fall haben heuristische Überlegungen zur folgenden rein mathematischen Definition geführt, die den *axiomatischen* Zugang zur Wahrscheinlichkeitstheorie darstellt:

Definition 1. Ein *diskreter Wahrscheinlichkeitsraum* ist ein Paar (Ω, P), das aus einer nichtleeren, abzählbaren Menge Ω und einer Abbildung P der Potenzmenge $\mathfrak{P}(\Omega)$ in das Einheitsintervall $[0,1]$ besteht mit den folgenden Eigenschaften:

a) $P\Omega = 1$,

b) Für jede Folge von paarweise unvereinbaren Ereignissen $A_j \in \mathfrak{P}(\Omega)$, $j = 1, 2, \ldots$ gilt:

$$P\left(\bigcup_{k=1}^{\infty} A_k \right) = \sum_{k=1}^{\infty} PA_k \,.$$

Die Menge Ω heißt der *Ergebnisraum*, die Funktion P die *Wahrscheinlichkeitsverteilung*, auch *Verteilung* oder *Wahrscheinlichkeitsgesetz* genannt, und jede Teilmenge von Ω ein *Ereignis*. Die Zahl PA wird als die *Wahrscheinlichkeit* von A bezeichnet. A heißt ein *fast unmögliches Ereignis*, wenn $P(A) = 0$ und ein *fast sicheres Ereignis*, wenn $P(A) = 1$.

Schreiben wir b) mit $A_k = \emptyset$ für alle k, so sehen wir, daß $P\emptyset = 0$, und für endlich viele, paarweise disjunkte Ereignisse $A_1, \ldots, A_m$ und $A_k = \emptyset$ für alle $k > m$ nimmt b) nun die Form

$$P\left(\bigcup_{k=1}^{m} A_k \right) = \sum_{k=1}^{m} PA_k \tag{3}$$

an. Diese Gleichung drückt die *Additivität* von P aus, während b) besagt, daß P sogar *σ-additiv* ist. Ein Spezialfall von (3) ist $P(\Omega) = P(A) + P(\Omega \setminus A)$, also

$$P(\Omega \setminus A) = 1 - PA \,. \tag{4}$$

Es seien $\omega_1, \omega_2, \ldots$ die Elemente von Ω und $p_k = P\{\omega_k\}$ für $k = 1, 2, \ldots$ die Wahrscheinlichkeiten der entsprechenden einelementigen Mengen. (Wenn Ω endlich ist, durchläuft der Index k natürlich nur endlich viele Werte). Dann gilt

$$p_k \geq 0 \quad \text{für alle } k \geq 1\,, \tag{5}$$

$$\sum_{k=1}^{\infty} p_k = 1\,, \tag{6}$$

$$PA = \sum_{k:\,\omega_k \in A} p_k \quad \text{für alle } A \in \mathfrak{P}(\Omega)\,. \tag{7}$$

Die Ungleichungen (5) folgen nämlich daraus, daß P Werte in $[0,1]$ annimmt. Die Gleichungen (7) ergeben sich aus b), indem man $A_k = \{\omega_k\}$ setzt, falls $\omega_k \in A$, und andernfalls $A_k = \emptyset$, weil dann $\bigcup_k A_k = A$ wird. Schließlich ist (6) wegen a) einfach der Spezialfall $A = \Omega$ von (7).

Die Gleichungen (7) zeigen, daß die Wahrscheinlichkeitsverteilung P eindeutig durch ihre Werte p_k für die Elementarereignisse $\{\omega_k\}$ bestimmt ist. Ist andererseits $p_1, p_2, \ldots$ irgendeine Folge von Zahlen mit den Eigenschaften (5) und (6), so überlegt man sich leicht, daß (7) auf $\mathfrak{P}(\Omega)$ eine Verteilung definiert. Insbesondere genügt die durch die Häufigkeitsinterpretation (1) nahegelegte Funktion P den Forderungen a) und b).

Im folgenden werden wir Wahrscheinlichkeitsgesetze oft auf diese Weise, d. h. durch Angabe der Wahrscheinlichkeiten $p_\omega = P\{\omega\}$ der Elementarereignisse, definieren, also

$$PA = \sum_{\omega \in A} p_\omega \quad \text{für alle } A \subseteq \Omega \, . \tag{8}$$

Die Funktion $\omega \mapsto p_\omega$ heißt dann die *Zähldichte* von P. In vielen Fällen ist von vornherein $\Omega \subseteq \mathbb{R}$, und dann ist es meist instruktiv, die Zähldichte graphisch darzustellen. Ein solche Darstellung heißt ein *Histogramm*.

Beispiel 1. Für den Wurf mit einem Würfel ist $\{1, \ldots, 6\}$ ein geeigneter Ergebnisraum. Die „Homogenität" des Würfels spiegelt sich in unserem Modell in $p_1 = p_2 = \ldots = p_6$ wider, woraus wegen (6) folgt $p_k = 1/6$ für $k = 1, \ldots, 6$.

Beispiel 2. Wir werfen eine Münze. Die möglichen Realisierungen sind „Kopf" (K) und „Zahl" (Z). Durch $P\{K\} = P\{Z\} = 1/2$ ist dann ein Wahrscheinlichkeitsmodell (Ω, P) für den Wurf mit einer „homogenen" Münze definiert.

Diese Modelle für den Wurf mit einem Würfel oder einer Münze sind Beispiele für die sogenannte *Gleichverteilung* in einem endlichen Ergebnisraum Ω, die man auch die *Laplacesche* oder *klassische* Verteilung nennt und als Modell für einen „rein" zufälligen oder „völlig regellosen " Versuchsausgang ansieht. Sie ist als diejenige Wahrscheinlichkeitsverteilung in Ω definiert, die jedem Elementarereignis dieselbe Wahrscheinlichkeit zuordnet. Nach (6) ist also $p_\omega = 1/\#\Omega$ für alle ω, wobei $\#M$ die Anzahl der Elemente irgendeiner endlichen Menge M bedeutet. Hieraus und aus (8) folgt

$$PA = \frac{\#A}{\#\Omega} \quad \text{für alle } A \subseteq \Omega \, . \tag{9}$$

Im nächsten Abschnitt werden wir auf diese Verteilung näher eingehen.

Beispiel 3. In $\Omega = \mathbb{Z}_+ = \{0, 1, \ldots\}$ ist für jedes $\lambda > 0$ durch

$$p_k = \frac{\lambda^k}{k!} e^{-\lambda} \, , \quad k = 0, 1, \ldots, \tag{10}$$

eine Wahrscheinlichkeitsverteilung gegeben. Sie heißt die *Poissonsche Verteilung mit dem Parameter λ* oder kurz die *$P(\lambda)$-Verteilung*.

In Abschnitt VI.3 werden wir zeigen, daß sie unter gewissen Voraussetzungen in Beispiel 1.6 auftritt.

Beispiel 4. Es sei $\omega_0 \in \Omega$. Dann definiert

$$\varepsilon_{\omega_0}(A) = 1_A(\omega_0) = \begin{cases} 1, & \text{falls } \omega_0 \in A, \\ 0, & \text{falls } \omega_0 \notin A, \end{cases} \qquad A \subseteq \Omega \qquad (11)$$

eine Wahrscheinlichkeitsverteilung ε_{ω_0}. Sie wird als die *in ω_0 konzentrierte Verteilung* bezeichnet. Jedes Ereignis, welches ω_0 enthält, hat die Wahrscheinlichkeit 1, jedes andere die Wahrscheinlichkeit 0.

Zum Abschluß dieses Abschnitts mache man sich noch einmal bewußt, daß ein diskreter Wahrscheinlichkeitsraum ein *mathematisches Modell* ist, nämlich ein Paar (Ω, P) mit den in der Definition 1 genannten Eigenschaften. Ein „reiner" Wahrscheinlichkeitstheoretiker analysiert gegebene Wahrscheinlichkeitsräume. Ein „angewandter" Wahrscheinlichkeitstheoretiker konstruiert Wahrscheinlichkeitsräume als Modelle für gegebene zufällige Phänomene der Welt, ohne spezielle Realisierungen dieser Phänomene beobachtet oder gemessen zu haben, d. h. ohne sich auf spezielle „Daten" zu stützen. Ein Statistiker dagegen versucht, aufgrund beobachteter Realisierungen Aussagen über die besondere Struktur des betrachteten zufälligen Phänomens zu machen oder andere Entscheidungen zu treffen. Dabei stützt er sich auf Wahrscheinlichkeitsmodelle und ihre mathematischen Eigenschaften.

Dementsprechend werden wir in den restlichen Abschnitten dieses Kapitels gegebene Wahrscheinlichkeitsräume mathematisch analysieren und dann in Kapitel II statistische Entscheidungsverfahren studieren.

3. Gleichverteilung in endlichen Ergebnisräumen

Wir hatten die Gleichverteilung schon durch (9) definiert und damit in den Beispielen 2.1 und 2.2 als Spezialfälle den Wurf mit einem Würfel oder einer Münze modelliert.

In Beispiel 1.5 haben wir nach einem möglichst unberechenbaren Verhalten der Spieler im Knobelspiel „Schere-Papier-Stein" gefragt. Darin dürfen die Spieler keinerlei Präferenz für eins der drei Symbole haben, d. h. sie müssen „völlig willkürlich" eins von ihnen auswählen. Wenn sie nur einmal knobeln, so können wir dieses Verhalten wahrscheinlichkeitstheoretisch durch die Gleichverteilung im Raum {Schere, Papier, Stein} wiedergeben. Knobeln sie mehrere Male, so müssen wir auch noch modellieren, daß jeder von ihnen in seiner Wahl der Symbole keine Abhängigkeit von vorher gewählten Symbolen erkennen läßt. Dies werden wir jedoch erst in Kapitel III machen können, nachdem wir den Begriff der stochastischen Unabhängigkeit behandelt haben.

Es ist oft nicht einfach, die in (9) auftretenden Kardinalzahlen $\#\Omega$ und $\#A$ in brauchbarer Form zu finden, sei es aus praktischen oder aus rein mathematischen Gründen. Das erste ist im folgenden Beispiel der Fall:

Beispiel 1. Es sei Ω die Menge der Karpfen in einem Teich und A die Menge der zum Verzehr hinreichend schweren unter ihnen.

Im nächsten Beispiel liegt ein rein mathematisches Problem vor:

Beispiel 2. Eine homogene Münze werde n-mal geworfen. Hier ist $\Omega = \{K, Z\}^n$, und die Gleichverteilung P erscheint als ein vernünftiges Modell. Wir interessieren uns für die Ereignisse $A_k =$ „Kopf fällt genau k-mal". Dann ist natürlich $\#\Omega = 2^n$, aber was ist $\#A$?

Die mathematische Theorie der Bestimmung der Kardinalzahl endlicher Mengen wird uns im nächsten Abschnitt beschäftigen.

In Beispiel 2 spiegelt die Gleichverteilung die Homogenität der Münze wider, aber auch in einem später (Abschnitt III.3) zu präzisierenden Sinne die Unabhängigkeit aufeinanderfolgender Würfe; z.B. hängt das Ergebnis des dritten Wurfs nicht von denen der beiden vorangegangenen ab. Wir hatten diese Frage der Unabhängigkeit schon für das wiederholte Knobeln erwähnt. Die „Richtigkeit" der Gleichverteilung in diesen Situationen ist nicht beweisbar; sie bildet einfach ein mathematisches Modell für das, was wir (aber vielleicht nicht der kleine Moritz) uns unter „Homogenität" und „Unabhängigkeit" vorstellen.

Die Bedeutung der Gleichverteilung liegt vor allem darin, daß sie, wenn sie einmal in einem Ergebnisraum als „plausibel" akzeptiert ist, die Ableitung von Wahrscheinlichkeitsverteilungen in gewissen anderen Ergebnisräumen gestattet, und zwar mit Hilfe des Begriffs des „Bildes" einer Verteilung vermöge einer Abbildung. Wir werden dies in Abschnitt 6 in allgemeiner Form tun, und sehen uns zunächst einmal ein Beispiel an:

Beispiel 3. Eine homogene Münze werde solange geworfen, bis zum ersten Mal „Kopf" fällt. Die möglichen Ergebnisse sind $\omega_1 = K$, d.h. K erscheint schon beim ersten Wurf, $\omega_2 = ZK$, d.h. K erscheint beim zweiten Wurf zum ersten Mal, $\omega_3 = ZZK, \ldots, \omega_\infty = ZZZ\ldots$, d.h. K erscheint nie. Wir definieren die Wahrscheinlichkeiten $p_n = P\{\omega_n\}$ in plausibler Weise mit Hilfe folgender Überlegung: Es ist p_1 die Wahrscheinlichkeit, in einem Wurf, nämlich dem ersten, „K" zu erhalten; die entsprechende Gleichverteilung auf $\{K, Z\}$ gibt uns $p_1 = 1/2$. Das Ergebnis ω_2 fassen wir analog als Element des Wahrscheinlichkeitsraums (Ω_2, P_2) auf, wobei $\Omega_2 = \{K, Z\}^2 = \{KK, KZ, ZK, ZZ\}$ ist und P die Gleichverteilung darauf im Einklang mit Beipiel 2, also $p_2 = 1/4$. In derselben Weise erhalten wir allgemein $p_n = 1/2^n$, $n = 1, 2, \ldots$. Die Wahrscheinlichkeit p_∞ ergibt sich aus der Bedingung (6), die hier die Form $p_\infty + p_1 + p_2 + \ldots = 1$ hat, nämlich $p_\infty = 0$ wie es unsere Intuition verlangt: die Wahrscheinlichkeit, daß K nie erscheint, ist Null.

Analog zum Beispiel 1.2 interessiert uns aber eigentlich gar nicht der Ergebnisraum Ω, d.h. die Menge der Folgen bis zum ersten Auftreten von K, sondern nur die Nummer des Wurfs, der zum ersten Mal K liefert. Die Menge dieser möglichen Nummern ist der Ergebnisraum $\Omega' = \{1, 2, \ldots\}$, und nach der vorangegangenen Überlegung ist $P'\{n\} = 1/2^n$ diejenige Wahrscheinlichkeit darauf, die das uns interessierende zufällige Phänomen vernünftig modelliert. Sie heißt die *geometrische Verteilung* mit dem Parameter $1/2$.

4. Elementare Kombinatorik

Der Begriff der Gleichverteilung in endlichen Ergebnisräumen und Probleme von
der Natur des Beispiels 3.2 erfordern Verfahren, um die Anzahl der Elemente
gewisser endlicher Mengen zu finden. Dies ist der Gegenstand der Kombinatorik.
In diesem Abschnitt werden M, M' usw. immer nichtleere endliche Mengen
bezeichnen.

Definitionsgemäß ist die Kardinalzahl $\#M$ gleich n mit $n \in \mathbb{N} = \{1, 2, \ldots\}$,
wenn es eine bijektive Abbildung von M auf $\{1, \ldots, n\}$ gibt. Daher gilt $\#M =
\#M'$ dann und nur dann, wenn eine bijektive Abbildung von M auf M' existiert.
Den Begriff der Bijektivität werden wir in der folgenden Form verwenden: sind
$\phi : M \to M'$ und $\phi' : M' \to M$ zwei Abbildungen, so daß $\phi' \circ \phi = \mathrm{id}_M$ und
$\phi \circ \phi' = \mathrm{id}_{M'}$ die identischen Abbildungen von M bzw. M' sind, so sind ϕ und
ϕ' bijektiv.

Wir beginnen mit dem einfachen, aber fundamentalen

Lemma 1. *Für $j = 1, \ldots, k$ sei M_j eine endliche Menge mit n_j Elementen.*

Dann besteht die Produktmenge $M_1 \times \cdots \times M_k$ aus $\prod\limits_{j=1}^{k} M_j = n_1 \cdots n_k$ Elementen.

Beweis. (Vollständige Induktion nach k.) Für $k = 1$ ist die Behauptung trivial. Zu ihrem Beweis für $k \geq 2$ beschreiben wir die Menge M_j durch Angabe ihrer Elemente: $M_j = \{a_{j1}, \ldots, a_{jn_j}\}$, $j = 1, \ldots, k$. Für $k = 2$ definiert
$(a_{1i}, a_{1l}) \mapsto (i-1)n_2 + l$ eine bijektive Abbildung von $M_1 \times M_2$ auf $\{1, \ldots, n_1 n_2\}$
(nachprüfen!), woraus die Behauptung in diesem Fall folgt. Ist sie aber richtig
für irgendein $k \geq 2$, so erhalten wir sie für $k + 1$, indem wir das eben im Fall
$k = 2$ bewiesene auf die Mengen $M_1 \times \cdots \times M_k$ und M_{k+1} anwenden. $\square$

Unter einer *geordneten Stichprobe aus M vom Umfang k mit Wiederholung*
verstehen wir ein k-tupel $(a_1, \ldots, a_k)$ mit Komponenten aus M. Die Menge
aller dieser Stichproben ist definitionsgemäß die Menge M^k, und aus Lemma 1,
angewandt auf $M_j = M$ für $j = 1, \ldots, k$, folgt daher

Satz 1. *Es sei M eine n-elementige Menge. Die Anzahl der geordneten Stichproben aus M vom Umfang k mit Wiederholung ist gleich n^k .*

Eine *geordnete Stichprobe aus M vom Umfang k ohne Wiederholung* ist definiert als ein k-tupel $(a_1, \ldots, a_k)$ mit voneinander verschiedenen Komponenten
aus M.

Satz 2. *Es sei M eine n-elementige Menge. Die Anzahl der geordneten Stichproben aus M vom Umfang k ohne Wiederholung ist gleich*

$$(n)_k = n(n-1) \cdots (n-k+1) , \quad 1 \leq k \leq n .$$

Beweis. Ohne Einschränkung der Allgemeinheit können wir $M = \{1, \ldots, n\}$
annehmen. Wir bezeichnen die fragliche Menge aller geordneten Stichproben
aus M vom Unfang k ohne Wiederholung durch S und setzen weiter $M_j =$

$\{1, \ldots, n - j + 1\}$ für $j = 1, \ldots, k$ und $S' = M_1 \times \cdots \times M_k$. Wir werden Abbildungen $\phi : S \to S'$ und $\phi' : S' \to S$ mit

$$\phi' \circ \phi = \mathrm{id}_S \ , \quad \phi \circ \phi' = \mathrm{id}_{S'} \tag{1}$$

angeben, woraus $\#S = \#S'$ und damit nach dem Lemma die Behauptung folgen wird.

Zunächst erklären wir für eine beliebige Teilmenge $L = \{c_1, \ldots, c_l\}$ von M mit $c_1 \leq \ldots \leq c_l$ den Rang ihrer Elemente in ihr durch $\mathrm{rg}(c_j; L) = j$, $j = 1, \ldots, l$. Durch L und $\mathrm{rg}(c_j; L)$ ist c_j eindeutig bestimmt. Ist nun $(a_1, \ldots, a_k) \in S$, so sei $\phi(a_1, \ldots, a_k) = (b_1, \ldots, b_k)$ durch

$$b_1 = a_1 \text{ und } b_j = \mathrm{rg}(a_j; M \setminus \{a_1, \ldots, a_{j-1}\}), \ j = 2, \ldots, k \tag{2}$$

erklärt. Umgekehrt definieren wir $\phi'(b_1, \ldots, b_k) = (a_1, \ldots, a_k)$, indem wir a_j für $j = 1, \ldots, k$ als dasjenige Element von $M \setminus \{a_1, \ldots, a_{j-1}\}$ erklären, welches (2) erfüllt. Man prüft leicht nach, daß dann (1) gilt, womit der Satz bewiesen ist.

$\square$

Offensichtlich kann man die Permutationen von M als geordnete Stichproben aus M vom Umfang n ohne Wiederholung auffassen. Hieraus folgt

Korollar 1. *Die Anzahl der Permutationen einer n-elementigen Menge ist gleich*

$$n! = (n)_n = n(n-1) \cdots 2 \cdot 1 \ .$$

Unter einer *ungeordneten Stichprobe aus M vom Umfang k ohne Wiederholung* versteht man eine k-elementige Teilmenge $s = \{a_1, \ldots, a_k\}$ von M. Man bezeichnet die Anzahl aller solcher Stichproben mit C_n^k oder auch mit $\binom{n}{k}$. Um C_n^k zu berechnen, betrachten wir für eine ungeordnete Stichprobe U aus M vom Umfang k ohne Wiederholung die Menge G_U aller ihrer Permutationen; gemäß der Definition einer Permutation sind die Elemente von G_U geordnete Stichproben aus M vom Umfang k ohne Wiederholung. Nach dem Korollar zu Satz 2 besteht G_U aus $k!$ Elementen. Es gibt C_n^k solcher Mengen G_U, die für verschiedene U disjunkt sind und deren Vereinigung gleich der Menge aller geordneten Stichproben aus M vom Umfang k ohne Wiederholung ist. Aus dem Satz 2 ergibt sich daher

$$k! \, C_n^k = (n)_k$$

und damit

Satz 3. *Es sei M eine n-elementige Menge. Die Anzahl der ungeordneten Stichproben aus M vom Umfang k ohne Wiederholung ist gleich*

$$C_n^k = \binom{n}{k} = \frac{n!}{k!(n-k)!} = \frac{(n)_k}{k!} \ , \quad 1 \leq k \leq n \ . \tag{3}$$

Setzen wir wie üblich $0! = (n)_0 = \binom{n}{0} = 1$, so bleibt (3) auch für $k = 0$ gültig, da die leere Menge die einzige 0-elementige Teilmenge von M ist. Die Zahlen $\binom{n}{k}$

heißen *Binomialkoeffizienten*, weil sie in der Binomialentwicklung von $(a + b)^n$ als die Koeffizienten der Potenzprodukte $a^k b^{n-k}$ auftreten.

Wir können jetzt die Wahrscheinlichkeiten der Ereignisse A_k in Beispiels 3.2 berechnen. Nach Satz 1 besteht der Ergebnisraum $\Omega = \{K, Z\}^n$ aus 2^n Elementen. Die Elemente von A_k entsprechen umkehrbar eindeutig den ungeordneten Stichproben aus $\{1, \ldots, n\}$ vom Umfang k ohne Wiederholung, nämlich den jeweiligen Mengen derjenigen k Wurfnummern, bei denen „Kopf" gefallen ist. So entspricht z.B. im Fall $n = 5$ dem Element $KKZKZ \in A_3$ die Stichprobe $\{1, 2, 4\}$ und der Stichprobe $\{2, 4, 5\}$ das Element $ZKZKK$. Nach Satz 3 hat A_k daher $\binom{n}{k}$ Elemente, und es gilt also nach (2.9): $PA_k = \#A_k / \#\Omega = \binom{n}{k} 2^{-n}$, $k = 0, 1, \ldots, n$.

Betrachten wir, ähnlich wie in Beispiel 3.3, statt Ω den Ergebnisraum $\Omega' = \{0, 1, \ldots, n\}$ mit der Interpretation „k bedeutet, daß A_k eintritt", so ist die entsprechende Wahrscheinlichkeitsverteilung durch $P'\{k\} = PA_k = \binom{n}{k} 2^{-n}$ gegeben. Man nennt P' die *Binomialverteilung mit den Parametern n und $1/2$*.

Auf ungeordnete Stichproben mit Wiederholung gehen wir in Aufgabe 11 und in Abschnitt IX.1 ein.

5. Hypergeometrische Verteilung

Als erste größere Anwendung der im letzten Abschnitt formulierten Sätze der Kombinatorik lernen wir jetzt die hypergeometrischen Verteilungen kennen. Wir definieren sie mit Hilfe des folgenden „Urnenschemas". Gegeben sei eine Urne, die N Kugeln enthält, von denen R rot und die übrigen $N - R$ schwarz sind. Die Kugeln seien gut durchmischt. Ohne in die Urne hineinzusehen, nehmen wir n Kugeln heraus, wobei natürlich $0 \le n \le N$. Für $r = 0, \ldots, n$ sei $h(r; n, R, N)$ die Wahrscheinlichkeit dafür, daß sich unter ihnen genau r rote Kugeln befinden. Die Wahrscheinlichkeitsverteilung mit der Zähldichte $r \mapsto h(r; n, R, N)$ auf $\Omega' = \{0, 1, \ldots, n\}$ heißt die *hypergeometrische Verteilung mit den Parametern n, R und N*.

Das nächstliegende mathematische Modell für den Prozeß des zufälligen Ziehens von n Kugeln aus der Urne ist die Menge Ω der ungeordneten Stichproben daraus vom Umfang n ohne Wiederholung, versehen mit der Gleichverteilung P, also nach Satz 4.3:

$$P\{\omega\} = \frac{1}{C_N^n} \tag{1}$$

für jedes $\omega \in \Omega$. Wir können uns die Kugeln der Urne durch die Zahlen $1, 2, \ldots, N$ dargestellt denken, von denen $1, \ldots, R$ rot und $R + 1, \ldots, N$ schwarz sind. Es sei A_r das Ereignis „r rote Kugeln in der Stichprobe". Das ist also die Menge derjenigen n-elementigen Teilmengen von $\{1, \ldots, N\}$, die r rote Kugeln enthalten, in Formeln

$$A_r = \{\{a_1, \ldots, a_n\} \in \Omega : \#(\{a_1, \ldots, a_n\} \cap \{1, \ldots, R\}) = r\} . \tag{2}$$

Nach (2.9) und (1) wird dann

$$h(r; n, R, N) = PA_r = \frac{\#A_r}{\#\Omega} = \frac{\#A_r}{C_N^n} \; . \tag{3}$$

Satz 1. *Es gilt*

$$h(r; n, R, N) = \frac{\binom{R}{r}\binom{N-R}{n-r}}{\binom{N}{n}} \; , \quad r = 0, 1, \ldots, n \; . \tag{4}$$

Beweis. Die Behauptung ist trivial im Fall $r > R$ oder $n - r > N - R$, denn einerseits ist dann $A_r = \emptyset$, weil in der Stichprobe nicht mehr rote bzw. schwarze Kugeln als in der ganzen Urne sein können, und andererseits gilt in diesem Fall definitionsgemäß $\binom{R}{r} = 0$ bzw. $\binom{N-R}{n-r} = 0$.

 Es sei nun

$$\max(0, n - (N - R)) \leq r \leq \min(n, R) \; . \tag{5}$$

Wir setzen

$\Omega_1 =$ Menge der ungeordneten Stichproben aus der Menge der roten Kugeln, d. h. aus $\{1, \ldots, R\}$, vom Umfang r ohne Wiederholung, wobei $\Omega_1 = \{\emptyset\}$ für $R = 0$ und $r = 0$,

$\Omega_2 =$ Menge der ungeordneten Stichproben aus der Menge der schwarzen Kugeln, d. h. aus $\{R + 1, \ldots, N\}$, vom Umfang $n - r$ ohne Wiederholung, wobei $\Omega_2 = \{\emptyset\}$ für $R = N$ und $r = n$.

 Dann definiert $(U_1, U_2) \mapsto U_1 \cup U_2$ eine bijektive Abbildung von $\Omega_1 \times \Omega_2$ auf A_r. Daher gilt nach Lemma 1 und Satz 3:

$$\#A_r = C_R^r \, C_{N-R}^{n-r} = \binom{R}{r}\binom{N-R}{n-r} \; .$$

Hieraus und aus (3) folgt die Behauptung. □

 Statt zu sagen „die Wahrscheinlichkeit, daß die Anzahl der roten Kugeln in der Stichprobe gleich r ist, wird für jedes r durch die hypergeometrische Wahrscheinlichkeit (4) gegeben", benutzen wir oft die lebendigere Redeweise „die Anzahl der roten Kugeln in der Stichprobe ist hypergeometrisch verteilt", die wir im nächsten Abschnitt durch die Definition der Verteilung eines Zufallselements rechtfertigen werden.

Beispiel 1. In einem See mögen N Fische schwimmen, von denen R ein bestimmtes Merkmal tragen, das keinen Einfluß auf ihre Einfangbarkeit hat, z.B. eine künstliche Markierung. Fängt man nun n Fische, so ist die Anzahl der gefangenen Fische, die dieses Merkmal tragen, hypergeometrisch verteilt.

Beispiel 2. In Beispiel 1.3 eines Problems der Qualitätskontrolle hat die Anzahl der defekten Relais in der Stichprobe eine geometrische Verteilung. Man interpretiere hier die Parameter N, R und n; welche sind bekannt und welche sind unbekannt?

In Kapitel II werden wir mit den *kumulativen* hypergeometrischen Wahrscheinlichkeiten

$$H(r; n, R, N) = \sum_{k=0}^{r} h(k; n, R, N), \quad r = 0, 1, \ldots, n, \tag{6}$$

arbeiten. Hierzu beweisen wir im nächsten Abschnitt, daß die Funktion $R \mapsto H(r; n, R, N)$ monoton fällt.

Um die Einfachheit dieses Beweises würdigen zu können, mag der Leser wenigstens den Versuch unternehmen, diese Aussage ohne Kenntnisse über Zufallselemente herzuleiten.

6. Zufallselemente

In den vorangegangenen Abschnitten sind recht verschiedenartige Ergebnisräume
aufgetreten. Die Realisierungen konnten reelle Zahlen sein, insbesondere ganze
Zahlen, aber auch n-tupel oder n-elementige Teilmengen einer gegebenen Menge.

Als wir in Abschnitt 2 das Beispiel 1.2, in Abschnitt 3 das Beispiel 3.3 und
in Abschnitt 4 das Beispiel 3.2 diskutierten, haben wir immer mit mehreren
Ergebnisräumen operiert, und ebenso bei der Konstruktion der hypergeometrischen Verteilung. Ähnlich wie in den genannten Beispielen sind wir bei dieser
Konstruktion von der Gleichverteilung auf einem Raum Ω ausgegangen, die uns
dort als die natürlichste erschien, und haben sie benutzt, um die uns eigentlich
interessierende Verteilung, die hypergeometrische, die eine Wahrscheinlichkeitsverteilung in $\Omega' = \{0, 1, \ldots, n\}$ ist, herzuleiten. Sehen wir uns diese Herleitung
noch einmal genau an.

Für jede Stichprobe $\omega = \{a_1, \ldots, a_n\} \in \Omega$, d. h. für jede Menge von n
verschiedenen Kugeln aus der Urne, haben wir die Anzahl der roten Kugeln in
ω betrachtet; bezeichnen wir diese einmal durch $X(\omega)$, also

$$X(\omega) = \#(\{a_1, \ldots, a_n\} \cap \{1, \ldots, R\}) \,.$$

Hierdurch haben wir eine Abbildung X von Ω in Ω' definiert, die wir in Worten
die „Anzahl der roten Kugeln in der Stichprobe" nennen wollen. Zusammen mit
der Gleichverteilung P in Ω bestimmt X eine Verteilung P' in Ω' vermöge

$$P'\{r\} = PA_r \quad \text{für jedes } r \in \Omega' \,,$$

wobei A_r das durch (5.3) erklärte Ereignis ist, das wir jetzt mit Hilfe von X
auch so schreiben können:

$$A_r = \{\omega : \ X(\omega) = r\} = X^{-1}\{r\} \,.$$

Einprägsam formuliert ist $P'\{r\}$ die Wahrscheinlichkeit, daß X den Wert r annimmt. Dies ist also die durch (5.3) definierte und in (5.4) ausgerechnete Wahrscheinlichkeit $h(r; n, R, N)$.

Jedes Element von Ω beschreibt die Stichprobe, die wir gezogen haben, vollständig: sie gibt an, welche Kugeln wir bekommen haben. Es ist also sinnvoll, den Wahrscheinlichkeitsraum (Ω, P) zu benutzen, wenn uns als Ausgang unseres Zufallsexperiments die ganze Struktur der Stichprobe interessiert. Möchten wir dagegen über eine Stichprobe gar nicht genau wissen, welche Kugeln darin liegen, sondern nur, wieviele rote Kugeln darin vorkommen, so ist der Wahrscheinlichkeitsraum (Ω', P') passender, der eben nur die verschiedenen Realisierungen dieses Aspekts der Stichproben nebst ihren Wahrscheinlichkeiten darstellt.

Dieser Übergang von einem Wahrscheinlichkeitsraum zu einem anderen ist Ausfluß eines allgemeinen Prinzips, das wir jetzt formulieren. Es sei (Ω, P) ein diskreter Wahrscheinlichkeitsraum, Ω' eine abzählbare Menge und X eine Abbildung von Ω in Ω'. Für jedes $\omega' \in \Omega'$ setzen wir

$$P'\{\omega'\} = P\{\omega : \ X(\omega) = \omega'\} = P(X^{-1}\{\omega'\}) \ . \tag{1}$$

Die hierdurch erklärten Zahlen haben die Eigenschaften (2.5) und (2.6), d. h.

$$P'\{\omega'\} \geq 0 \text{ und } \sum_{\omega' \in \Omega'} P'\{\omega'\} = 1 \ ,$$

und definieren daher durch (7) eine Wahrscheinlichkeitsverteilung P' in Ω'. Wir nennen sie das *Bild von P vermöge X*.

Wegen

$$X^{-1}(A') = \{\omega : \ X(\omega) \in A'\} = \bigcup_{\omega' \in A'} X^{-1}\{\omega'\}$$

haben wir nach (7), mit A' anstelle von A,

$$\begin{aligned} P'(A') \ &= \ \sum_{\omega' \in A'} P'\{\omega'\} = \sum_{\omega' \in A'} P(X^{-1}\{\omega'\}) \\ &= \ P\left(\bigcup_{\omega' \in A'} X^{-1}\{\omega'\} \right) = P(X^{-1}(A')) \end{aligned}$$

und erhalten so die einprägsame Gleichung

$$P'(A') = P\{\omega : \ X(\omega) \in A'\} = P(X^{-1}(A')) \tag{2}$$

schreiben, in Worten: $P'(A')$ ist die Wahrscheinlichkeit, daß X „einen Wert in A' annimmt" oder „in die Menge A' hineinfällt". Diese suggestive Sprechweise hat ihr Gegenstück in einer kurzen suggestiven Schreibweise. Anstelle von $X^{-1}(A') = \{\omega : \ X(\omega) \in A'\}$ schreiben wir $\{X \in A'\}$; dies ist also das eben erwähnte Ereignis „X nimmt einen Wert in A' an". Dann hat (2) die kürzere Form $P\{X \in A'\}$ und insbesondere (1) die Form $P\{X = \omega'\}$.

Im Sinne dieser anschaulichen Vorstellung nennen wir X ein *Zufallselement* oder *zufälliges Element* in Ω' über dem Wahrscheinlichkeitsraum (Ω, P), und das Bild von P vermöge X heißt die *Verteilung* von X, geschrieben Q_X, also

$$Q_X(A') = P\{X \in A'\} \quad \text{für jedes } A' \subseteq \Omega' \ . \tag{3}$$

Beispiel 1. Es seien (Ω, P) der in Abschnitt 5 betrachtete, aus Stichproben bestehende Wahrscheinlichkeitsraum und X die Anzahl der roten Kugeln in der Stichprobe. Dann hat X die durch

$$Q_X\{r\} = h(r; n, R, N), \quad r = 0, 1, \ldots, n\,,$$

bestimmte Verteilung.

Anschaulich gesprochen bedeutet „Zufallselement X in Ω'", daß ein Zufallsmechanismus oder ein Zufallsexperiment vorliegt, repräsentiert durch (Ω, P), und daß das Element X in Abhängigkeit vom Ausgang ω dieses Experiments einen Wert in Ω' annimmt, „realisiert wird", „ausgewählt wird", „erscheint" oder welcher Ausdruck sonst der Situation angemessen sein mag. In diesem Sinne haben wir ein „vom Zufall abhängiges", also eben „zufälliges" Element von Ω'. Der am Anfang von Abschnitt 2 diskutierte Begriff eines Zufallselements von Ω ergibt sich als Spezialfall für $\Omega' = \Omega$, $X =$ identische Abbildung von Ω auf sich; die Verteilung von X ist dann natürlich P selbst.

Je nach der Natur von Ω' sind andere Bezeichnungen anstelle von „Zufallselement" gebräuchlich. Ist z.B. $\Omega' \subseteq \mathbb{R}$, evtl. auch noch $\Omega' \subseteq \mathbb{R} \cup \{-\infty, +\infty\}$, so sagt man *Zufallsvariable* oder *zufällige Variable*. In Beispiel 1 ist also X eine Zufallsvariable. Ist $\Omega' \subseteq \mathbb{R}^n$, so spricht man von einem *Zufallsvektor*. Besteht Ω' aus Funktionen, so spricht man von einer *Zufallsfunktion* oder besser *zufälligen Funktion*; ist Ω' eine Menge von Kreisen, so heißt ein Zufallselement in Ω' ein *zufälliger Kreis*; im Fall einer Menge Ω' von Menschen haben wir einen *zufälligen Menschen* vor uns usw.. Mit der letzten Bezeichnung ist also nicht etwa gemeint, daß das Schicksal des Menschen vom Zufall abhänge (was sicher auch richtig ist, nur würden wir dann in unserer Terminologie von einem *zufälligen Schicksal* sprechen), sondern einfach nur, daß aus einer gegebenen Menge Ω' von Menschen einer durch einen Zufallsmechanismus ausgewählt wird.

Beispiel 2. Über dem in Beispiel 3.3 erklärten Wahrscheinlichkeitsraum definiert $X(\omega_n) = n$, $n = \infty, 1, 2, \ldots$, eine Zufallsvariable X, die anzeigt, beim wievielten Wurf zum ersten Mal „Kopf" fällt $(n < \infty)$ bzw. daß nie „Kopf" fällt $(n = \infty)$. Einprägsam formuliert ist X der Augenblick, in dem zum ersten Mal „Kopf" erscheint, oder auch die Zeit, die man „warten" muß, bis „Kopf" zum ersten Mal auftritt. Daher folgt X einer geometrischen Verteilung mit dem Parameter $1/2$.

Beispiel 3. In Beispiel 1.2 kann man, analog zum Beispiel 3.2, für das n-malige Werfen eines homogenen Würfels als Ergebnisraum die Menge $\Omega = \{1, \ldots, 6\}^n$ und als Wahrscheinlichkeitsverteilung die Gleichverteilung in Ω nehmen. Für $\omega \in \Omega$ sei $X(\omega)$ die Anzahl der Würfe, in denen eine 6 gewürfelt wurde, d. h. die Anzahl der Komponenten von $\omega = (x_1, \ldots, x_n)$, die gleich 6 sind. Die so definierte Zufallsvariable hat die Verteilung

$$Q_X\{k\} = P\{X = k\} = \binom{n}{k} 5^{n-k} \frac{1}{6^n} = \binom{n}{k} \left(\frac{1}{6}\right)^k \left(\frac{5}{6}\right)^{n-k}. \tag{4}$$

Zu jeder der $\binom{n}{k}$ Teilmengen $\{i_1, \ldots, i_k\}$ von $\{1, \ldots, n\}$ gibt es nämlich 5^{n-k} Elemente $\omega = (x_1, \ldots, x_n) \in \{X = k\}$ mit $x_{i_1} = \cdots = x_{i_k} = 6$, d.h. $\{X = k\}$ enthält $\binom{n}{k} 5^{n-k}$ Elemente. Da Ω aus 6^n Elementen besteht und P die Gleichverteilung in Ω ist, folgt daraus (4). Die Verteilung von X ist die sogenannte *Binomialverteilung mit den Parametern n und $1/6$*, in Analogie zu der im Anschluß an Satz 3 eingeführten Binomialverteilung mit den Parametern n und $1/2$.

Der Begriff einer Indikatorfunktion erlaubt es uns, Ereignisse mit speziellen Zufallsvariablen zu identifizieren. Für $A \subseteq \Omega$ setzen wir

$$1_A(\omega) = \begin{cases} 1 & \text{für} \quad \omega \in A \,, \\ 0 & \text{für} \quad \omega \notin A \,. \end{cases} \tag{5}$$

Die so definierte Zufallsvariable 1_A heißt die *Indikatorvariable zu A*. Jede *binäre*, d.h. nur die Werte 0 und 1 annehmende Zufallsvariable X ist die Indikatorvariable eines Ereignisses A, nämlich von $A = \{X = 1\} = \{\omega : X(\omega) = 1\}$. Setzen wir $PA = p$, so ist die Verteilung von $X = 1_A$ gegeben durch $P\{X = 1\} = p$, $P\{X = 0\} = 1 - p$. Sie wird die *Bernoullische Verteilung mit dem Parameter p* genannt.

Es gelten die folgenden leicht nachprüfbaren Beziehungen zwischen Ereignissen und Indikatorvariablen:

$$\begin{aligned} 1_\emptyset &= 0 \,, \\ 1_\Omega &= 1 \,, \\ 1_{A \cap B} &= 1_A 1_B = \min(1_A, 1_B) \,, \\ 1_{A \cup B} &= 1_A + 1_B - 1_{A \cap B} = \max(1_A, 1_B) \,, \\ 1_{B \setminus A} &= 1_B - 1_A \,, \quad \text{wenn } A \subseteq B \,, \\ A \subseteq B &\Leftrightarrow 1_A \leq 1_B \,, \\ 1_A = \sum_{k=1}^{\infty} 1_{A_k} &\Leftrightarrow A = \bigcup_{k=1}^{\infty} A_k \quad \text{und } A_1, A_2, \ldots \text{ paarweise disjunkt.} \end{aligned}$$

Ferner ist

$$\#A = \sum_{\omega \in \Omega} 1_A(\omega) \,. \tag{6}$$

Da Zufallsvariable reellwertige Funktionen sind, kann man mit ihnen in der üblichen Weise rechnen, sie z.B. addieren: $X + Y$ ist die durch

$$(X + Y)(\omega) = X(\omega) + Y(\omega) \quad \text{für jedes } \omega \in \Omega$$

definierte Zufallsvariable. Analog setzen wir $(XY)(\omega) = X(\omega)Y(\omega)$, $(\exp X)(\omega) = \exp(X(\omega))$, $|X|(\omega) = |X(\omega)|$, $(\alpha X)(\omega) = \alpha X(\omega)$ für $\alpha \in \mathbb{R}$ usw. Die beiden letzten Schreibweisen haben auch einen Sinn, wenn $\mathbf{X} = (X_1, \ldots, X_n)$ ein Zufallsvektor ist, z.B.

$$|\mathbf{X}|^2(\omega) = \sum_{i=1}^{n} X_i^2(\omega) \,,$$

und später werden wir entsprechend mit Zufallsmatrizen rechnen.

Beispiel 4. Definieren wir auf dem in Beispiel 3 verwendeten Wahrscheinlichkeitsraum (Ω, P) für jedes $i = 1, \ldots, n$ eine Zufallsvariable X_i durch

$$X_i(\omega) = X_i(x_1, \ldots, x_n) = \begin{cases} 1, & \text{falls } x_i = 6, \\ 0, & \text{falls } x_i \neq 6, \end{cases}$$

so wird die dort erklärte Zufallsvariable X die Summe $X = X_1 + \cdots + X_n$. Zu welchen Ereignissen sind die X_i Indikatorvariable?

Zum Abschluß dieses Kapitels geben wir noch einen einfachen Beweis zu dem im vorigen Abschnitt versprochenen

Satz 1. *Die Funktion $R \mapsto H(r; n, R, N)$ fällt monoton.*

Beweis. Es sei $0 \leq R_1 \leq R_2 \leq N$. Für eine ungeordnete Stichprobe $\omega = \{a_1, \ldots, a_n\}$ aus $\{1, \ldots, N\}$ vom Umfang n ohne Wiederholung seien

$$\begin{aligned} X_1(\omega) &= \#\{i : a_i \leq R_1\}, & (7) \\ X_2(\omega) &= \#\{i : a_i \leq R_2\}. & (8) \end{aligned}$$

Dann ist X_1 hypergeometrisch verteilt mit den Parametern N, R_1 und n und X_2 hypergeometrisch verteilt mit den Parametern N, R_2 und n. Aus (7) und (8) folgt $X_1 \leq X_2$ und damit $\{X_1 \leq r\} \supseteq \{X_2 \leq r\}$, also

$$H(r; n, R_1, N) = P\{X_1 \leq r\} \geq P\{X_2 \leq r\} = H(r; n, R_2, N). \qquad \square$$

7. Aufgaben

Wir setzen voraus, daß alle auftretenden Würfel homogen sind.

1. Man gebe zu den folgenden Zufallsexperimenten sinnvolle Wahrscheinlichkeitsräume an:

   (a) Der Wurf zweier unterscheidbarer Würfel;

   (b) Der Wurf zweier nicht unterscheidbarer Würfel.

   In beiden Fällen beschreibe man die folgenden Ereignisse durch die entsprechenden Mengen und berechne ihre Wahrscheinlichkeiten:

   i) Die Augensumme ist gleich 2.

   ii) Die Augensumme ist gleich 3.

   iii) Die Augensumme ist gleich 7.

   iv) Die Augensumme ist durch 4 teilbar.

2. Der Spieler und Hobby-Mathematiker Chevalier de Méré, der mit seinen Spielproblemen und ihren Lösungen durch Pascal in die Geschichte der Wahrscheinlichkeitsrechnung eingegangen ist, wunderte sich diesem gegenüber einmal, daß er beim Werfen von drei Würfeln die Augensumme 11 häufiger beobachtet hatte

als die Augensumme 12, obwohl doch 11 durch die Kombinationen 6-4-1, 6-3-2, 5-5-1, 5-4-2, 5-3-3 und 4-4-3 und die Augensumme 12 durch ebenso viele Kombinationen (nämlich welche?) erzeugt würde. Steckt in seiner Argumentation ein Fehler und war das Ergebnis seiner Beobachtung von vornherein zu erwarten, oder hat er nur „zufällig" ein ungewöhnliches Ergebnis erhalten?

3. Wie oft muß man einen Würfel wenigstens werfen, um mit mindestens der Wahrscheinlichkeit 0,9 wenigstens einmal eine 6 zu bekommen?

4. In einer Schulklasse sitzen 4 durch Masern infizierte Kinder und 29 gesunde. Für jedes gesunde Kind S und jedes infizierte Kind I ist die Wahrscheinlichkeit, daß S von I im Laufe eines Tages angesteckt wird, gleich 5/6. Wie groß ist die Wahrscheinlichkeit, daß S im Laufe dieses Tages von irgendeinem Kind infiziert wird? Was ist die Wahrscheinlichkeit, daß s Kinder neu infiziert werden, für $s = 0, 1, \ldots, 29$? (Anleitung: Beispiel 6.3.)

5. Bei einem Wurf mit einem weißen und einem schwarzen Würfel sei X_1 die Zufallsvariable „Augenzahl des weißen Würfels" und X_2 die Augenzahl des schwarzen.

   (a) Wie sind X_1 und X_2 verteilt?

   (b) Was bedeutet die Summe $X_1 + X_2$ und was ist ihre Verteilung?

   (c) Wie ist $X_1 X_2$ verteilt?

6. Es seien $A_1, \ldots, A_n$ Teilmengen derselben Menge Ω. Man beweise:

   (a) $$1_{A_1 \cup \cdots \cup A_n} = \sum_{i=1}^{n} 1_{A_i} - \sum_{1 \leq i < j \leq n} 1_{A_i} 1_{A_j} + - \cdots + (-1)^{n-1} 1_{A_1} \cdots 1_{A_n} \, .$$
   (Anleitung: Man überlege sich, daß die linke Seite gleich $1 - \prod_{i=1}^{n} (1 - 1_{A_i})$ ist.)

   (b) Sind $A_1, \ldots, A_n$ endliche Mengen, so gilt
   $$\#(A_1 \cup \cdots \cup A_n) = \sum_{i=1}^{n} \#A_i - \sum_{1 \leq i < j \leq n} \#(A_i \cap A_j) + - \cdots$$
   $$+ (-1)^{n-1} \#(A_1 \cap \cdots \cap A_n) \, .$$

   (Ein- und Ausschlußprinzip der Kombinatorik)

7. Ein Reitlehrer verteilt die 10 ihm zur Verfügung stehenden Pferde in jeder Reitstunde rein zufällig an seine 10 Schüler. Man berechne die Wahrscheinlichkeit dafür, daß kein Schüler dasselbe Pferd bekommt, das er beim letzten Mal geritten hatte. Man löse das Problem allgemein mit beliebiger Schülerzahl n und untersuche, was für $n \to \infty$ passiert.

8. Wie groß ist die Anzahl derjenigen ungeordneten Stichproben aus $\{1, \ldots, N\}$ vom Umfang n ohne Wiederholung, in denen keine benachbarten Zahlen auftreten? Was ergibt sich, wenn man auch 1 und n als benachbart ansieht (Anordnung auf einer Kreislinie)?

9. Man beweise und interpretiere soweit wie möglich:

   (a) $h(r; n, R, N) = h(n - r; n, N - R, N)$;

   (b) $h(r; n, R, N) = h(r; R, n, N)$;

(c) $h(r; n, R, N) = h(R - r; N - n, R, N)$.

Diese Formeln gestatten, den Umfang von Tafeln der hypergeometrischen Verteilung sehr zu reduzieren: z.B. erlaubt die erste, nur die Werte für $R \leq N/2$ zu geben, und aufgrund der zweiten kann man sich auf den Fall $n \leq R$ beschränken.

10. Man bestimme das oder die Maxima der Zähldichte $r \mapsto h(r; n, R, N)$. (Anleitung: Man betrachte den Quotienten zweier aufeinanderfolgenden Glieder dieser Folge.)

11. Eine *ungeordnete Stichprobe mit Wiederholung* S aus einer Menge $\mathcal{U}$ ist, anschaulich gesprochen, eine „verallgemeinerte" Teilmenge von $\mathcal{U}$, in der jedes Element auch mehrfach vorkommen kann und nicht nur einmal wie in einer „gewöhnlichen" Menge. Jedes $u \in \mathcal{U}$ erscheint also in S mit einer „Vielfachheit" $\delta(u)$, so daß wir S streng durch ihre Vielfachheitsfunktion δ definieren können. Dies ist eine auf ganz $\mathcal{U}$ erklärte Funktion mit Werten in $\{0, 1, 2, \ldots\}$, wobei $\delta(u) = 0$ bedeutet, daß u in S nicht vorkommt. Wir betrachten jedoch nur endliche Stichproben, d. h. $\delta(u) > 0$ für nur endlich viele u ; in diesem Fall heißt die Summe der Vielfachheiten $\sum_{u \in \mathcal{U}} \delta(u)$ der *Umfang* von S .

(a) (Trivial) Dann und nur dann ist S eine Stichprobe ohne Wiederholung, wenn δ nur die Werte 0 und 1 annimmt. In diesem Fall ist δ die Indikatorfunktion der Menge S und Umfang bedeutet Kardinalzahl (siehe (5)).

(b) Wie würde man eine „verallgemeinerte Vereinigung" zweier ungeordneter Stichproben mit Wiederholung definieren?

(c) Man definiere in sinnvoller Weise den Übergang von einer geordneten Stichprobe mit Wiederholung zur zugehörigen ungeordneten Stichprobe mit Wiederholung (man „vergißt" die Anordnung der Elemente in der Stichprobe, aber die Vielfachheiten bleiben erhalten). Man nennt diesen Übergang auch die Bildung der *Ordnungsstatistik* zu der ursprünglichen geordneten Stichprobe mit Wiederholung.

(d) Dasselbe mache man für den Übergang von einer ungeordneten Stichprobe mit Wiederholung zur zugehörigen ungeordneten Stichprobe ohne Wiederholung. Wann bleibt dabei der Umfang erhalten?

12. Man zeige, daß es $\binom{N+n-1}{n} = \binom{N+n-1}{N-1}$ ungeordnete Stichproben mit Wiederholung vom Umfang n aus einer endlichen Menge der Kardinalzahl N gibt.

13. Gegeben seien n Kugeln und eine Menge $\mathcal{Z}$ von N Urnen. Man beschreibe eine bijektive Abbildung zwischen:

(a) den geordneten Stichproben aus $\mathcal{Z}$ mit Wiederholung vom Umfang n und den Verteilungen der als unterscheidbar angesehenen Kugeln auf die Urnen;

(b) den geordneten Stichproben aus $\mathcal{Z}$ ohne Wiederholung vom Umfang n und den Verteilungen der als unterscheidbar angesehenen Kugeln auf die Urnen, wobei jede Urne höchstens eine Kugel enthalten darf;

(c) den ungeordneten Stichproben aus $\mathcal{Z}$ mit Wiederholung vom Umfang n und den Verteilungen der als ununterscheidbar angesehenen Kugeln auf die Urnen;

(d) den ungeordneten Stichproben aus $\mathcal{Z}$ ohne Wiederholung vom Umfang n und den Verteilungen der als ununterscheidbar angesehenen Kugeln auf die Urnen, wobei jede Urne höchstens eine Kugel enthalten darf.

14. Man beweise: sind $n_1, \ldots, n_N$ nichtnegative ganze Zahlen und $n_1 + \cdots + n_N = n$, so gibt es

$$\binom{n}{n_1 \ldots n_N} = \frac{n!}{n_1! \cdots n_N!}$$

verschiedene Möglichkeiten, n unterscheidbare Kugeln auf N Urnen so zu verteilen, daß die j-te Urne n_j Kugeln enthält für $j = 1, \ldots, N$.

Kapitel II

Drei Grundverfahren der mathematischen Statistik

Die wichtigsten Ideen der klassischen mathematischen Statistik lassen sich alle in einer ganz einfachen Situation illustrieren, die zugleich von großer praktischer Bedeutung ist, nämlich der der Inferenz über eine Proportion in einer endlichen Grundmenge mit Hilfe einer daraus gezogenen ungeordneten Stichprobe ohne Wiederholung. Auf diese Weise werden sie nicht durch technische Dinge wie asymptotische Methoden verschleiert, und die Verfahren sind „exakt" und nicht nur approximativ.

1. Das Modell der elementaren Stichproben-theorie

Zum Verständnis der folgenden Begriffsbildungen wird es gut sein, sich noch einmal die Diskussion in Abschnitt I.2, insbesondere die Beispiele I.1.1-4, ins Gedächtnis zurückzurufen. Dort war das Wahrscheinlichkeitsmodell nicht vollständig bekannt; gegeben war vielmehr nur der Raum Ω aller möglichen Ergebnisse. Dafür lag aber ein spezielles, beobachtetes Ergebnis ω vor in der Form von „Daten". Es handelte sich darum, aufgrund dieser Daten etwas über die „wahre", aber unbekannte, Verteilung P auszusagen: man nennt dies *statistische Inferenz*.

Im allgemeinen weiß man allerdings oder nimmt zumindest an, daß das unbekannte P nicht völlig willkürlich sein kann: man hat gewisse „a priori" Kenntnisse oder Annahmen über P, z.B. aufgrund von theoretischen Überlegungen. Eine Möglichkeit, solche a priori Kenntnisse oder Annahmen mathematisch auszudrücken, besteht darin vorauszusetzen, daß P einer gewissen bekannten Teilmenge der Menge aller Verteilungen auf Ω angehört; diese Teilmenge heißt das *statistische Modell*. Besteht das Modell aus nur einer Verteilung P_0, so ist P bekannt, nämlich $P = P_0$; besteht es aus allen Verteilungen auf Ω, so bedeutet dies, daß man gar nichts über P weiß. In der Praxis befindet man sich natürlich zwischen diesen Extremfällen.

Sehr oft stellt sich das statistische Modell in Form einer parametrischen Familie $(P_\vartheta)_{\vartheta \in \Theta}$ von Verteilungen auf Ω dar, d.h. als ein *parametrisches Modell*. Das Inferenzproblem besteht dann also darin, aufgrund des Beobachtungsergebnisses Aussagen über den „wahren" Parameter $\vartheta_0 \in \Theta$ zu machen, d.h. den

Parameter ϑ_0 derart, daß $P = P_{\vartheta_0}$ die wahre Verteilung ist. Von einem parametrischen Modell im engeren Sinne spricht man, wenn $\Theta \subseteq \mathbb{R}^m$ für ein $m \geq 1$ ist; wir werden uns meist auf die Fälle $m = 1$ und $m = 2$ beschränken.

In allen drei Abschnitten dieses Kapitels werden wir zunächst einen beliebigen abzählbaren Ergebnisraum betrachten, aber dann die eingeführten Begriffe sogleich anhand der Fundamentalaufgabe der Statistik demonstrieren, nämlich der Inferenz über die Proportion zwischen den Kardinalzahlen einer endlichen Grundmenge $\mathcal{U}$ einerseits und einer Teilmenge von $\mathcal{U}$ andererseits, gestützt auf eine ungeordnete Stichprobe ohne Wiederholung aus $\mathcal{U}$. Man nennt $\mathcal{U}$ auch eine *Population* und stellt sie oft durch eine Urne mit N Kugeln dar oder durch die Menge $\{1, \ldots, N\}$, wobei $N = \#\mathcal{U}$. Ein Beispiel: $\mathcal{U}$ ist die erwachsene Bevölkerung Puerto Ricos zu Beginn eines bestimmten Jahres j.

In $\mathcal{U}$ ist also eine Teilpopulation vom Umfang R durch ein Merkmal wie etwa „rote“ Kugel im Fall der Urne oder „Analphabet“ im Fall der erwachsenen Bevölkerung Puerto Ricos definiert. Es sei praktisch unmöglich, die ganze Bevölkerung durchzumustern. Wir entnehmen daher nur eine Stichprobe wie in Abschnitt I.5. Deren Umfang n ist erstens durch die verfügbaren Mittel und die Kosten der Erhebung und zweitens durch die gewünschte Präzision, in einem noch zu erklärenden Sinne, der auf die Auswertung der Stichprobe zu stützenden Entscheidungen festgelegt. Wir beobachten den Anteil r der Teilpopulation in dieser Probe, z.B. die Anzahl der roten Kugeln dort. Er ist eine Realisierung einer Zufallsvariablen X, die der hypergeometrischen Verteilung mit den Parametern n, R und N folgt. Aufgrund dieser Beobachtung möchten wir entweder auf den Umfang R der Teilpopulation zurückschließen, wobei dann natürlich N bekannt sein muß, oder, bei bekanntem R, auf den Umfang N der Gesamtpopulation $\mathcal{U}$.

Das erste Problem stellt sich in dem eben erwähnten Beispiel. Von der Anzahl der Analphabeten in der Stichprobe ausgehend möchten wir etwas über die Zahl der Analphabeten in ganz Puerto Rico aussagen. Es stellt sich ebenso im Beispiel I.5.2.

Das zweite Problem tritt im Beispiel I.5.1 auf. Wir interessieren uns für die unbekannte Anzahl N der Fische in dem See und bilden zunächst eine künstliche Teilpopulation bekannten Umfangs, indem wir R Fische fangen, markieren und zurückwerfen. Wir entnehmen eine Stichprobe vom Umfang n, nachdem wir solange gewartet haben, bis wir annehmen können, die Fische hätten sich wieder hinreichend vermischt, d. h. bis die Voraussetzung der Gleichverteilung in der Menge aller solcher Stichproben erfüllt ist. Aus der Anzahl r der markierten Fische in der Stichprobe leiten wir dann eine Aussage über N ab.

Im ersten Typ von Problemen ist $\vartheta = R$, $\Theta = \{0, 1, \ldots, N\}$, und im zweiten Typ $\vartheta = N$, $\Theta = \{R, R+1, \ldots\}$.

Wir werden nun drei Arten von „Aussagen“ über den „wahren Wert“ des Parameters kennenlernen, die in der ganzen Statistik immer wieder auftreten: Schätzung des Parameters, Angabe eines Konfidenzbereichs für ihn, und Annahme oder Nichtannahme einer Hypothese über den Parameter vermittels eines Tests.

2. Schätzung

Eine Schätzung besteht in der von der Realisierung abhängigen Angabe eines Wertes $\hat{\vartheta}$ aus Θ, den wir als eine gute Approximation des wahren Werts von ϑ ansehen; was das bedeutet, muß natürlich präzisiert werden. Rein formal definieren wir jedenfalls eine *Schätzung* als eine Abbildung Z des Raums Ω der Realisierungen in Θ. Es steht also $Z(\omega) = \hat{\vartheta}$ für den geschätzten Wert des Parameters aufgrund der beobachteten Realisierung ω.

In der in Abschnitt I.4 und II.1 beschriebenen Situation betrachten wir als erstes diejenigen Schätzungen, die einfach die naive Vorstellung widerspiegeln, in der Stichprobe sei die Proportion der Teilpopulation ungefähr dieselbe wie in der ganzen Population, wenn der Umfang der Stichprobe nicht zu klein ist. Befinden sich also in der Stichprobe r rote Kugeln bzw. Analphabeten, so erwarten wir intuitiv, daß bei großem n gilt

$$\frac{r}{n} \approx \frac{R}{N} \, . \tag{1}$$

Daraus erhalten wir, je nachdem welcher Parameter bekannt ist, die folgenden „naiven" Schätzwerte für den jeweils unbekannten Parameter:

$$\hat{R} = \left[\frac{rN}{n}\right] , \tag{2}$$

$$\hat{N} = \left[\frac{nR}{r}\right] , \tag{3}$$

worin $[x]$ wie üblich die größte ganze Zahl bedeutet, die kleiner oder gleich x ist; man beachte, daß die Schätzungen ja definitionsgemäß der betreffenden Parametermenge Θ angehören müssen.

Das folgende, etwas raffiniertere Verfahren zur Konstruktion einer Schätzung beruht auf der plausiblen Idee, daß ein Parameterwert, unter dessen zugehörigem Wahrscheinlichkeitsgesetz die gerade beobachtete Realisierung von vornherein wahrscheinlicher war als bei einem anderen Parameterwert, im allgemeinen näher an dem wahren Parameterwert liegen wird als jener andere.

Wir gehen wieder aus von einem allgemeinen statistischen Modell $(P_\vartheta)_{\vartheta \in \Theta}$ in einem abzählbaren Ergebnisraum Ω. Es sei $\omega \in \Omega$ eine Realisierung. Dann heißt die durch

$$L_\omega(\vartheta) = P_\vartheta(\omega) , \quad \vartheta \in \Theta , \tag{4}$$

definierte Funktion L_ω die zu ω gehörige *Likelihood-Funktion*. Wir betrachten also hier die Wahrscheinlichkeit, das tatsächlich beobachtete Ergebnis ω zu erhalten, als Funktion des unbekannten Parameters. Wir fragen uns, welche Parameterwerte dieses Ergebnis am wahrscheinlichsten gemacht haben, und bezeichnen dementsprechend jeden Parameter $\hat{\vartheta}$, für den

$$L_\omega(\hat{\vartheta}) = \sup_{\vartheta \in \Theta} L_\omega(\vartheta) \tag{5}$$

gilt, d. h. an dem die Funktion L_ω ein Maximum annimmt, als einen *Maximum Likelihood-Schätzwert* für ϑ aufgrund von ω. Eine Abbildung $Z : \Omega \to \Theta$ heißt eine *Maximum Likelihood-Schätzung* von ϑ, wenn für jedes $\omega \in \Omega$ der Wert $Z(\omega)$ ein Maximum Likelihood-Schätzwert von ϑ aufgrund von ω ist.

In den meisten statistischen Problemen der Praxis ist eine Maximum Likelihood-Schätzung völlig oder doch wenigstens „im wesentlichen" eindeutig bestimmt so wie in unserem Fundamentalproblem, das wir jetzt wieder aufnehmen.

Beispiel 1. Wir betrachten das Stichprobenproblem aus Abschnitt I.4 und II.1 mit unbekanntem Umfang R der Teilpopulation, etwa unbekannter Anzahl roter Kugeln in der Urne. In $\Omega = \{0, 1, \ldots, n\}$ haben wir dann eine hypergeometrische Verteilung mit bekanntem Parameter N, unbekanntem R und bekanntem n, nämlich die Verteilung der Anzahl roter Kugeln in der Stichprobe. Wir bezeichnen sie mit P_R, wobei $\vartheta = R$ und die Parametermenge $\{0, 1, \ldots, N\}$ ist.

Die zur beobachteten Realisierung $\omega = r \in \{0, 1, \ldots, n\}$ gehörige Likelihood-Funktion ist $R \mapsto h(r; n, R, N)$. Um ihr Maximum zu finden, bemerken wir zunächst, daß $h(r; n, R, N) = 0$ für $R < r$. Für $r \leq R < N$ ist die Ungleichung

$$\frac{h(r; n, R+1, N)}{h(r; n, R, N)} = \frac{(R+1)(N-R-n+r)}{(R+1-r)(N-R)} < 1$$

mit jeder der folgenden, untereinander äquivalenten gleichwertig: $(R+1)(N-R-n+r) < (R+1-r)(N-R) \Leftrightarrow -(R+1)(n-r) < -r(N-R) \Leftrightarrow r(N+1) < n(R+1) \Leftrightarrow r(R+1)/n < R+1$. Hieraus folgt, daß die Likelihood-Funktion $R \mapsto h(r; n, R, N)$ für $r = 0, 1, \ldots, n-1$ an der Stelle

$$\hat{R} = \left[\frac{r(N+1)}{n}\right] \tag{6}$$

ein Maximum hat. Dies bedeutet, daß (6) ein Maximum Likelihood-Schätzwert für R aufgrund von r ist. Im Fall $r = n$ folgt ebenso, daß die Likelihood-Funktion auf ganz Θ monoton wächst, also ihr Maximum an der Stelle $\hat{R} = N$ hat. Zugleich sehen wir, daß (6) den einzigen Maximum Likelihood-Schätzwert für R bildet, wenn $r(N+1)/n$ keine ganze Zahl ist, während es bei ganzem und von 0 und $N+1$ verschiedenem $r(N+1)/n$ noch einen und nur einen weiteren gibt, nämlich $(r(N+1)/n) - 1$.

Man vergleiche diese Schätzungen mit der „naiven" Schätzung (2).

Die beiden Verfahren zur Konstruktion von Schätzungen, die wir eben in einem Spezialfall kennengelernt haben, lassen sich in vielen statistischen Situationen anwenden. Beide gründen sich aber zunächst nur auf heuristische Prinzipien. Es sind Konstruktionsmethoden, die keine Aussage über die Eigenschaften der damit aufgebauten Schätzungen enthalten. Die Frage, welche Eigenschaften eine Schätzung nach Möglichkeit haben sollte, d. h. was „gute" und was „schlechte" Schätzungen sind, ist davon wohl zu unterscheiden. Die Anwort auf diese Frage hängt natürlich mit dem Ziel zusammen, das wir mit dem Gebrauch von Schätzungen verfolgen, nämlich dem, im allgemeinen einen

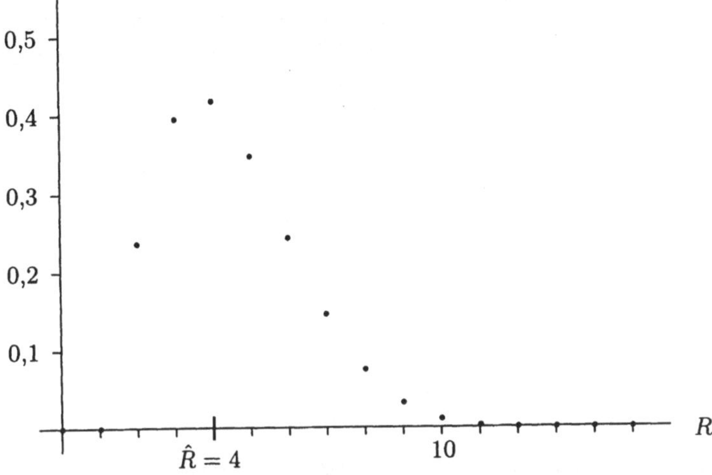

Abb. 1. Die Likelihood-Funktion $R \mapsto h(2; 10, R, 20)$

möglichst kleinen Fehler zwischen geschätztem und wirklichem Wert des Parameters zu machen, eventuell noch unter gewissen Nebenbedingungen wie möglichst geringen Kosten des ganzen Verfahrens. Diese Dinge werden im Abschnitt V.1 präzisiert werden, wo wir einen „mittleren" oder „durchschnittlichen" Fehler definieren werden. Der folgende Abschnitt ist einer anderen, praktisch wichtigeren Variante derselben Frage gewidmet.

3. Konfidenzbereich

Die Idee der Schätzung war, gestützt auf die „Daten", also auf das beobachtete Ergebnis ω, einen Wert aus Θ anzugeben, der „im allgemeinen" in der Nähe des wahren Parameterwerts ϑ liegt. In der Praxis ist es meistens nützlicher, eine von ω abhängige Menge, z.B. ein Intervall, $C(\omega)$ zu finden, in dem sich ϑ „mit hoher Wahrscheinlichkeit" befindet. Natürlich könnte man unabhängig von den Daten $C(\omega) = \Theta$ setzen, so daß ϑ mit Sicherheit immer in $C(\omega)$ läge, aber das wäre nicht sehr aufschlußreich. Je kleiner $C(\omega)$ ist, desto größer ist die „Präzision" der durch $\vartheta \in C(\omega)$ gegebenen Beschreibung der Lage von ϑ. Die Angaben im Beispiel I.1.7 sind gerade von dieser Natur.

Es sei also zu jedem $\omega \in \Omega$ eine Menge $C(\omega) \subseteq \Theta$ gegeben. Im Sinne von Abschnitt I.6 ist die Abbildung $C : \Omega \to \mathfrak{P}(\Theta)$ eine Zufallsmenge (abgesehen davon, daß $\mathfrak{P}(\Theta)$ nicht abzählbar zu sein braucht). Ferner sei $\alpha \in [0, 1]$ eine ebenfalls gegebene Zahl, die die Rolle einer „Fehlerwahrscheinlichkeit" spielen und daher meistens klein gewählt werden wird. Wir sagen, C sei ein *Konfidenzbereich* für den Parameterwert ϑ auf dem *Niveau* $1 - \alpha$, wenn

$$P_\vartheta\{\omega : \vartheta \in C(\omega)\} \geq 1 - \alpha \quad \text{für jedes} \quad \vartheta \in \Theta \tag{1}$$

gilt. Ist ϑ der „wahre" Wert des Parameters, so enthält daher die aufgrund von ω konstruierte Menge $C(\omega)$ diesen Wert mit wenigstens der Wahrscheinlichkeit $1 - \alpha$, wobei „Wahrscheinlichkeit" natürlich im Sinne der „wahren" Verteilung P_ϑ zu interpretieren ist. Haben wir andererseits ω beobachtet, so schreiben wir

$$\vartheta \in C(\omega), \text{ Konfidenzniveau } 1 - \alpha .$$

Wir können einen Konfidenzbereich C zum Niveau $1 - \alpha$ folgendermaßen konstruieren: wir wählen zu jedem $\vartheta \in \Theta$ ein Ereignis $A(\vartheta) \subseteq \Omega$ derart, daß

$$P_\vartheta(A(\vartheta)) \geq 1 - \alpha , \tag{2}$$

und setzen für jedes $\omega \in \Omega$:

$$C(\omega) = \{\vartheta \in \Theta : \ \omega \in A(\vartheta)\} . \tag{3}$$

Dann ist $\vartheta \in C(\omega)$ gleichwertig mit $\omega \in A(\vartheta)$ und daher

$$P_\vartheta\{\omega : \ \vartheta \in C(\omega)\} = P_\vartheta\{\omega : \ \omega \in A(\vartheta)\} = P_\vartheta(A(\vartheta)) \geq 1 - \alpha ,$$

d. h. (3) gibt uns in der Tat einen Konfidenzbereich zum Niveau $1 - \alpha$. Den durch (3) definierten Zusammenhang zwischen $A(\vartheta)$ und $C(\omega)$ kann man sich in $\Omega \times \Theta$ anhand der Menge $\{(\omega, \vartheta) : \vartheta \in C(\omega)\} = \{(\omega, \vartheta) : \omega \in A(\vartheta)\} =$ veranschaulichen: $A(\vartheta)$ und $C(\omega)$ sind die „Schnitte" dieser Menge. Dem Leser sei empfohlen, sie im Beispiel 1 unten aufzuzeichnen.

Die Definition (1), mit kleinem α, drückt aus, daß die aufgrund der beobachteten Realisierung ω gemachte Aussage „$\vartheta \in C(\omega)$" über den unbekannten Wert des Parameters nur mit kleiner Wahrscheinlichkeit falsch ist. Wie schon oben bemerkt, ist diese Aussage umso „nützlicher", umso „genauer", je kleiner $C(\omega)$ ist, d. h. es sollte $C(\omega)$ für alle $\omega \in \Omega$ unter der Nebenbedingung (1) möglichst klein sein. Konstruieren wir C vermittels (2) und (3), so erreichen wir dies, indem wir $A(\vartheta)$ für jedes ϑ so klein wie möglich wählen. Dies führt zu einem heuristischen Konstruktionsprinzip, das dem Maximum Likelihood-Prinzip zur Konstruktion von Schätzungen verwandt ist: man wähle als Elemente von $A(\vartheta)$ in erster Linie solche $\omega \in \Omega$, die vermöge der Verteilung P_ϑ eine besonders große Wahrscheinlichkeit $P_\vartheta\{\omega\}$ haben.

Beispiel 1. Wir betrachten das Urnenmodell mit $N = 13$, unbekanntem Parameter $\vartheta = R \in \Theta = \{0, 1, \ldots, 13\}$ und einem Stichprobenumfang $n = 6$. Wir wollen einen Konfidenzbereich für R zum Niveau $1 - \alpha = 0,9$ konstruieren.

Um $A(R)$ zu definieren, schließen wir nach dem genannten Konstruktionsprinzip mit Hilfe der Tabelle 1 die gemäß P_R wahrscheinlichsten r in $A(R)$ ein, lassen die am wenigsten wahrscheinlichen r weg und erhalten so die Ereignisse in der rechten Spalte.

Hieraus ergibt sich nach (3) der Konfidenzbereich C in der vorletzten Zeile. In der letzten Zeile ist die Maximum Likelihood-Schätzung Z angegeben.

Sind also zum Beispiel unter den 6 gezogenen Kugeln zwei rot, so können wir einigermaßen zuverlässig, nämlich auf dem Konfidenzniveau $0,9$, schließen, daß in der ganzen Urne zwischen 2 und 8 rote Kugeln waren.

Tabelle 1. Die Werte $h(r; 6, R, 13)$ sowie $A(R)$, $C(r)$ und $Z(r)$
für $0 \leq r \leq 6$, $0 \leq R \leq 13$.

R \ r	0	1	2	3	4	5	6	$A(R)$
0	1,000	0,000	0,000	0,000	0,000	0,000	0,000	0...0
1	0,538	0,462	0,000	0,000	0,000	0,000	0,000	0...1
2	0,269	0,538	0,192	0,000	0,000	0,000	0,000	0...2
3	0,122	0,441	0,367	0,070	0,000	0,000	0,000	0...3
4	0,049	0,294	0,441	0,196	0,021	0,000	0,000	1...3
5	0,016	0,163	0,408	0,326	0,082	0,005	0,000	1...4
6	0,004	0,074	0,306	0,408	0,184	0,024	0,001	1...4
7	0,001	0,024	0,184	0,408	0,306	0,074	0,004	2...5
8	0,000	0,005	0,082	0,326	0,408	0,163	0,016	2...5
9	0,000	0,000	0,021	0,196	0,441	0,294	0,049	3...5
10	0,000	0,000	0,000	0,070	0,367	0,441	0,122	3...6
11	0,000	0,000	0,000	0,000	0,192	0,538	0,269	4...6
12	0,000	0,000	0,000	0,000	0,000	0,462	0,538	5...6
13	0,000	0,000	0,000	0,000	0,000	0,000	1,000	6...6
$C(r)$	0...3	1...6	2...8	3...10	5...11	7...12	10...13	
$Z(r)$	0	2	4	6 und 7	9	11	13	

Wie nicht verwunderlich, gilt immer $Z(r) \in C(r)$.

Nach diesem Beispiel benutzen wir das genannte heuristische Prinzip, um im Fall des allgemeinen hypergeometrischen Modells mit unbekanntem Parameter R Konfidenzintervalle in systematischer Weise zu konstruieren. Dabei handelt es sich natürlich um ganzzahlige Intervalle, die wir in der Form $[a, b] = \{a, a + 1, \ldots, b\}$ schreiben.

Es sei $0 < \alpha < 1$. Für einen beobachteten Wert $r \in \Omega = \{0, \ldots, n\}$ der Zufallsvariablen $X =$„Anzahl der roten Kugeln in der Stichprobe" definieren wir

$$R'(r) \quad = \quad \min\{R : \sum_{k=r}^{n} h(k; n, R, N) > \alpha/2\} , \qquad (4)$$

$$R''(k) \quad = \quad \max\{R : \sum_{k=0}^{r} h(k; n, R, N) > \alpha/2\} ; \qquad (5)$$

wegen $h(n; n, N, N) = h(0; n, 0, N) = 1$ sind die Mengen von Parametern R, deren Minimum oder Maximum wir hier bilden, nicht leer. Die erste der beiden aufgetretenen Summen ist übrigens gleich

$$P_R\{X \geq r\} = 1 - H(r - 1; n, R, N) ,$$

und die zweite ist gleich

$$P_R\{X \leq r\} = H(r; n, R, N) .$$

Wir beweisen nun mit Hilfe der durch (2) und (3) beschriebenen Methode, daß $C(r) = [R'(r), R''(r)]$ ein Konfidenzintervall für R zum Niveau $1 - \alpha$ ist. Hierzu setzen wir

$$a'(R) = \min\{r : \sum_{k=r+1}^{n} h(k; n, R, N) \leq \alpha/2\} \,,$$

$$a''(R) = \max\{r : \sum_{k=0}^{r-1} h(k; n, R, N) \leq \alpha/2\} \,,$$

und $A(R) = [a''(R), a'(R)]$. Dann ist

$$1 - P_R(A(R)) = P_R\{X < a''(R)\} + P_R\{a'(R) < X\} \leq \alpha/2 + \alpha/2 = \alpha \,,$$

d. h. (2). Ferner gilt nach Definition von $a'(R)$:

$$r \leq a'(R) \Leftrightarrow 1 - H(r - 1; n, R, N) > \alpha/2 \,,$$

und letzteres ist nach Satz I.6.1 gleichwertig mit $R'(r) \leq R$. Ebenso beweist man die Äquivalenz von $a''(R) \leq r$ mit $R \leq R''(r)$, und damit ist (3) verifiziert.

Die Definitionen (4) geben uns die Endpunkte von $C(r)$ explizit in numerischer Form mit Hilfe einer Tafel der $h(k; n, R, N)$ oder, noch leichter, der $H(k; n, R, N)$. Manchmal ist die nach Satz I.6.1 gleichwertige Formel

$$R'(r) = \max\{R : 1 - H(r - 1; n, R, N) \leq \alpha/2\} + 1 \,,$$

$$R''(r) = \min\{R : H(r; n, R, N) \leq \alpha/2\} - 1$$

bequemer. Solche Tafeln gehen allerdings nur bis zu relativ kleinen Werten von N, z. B. [37] und [40], und selbst fertige statistische Computerprogrammpakete helfen bei großem N nicht weiter. Wir kommen darauf später zurück.

4. Test

In einem gegebenen statistischen Modell $(P_\vartheta)_{\vartheta \in \Theta}$ ist eine Hypothese H^* eine Aussage über den wahren Wert des Parameters ϑ. Sie hängt nicht vom Beobachtungsergebnis ab; sie ist entweder richtig oder falsch. Wir können sie also durch eine Teilmenge Θ^* von Θ in der Form $\vartheta \in \Theta^*$ darstellen, d. h. Θ^* ist die Menge der ϑ, für die H^* wahr ist.

Wir nehmen wieder das Beispiel aus Abschnitt 1 her, nämlich die erwachsene Bevölkerung $\mathcal{U}$ Puerto Ricos zu Beginn eines bestimmten Jahres j. Es sei $p_0 = R_0/N$ die bekannte Analphabetenrate im Jahre $j - 4$ und $p = R/N$ die noch unbekannte des Jahres j, wobei der Einfachheit halber angenommen sei, daß sich die Bevölkerungszahl $N = \#\mathcal{U}$ im Zeitraum von $j - 4$ bis j nicht geändert habe. Vor der Wahl des Gouverneurs im Jahre $j - 4$ mögen seine Gegner für den Fall seiner Wahl eine Zunahme der Rate in diesem Zeitraum vorausgesagt haben; das ist die Hypothese H_1, die wir in der Form $H_1 : p > p_0$ oder $H_1 :$

$R > R_0$ schreiben, je nachdem wir mit dem Parameter $p = 0, 1/N, \ldots, 1$ oder $R = 0, 1, \ldots, N$ arbeiten. Im letzteren Falle etwa wäre die entsprechende Menge $\Theta_1 = \{R_0 + 1, R_0 + 2, \ldots, N\}$.

Kehren wir zur allgemeinen Situation zurück. Ein *Test* ist eine Regel, eine Hypothese H_1 in Abhängigkeit vom Beobachtungsergebnis anzunehmen oder nicht anzunehmen. Die Entscheidung darüber ist also zufällig, sie ist eine Funktion des Beobachtungsergebnisses (der Daten) ω : aufgrund dieser Regel werden wir H_1 für manche ω akzeptieren und für andere nicht. In unserem Beispiel ist $\omega = r$ die Anzahl der Analphabeten in einer ungeordneten Stichprobe ohne Wiederholung, die wir im Jahre j aus $\mathcal{U}$ entnehmen.

Wir können uns irren, indem wir die Hypothese H_1 annehmen, obwohl sie falsch ist. Was wir suchen, sind Tests, bei denen die Wahrscheinlichkeit eines solchen Fehlers hinreichend klein wird. Dies ist ganz analog zur Idee des Konfidenzbereichs. Dort behaupten wir aufgrund von ω, daß der wahre Parameterwert ϑ in $C(\omega)$ liegt. Diese Behauptung ist dann und nur dann falsch, wenn $\vartheta \notin C(\omega)$, und die Wahrscheinlichkeit dieses Fehlers ist nach (3.1) höchstens gleich α.

Natürlich können wir in trivialer Weise die Fehlerwahrscheinlichkeit 0 erhalten, indem wir H_1 nie annehmen, also „ganz sicher gehen" wollen, analog zum trivialen Konfidenzbereich $C(\omega) = \Theta$ für alle ω, aber das wäre wieder nicht sehr nützlich. Das Ziel einer wissenschaftlichen Untersuchung ist ja im allgemeinen gerade, eine aufgrund früherer Erfahrungen, theoretischer Analysen oder subjektiver Erwartungen aufgestellte Hypothese nach Möglichkeit auch durch die Beobachtung oder das Experiment zu bestätigen, d. h. sie anzunehmen, wenn sie tatsächlich richtig ist, und ebenso liegen die Dinge in unserem gegenwärtigen Beispiel. Der Test soll also möglichst *mächtig* sein, d. h. mit möglichst großer Wahrscheinlichkeit zur Annahme von H_1 führen, wenn H_1 stimmt. Das ist das Analogon zur Präzision eines Konfidenzbereichs, die sich in der Kleinheit von $C(\omega)$ ausdrückt. Wir suchen also mächtige Tests unter der Nebenbedingung, daß ihre Fehlerwahrscheinlichkeit unterhalb einer gegebenen Schranke α bleibt.

Wir werden zunächst wieder die hier aufgetretenen Begriffe im Rahmen eines allgemeinen statistischen Modells präzisieren, dann aber die entscheidenden intuitiven Ideen und das praktische Vorgehen anhand unseres Fundamentalproblems beschreiben.

Der Begriff der Fehlerwahrscheinlichkeit, wie wir ihn eben eingeführt haben, stützt sich auf den der „Falschheit" von H_1. Diese stellt sich in Form einer sogenannten *Nullhypothese* H_0 dar, die mit H_1 unvereinbar ist, d. h. $\Theta_0 \cap \Theta_1 = \emptyset$, und die oft den Ausgangspunkt der Überlegungen bildet, wo sie etwa die Annahme „es hat sich nichts geändert" oder „kein Effekt" darstellt. Meistens ist sie in natürlicher Weise durch H_1 bestimmt. Wenn wir in unserem Beispiel zur Vereinfachung zunächst einmal die Möglichkeit $R < R_0$ ausschließen, so wird $H_0 : R = R_0$ die natürliche Nullhypothese. Man nennt H_1 eine *Alternative* zu H_0.

Ein *Test*, d. h. eine Entscheidungsregel, mit Hilfe derer wir H_1 in Abhängigkeit von ω annehmen oder nicht, läßt sich durch eine binäre Zufallsvariable τ darstellen, nämlich vermöge: H_1 wird angenommmen, wenn $\tau(\omega) = 1$, und nicht angenommen, wenn $\tau(\omega) = 0$. Wir bezeichnen dann den Test selbst einfach durch τ. Die Teilmenge K von Ω derart, daß $\tau = 1_K$, heißt der *kritische Bereich* von τ; die Annahme von H_1 ist also gleichbedeutend mit $\omega \in K$. Es ist wichtig, sich klar zu machen, daß die Nichtannahme von H_1, d. h. $\tau(\omega) = 0$, keinesfalls die Annahme von H_0 aufgrund von ω bedeutet; es heißt nur, daß wir aus dem Experiment keine klare Schlußfolgerung ziehen können. Wir kommen hierauf etwas später im Rahmen unseres Beispiels noch einmal zurück.

Es sei α eine zunächst willkürlich gegebene Zahl zwischen 0 und 1. Ist $\vartheta \in \Theta_0$, d. h. H_0 richtig, und entscheiden wir $\tau(\omega) = 1$, d. h. nehmen H_1 an, so machen wir einen Fehler, und $P_\vartheta\{\tau = 1\}$ ist die zugehörige *Fehlerwahrscheinlichkeit*. Wir lassen nun nur Tests τ zu, für die

$$P_\vartheta\{\tau = 1\} \leq \alpha \quad \text{für jedes } \vartheta \in \Theta_0\ , \tag{1}$$

d. h. welche höchstens mit der Wahrscheinlichkeit α zur Annahme von H_1 führen, wenn H_0 richtig ist. Jeder derartige Test τ heißt ein Test zum *Signifikanzniveau* oder kurz *Niveau* α (obwohl es eigentlich logischer wäre und mehr im Einklang mit der entsprechenden Definition für Konfidenzbereiche, $1 - \alpha$ als Niveau zu bezeichnen). Unter dem *Niveau* von τ verstehen wir die Zahl

$$\alpha_\tau = \sup_{\vartheta \in \Theta_0} P_\vartheta\{\tau = 1\}\ ; \tag{2}$$

dann wird (1) gleichwertig mit $\alpha_\tau \leq \alpha$.

Unter den Tests τ zum Niveau α suchen wir also solche, bei denen $P_\vartheta\{\tau = 1\}$ für $\vartheta \in \Theta_1$ möglichst groß wird. Wir sehen daher, daß alle uns interessierenden Eigenschaften von τ sich in der sogenannten *Gütefunktion*

$$\vartheta \mapsto \beta_\tau(\vartheta) = P_\vartheta\{\tau = 1\}, \quad \vartheta \in \Theta\ , \tag{3}$$

ausdrücken.

Man kann aus einem Konfidenzbereich oft sehr leicht einen Test herleiten, wie in Aufgabe 3 zu zeigen sein wird. Meist ist es aber besser, Tests direkt zu konstruieren.

Die Konstruktion von „guten" Tests in konkreten Fällen beruht wieder auf heuristischen Prinzipien. Wir gehen meist von einer Schätzung Z von ϑ aus. Die Idee der Schätzung war ja, daß $Z(\omega)$ mit großer Wahrscheinlichkeit in der Nähe von ϑ liegen sollte, wenn ϑ der wahre Parameter ist. Finden wir also einen Wert $Z(\omega)$, der weit weg von allen $\vartheta \in \Theta_0$ liegt, aber dafür „nahe" an Θ_1 oder in Θ_1, so werden wir geneigt sein, H_1 anzunehmen. Diese Überlegung führt uns im allgemeinen auf einen kritischen Bereich einer bestimmten Gestalt. Weiterhin werden wir, unter der Nebenbedingung (1), versuchen, den kritischen Bereich dieser Gestalt möglichst groß zu machen. Ist nämlich $K_1 \subseteq K_2$, so gilt für die entsprechenden Tests $\beta_{\tau_1} \leq \beta_{\tau_2}$, d. h. wenn τ_2 ein Test zum Niveau α ist, so trifft das auch auf τ_1 zu, aber τ_2 ist mächtiger als τ_1, weil $\beta_{\tau_1}(\vartheta) \leq \beta_{\tau_2}(\vartheta)$ insbesondere für alle $\vartheta \in \Theta_1$ gilt.

Wir betrachten jetzt zur Abwechslung das Fundamentalproblem in seiner Urnenform; die roten Kugeln sind also die Analphabeten. Wir erinnern daran, daß wir die Nullhypothese $H_0 : R = R_0$ und die Alternative $H_1 : R > R_0$ untersuchen wollten. Hier ist H_0 eine sogenannte *einfache Hypothese*, d. h. sie besteht aus nur einem Parameterwert. H_1 ist dagegen *zusammengesetzt*. Wir benutzen im Prinzip die Schätzung (2.1) von p oder (2.2) von R, aber es ist einfacher, direkt mit der Zufallsvariablen $X(\omega) = r =$ „Anzahl der roten Kugeln in der Stichprobe" zu arbeiten, die die hypergeometrische Verteilung P_R hat, wenn R der wahre Parameter ist. Diese Zufallsvariable X ist unsere sogenannte *Teststatistik*. Nach (2.2) ist es plausibel, H_1 anzunehmen, wenn r „groß" ist. Dies können wir in der Form $\gamma < r$ mit einer noch zu bestimmenden ganzen Zahl γ präzisieren, d. h. wir wählen den kritischen Bereich als Menge der Gestalt $K = \{\gamma + 1, \gamma + 2, \ldots, n\}$. Die Bedingung (1) sieht nun so aus:

$$P_{R_0}\{X > \gamma\} = P_{R_0} K = \sum_{r=\gamma+1}^{n} h(r; n, R_0, N) = 1 - H(\gamma; n, R_0, N) \le \alpha \ . \quad (4)$$

Um einen möglichst großen kritischen Bereich K zu erhalten, bestimmen wir γ als die kleinste Zahl, die dieser Bedingung genügt, d. h. so, daß

$$P_{R_0}\{X \ge \gamma\} = 1 - H(\gamma - 1; n, R_0, N) > \alpha \ ; \quad (5)$$

damit ist der Test T vollständig festgelegt.

Im letzten Schritt ziehen wir die Stichprobe und sehen nach, ob $r > \gamma$ ist oder nicht. Im ersten Fall nehmen wir H_1 an, im zweiten dagegen nicht.

In konkreter Form findet man γ wieder aus einer Tafel der hypergeometrischen Verteilungen oder mit Hilfe eines geeigneten fertigen statistischen Computerprogrammpakets, wenn N nicht zu groß ist, ganz wie im Problem der Konfidenzbereiche. Bei großem N allerdings, wie es etwa im Puerto Rico Beispiel auftritt, ist beides nicht mehr möglich. Dann können wir aber die hypergeometrischen Verteilungen durch gewisse einfachere Verteilungen approximieren. Das führt uns zu einem der fundamentalen Aspekte der Stochastik, der fast alle ihre Teile prägt und den wir bisher zwar erwähnt, aber noch nicht behandelt haben, nämlich zu Grenzwertsätzen. Wir werden dies in der Folge aufgreifen, zunächst in Form der Aufgabe III.8, und dann systematischer in Kap. VI. Man arbeitet dann also statt mit der „exakten", d. h. hypergeometrischen, Verteilung mit einer sie approximierenden Verteilung, um die Eigenschaften von Schätzungen zu studieren und Konfidenzintervalle und Tests zu bestimmen; das ist die sogenannte Asymptotik.

Wie schon gesagt, war die Wahl von α, von der τ abhängt, willkürlich. Der Wert $\alpha = 0,05$ wird viel gebraucht, besonders in der Biologie und Medizin, weil Sir Ronald Fisher , der Hauptbegründer der modernen Statistik, oft damit arbeitete. In der Praxis sollte α gemäß den möglichen Konsequenzen einer Fehlentscheidung, d. h. der Annahme einer falschen Hypothese H_1, fixiert werden: wenn diese Konsequenzen katastrophal sein und z.B. zu einem Unfall in einem Nuklearkraftwerk führen können, so muß man α sehr klein wählen; ist dagegen H_1 nur eine, vielleicht vorläufige, Arbeitshypothese, so kann auch $\alpha = 0,1$ oder sogar $\alpha = 0,2$ sinnvoll sein.

Es gibt darüber hinaus eine Möglichkeit, sich in gewissem Umfang von dieser Willkürlichkeit zu befreien. Wir werden es wieder in unserem Beispiel erläutern. Wir fixieren jetzt kein α und dementsprechend auch kein γ und keinen Test τ, sondern betrachten sogleich das Ergebnis r unserer Beobachtung, d. h. den Wert der Teststatistik X. Wir erinnern daran, daß wir H_1 annehmen wollten, wenn r „groß“ war. Wir nennen die Wahrscheinlichkeit, unter der Nullhypothese mindestens diesen beobachteten Wert r als Realisierung von X zu bekommen, den p-*Wert* des Experiments (genauer: dieses Ausgangs des Experiments), d. h. die Zahl

$$\pi(r) = P_{R_0}\{r \leq X\} = P_{R_0}\{r, r+1, \ldots, n\} = 1 - H(r-1; n, R_0, N) \qquad (6)$$

(das „p“ im Wort p-Wert ist ein Teil dieses Wortes und hat nichts mit der ebenso bezeichneten Proportion R/N zu tun). Dann ist $\pi(r)$ das kleinste Niveau, auf dem man H_1 durch einen Test der obigen Form, d. h. $\tau(k) = 1 \Leftrightarrow k > \gamma$, annehmen kann.

In der Tat: setzen wir $\gamma^* = r - 1$, so nehmen wir H_1 wegen $r > \gamma^*$ durch den zugehörigen Test τ^* an, und es wird

$$\alpha_{\tau^*} = P_{R_0}\{X > \gamma^*\} = P_{R_0}\{X \geq r\} = \pi(r) \ ,$$

d. h. τ^* ist ein Test zum Niveau $\pi(r)$. Andererseits sei τ irgendein durch eine Schranke γ bestimmter Test zu einem Niveau $\alpha < \pi(r)$. Dann ist nach (1) und (6):

$$\sum_{k=\gamma+1}^{n} h(k; n, R_0, N) \leq \alpha < \pi(r) = \sum_{k=r}^{n} h(k; n, R_0, N) \ ,$$

woraus $r < \gamma + 1$ folgt, d. h. r führt nicht zur Annahme von H_1.

Es sei etwa $N = 20, R_0 = 10$, d. h. $p_0 = 1/2$ und $H_1 : p > 1/2$. Wir schreiben zunächst $\alpha = 0{,}05$ vor. Eine kleine Rechnung oder eine Tafel der hypergeometrischen Verteilungen gibt uns $P_{10}\{8, 9, 10\} = 0{,}0115 \leq 0{,}05$ und $P_{10}\{7, 8, 9, 10\} = 0{,}0894 > 0{,}05$, so daß (4) und (5) auf $\gamma = 7$ führen. Wir nehmen also H_1 dann und nur dann an, wenn unter den 10 gezogenen Kugeln mindestens 8 rote sind. Setzen wir andererseits einfach nur voraus, wir hätten in der Stichprobe $r = 8$ Kugeln gefunden, so ist $\pi(r) = 0{,}0115$. Wir können dann also die Hypothese H_1 nicht nur auf dem Niveau 0,05, sondern z.B. auch auf dem Niveau 0,02 oder 0,012 annehmen, dagegen nicht auf dem Niveau 0,01. Der p-Wert gibt uns demnach mehr Informationen als nur die Angabe darüber, ob wir H_1 auf dem Niveau 0,05 annehmen dürfen oder nicht.

Um die Aufmerksamkeit des (geneigten?) Lesers auf das Wesentliche zu lenken, haben wir bisher den Fall $p < p_0$, d. h. $R < R_0$, ausgeschlossen. Nun ist aber nach Satz I.6.1 die Gütefunktion

$$\beta_\tau(R) = P_R\{X > \gamma\} = 1 - P_R\{X \leq \gamma\}$$

bei festem γ als Funktion von R monoton wachsend. Bezeichnen wir mit H_0' die

Nullhypothese $R \leq R_0$, definiert durch $\Theta'_0 = \{0, \ldots, R_0\}$, so gilt daher

$$\sup_{R \in \Theta'_0} \beta_\tau(R) = \beta_\tau(R_0) \, .$$

Links steht nach (2) das Niveau von τ für die Nullhypothese H'_0, rechts das für H_0. Es ändert sich also in unseren Überlegungen überhaupt nichts, wenn wir denselben Test τ als Test für die Nullhypothese H'_0 gegen die Alternative H_1 ansehen.

Aus der Monotonie von β_τ folgt weiterhin

$$\beta_\tau(R_0) \leq \beta_\tau(R)$$

für jedes $R > R_0$, d. h. die Wahrscheinlichkeit, die Hypothese H_1 anzunehmen, ist größer, wenn sie wahr ist, als wenn sie falsch ist. Diese natürlich wünschenswerte Eigenschaft des Tests τ heißt seine *Unverfälschtheit*. Wir wollen schließlich noch einmal auf die obige Bemerkung zurückkommen, daß die Nichtannahme von H_1 nicht dasselbe bedeute wie die Annahme von H_0. Wir sehen jetzt H'_0 als Alternative an und fragen uns, wie wir einen Test konstruieren müßten, um diese Alternativhypothese $H^*_1 = H'_0 : R \leq R_0$ zur Nullhypothese $H^*_0 = H_1 : R > R_0$ zu testen. Hier würden wir einen kritischen Bereich von der Form $K^* = \{0, 1, \ldots, \gamma^* - 1\}$ wählen, d. h. H^*_1 dann und nur dann annehmen, wenn $r < \gamma^*$. Dabei ist γ^* maximal zu wählen unter der Nebenbedingung $H(\gamma^* - 1; n, R_0 + 1, N) = P_{R_0+1}\{0, 1, \ldots, \gamma^* - 1\} \leq \alpha$. In obigem Beispiel mit $N = 20, R_0 = 10, n = 10$ und $\alpha = 0,05$ ergibt sich aus $H(3; 10, 11, 20) = 0,0349 \leq 0,05$ und $H(4; 10, 11, 20) = 0,1849 > 0,05$, daß $\gamma^* = 4$. Um H^*_1 annehmen zu können, dürften wir also höchstens 3 rote Kugeln in der Stichprobe finden. Dagegen verwerfen wir H^*_1, als Nullhypothese H'_0 aufgefaßt, dann und nur dann nicht, d. h. nehmen H_1 dann und nur dann nicht an, wenn höchstens 7 rote Kugeln in der Stichprobe liegen. Das ist ein plausibles Ergebnis: die Hypothese $R \leq 10$ anzunehmen, d. h. von ihrer Richtigkeit überzeugt zu sein, bedeutet mehr als nur, sie nicht zu verwerfen.

Man sagt übrigens oft „Verwerfen von H_0" anstelle von „Annehmen von H_1", aber das hat natürlich nur Sinn, wenn die Alternative H_1 spezifiziert ist.

5. Fisher's exakter Test

Im Beispiel I.1.4 lag eine Situation vor, in der wir nicht nur aus *einer* Population eine Stichprobe auswählten, wie in Abschnitt I.5 und Abschnitt 1 bis 4, sondern aus *zweien*, die es zu vergleichen galt: die der nach der alten und die der nach der neuen Methode behandelten Patienten. Das Ergebnis läßt sich in Gestalt einer 2×2-*Kontingenztafel*, kurz 2×2-Tafel genannt, darstellen, die allgemein so aussieht:

	E	E'	
L	a	b	m
L'	c	d	m'
	n	n'	N

Dabei bedeuten E die neue und E' die alte Behandlung, L eine Überlebenszeit von mindestens 5 Jahren nach der Behandlung und L' eine von weniger als 5 Jahren. Es sind n und n' die entsprechenden Stichprobenumfänge, a die Anzahl der der alten Therapie unterworfenen Personen, die 5 Jahre später noch am Leben waren (Kategorie EL), und analog b, c und d, im Beispiel also $n = n' = 5$, $a = 4$, $b = 2$. Weiter bilden $n = a + c$, $n' = b + d$, $m = a + b$, $m' = c + d$ die sogenannten *Marginalwerte*, so daß z.B. m die Gesamtzahl der mindestens 5 Jahre Überlebenden bedeutet; im Beispiel wird $c = 1$, $d = 3$, $m = 6$, $m' = 4$. Schließlich ist N die Zahl aller am Experiment teilnehmenden Personen, im Beispiel $N = 10$.

Wir versetzen uns nun in die „imaginäre" Situation, wo *alle* N Patienten in traditioneller Weise behandelt werden, und bezeichnen mit R die Zahl der dann vor Ablauf von 5 Jahren dem Tode geweihten. Aus dieser einen Population vom Umfang N entnehmen wir eine ungeordnete Stichprobe vom Umfang n' ohne Wiederholung. Es bedeute D die Zufallsvariable „Anzahl der nicht überlebenden Patienten in der Stichprobe". Dann hat D eine hypergeometrische Verteilung: $P_R\{D = k\} = h(k; n, R, N')$. Wir setzen $R_0 = m'$ und betrachten die Hypothese $H_0 : R \leq R_0$ gegen die Alternative $H_1 : R > R_0$, die wir mit der im vorigen Abschnitt beschriebenen Methode testen können. Es bedeutet aber H_0, daß tatsächlich mindestens ebenso viele Todesfälle eingetreten sind wie in der imaginären Situation, wo niemand der neuen Therapie ausgesetzt war, d. h. daß diese neue Behandlung keinen Vorteil gebracht hat, während H_1 gerade die Hypothese darstellt, die der Erfinder der neuen Behandlung bestätigen möchte, nämlich daß sie, an der Zahl der Überlebenden nach 5 Jahren gemessen, besser ist. Dies ist der *exakte* Test von R.A. Fisher.

Es ist wichtig, sich klarzumachen, daß das Zufallsexperiment, das wir hier zugrunde gelegt haben, im Ziehen der Stichprobe aus den N schon vorher für das Experiment ausgewählten Personen und nicht etwa aus dem Ziehen von je einer Stichprobe aus einer größeren Menge von in alter bzw. neuer Weise behandelter Patienten besteht. Zugleich sehen wir $R_0 = m'$ als fixiert und bekannt an; sonst hätte die Hypothese H_0 gar keinen Sinn. Es handelt sich also um einen Test „mit fixierten Marginalwerten".

In unserem Beispiel können wir mit Hilfe einer Tafel der hypergeometrischen Verteilung leicht den p-Wert ausrechnen: $R_0 = 4$, D hat den Wert $d = 3$ angenommen, und $P_4\{D \geq 3\} = 1 - H(2; 5, 4, 10) = 0{,}2619$. Auf dem Niveau 0,05 kann H_1 also nicht angenommen werden, ja nicht einmal auf dem Niveau 0,25, wohl dagegen auf dem Niveau 0,3. Angesichts einer so hohen Fehlerwahrscheinlichkeit wäre es allerdings riskant, aus dem Ergebnis eine praktische Schlußfolgerung zu ziehen wie z.B., die neue Therapie in der Zukunft systematisch anzuwenden.

Statt mit der Zufallsvariablen D hätten wir natürlich ebenso mit der entsprechenden Variablen A, B oder C arbeiten können. Mit welcher man am bequemsten operiert, hängt von den Daten und der Organisation der verwendeten Tafel ab.

6. Aufgaben

1. Im Beispiel I.1.3 der Qualitätskontrolle mögen sich in der aus 100 Relais bestehenden Stichprobe 7 defekte gefunden haben. Man berechne den Maximum-Likelihood-Schätzwert und den naiven Schätzwert für die Anzahl der defekten Relais unter den 10 000 produzierten.

2. Man zeige: Definiert man $R'(r)$ für jedes r mit Hilfe der ersten Gleichung (3.4), in der man $\alpha/2$ durch α ersetzt hat, so ist R' eine sogenannte „untere Konfidenzschranke" und $C(r) = \{R'(r), R'(r) + 1, \ldots, N\}$ ein „einseitiger" Konfidenzbereich für R zum Niveau α, d. h. für jedes R gilt $P_R\{r : R'(r) \leq R\} \geq 1 - \alpha$. Man bestimme diese einseitigen Konfidenzbereiche im Fall $N = 13$, $n = 6$, $\alpha = 0,1$ für $r = 0, 1, \ldots, 6$ und vergleiche sie mit den im Beispiel 3.1 konstruierten „zweiseitigen" Konfidenzbereichen.

3. Es sei $(P_\vartheta)_{\vartheta \in \Theta}$ ein statistisches Modell über Ω, ferner H_0 die Hypothese $\vartheta \in \Theta_0$ und $H_1 : \vartheta \in \Theta \setminus \Theta_0$. Man beweise: Ist C ein Konfidenzbereich auf dem Niveau $1 - \alpha$, so ist $\{\omega : \Theta_0 \cap C(\omega) = \emptyset\}$ der kritische Bereich eines Tests von H_0 gegen H_1 zum Niveau α. Anschauliche Interpretation?

   Man zeige, daß der auf diese Weise aus dem in Aufgabe 2 konstruierten einseitigen Konfidenzbereich abgeleitete Test gleich dem in Abschnitt 4 untersuchten Test von $H_0 : R \leq R_0$ gegen $H_1 : R > R_0$ ist. Andererseits verwende man den in Abschnitt 3 definierten zweiseitigen Konfidenzbereich, um einen Test zur Nullhypothese $H_0 : R = R_0$ gegen die Alternative $H_1 : R \neq R_0$ herzuleiten.

4. In einer Urne mögen 13 Kugeln liegen, von denen einige rot und die übrigen schwarz sind. Wir vermuten, daß höchstens 9 Kugeln rot sind und möchten diese Vermutung aufgrund einer aus der Urne gezogenen Stichprobe von 5 Kugeln bestätigen. Man formuliere dies als ein Testproblem und gebe den p-Wert dieses Experiments für jede mögliche Anzahl von roten Kugeln in der Stichprobe an. Wie sieht ein unverfälschter Test zum Niveau 0,15 aus?

5. Um zu testen, ob ein Kästchen mit 100 Schrauben weniger als 10 defekte Schrauben enthält, prüft ein Handwerker 10 „rein zufällig" herausgenommene und akzeptiert das Kästchen nur dann, wenn alle 10 geprüften Schrauben in Ordnung sind. Man beschreibe sein Verhalten testtheoretisch und ermittle das Signifikanzniveau seines Testverfahrens. Verhält er sich vernünftig?

6. Um die Anzahl N der Fische in einem See zu schätzen, fangen wir 100 davon, markieren sie und setzen sie wieder in den See ein. Nach einiger Zeit fangen wir 150 Fische und finden unter ihnen 11 markierte. Welchen Wert ergibt die Maximum-Likelihood-Schätzung für N? Was ergibt die naive Schätzung (2.3)?

7. Nach Beispiel I.2.3 hat die Poissonsche Verteilung zum Parameter $\lambda > 0$ die Zähldichte

$$P_\lambda\{k\} = \frac{\lambda^k}{k!}\mathrm{e}^{-\lambda}, \quad k = 0, 1, \ldots.$$

Man untersuche zunächst $k \mapsto P_\lambda\{k\}$ im Hinblick auf Monotonie und Extrema. Sodann bestimme man im statistischen Modell $(P_\lambda)_{\lambda>0}$ eine Maximum-Likelihood-Schätzung für λ. Ist sie eindeutig? Schließlich beweise man, daß die Funktion $\lambda \mapsto \sum_{k=0}^{r} P_\lambda\{k\}$ bei festem r strikt monoton abnimmt und benutze dies, um zu gegebenem Niveau α einen sinnvollen Test der Hypothese $H_0 : \lambda \leq \lambda_0$ gegen die Alternative $H_1 : \lambda > \lambda_0$ mit bekanntem λ_0 zu definieren und zu untersuchen. Wie sieht er aus, wenn $\lambda_0 = 2$ und $\alpha = 0,1$ oder $0,05$ oder $0,01$ ist? Wie groß ist dann, im Fall $\alpha = 0,01$, die Wahrscheinlichkeit, H_1 anzunehmen, wenn $\lambda = 3$?

r	$R=1$ $n=1$	r	$R=2$ $n=1$	r	$R=2$ $n=2$	r	$R=3$ $n=1$	r	$R=3$ $n=2$	r	$R=3$ $n=3$
0	0,923	0	0,826	0	0,705	0	0,769	0	0,577	0	0,420
1	0,077	1	0,154	1	0,282	1	0,231	1	0,385	1	0,472
				2	0,013			2	0,038	2	0,105
										3	0,003

r	$R=4$ $n=1$	r	$R=4$ $n=2$	r	$R=4$ $n=3$	r	$R=4$ $n=4$	r	$R=5$ $n=1$	r	$R=5$ $n=2$
0	0,692	0	0,462	0	0,294	0	0,176	0	0,615	0	0,359
1	0,308	1	0,462	1	0,503	1	0,470	1	0,385	1	0,513
		2	0,077	2	0,189	2	0,302			2	0,128
				3	0,014	3	0,050				
						4	0,001				

r	$R=5$ $n=3$	r	$R=5$ $n=4$	r	$R=5$ $n=5$	r	$R=6$ $n=1$	r	$R=6$ $n=2$	r	$R=6$ $n=3$
0	0,196	0	0,098	0	0,044	0	0,538	0	0,269	0	0,122
1	0,490	1	0,392	1	0,272	1	0,462	1	0,538	1	0,441
2	0,280	2	0,392	2	0,435			2	0,192	2	0,367
3	0,035	3	0,112	3	0,218					3	0,070
		4	0,007	4	0,031						
				5	0,001						

r	$R=6$ $n=4$	r	$R=6$ $n=5$	r	$R=6$ $n=6$
0	0,049	0	0,016	0	0,004
1	0,294	1	0,163	1	0,074
2	0,441	2	0,408	2	0,306
3	0,196	3	0,326	3	0,408
4	0,021	4	0,082	4	0,184
		5	0,005	5	0,024
				6	0,001

Die hypergeometrischen Wahrscheinlichkeiten $h(r; n, R, 13)$ für $0 \leq n \leq R \leq 6$. Für $R < n$ beachte man Aufgabe I.9.

Kapitel III

Bedingte Wahrscheinlichkeit, Unabhängigkeit

Zwischen Ereignissen gibt es Beziehungen, die sich nicht in deterministischen Kategorien wie „Folgerung" oder „Unvereinbarkeit" ausdrücken, sondern durch wahrscheinlichkeitstheoretische Begriffe wie „bedingte Wahrscheinlichkeit" und „Unabhängigkeit".

1. Bedingte Wahrscheinlichkeit

Bedingte Wahrscheinlichkeit Betrachten wir zunächst die Gleichverteilung P in einem endlichen Ergebnisraum Ω. Es seien A und B Ereignisse und $A \neq \emptyset$. Wir fragen nach einer sinnvollen Definition der Wahrscheinlichkeit von B unter der Bedingung, daß A eintritt oder, wie man auch kurz sagt, „bei gegebenem A".

Die Idee der Definition besteht darin, sich auf Realisierungen $\omega \in A$ zu beschränken und anzunehmen, daß diese wieder alle mit der gleichen Wahrscheinlichkeit auftreten. Falls aber A eintritt, so tritt B dann und nur dann ein, wenn $A \cap B$ eintritt. Daher wird die „bedingte" Wahrscheinlichkeit von B unter der Bedingung A sinnvollerweise durch

$$\#(A \cap B)\frac{1}{\#A} = \frac{\#(A \cap B)}{\#\Omega}\frac{\#\Omega}{\#A} = \frac{P(A \cap B)}{PA} \tag{1}$$

erklärt.

Diese Überlegung legt die folgende, für beliebige Wahrscheinlichkeitsräume gültige Definition nahe.

Definition 1. Ist (Ω, P) ein diskreter Wahrscheinlichkeitsraum und A ein Ereignis mit $PA > 0$, so heißt

$$P(B|A) = \frac{P(A \cap B)}{PA} \tag{2}$$

die bedingte Wahrscheinlichkeit des Ereignisses B *unter der Bedingung A* oder „bei gegebenem A". Die durch $B \mapsto P(B|A)$ auf $\mathfrak{P}(\Omega)$ erklärte Funktion $P(\cdot|A)$ wird *die bedingte Wahrscheinlichkeitsverteilung in Ω unter der Bedingung A* genannt.

Man überlegt sich in der Tat sehr leicht, daß $P(B|A)$ als Funktion von B eine Wahrscheinlichkeitsverteilung im Sinne der Definition in Abschnitt I.2 ist. Sie ist *auf A konzentriert*, d. h. $P(A|A) = 1$.

Beispiel 1. Beim Würfeln mit einem Würfel ist die Wahrscheinlichkeit einer 6 gleich $1/6$. Unter der Annahme, daß eine gerade Zahl fällt, ist es wohl intuitiv klar, daß die Zahlen 1, 3 und 5 mit der Wahrscheinlichkeit 0 und die Zahlen 2, 4 und 6 mit gleicher Wahrscheinlichkeit, nämlich $1/3$, erscheinen. Dies steht im Einklang mit (1) und (2) für $A = \{2, 4, 6\}$ und $B = \{k\}$, $k = 1, \ldots, 6$.

Beispiel 2. Beim Wurf mit einem roten und einem schwarzen Würfel ist die Wahrscheinlichkeit dafür, daß der schwarze Würfel eine 6 zeigt, gleich $1/6$. Unter der Bedingung, die Augensumme sei gleich 12, müssen beide Würfel eine 6 zeigen, und daher leuchtet es ein, daß die bedingte Wahrscheinlichkeit für das Würfeln einer 6 mit dem schwarzen Würfel unter dieser Bedingung gleich 1 ist. Dies ergibt sich wieder aus (1) und (2), wenn man $\Omega = \{(i, k) : 1 \leq i, k \leq 6\} = \{1, \ldots, 6\}^2$ setzt, für P die Gleichverteilung auf Ω nimmt und $A = \{(6, 6)\}, B = \{1, \ldots, 6\} \times \{6\}$ definiert. Dagegen wird die Bedingung, die Augensumme sei gleich 11, durch die Menge $A = \{(5, 6), (6, 5)\}$ dargestellt, und (1) liefert dann

$$P(B|A) = \frac{1/36}{2/36} = \frac{1}{2}.$$

Bedingte Wahrscheinlichkeiten spielen eine wichtige Rolle in der Konstruktion und Berechnung von Wahrscheinlichkeiten. Häufig kennt man z.B. von der Struktur des Problems her sowohl PA als auch $P(B|A)$. Daraus leitet man $P(A \cap B)$ vermittels der mit (2) gleichwertigen Formel

$$P(A \cap B) = P(B|A)P(A) \tag{3}$$

ab. Im Fall $PA = 0$ hat zwar $P(B|A)$ keinen Sinn mehr, wohl aber gilt $P(A \cap B) = 0$, und man vereinbart daher in diesem Fall, Terme von der Form der rechten Seite von (3) auch gleich 0 zu setzen.

Ersetzen wir in (3) das Ereignis A durch seine Negation $\Omega \setminus A$ und benutzen dies und die Gleichung (3) selbst, so können wir die Gleichung $PB = P(A \cap B) + P((\Omega \setminus A) \cap B)$ in der Form

$$PB = P(B|A)P(A) + P(B|\Omega \setminus A)P(\Omega \setminus A)$$

schreiben, wobei $P(\Omega \setminus A) = 1 - PA$, d. h. die Wahrscheinlichkeit von B läßt sich aus der Wahrscheinlichkeit PA und den bedingten Wahrscheinlichkeiten $P(B|A)$ und $P(B|\Omega \setminus A)$ berechnen.

Eine allgemeinere Situation ist Gegenstand des folgenden Satzes, in dem wir anstelle eines Ereignisses A und seines Komplements $\Omega \setminus A$ irgendeine Zerlegung von Ω in paarweise disjunkte Ereignisse $A_1, \ldots, A_m$ haben. Wie üblich setzen wir $\delta_{jk} = 0$ für $j \neq k$ und $\delta_{kk} = 1$.

Satz 1. *Es seien Ω ein abzählbarer Ergebnisraum und $(A_1, \dots, A_m)$ eine Zerlegung von Ω in endlich viele paarweise disjunkte Ereignisse. Für jedes k seien eine auf A_k konzentrierte Wahrscheinlichkeitsverteilung Q_k und eine nichtnegative Zahl p_k gegeben, so daß $p_1 + \cdots + p_m = 1$ ist. Dann gibt es eine und nur eine Wahrscheinlichkeitsverteilung P in Ω, die den Bedingungen*

$$PA_k = p_k \quad \textit{für alle } k \tag{4}$$

und

$$P(B|A_k) = Q_k(B) \quad \textit{für alle } k \textit{ mit } p_k > 0 \textit{ und alle } B \subseteq \Omega \tag{5}$$

genügt. Diese Verteilung ist durch

$$PB = \sum_{k=1}^{m} Q_k(B)p_k \tag{6}$$

gegeben.

Beweis. Es ist leicht nachzurechnen, daß (6) eine Verteilung P im Sinne der Definition in Abschnitt I.2 bestimmt. Sie erfüllt (4), weil die A_j paarweise disjunkt sind und Q_j auf A_j konzentriert ist und somit $Q_j(A_k) = \delta_{jk}$. Ist $p_k > 0$ und damit also auch $PA_k > 0$, so gilt infolgedessen für jedes $B \subseteq \Omega$:

$$P(B|A_k) = \frac{P(B \cap A_k)}{PA_k} = \frac{1}{p_k} \sum_{j=1}^{m} Q_j(B \cap A_k)p_j = \frac{1}{p_k} Q_k(B \cap A_k)p_k = Q_k(B)\,,$$

wobei wir im vorletzten Schritt $Q_j(B \cap A_k) \leq Q_j(A_k) = 0$ für $j \neq k$ benutzt haben und im letzten, daß Q_k auf A_k konzentriert ist; damit ist (5) verifiziert.

Nachdem die Existenz von P bewiesen ist, bleibt noch die Eindeutigkeit nachzuweisen. Ist P' irgendeine Verteilung in Ω, die (4) und (5) erfüllt, so gilt nach (3), angewandt auf P', und nach (6) für jedes $B \subseteq \Omega$:

$$P'B = \sum_{k=1}^{m} P'(B \cap A_k) = \sum_{k=1}^{m} P'(B|A_k)PA_k = \sum_{k=1}^{m} Q_k(B)p_k = PB\,,$$

d. h. $P = P'$. $\qquad\qquad\qquad\qquad\qquad\qquad\qquad\qquad\qquad\qquad\qquad\qquad\square$

Wir bemerken also, daß die Wahrscheinlichkeitsverteilung P eindeutig durch ihre Werte PA_k und die bedingten Wahrscheinlichkeitsverteilungen $P(\cdot|A_k)$ für $PA_k > 0$ bestimmt ist und daß für jedes $B \subseteq \Omega$ gilt

$$PB = \sum_{k=1}^{m} P(B|A_k)PA_k\,. \tag{7}$$

Diese Gleichung wird die Formel für die *vollständige* oder auch *zusammengesetzte Wahrscheinlichkeit* genannt, weil sich eben die „vollständige" Wahrscheinlichkeit von B aus den bedingten Wahrscheinlichkeiten von B bei gegebenen A_k und den

Wahrscheinlichkeiten der A_k zusammensetzt. Aus ihr ergibt sich die folgende, unter dem Namen *Bayessche Formel* bekannte Gleichung (8), die insbesondere in der Statistik und Informationstheorie eine fundamentale Rolle spielt, wie wir im nächsten Abschnitt sehen werden:

Satz 2. *Es seien (Ω, P) ein diskreter Wahrscheinlichkeitsraum und $(A_1, \ldots, A_m)$ eine endliche Zerlegung von Ω. Dann gilt für jedes Ereignis B mit $PB > 0$ und jedes k :*

$$P(A_k|B) = \frac{P(B|A_k)PA_k}{\sum_{j=1}^{m} P(B|A_j)PA_j} \,. \tag{8}$$

Beweis. Ist $PA_k > 0$, so folgt aus (2) und (3):

$$P(A_k|B) = \frac{P(A_k \cap B)}{PB} = \frac{P(B|A_k)PA_k}{PB} \,.$$

Aufgrund der im Anschluß an (3) erwähnten Konvention ist dies auch noch im Fall $PA_k = 0$ richtig. Damit ergibt sich die Behauptung aus (7).   □

Der Beweis des Satzes 1 gilt auch, auf den „Umordnungsatz" für Reihen mit positiven Gliedern gestützt, für eine abzählbare Zerlegung $(A_1, A_2, \ldots)$ von Ω, und damit bleiben die Sätze 1 und 2 auch in diesem Fall richtig.

Als letztes stellen wir die *Multiplikationsformel* für bedingte Wahrscheinlichkeiten vor, die z.B. in der Theorie der sogenannten „Entscheidungsbäume" Verwendung findet, von denen Beispiel 4 weiter unten einen einfachen Spezialfall bildet:

Satz 3. *Es seien $A_1, \ldots, A_n$ Ereignisse mit $P(A_1 \cap \ldots \cap A_{n-1}) > 0$. Dann ist*

$$P(A_1 \cap \ldots \cap A_n) = P(A_1)P(A_2|A_1)P(A_3|A_1 \cap A_2) \cdots P(A_n|A_1 \cap \ldots \cap A_{n-1}). \tag{9}$$

Beweis. Wegen $P(A_1) \geq P(A_1 \cap A_2) \geq \ldots \geq P(A_1 \cap \ldots \cap A_{n-1}) > 0$ sind alle Faktoren auf der rechten Seite von (9) definiert, und wir erhalten dafür:

$$P(A_1)\frac{P(A_1 \cap A_2)}{P(A_1)}\frac{P(A_1 \cap A_2 \cap A_3)}{P(A_1 \cap A_2)} \cdots \frac{P(A_1 \cap \ldots \cap A_n)}{P(A_1 \cap \ldots \cap A_{n-1})} \,,$$

woraus durch Kürzen die linke Seite hervorgeht.   □

Beispiel 3. Wir wollen die Wahrscheinlichkeit dafür bestimmen, daß unter n zufällig ausgewählten Kindern keine zwei am selben Tag Geburtstag haben. Einfachheitshalber nehmen wir an, daß niemand am 29. Februar Geburtstag hat und daß alle anderen Tage mit gleicher Wahrscheinlichkeit als Geburtstag auftreten. Wir numerieren die Kinder und bezeichnen für $k = 1, \ldots, n-1$ mit A_k das Ereignis, daß das $(k+1)$-te Kind an einem anderen Tag Geburtstag hat als die mit den Nummern $1, \ldots, k$. Dann ist das fragliche Ereignis gleich $A_1 \cap \ldots \cap A_{n-1}$ und

$$P(A_1) = \frac{364}{365}, \; P(A_2|A_1) = \frac{363}{365}, \ldots, P(A_{n-1}|A_1 \ldots A_{n-2}) = \frac{365 - n + 1}{365} \,,$$

also nach (9):

$$P(A_1 \cap \ldots \cap A_{n-1}) = \frac{364}{365}\frac{363}{365} \cdots \frac{365 - n + 1}{365} = \frac{(365)_n}{365^n} \,. \qquad (10)$$

Wir können das Problem auch so ansehen: aus der Menge der Tage $1, \ldots, 365$ ziehen wir eine geordnete Stichprobe vom Umfang n mit Wiederholung, nämlich die Geburtstage der n Kinder. Was ist die Wahrscheinlichkeit, daß in dieser Stichprobe keine Wiederholungen vorkommen? Damit folgt die Lösung (10) auch unmittelbar aus den Sätzen I.4.2 und I.4.3.

Beispiel 4. In einem Gesundheitszentrum eines Entwicklungslandes stellt ein Arzthelfer bei einem Kind aufgrund klinischer Symptome (Durchfall, Fieber, Blut im Stuhl, Schleim im Stuhl) die Diagnose „Bakterienruhr". Für eine Untersuchung des Stuhls im Laboratorium mit dem Ziel einer zuverlässigeren Diagnose fehlen Zeit und Geld. Aus epidemiologischen Studien weiß man, daß unter den Kindern mit dieser Diagnose ungefähr 75 % tatsächlich Bakterienruhr (B) haben und 25 % eine Amöbenruhr (A); zur Vereinfachung mögen andere Durchfallserkrankungen hier vernachlässigt werden.

Zur Wahl stehen zwei Medikamente S und F, die nicht beide gegeben werden können. Beim Verabreichen von S ist die Heilungsquote der Bakterienruhr gleich 0,85 und die der Amöbenruhr gleich 0,13; die entsprechenden Werte für F sind 0,07 und 0,74. Eine nicht geheilte Bakterienruhr führt mit der Wahrscheinlichkeit 0,03 zum Tode und eine nicht geheilte Amöbenruhr mit der Wahrscheinlichkeit 0,29. Bezeichnen wir mit K das Ereignis „keine Heilung", mit T das Ereignis „Tod" und mit P_S die Wahrscheinlichkeitsverteilung bei einer Behandlung mit S, so gilt nach (9):

$$P_S(B \cap K \cap T) = P_S(B)P_S(K|B)P_S(T|B \cap K) = 0{,}75 \cdot 0{,}15 \cdot 0{,}03 = 0{,}003375$$

und entsprechend $P_S(A \cap K \cap T) = 0{,}25 \cdot 0{,}87 \cdot 0{,}29 = 0{,}063075$. Daher ist bei dieser Behandlung die Wahrscheinlichkeit des tödlichen Ausgangs im Zusammenhang mit einer der beiden Krankheiten gleich $P_S(K \cap T) = 0{,}066450$. Entsprechend finden wir

$$P_F(K \cap T) = 0{,}75 \cdot 0{,}93 \cdot 0{,}03 + 0{,}25 \cdot 0{,}25 \cdot 0{,}29 = 0{,}039050 \,.$$

Damit ist F vorzuziehen, obwohl es gegen die diagnostizierte Krankheit viel weniger wirksam ist; dies liegt natürlich an der höheren Sterblichkeit durch A.

2. Ein wahrscheinlichkeitstheoretisches Modell in der Informationstheorie

Ein Nachrichten übertragendes System, im folgenden kurz Kanal genannt, funktioniert im allgemeinen nicht technisch perfekt. Wird am Eingang ein Buchstabe gesendet, so ist der am Ausgang empfangene Buchstabe nicht immer eindeutig bestimmt, weil im Kanal Störungen auftreten, die eine zufällige Komponente haben.

Zur Vereinfachung der Bezeichnungen nehmen wir an, daß das sogenannte *Ausgangsalphabet* $\mathcal{B}$ der Buchstaben, die man empfangen kann, aus den Zahlen $1, \ldots, n$ besteht, d. h. $\mathcal{B} = \{1, \ldots, n\}$, und entsprechend ist $\mathcal{A} = \{1, \ldots, m\}$ das *Eingangsalphabet* der Buchstaben, die man senden darf. Den empfangenen Buchstaben k sehen wir dann als Realisierung eines Zufallselements in $\mathcal{B}$ an. In einem nicht gänzlich nutzlosen Kanal sollte die Verteilung des empfangenen Buchstabens natürlich vom gesendeten Buchstaben $i \in \mathcal{A}$ abhängen. Ihre Zähldichte werde im folgenden mit $p(\cdot|i)$ bezeichnet. Für $i \in \mathcal{A}$, $k \in \mathcal{B}$ interpretieren wir $p(k|i)$ als die „bedingte" Wahrscheinlichkeit, k zu empfangen, wenn i gesendet wurde, obwohl i zunächst kein Ereignis in einem Wahrscheinlichkeitsraum darstellt; einen solchen werden wir mit Hilfe des Satzes 1.1 konstruieren.

Zunächst definieren wir einen *Kanal* als ein Tripel $(\mathcal{A}, \Pi, \mathcal{B})$, worin $\mathcal{A} = \{1, \ldots, n\}$, $\mathcal{B} = \{1, \ldots, m\}$ und $\Pi = (p(k|i))_{i \in \mathcal{A}, k \in \mathcal{B}}$ eine Matrix mit

$$p(k|i) \geq 0 \quad \text{für} \quad i = 1, \ldots, m; \quad k = 1, \ldots, n\, ; \tag{1}$$

$$\sum_{k=1}^{n} p(k|i) = 1 \quad \text{für} \quad i = 1, \ldots, m\, . \tag{2}$$

Eine Matrix Π, die (1) und (2) erfüllt, heißt eine *stochastische Matrix*. Wir interpretieren dabei also $p(k|i)$ als eine bedingte Wahrscheinlichkeit, und die i-te Zeile von Π, d. h. $p(\cdot|i)$, als die Zähldichte der zugehörigen Wahrscheinlichkeitsverteilung „bei gegebenem i".

Auf $\mathcal{A}$ denken wir uns jetzt eine Zähldichte p gegeben mit der Interpretation, daß $p(i)$ die Wahrscheinlichkeit ist, mit der man i sendet. Weiß man etwa, daß ein deutscher Text gesendet wird und besteht $\mathcal{A}$ dementsprechend aus den Buchstaben a, b, $\ldots$, z, den Satzzeichen und einem Symbol für den Zwischenraum, so treten die verschiedenen Buchstaben mit verschiedenen Wahrscheinlichkeiten auf. Zum Beispiel werden e und n mit viel höherer Wahrscheinlichkeit gesendet als q oder x.

Der Empfänger des Buchstabens k am „Ende der Leitung" kennt die „Übertragungsmatrix" Π und die „Eingangsverteilung" p, aber nicht den gesendeten Buchstaben i. Wir betrachten nun, als außenstehender, „allwissender" Beobachter, das Zufallsexperiment, dessen Ausgang durch den gesendeten und den empfangenen Buchstaben zusammen beschrieben wird, und konstruieren einen entsprechenden Wahrscheinlichkeitsraum. Der Ergebnisraum ist natürlich das Produkt $\Omega = \mathcal{A} \times \mathcal{B}$. Dem Ereignis „$i$ wurde gesendet" entspricht in Ω die Menge

$$A_i = \{i\} \times \mathcal{B}\, ,$$

und das Ereignis „k wurde empfangen" wird durch die Teilmenge

$$B_k = \mathcal{A} \times \{k\}$$

von Ω dargestellt. Dann ist sowohl $(A_1, \ldots, A_m)$ als auch $(B_1, \ldots, B_n)$ eine Zerlegung von Ω.

Den Interpretationen von Π und p entsprechend wollen wir eine Wahrscheinlichkeitsverteilung P auf Ω derart definieren, daß

$$PA_i = p(i) \tag{3}$$

und

$$P(B_k|A_i) = p(k|i) \tag{4}$$

für alle i und k. Die Existenz und Eindeutigkeit einer solchen Verteilung folgen aber unmittelbar aus dem Satz 1.1, indem wir

$$p_i = p(i)$$

und

$$Q_i B = \sum_{k\,:\,(i,k)\in B} p(k|i)$$

für jede Teilmenge B von Ω setzen, so daß insbesondere $Q_i(B_k) = p(k|i)$ wird. Aus (3) und (4) ergibt sich dann die explizite Darstellung

$$P\{(i,k)\} = p(k|i)p(i) \tag{5}$$

von P.

Die Aufgabe der Informationstheorie ist es, dem Empfänger der Nachrichten Regeln in die Hand zu geben, vermittels derer er aus dem empfangenen Buchstaben Rückschlüsse auf den gesendeten Buchstaben ziehen kann und sich dabei so wenig wie möglich irrt. Eine solche Regel ist eine *Entscheidungsfunktion* $\phi : \mathcal{B} \to \mathcal{A}$, die wir so interpretieren: ist der Buchstabe k angekommen, so vermutet der Empfänger, daß der Buchstabe $\phi(k)$ gesendet worden war.

Die *Fehlerwahrscheinlichkeit* beim Gebrauch der Entscheidungsregel ϕ ist gleich

$$\pi_\phi = 1 - \sum_{k=1}^{n} P\{(\phi(k), k)\}, \tag{6}$$

denn der Empfänger irrt sich dann und nur dann nicht, wenn ein Buchstabenpaar (i, k) mit $i = \phi(k)$ auftritt. Nach (1.3) können wir dies folgendermaßen umformen:

$$\pi_\phi = 1 - \sum_{k=1}^{n} P(A_{\phi(k)} \cap B_k) = 1 - \sum_{k=1}^{n} P(A_{\phi(k)}|B_k)P(B_k).$$

Infolgedessen ist ϕ dann und nur dann optimal, d. h. hat eine minimale Fehlerwahrscheinlichkeit, wenn für jedes k mit $P(B_k) > 0$ gilt:

$$P(A_{\phi(k)}|B_k) = \max_{i=1,\ldots,m} P(A_i|B_k). \tag{7}$$

Nach der Formel (1.7) für die vollständige Wahrscheinlichkeit haben wir also für jedes k, welches der Bedingung

$$PB_k = \sum_{i=1}^{m} p(k|i)p(i) > 0$$

genügt, das Maximum unter den Zahlen $P(A_i|B_k)$, $i = 1, \ldots, m$, zu finden und einen der betreffenden Indizes i gleich $\phi(k)$ zu setzen. Im Fall $P(B_k) = 0$ können wir $\phi(k)$ irgendwie bestimmen, ohne die Fehlerwahrscheinlichkeit π_ϕ dadurch zu beeinflussen, aber ein solcher Buchstabe k wird ja auch „fast nie" empfangen werden.

Dieses Ergebnis ist plausibel: wenn wir k empfangen haben, so entscheiden wir uns für denjenigen Buchstaben, der unter eben dieser Bedingung, nämlich B_k, die größte bedingte Wahrscheinlichkeit hatte, gesendet worden zu sein. Die durch die Bayessche Formel (1.8) gegebene Zähldichte

$$i \mapsto P(A_i|B_k) = \frac{p(k|i)p(i)}{\sum_{j=1}^{m} p(k|j)p(j)}, \tag{8}$$

die also für den Empfänger die Wahrscheinlichkeiten der gesendeten Buchstaben bei gegebenem empfangenen Buchstaben k darstellt, heißt die *a posteriori-Verteilung* in $\mathcal{A}$ unter der Bedingung B_k. Dagegen ist $i \mapsto P(A_i) = p(i)$ die *a priori-Verteilung*, mit der man am Ende des Kanals rechnen muß, solange man noch nichts empfangen hat.

Das Problem, das wir hier behandelt haben, ist offenbar ein statistisches im Sinne des Abschnitts II.1. Das, was dort Ω war, ist jetzt $\mathcal{B}$, nämlich der Raum der möglichen Beobachtungsergebnisse, hier der der empfangenen Buchstaben, und der Raum Θ der Parameter ist jetzt $\mathcal{A}$. Das statistische Modell ist die Familie der Verteilungen $(p(\cdot|i))_{i \in \mathcal{A}}$ auf $\mathcal{B}$, und die Entscheidung, die der „Statistiker", d. h. der Beobachter am Ausgang des Kanals, zu treffen hat, bezieht sich auf den Parameter i. Anders als in Kapitel II verfügt er jedoch noch über die zusätzliche Information, die in der a priori-Verteilung p im Raum der Parameter steckt und die er wie oben beschrieben ausnutzt. Verfahren, die sich auf eine a priori-Verteilung stützen, werden *Bayessche Verfahren* genannt.

Ist die a priori-Verteilung p insbesondere die Gleichverteilung, so folgt aus (8):

$$P(A_i|B_k) = \frac{1}{PB_k}p(k|i),$$

und daher ist eine gemäß (7) konstruierte optimale Entscheidungsfunktion ϕ nichts anderers als eine Maximum Likelihood-Schätzung von i. In der Tat ist es sinnvoll, das Fehlen jeglicher Vorkenntnisse über die zu sendenden Buchstaben durch die Gleichverteilung in $\mathcal{A}$ zu beschreiben. Im obigen Beispiel eines deutschen Textes wäre der Gebrauch der Gleichverteilung dagegen sicherlich nicht angemessen.

3. Unabhängige Ereignisse

Werfen wir einen roten und einen schwarzen Würfel, so hängt das Eintreffen des Ereignisses $A = $ „der rote Würfel zeigt eine ungerade Zahl" normalerweise nicht vom Eintreffen des Ereignisses $B = $ „der schwarze Würfel zeigt eine 6" ab. Dieses „nicht abhängen" ist im naiven, außermathematischen Sinne des Fehlens irgendwelcher Einflüsse des einen Ereignisses auf das andere gemeint. Es ist jedoch plausibel, es wahrscheinlichkeitstheoretisch so auszudrücken: die bedingte Wahrscheinlichkeit von A bei gegebenem B ist gleich der Wahrscheinlichkeit von A schlechthin, d. h.

$$P(A|B) = PA\,. \tag{1}$$

Hieraus folgt

$$P(A \cap B) = PA \cdot PB \tag{2}$$

und damit

$$P(B|A) = PB\,. \tag{3}$$

Bei positiven PA und PB sind die Gleichungen (1), (2) und (3) äquivalent, aber (2) hat auch noch einen Sinn, wenn $PA = 0$ oder $PB = 0$. Daher geben wir die folgende

Definition 1. Zwei Ereignisse desselben Wahrscheinlichkeitsraums (Ω, P) heißen *(stochastisch) unabhängig*, wenn sie der Gleichung (2) genügen.

Insbesondere ist ein fast unmögliches Ereignis von jedem anderen unabhängig. Wenn A das Ereignis B impliziert, d. h. $A \subseteq B$ ist, so sind A und B dann und nur dann unabhängig, wenn A fast unmöglich oder B fast sicher ist.

Beispiel 1. Wie im Beispiel I.6.3 beschreiben wir das zweimalige Werfen eines Würfels, oder auch das einmalige Werfen mit je einem roten und einem schwarzen Würfel, durch die Gleichverteilung P in $\Omega = \{1, \dots, 6\}^2$. Es sei A ein nur durch Bedingungen über das Resultat des ersten und B ein nur durch Bedingungen über das Resultat des zweiten Wurfs beschriebenes Ereignis, dargestellt also durch Mengen der Form $A = E \times \{1, \dots, 6\}$ und $B = \{1, \dots, 6\} \times F$ mit $E, F \subseteq \{1, \dots, 6\}$. Zum Beispiel könnte wie oben $E = \{1, 3, 5\}$ und $F = \{6\}$ sein. Dann sind A und B, wie auch intuitiv zu erwarten, unabhängig, denn

$$PA \cdot PB = \frac{\#E \cdot 6}{36}\frac{6 \cdot \#F}{36} = \frac{\#E \cdot \#F}{36} = \frac{\#(E \times F)}{36} = P(A \cap B)\,.$$

Wir überlegen uns nun, wie die Unabhängigkeit von mehr als zwei Ereignissen $A_1, \dots, A_n$ zu definieren wäre. Intuitiv betrachtet würde diese Unabhängigkeit folgendes bedeuten: für jede nichtleere echte Teilmenge $\{j_1, \dots, j_k\}$ von $\{1, \dots, n\}$, für die das gleichzeitige Eintreten von $A_{j_1}, \dots, A_{j_k}$ nicht fast unmöglich ist, und für jedes $i \in \{1, \dots, n\} \setminus \{j_1, \dots, j_k\}$ ist die bedingte Wahrscheinlichkeit von A_i unter der Bedingung, daß $A_{j_1}, \dots, A_{j_k}$ alle eintreten, gleich der Wahrscheinlichkeit von A_i schlechthin, d. h.

$$P(A_i | A_{j_1} \cap \dots \cap A_{j_k}) = PA_i\,. \tag{4}$$

Im Fall $n = 2$ läuft dies auf (1) und (3), d.h. auf die Definition 1 hinaus. Ähnlich wie oben werden wir nun diese Bedingungen umformen, um zu einer einfachen Definition zu gelangen.

Kombinieren wir die Gleichungen der Gestalt (4) mit der Multiplikationsformel (1.9), so erhalten wir für jede nichtleere Teilmenge $\{i_1, \ldots, i_k\}$ von $\{1, \ldots, n\}$ unter der Annahme $P(A_{i_1} \cap \ldots \cap A_{i_{k-1}}) > 0$:

$$P(A_{i_1} \cap \ldots \cap A_{i_k}) = P(A_{i_1}) \cdots P(A_{i_k}) \, . \tag{5}$$

Dies bleibt aber auch im Fall $P(A_{i_1} \cap \ldots \cap A_{i_{k-1}}) = 0$ richtig, wie die folgende Überlegung zeigt. Es sei m die kleinste Zahl mit $1 \leq m \leq k - 1$, für die $P(A_{i_1} \cap \ldots \cap A_{i_m}) = 0$. Ist $m = 1$, so gilt $P(A_{i_1}) = 0$, und daher verschwinden beide Seiten von (5). Ist dagegen $m > 1$, so wird $P(A_{i_1} \cap \ldots \cap A_{i_{m-1}}) > 0$, woraus folgt

$$\begin{aligned} 0 &= P(A_{i_1} \cap \ldots \cap A_{i_m}) = P(A_{i_m}|A_{i_1} \cap \ldots \cap A_{i_{m-1}})P(A_{i_1} \cap \ldots \cap A_{i_{m-1}}) \\ &= P(A_{i_m})P(A_{i_1} \cap \ldots \cap A_{i_{m-1}}) \end{aligned}$$

und somit $P(A_{i_m}) = 0$, so daß wieder beide Seiten von (5) gleich 0 sind.

Gilt umgekehrt (5) für jede nichtleere Teilmenge $\{i_1, \ldots, i_k\}$ von $\{1, \ldots, n\}$ und ist $\{j_1, \ldots, j_k\}$ eine nichtleere echte Teilmenge von $\{1, \ldots, n\}$, so ergibt sich bei beliebigem $i \in \{1, \ldots, n\} \setminus \{j_1, \ldots, j_k\}$:

$$P(A_i|A_{j_1} \cap \ldots \cap A_{j_k}) = \frac{P(A_i)P(A_{j_1}) \cdots P(A_{j_k})}{P(A_{j_1}) \cdots P(A_{j_k})} = P(A_i) \, ,$$

d.h. (4).

Dies berechtigt uns zu der folgenden

Definition 2. Ereignisse $A_1, \ldots, A_n$ mit $n \geq 2$ eines Wahrscheinlichkeitsraums (Ω, P) heißen *unabhängig*, wenn (5) für jede nichtleere Teilmenge $\{i_1, \ldots, i_k\}$ von $\{1, \ldots, n\}$ gültig ist.

Beispiel 2. Wir würfeln einmal. Dann sind z.B. die Ereignisse $\{1, 2\}$ und $\{1, 3, 5\}$ unabhängig, weil

$$P\{1, 2\} \cdot P\{1, 3, 5\} = \frac{2}{6}\frac{3}{6} = \frac{1}{6} = P(\{1, 2\} \cap \{1, 3, 5\}) \, .$$

Dagegen sind $A = \{1, 2, 3\}$, $B = \{2, 4, 6\}$ und $C = \{1, 2, 4, 5\}$ nicht unabhängig. Zwar gilt

$$PA \cdot PB \cdot PC = \frac{1}{2}\frac{1}{2}\frac{2}{3} = \frac{1}{6} = P(A \cap B \cap C) \, ,$$

$$PA \cdot PC = \frac{1}{2}\frac{2}{3} = \frac{1}{3} = P(A \cap C) \, , \qquad PB \cdot PC = \frac{1}{2}\frac{2}{3} = \frac{1}{3} = P(B \cap C) \, ,$$

aber es ist $PA \cdot PB = 1/4$ und $P(A \cap B) = 1/6$.

Wir ersehen hieraus insbesondere, daß (5) mit $k = n$ allein nicht für die Unabhängigkeit der A_i ausreicht.

Die Unabhängigkeit bedeutet mehr als nur die *paarweise Unabhängigkeit* von $A_1, \ldots, A_n$, d.h. die Unabhängigkeit von je zweien dieser Ereignisse, wie das folgende Beispiel zeigt:

Beispiel 3. Es sei $\Omega = \{1, \ldots, 8\}$ und P die Gleichverteilung darin. Dann sind die Ereignisse $A = \{1, 2, 3, 4\}$, $B = \{1, 2, 5, 6\}$ und $C = \{3, 4, 5, 6\}$ wegen

$$P(A \cap B) = PA \cdot PB = P(A \cap C) = PA \cdot PC = P(B \cap C) = PB \cdot PC = \frac{1}{4}$$

paarweise unabhängig, aber nicht unabhängig, denn es ist $P(A \cap B \cap C) = 0$ und $PA \cdot PB \cdot PC = 1/8$.

4. Unabhängige Zufallsvariable

Durch (I.6.5) hatten wir ein Ereignis mit einer speziellen Zufallsvariablen, nämlich seiner Indikatorvariablen, identifiziert. Den Begriff der Unabhängigkeit von Ereignissen verallgemeinernd, werden wir jetzt die Unabhängigkeit von Zufallsvariablen definieren. Die *Konstruktion* unabhängiger Zufallsvariablen hängt mit der Idee unabhängiger Zufallsexperimente zusammen, und damit werden wir beginnen.

Wir betrachten also n Zufallsexperimente, die durch diskrete Wahrscheinlichkeitsräume (Ω_1, P_1), $\ldots, (\Omega_n, P_n)$ beschrieben werden. Fassen wir diese „Einzel"-Experimente zu einem „Gesamt"-Experiment zusammen, so sind die Ergebnisse die Folgen $(\omega_1, \ldots, \omega_n)$ mit $\omega_i \in \Omega_i$, d.h. die Elemente der Produktmenge $\Omega_1 \times \cdots \times \Omega_n$. Dabei stellt ω_i das Resultat des i-ten Experiments dar. Während es so einen „natürlichen" Ergebnisraum gibt, ist die Wahl einer adäquaten Verteilung nicht möglich, wenn wir nichts über den Zusammenhang zwischen den Einzelexperimenten wissen.

Beispiel 1. Wir würfeln zweimal hintereinander mit demselben Würfel, beim ersten Mal wie üblich, z.B. mit einem Würfelbecher, aber beim zweiten Mal nach zwei verschiedenen Regeln:

a) wir heben den Würfel nur ein bißchen an und legen ihn wieder so hin, wie er nach dem ersten Wurf lag;

b) wir werfen den Würfel wieder mit dem Becher nach kräftigem Schütteln.

In beiden Fällen wird jeder der beiden Würfe für sich durch die Gleichverteilung P auf dem Ergebnisraum $\Omega = \{1, \ldots, 6\}$ korrekt beschrieben. Die Verteilung Q auf Ω^2, die die beiden Würfe zusammen richtig darstellt, ist jedoch nicht dieselbe: unter der Regel a) wird sie durch

$$Q\{(i, i)\} = \frac{1}{6} \text{ für } i = 1, \ldots, 6 \text{ und } Q\{(i, j)\} = 0 \text{ für } i \neq j$$

gegeben, d. h. sie ist die „Gleichverteilung auf der Diagonalen" von Ω^2, während unter der Regel b), wie wir schon aus Beispiel 3.2 wissen, die Gleichverteilung in Ω^2 angemessen ist, d. h.

$$Q\{(i,j)\} = \frac{1}{36} \quad \text{für alle } i \text{ und } j \,.$$

Im Fall a) ist das Ergebnis des zweiten Wurfs durch das des ersten völlig bestimmt, während wir im Fall b) jeglichen Einfluß des einen Wurfs auf den anderen als ausgeschlossen ansehen. Es sind dieser Fall b) und seine Verallgemeinerungen, die uns jetzt interessieren.

Wir werden also eine Wahrscheinlichkeitsverteilung Q in $\Omega^\times = \Omega_1 \times \cdots \times \Omega_n$ definieren, die dieser Situation entspricht. Ein Ereignis in $\Omega^\times$, dessen Eintreten nur vom Ausgang des i-ten Experiments abhängt, ist eine Menge der Form

$$A_i' = \{(\omega_1, \ldots, \omega_n) : \omega_i \in A_i\} \tag{1}$$

mit $A_i \subseteq \Omega_i$. Natürlich soll die gesuchte Verteilung Q die Eigenschaft

$$QA_i' = P_i A_i \tag{2}$$

haben, denn beide Seiten dieser Gleichung sollen ja dasselbe bedeuten, nämlich die Wahrscheinlichkeit, daß A_i beim i-ten Experiment eintritt. Wenn (2) auf alle A_i zutrifft, so sagen wir, P_i sei die i-te *Randverteilung* oder *Marginalverteilung* von Q.

Unter der *Unabhängigkeit der Experimente* wollen wir verstehen, daß die Ereignisse $A_1', \ldots, A_n'$ für alle $A_1, \ldots, A_n$ unabhängig sind. Wegen $A_1' \cap \ldots \cap A_n'$ $= A_1 \times \cdots \times A_n$ und (2) würde dies aufgrund der Definition 3.2 die Gleichung

$$Q(A_1 \times \ldots \times A_n) = P_1 A_1 \cdots P_n A_n \tag{3}$$

nach sich ziehen. Gilt andererseits (3) für alle A_i mit $i = 1, \ldots, n$, so erhalten wir (3.5) mit Q anstelle von P und A_i' anstelle von A_i auch für jede Teilmenge $\{i_1, \ldots, i_k\}$ von $\{1, \ldots, n\}$, indem wir A_i für $i \in \{1, \ldots, n\} \setminus \{i_1, \ldots, i_k\}$ durch Ω_i ersetzen, d. h. $A_1', \ldots, A_n'$ sind unabhängig.

Satz 1. *Es gibt eine und nur eine Wahrscheinlichkeitsverteilung Q in $\Omega^\times$, die* (3) *für alle $A_1 \subseteq \Omega_1, \ldots, A_n \subseteq \Omega_n$ erfüllt.*

Beweis. Hat Q die Eigenschaft (3) und wenden wir dies auf eine einelementige Menge $A_i = \{\omega_i\}$ an, so erhalten wir die Zähldichte

$$Q\{(\omega_1, \ldots, \omega_n)\} = P_1\{\omega_1\} \cdots P_n\{\omega_n\}\,, \tag{4}$$

durch die Q, wie im Anschluß an (I.2.5)-(I.2.7) bemerkt, eindeutig festgelegt ist. Definieren wir andererseits die Zahlen $Q\{(\omega_1, \ldots, \omega_n)\}$ durch (4), so folgt unmittelbar, daß sie eine Zähldichte bilden, d. h. sinngemäß den Gleichungen (I.2.5) und (I.2.6) genügen und damit vermöge (I.2.7) eine Verteilung Q in $\Omega^\times$ bestimmen. Man rechnet leicht nach, daß Q die Gleichung (3) erfüllt. $\qquad\square$

Die so gegebene Verteilung Q heißt das *Produkt* von $P_1, \ldots, P_n$ und wird durch $P_1 \otimes \cdots \otimes P_n$ bezeichnet. Sind die Ω_i endliche Mengen, so ergibt sich aus (4), daß Q dann und nur dann die Gleichverteilung in $\Omega_1 \times \cdots \times \Omega_n$ ist, wenn P_i die Gleichverteilung in Ω_i ist für $i = 1, \ldots, n$.

Der diskrete Wahrscheinlichkeitsraum $(\Omega_1 \times \cdots \times \Omega_n, P_1 \otimes \cdots \otimes P_n)$ ist das gesuchte Modell für das Zufallsexperiment, das im unabhängigen Ausführen der durch $(\Omega_1, P_1), \ldots, (\Omega_n, P_n)$ dargestellten Experimente besteht. Im Fall $\Omega_1 = \cdots = \Omega_n = \Omega$, $P_1 = \cdots = P_n = P$ haben wir ein Modell für das n-fache unabhängige Wiederholen desselben Zufallsexperiments. Wir modellieren dies durch $(\Omega^n, P^{n\otimes})$.

Wir betrachten jetzt zufällige Elemente auf demselben Wahrscheinlichkeitsraum. Anschaulich gesprochen sehen wir sie als unabhängig an, wenn sie ihre Werte unabhängig voneinander annehmen. Präzisiert ergibt das die folgende

Definition 1. Für $i = 1, \ldots, n$ sei X_i ein Zufallselement in der abzählbaren Menge Ω_i. Dann heißen die X_i *unabhängig*, wenn für beliebige $B_i \subseteq \Omega_i$ gilt

$$P\{X_1 \in B_1, \ldots, X_n \in B_n\} = P\{X_1 \in B_1\} \cdots P\{X_n \in B_n\}. \qquad (5)$$

Ist $\{i_1, \ldots, i_k\}$ eine nichtleere Teilmenge von $\{1, \ldots, n\}$ und ersetzen wir B_i für $i \in \{1, \ldots, n\} \setminus \{i_1, \ldots, i_k\}$ durch Ω_i, so folgt aus (5), daß

$$P\{X_{i_1} \in B_{i_1}, \ldots, X_{i_k} \in B_{i_k}\} = P\{X_{i_1} \in B_{i_1}\} \cdots P\{X_{i_k} \in B_{i_k}\}.$$

Nach Definition 3.2 bedeutet dies in der Tat, daß die Ereignisse $\{X_1 \in B_1\}, \ldots, \{X_n \in B_n\}$ für beliebige $B_i \subseteq \Omega_i$ unabhängig sind, wenn $X_1, \ldots, X_n$ im Sinne der Definition 1 unabhängig sind, und umgekehrt. Außerdem genügt es wieder, (5) nur mit einelementigen Mengen $B_i = \{x_i\}$ zu verlangen, d. h.

$$P\{X_1 = x_1, \ldots, X_n = x_n\} = P\{X_1 = x_1\} \cdots P\{X_n = x_n\}, \qquad (6)$$

woraus (5) im allgemeinen Fall durch Addition über alle $x_i \in B_i$ folgt.

Wir hatten eine Zufallsvariable anschaulich gesprochen als Zufallselement in $\mathbb{R}$ definiert. Um die Definition der Unabhängigkeit auf Zufallsvariable $X_1, \ldots, X_n$ anzuwenden, sei Ω_i eine alle Werte von X_i enthaltende abzählbare Menge, z.B. $\Omega_i = X_i(\Omega)$; man kann aber auch die Ω_i alle gleich wählen, indem man sie durch ihre Vereinigung ersetzt. Dann fällt für jedes $B_i \subseteq \mathbb{R}$ das Ereignis $\{X_i \in B_i\}$ mit $\{X_i \in B_i \cap \Omega_i\}$ zusammen, so daß wir (5) auch für überabzählbare Mengen B_i haben.

Sind $X_1, \ldots, X_n$ irgendwelche Zufallsvariablen und wählen wir wieder die abzählbaren $\Omega_i \subseteq \mathbb{R}$ derart, daß Ω_i alle Werte von X_i enthält, so ist die durch

$$X(\omega) = (X_1(\omega), \ldots, X_n(\omega))$$

definierte Abbildung $X : \Omega \to \Omega^\times$ ein zufälliger Vektor im Sinne von Abschnitt I.6 mit Werten in $\Omega^\times = \Omega_1 \times \cdots \times \Omega_n$.

Definition 2. Die Verteilung Q_X von X in $\Omega^\times$ im Sinne von (I.6.3) heißt *die gemeinsame Verteilung von $X_1, \ldots, X_n$ in $\Omega^\times$.*

Aus der gemeinsamen Verteilung der Zufallsvariablen X_i kann man unmittelbar die Verteilung einer jeden von ihnen ableiten. Ist nämlich $B_i \subseteq \Omega_i$, so ist $X_i(\omega) \in B_i$ gleichwertig mit $X(\omega) \in \Omega_1 \times \cdots \times \Omega_{i-1} \times B_i \times \Omega_{i+1} \times \cdots \times \Omega_n$ und daher

$$Q_{X_i}(B_i) = P\{X_i \in B_i\} = Q_X(\Omega_1 \times \cdots \times \Omega_{i-1} \times B_i \times \Omega_{i+1} \times \cdots \times \Omega_n). \quad (7)$$

Nach (1) und (2) ist also Q_{X_i} die i-te Randverteilung von Q_X.

In Beispiel 1 sei X_i das Resultat des i-ten Wurfs. Dann ist Q_X im Fall a) die auf der Diagonale konzentrierte Gleichverteilung, im Fall b) dagegen die Gleichverteilung in $\Omega^\times = \{1, \ldots, 6\}^2$. Beide Verteilungen haben aber dieselben Randverteilungen, nämlich die Gleichverteilung auf $\Omega_1 = \Omega_2 = \{1, \ldots, 6\}$.

Aus (3) und den Definitionen 1 und 2 folgt sofort:

Satz 2. *Die Zufallsvariablen $X_1, \ldots, X_n$ sind dann und nur dann unabhängig, wenn ihre gemeinsame Verteilung Q_X gleich dem Produkt $Q_{X_1} \otimes \cdots \otimes Q_{X_n}$ ist.*

Es ist trivial aber doch manchmal nützlich zu wissen, daß jede Wahrscheinlichkeitsverteilung Q in einer Menge der Form $\Omega^\times = \Omega_1 \otimes \cdots \otimes \Omega_n$ mit abzählbaren $\Omega_i \subseteq \mathbb{R}$ die gemeinsame Verteilung eines zufälligen Vektors X über einem geeigneten Wahrscheinlichkeitsraum (Ω, P) bildet. Wir brauchen nur $\Omega = \Omega^\times$, $P = Q$ und X gleich der identischen Abbildung von Ω auf sich zu setzen. Das letzte läuft darauf hinaus, daß die i-te Komponente X_i von X die *Projektion* $X_i(\omega_1, \ldots, \omega_n) = \omega_i$ ist. Diese Projektionen sind daher dann und nur dann unabhängig, wenn Q das Produkt seiner Randverteilungen ist.

Beispiel 2. Wie im Beispiel 1.b) betrachten wir wieder zwei unabhängige Würfe eines Würfels, und wie eben sei X_i für $i = 1, 2$ das Ergebnis des i-ten Wurfs. Weiter sei $X_3 = X_1 + X_2$ die gewürfelte Augensumme. Dann sind, wie intuitiv offensichtlich, X_1 und X_3 nicht unabhängig, denn z.B. ist $P\{X_1 = 6, X_3 = 2\} = 0$, aber $P\{X_1 = 6\} = 1/6$, $P\{X_3 = 2\} = 1/36$.

Satz 3. *Es sei (Ω, P) ein Wahrscheinlichkeitsraum, und für $i = 1, \ldots, n$ sei Y_i ein Zufallselement auf Ω mit Werten in einer abzählbaren Menge Ω_i und ϕ_i eine Abbildung von Ω_i in eine abzählbare Menge Ω_i'. Sind nun $Y_1, \ldots, Y_n$ unabhängig, so sind auch die Zufallselemente $\phi_1 \circ Y_1, \ldots, \phi_n \circ Y_n$ in $\Omega_1', \ldots, \Omega_n'$ unabhängig.*

Beweis. Es sei $B_i \subseteq \Omega_i'$ für $i = 1, \ldots, n$. Wegen der Unabhängigkeit der Y_i gilt dann nach (5):

$$P\{Y_1 \in \phi_1^{-1}(B_1), \ldots, Y_n \in \phi_n^{-1}(B_n)\} = P\{Y_1 \in \phi_1^{-1}(B_1)\} \cdots P\{Y_n \in \phi_n^{-1}(B_n)\}.$$

Da $Y_i \in \phi_i^{-1}(B_i)$ zu $\phi_i \circ Y_i \in B_i$ äquivalent ist, folgt hieraus

$$P\{\phi_1 \circ Y_1 \in B_1, \ldots, \phi_n \circ Y_n \in B_n\} = P\{\phi_1 \circ Y_1 \in B_1\} \cdots P\{\phi_n \circ Y_n \in B_n\},$$

und somit sind die $\phi_i \circ Y_i$, wieder nach Definition 1, ebenfalls unabhängig. $\qquad\square$

Nach der bei (6) gemachten Bemerkung hätte es genügt, den Beweis nur für einelementige Mengen B_i zu führen. Auf diese Weise beweist man auch unmittelbar den

Satz 4. *Es seien* $X_1, \ldots, X_n$ *unabhängige Zufallsvariable und* $n_1, \ldots, n_m \in \mathbb{N}$ *mit* $n_1 + \cdots + n_m = n$. *Dann sind die Zufallsvektoren*

$$(X_1, \ldots, X_{n_1}), (X_{n_1+1}, \ldots, X_{n_1+n_2}), \ldots, (X_{n_1+\cdots+n_{m-1}+1}, \ldots, X_n)$$

ebenfalls unabhängig.

Kombiniert man dies mit Satz 3, so erhält man die Unabhängigkeit von Zufallsvariablen der Form

$$\phi_1 \circ (X_1, \ldots, X_{n_1}), \ldots, \phi_m \circ (X_{n_1+\cdots+n_{m-1}+1}, \ldots, X_n) \,,$$

wenn $X_1, \ldots, X_n$ unabhängig sind und $\phi_j : \mathbb{R}^{n_j} \to \mathbb{R}$ für $j = 1, \ldots, m$. Zum Beispiel sind $X_1 + X_2$, $X_3 X_4$ und $\exp(X_5)$ unabhängig, wenn $X_1, \ldots, X_5$ es sind.

Beispiel 3. Gegeben seien ein Zufallsexperiment, beschrieben durch einen diskreten Wahrscheinlichkeitsraum (Ω_0, P_0), und ein Ereignis $A \subseteq \Omega_0$ mit der Wahrscheinlichkeit $p = P_0 A$. Wir suchen die Wahrscheinlichkeit dafür, daß A in n unabhängigen Wiederholungen des Experiments genau k-mal eintritt.

Dazu stellen wir das n-malige Experiment wie oben beschrieben durch den Raum $\Omega = \Omega_0^n$ und die Produktverteilung $P = P_0^{n\otimes} = P_0 \otimes \cdots \otimes P_0$ dar. Es sei X_i die Indikatorvariable des Ereignisses „A tritt beim i-ten Experiment ein", d. h.

$$X_i(\omega_1, \ldots, \omega_n) = \begin{cases} 1, & \text{wenn } \omega_i \in A \,, \\ 0, & \text{wenn } \omega_i \notin A \,. \end{cases}$$

Dann folgt X_i der Bernoullischen Verteilung $P\{X_i = 1\} = p$, $P\{X_i = 0\} = 1-p$, und nach dem Satz 3 sind $X_1, \ldots, X_n$ unabhängig, weil sich X_i in der Form $1_A \circ Y_i$ schreiben läßt, worin Y_i die Projektion von Ω auf den i-ten Faktor Ω_0 ist. Weiter ist $X. = X_1 + \cdots + X_n$ die Anzahl der Experimente, bei denen A eintritt, d. h. wir suchen die Wahrscheinlichkeit $b(k; n, p) = P\{X. = k\}$ oder anders formuliert die Zähldichte $k \mapsto b(k; n, p)$ der Verteilung von $X.$.

Um diese Wahrscheinlichkeit zu finden, benutzen wir die schon im Beispiel I.6.3 verwendete Methode. Für eine Zerlegung $(\{i_1, \ldots, i_k\}, \{j_1, \ldots, j_{n-k}\})$ von $\{1, \ldots, n\}$ betrachten wir die Wahrscheinlichkeit, daß A gerade bei den Versuchen mit den Nummern $i_1, \ldots, i_k$ eintritt, d. h.

$$\begin{aligned} & P\{X_{i_1} = 1, \ldots, X_{i_k} = 1, X_{j_1} = 0, \ldots, X_{j_{n-k}} = 0\} \\ & = P\{X_{i_1} = 1\} \cdots P\{X_{i_k} = 1\} P\{X_{j_1} = 0\} \cdots P\{X_{j_{n-k}} = 0\} \\ & = p^k (1 - p)^{n-k} \,. \end{aligned}$$

Summieren wir dies über alle solche $\binom{n}{k}$ Zerlegungen von $\{1, \ldots, n\}$, so erhalten wir links die gesuchte Wahrscheinlichkeit $b(k; n, p)$ und damit

$$b(k; n, p) = \binom{n}{k} p^k (1 - p)^{n-k} \,. \tag{8}$$

Die durch (8) auf $\{0, 1, \ldots, n\}$ definierte Wahrscheinlichkeitsverteilung heißt die *Binomialverteilung zu den Parametern n und p*. In den Abschnitten I.4 und I.6 hatten wir schon die Binomialverteilung zu den Parametern n und $1/2$ bzw. n und $1/6$ kennengelernt. Im Fall $n = 1$ haben wir natürlich wieder die Bernoullische Verteilung mit dem Parameter p.

Die obige Überlegung zeigt, daß es eigentlich auf den Raum Ω gar nicht ankommt. Womit wir operieren, sind n unabhängige binäre Zufallsvariable X_i mit $P\{X_i = 1\} = p$, also $P\{X_i = 0\} = 1 - p$. Die Verteilung ihrer Summe $X.$, d. h. die Binomialverteilung mit den Parametern n und p, ist einfach das Bild im Sinne von (I.6.1) der gemeinsamen Verteilung der X_i vermöge der Abbildung $(x_1, \ldots, x_n) \mapsto x_1 + \cdots + x_n$ von $\{0,1\}^n$ auf $\{0, 1, \ldots, n\}$. Wir verallgemeinern dies in der folgenden

Definition 3. Es seien $X_1, \ldots, X_n$ unabhängige Zufallsvariable und $X. = X_1 + \cdots + X_n$. Dann nennt man die Verteilung von $X.$, d. h. das Bild der gemeinsamen Verteilung $Q_{X_1} \otimes \cdots \otimes Q_{X_n}$ von $X_1, \ldots, X_n$ vermöge der Abbildung $(x_1, \ldots, x_n) \mapsto x_1 + \cdots + x_n$, *die Faltung der Verteilungen $Q_{X_1}, \ldots, Q_{X_n}$*, geschrieben

$$Q_{X.} = Q_{X_1} * \cdots * Q_{X_n} . \tag{9}$$

In expliziter Form heißt das für jeden Wert x von $X.$:

$$P\{X. = x\} = \sum_{x_1 + \cdots + x_n = x} P\{X_1 = x_1\} \cdots P\{X_n = x_n\} ,$$

wobei $x_1, \ldots, x_n$ die Werte von $X_1, \ldots, X_n$ durchlaufen.

Es ist aufschlußreich, den Ursprung der Binomialverteilungen mit dem der hypergeometrischen zu vergleichen. Die hypergeometrische Verteilung mit den Parametern n, R und N, mit der Zähldichte $r \mapsto h(r; n, R, N)$, ist ja die der Anzahl $X.$ „roter Kugeln" in einer ungeordneten Stichprobe vom Umfang n ohne Wiederholung aus einer Urne $\mathcal{U}$, in der R rote und $N - R$ schwarze Kugeln liegen. Wie im Beweis des Satzes I.4.4 erhält man sie, indem man zuerst eine geordnete Stichprobe $(u_1, \ldots, u_n)$ ohne Wiederholung aus $\mathcal{U}$ zieht und dann zur ungeordneten Stichprobe $\{u_1, \ldots, u_n\}$ übergeht (vgl. auch Aufgabe I.11 und Kapitel XI). Es sei wieder x_i die Farbe der i-ten Kugel, d. h. $x_i = 1$, wenn u_i rot ist, und $x_i = 0$ für eine schwarze Kugel. Wir sehen $u_1, \ldots, u_n$ als Realisierungen von „Zufallskugeln" $U_1, \ldots, U_n$ an und entsprechend $x_1, \ldots, x_n$ als Realisierungen von Zufallsvariablen $X_1, \ldots, X_n$. Intuitiv ist es einleuchtend, daß $U_1, \ldots, U_n$ nicht unabhängig sind, denn für $i < j$ gilt ja $u_i \neq u_j$: die Wahl der i-ten Kugel beeinflußt die Wahlmöglichkeiten für die j-te; analog mit $X_1, \ldots, X_n$ (siehe Aufgabe 7). Es ist aber auch plausibel, daß es bei großem N keine Rolle mehr spielt, ob eine schon gezogene Kugel zurückgelegt wird oder nicht, so daß die X_i jetzt unabhängig werden: $X.$ hat daher asymptotisch eine Binomialverteilung, was sich in präziser, quantitativer Form im Resultat der Aufgabe 8 ausdrückt. Anschaulich gesprochen ist also die Binomialverteilung die Verteilung der Anzahl der roten Kugeln in einer ungeordneten Stichprobe aus einer „unendlichen Population", in der die roten Kugeln in der Proportion p vorkommen.

5. Aufgaben

1. Wir werfen einen roten und einen schwarzen Würfel. Was ist die Wahrscheinlichkeit dafür, daß

   (a) der rote Würfel eine 3 zeigt unter der Annahme, daß die Augensumme gleich 6 ist;

   (b) der rote Würfel eine gerade Zahl zeigt unter der Annahme, daß die Augensumme gleich 6 ist;

   (c) der rote Würfel eine gerade Zahl zeigt unter der Annahme, daß die Augensumme höchstens gleich 6 ist;

   (d) wenigstens einer der beiden Würfel eine gerade Zahl zeigt unter der Annahme, daß die Augenzahl höchstens gleich 6 ist.

2. Gegeben seien wie im Abschnitt 2 ein Nachrichtenkanal und Sendewahrscheinlichkeiten auf dem Eingangsalphabet. Man zeige, daß die folgenden Bedingungen gleichwertig sind:

   (a) Der gesendete Buchstabe ist „fast sicher", d. h. mit der Wahrscheinlichkeit 1, eindeutig durch den empfangenen Buchstaben bestimmt.

   (b) Es gibt eine Entscheidungsfunktion mit der Fehlerwahrscheinlichkeit 0.

   (c) Es existieren eine Zerlegung von $\mathcal{B}$ in paarweise disjunkte Mengen $G_1, \ldots,$ G_r und voneinander verschiedene Buchstaben $i_1, \ldots, i_r \in \mathcal{A}$, so daß

   $$\sum_{j=1}^{r} p(i_j) = 1 \quad \text{und} \quad \sum_{k \in G_j} p(k|i_j) = 1 \quad \text{für } j = 1, \ldots, r \, .$$

3. Es seien $A_1, \ldots, A_n$ Ereignisse. Man zeige, daß die folgenden Bedingungen gleichwertig sind:

   (a) $A_1, \ldots, A_n$ sind unabhängig.

   (b) Für jede Zerlegung $(\{i_1, \ldots, i_k\}, \{j_1, \ldots, j_{n-k}\})$ von $\{1, \ldots, n\}$ gilt

   $$P(A_{i_1} \cap \ldots \cap A_{i_k} \cap (\Omega \setminus A_{j_1}) \cap \ldots \cap (\Omega \setminus A_{j_{n-k}}))$$
   $$= PA_{i_1} \cdots PA_{i_k}(1 - PA_{j_1}) \cdots (1 - PA_{j_{n-k}}) \, .$$

   (c) Die Indikatorvariablen $1_{A_1}, \ldots, 1_{A_n}$ sind unabhängig.

4. In der Zahlentheorie bezeichnet man als *Eulersche φ-Funktion* die Abbildung $\varphi : \mathbb{N} \to \mathbb{N}$, die folgendermaßen erklärt ist: $\varphi(1) = 1$; für $n \geq 2$ ist $\varphi(n)$ die Anzahl der zu n teilerfremden Zahlen aus $\{1, \ldots, n\}$. Man beweise, daß

   $$\varphi(n) = n(1 - \frac{1}{p_1}) \cdots (1 - \frac{1}{p_m}) \, ,$$

   wobei $p_1, \ldots, p_m$ die Primteiler von n sind.
   Anleitung: Man zeige, daß die Ereignisse $A_i = \{p_i, 2p_i, \ldots, \frac{n}{p_i} p_i\}$, $i = 1, \ldots, m$, unabhängig sind und wende das Ergebnis der Aufgabe 3 an.

5. In einer großen Population $\mathcal{M}_0$ von Lebewesen betrachten wir ein bestimmtes Gen mit zwei möglichen Ausprägungen (Allelen) A und S. Die Fortpflanzung geschehe durch Paarung einer „Mutter" mit einem „Vater". Jedes Individuum in $\mathcal{M}_0$ trägt das betreffende Gen zweimal, einmal von der Mutter und einmal vom Vater her, so daß es 4 mögliche Genotypen, d. h. Kombinationen von Allelen AA, SS, AS oder SA, haben kann. Wir setzen voraus, das Gen sei nicht an das Geschlecht gebunden, was definitionsgemäß bedeutet, daß wir AS und SA identifizieren. Mit p bezeichnen wir den als Wahrscheinlichkeit interpretierten Anteil (die relative Häufigkeit) des Allels A unter allen in $\mathcal{M}_0$ vorkommenden Genen, und entsprechend mit $q = 1-p$ die Wahrscheinlichkeit von S. Weiter seien d_0, r_0 und h_0 die Wahrscheinlichkeiten von AA, SS und AS unter den Genotypen in $\mathcal{M}_0$, so daß natürlich $d_0 + r_0 + h_0 = 1$.

Man drücke zunächst p und q durch d_0, r_0 und h_0 aus.

Sodann fassen wir die von $\mathcal{M}_0$ erzeugte neue Generation $\mathcal{M}$ ins Auge, und zwar unter den folgenden Bedingungen:

(a) Jedes Individuum aus $\mathcal{M}_0$ gelangt zur Fortpflanzung (Abwesenheit einer Selektion).

(b) Die Häufigkeit der Genotypen ist dieselbe unter weiblichen und männlichen Individuen von $\mathcal{M}_0$, und Paare formen sich „rein zufällig" (Panmixie)

(c) Bei einem gegebenen Paar hat jedes Gen der Mutter und unabhängig davon jedes Gen des Vaters dieselbe Wahrscheinlichkeit, auf den Nachkommen übertragen zu werden (Mendelscher Mechanismus).

Man beweise:

(a) Die Wahrscheinlichkeiten von A und S in $\mathcal{M}$ sind dieselben wie in $\mathcal{M}_0$, d. h. gleich p bzw. q.

(b) Die Wahrscheinlichkeiten der Genotypen AA, SS und AS in $\mathcal{M}$ sind gleich p^2, q^2 und $2pq$ (Hardy-Weinbergsches Gesetz).

6. Die Bernsteinsche Theorie der Blutgruppen geht aus von 3 Allelen A, B und 0 des betreffenden Gens, von denen A und B gegenüber 0 dominant sind, was die folgende Tabelle der Genotypen und der entsprechenden Blutgruppen ergibt:

AA	AB	A0	BB	B0	00
A	AB	A	B	B	0

In Deutschland kommen die vier Blutgruppen A, B, AB und 0 ungefähr in den Proportionen 44%, 13%, 3% und 40% vor. Man berechne die Wahrscheinlichkeit, daß eine in Deutschland zufällig ausgewählte Person mindestens ein Allel 0 besitzt. Anleitung: Man fasse A und B zu einem Allel C zusammen und leite aus dem Hardy-Weinbergschen Gesetz eine Gleichung für die Wahrscheinlichkeit q eines Allels 0 ab.

7. Wie im letzten Absatz des Abschnitts 4 sei X_i die „Farbe" der i-ten Kugel in einer aus der Urne gezogenen geordneten Stichprobe ohne Wiederholung. Man berechne die bedingte Verteilung von X_{i+1} unter der Annahme $X_1 = x_1, \ldots, X_i = x_i$ mit gegebenen $x_1, \ldots, x_i$. Hieraus leite man die Verteilung von X_2 mit Hilfe der Formel (1.7) für die vollständige Wahrscheinlichkeit ab. Sodann beweise man allgemein durch ein Symmetrieargument (Invarianz der gemeinsamen Verteilung von $X_1, \ldots, X_n$ gegenüber Permutationen der Indizes), daß $X_1, \ldots, X_n$

„identisch verteilt" sind, d. h. alle dieselbe Verteilung haben. Sind sie auch unabhängig?

8. Über die hypergeometrischen Verteilungen beweise man die folgenden Abschätzungen:

$$\binom{n}{k}(p - \frac{k}{N})^k(q - \frac{n-k}{N})^{n-k} < h(k; n, R, N) < \binom{n}{k}p^k q^{n-k}(1 - \frac{n}{N})^{-n},$$

in denen $p = R/N$ und $q = 1 - p$.

Im folgenden halten wir n fest und betrachten Zahlen $R_N \in \{0, 1, \ldots, N\}$, derart daß der Grenzwert $\lim_{n \to \infty} R_N/N = p$ existiert. Man zeige zunächst, daß $h(k; n, R_N, N)$ mit $N \to \infty$ gegen $b(k; n, p)$ konvergiert für $k = 0, \ldots, n$. Mit Hilfe der Bernoullischen Ungleichung $(1 - x)^k \geq 1 - kx$ für $x < 1$ beweise man weiter, daß es Folgen a_N und b_N mit $a_N < 1 < b_N$ und $\lim_{N \to \infty} a_N = \lim_{N \to \infty} b_N = 1$ so gibt, daß

$$a_N b(k; n, p) \leq h(k; n, R_N, N) \leq b_N b(k; n, p) \quad \text{für } k = 0, \ldots, n.$$

Daraus leite man ab, daß die oben etablierte Konvergenz sogar gleichmäßig in k stattfindet und daß die kumulative Verteilungsfunktion

$$H(r; n, R_N, N) = \sum_{k=0}^{r} h(k; n, R_N, N)$$

für $N \to \infty$ gleichmäßig in bezug auf $r \in \{0, \ldots, n\}$ gegen die kumulative Verteilungsfunktion

$$B(r; n, p) = \sum_{k=0}^{r} b(k; n, p)$$

strebt.

9. Gegeben seien ein Experiment mit möglichen Ausgängen 0 und 1, die die Wahrscheinlichkeiten $p = P\{1\} > 0$ und $q = 1 - p$ haben, und eine natürliche Zahl n. Wir wiederholen den Versuch solange, bis die 1 zum n-ten Mal auftritt. Man beweise: die Wahrscheinlichkeit dafür, daß wir hierzu $n + k$ Versuche brauchen, ist gleich

$$f(k; n, p) = \binom{n+k-1}{k}p^n q^k = \binom{-n}{k}p^n(-q)^{-k}, \quad k = 0, 1, \ldots.$$

Wie groß ist die Wahrscheinlichkeit, daß die 1 überhaupt nicht n-mal erscheint?

Die obigen Wahrscheinlichkeitsverteilungen heißen die *negativen Binomialverteilungen mit den Parametern n und p*. Im Spezialfall $n = 1$ erhält man in der Gestalt $k \mapsto f(k - 1; n, p)$, $k = 1, 2, \ldots$, die sogenannten *geometrischen Verteilungen*, auf die wir für $p = 1/2$ schon im Beispiel I.3.3 und I.6.2 gestoßen waren, wo wir auch die zugrundegelegten Wahrscheinlichkeitsräume konstruiert hatten. Wie dort interpretiere man eine negative Binomialverteilung als die Verteilung einer „Wartezeit" (worauf?).

10. Wir werfen ein Münze und gehen einen Schritt nach rechts, wenn „Kopf" fällt, und einen Schritt nach links, wenn „Zahl" erscheint. Wir wiederholen dies in unabhängiger Weise und setzen $X_i = 1$, wenn wir im i-ten Schritt nach rechts gehen, und $X_i = -1$ im entgegengesetzten Fall. Unsere Ausgangsposition sei x, so daß $Z_n = x + X_1 + \cdots + X_n$ unsere Position nach n Schritten dieser „Irrfahrt" darstellt, wenn wir als Längeneinheit einen Schritt nehmen. Es sei $Z_0 = x$. Wir setzen auch x als ganzzahlig voraus und können dann einen möglichen Weg, d. h. eine Realisierung der Zufallsvariablen $Z_0, Z_1, Z_2, \ldots$, in der Ebene der Punkte (i, z) mit ganzzahligen Zeitkoordinaten $i \geq 0$ und ganzzahligen Ortskoordinaten z aufzeichnen.

Wir fixieren nun zwei ganze positive Zahlen a und b, starten die Irrfahrt bei irgendeinem x mit $-a \leq x \leq b$ und hören auf, wenn wir zum ersten Mal entweder $-a$ oder b erreicht haben. Man berechne die Wahrscheinlichkeit $p(x)$ dafür, daß wir uns dann am Ort b befinden, und ebenso die Wahrscheinlichkeit, daß wir nie anhalten.

Anleitung: Mit Hilfe von (1.7) beweise man, daß

$$p(x) = \frac{1}{2}(p(x - 1) + p(x + 1)), \quad -a + 1 \leq x \leq b - 1,$$

bestimme $p(-a)$ und $p(b)$ und löse das so definierte System von Differenzengleichungen mit diesen Anfangsbedingungen.

Man interpretiere das Resultat in der folgenden Weise: zwei Spieler A und B haben ein Anfangskapital von a bzw. b Mark und werfen wiederholt die Münze. Der Spieler A bekommt von B eine Mark, wenn „Kopf" erscheint, und zahlt eine Mark an B, wenn „Zahl" fällt. Dann ist $p(0)$ die Wahrscheinlichkeit dafür, daß B bankrott geht.

11. Wie in der vorangegangenen Aufgabe wiederholen wir ein Experiment mit den Ausgängen -1 und 1 in unabhängiger Weise und definieren entsprechend Zufallsvariable X_i, wobei die beiden Ausgänge jetzt aber eine allgemeinere Wahrscheinlichkeit $p = P\{X_i = 1\}$ und $q = 1 - p = P\{X_i = -1\}$ haben können (unsymmetrische Irrfahrt). Es sei $Z_n = X_1 + \cdots + X_n$. Wir fahren solange fort, bis zum ersten Mal $Z_n = 1$ wird. Man zeige: Für $p < 1/2$ ist die Wahrscheinlichkeit, daß wir 1 je erreichen, d. h. nach endlich vielen Versuchen aufhören, kleiner als 1.

Anleitung: Es sei T der „Zeitpunkt", zu dem zum ersten Mal $Z_n = 1$ wird. Man zeige, daß $P\{T = 2k\} = 0$ und $P\{T = 2k - 1\} = a_k q^{k-1} p^k$, $k = 1, 2, \ldots$ mit von p unabhängigen Koeffizienten $a_k > 0$ gilt, und beachte, daß die Funktion $p \mapsto (1 - p)^{k-1} p^k$ im Intervall $[0, 1/2]$ strikt monoton wächst.

12. Man bestimme diejenigen k, für die $k \mapsto b(k; n, p)$ maximal wird.

Kapitel IV

Momente

Der Wert einer Zufallsvariablen hängt, wie durch den Namen ausgedrückt, vom Zufall ab, ebenso wie das Eintreten oder Nichteintreten eines Ereignisses. Es erhebt sich die Frage nach ihrem „mittleren" oder „durchschnittlichen" Wert, analog zur Wahrscheinlichkeit des Eintretens eines Ereignisses. Definition und Eigenschaften dieses Begriffs, den man meist „Erwartungswert" nennt, bilden den Inhalt des gegenwärtigen Kapitels.

1. Erwartungswert, bedingter Erwartungswert

Wie frühere Begriffe der Wahrscheinlichkeitstheorie, wollen wir auch den des Erwartungswerts zunächst durch ein Beispiel intuitiv zu verstehen suchen, ehe wir ihn mathematisch definieren.

Stellen wir uns vor, Frau A biete Herrn B die folgende Wette an. Es werde n-mal gewürfelt. Nach jedem Wurf hat A an B drei Mark zu zahlen, wenn 1 oder 2 erschienen ist, und andernfalls B an A eine Mark. Sollte B auf diese Wette eingehen?

Ob A an B drei Mark zahlt oder von B eine Mark erhält, hängt also vom Ausgang eines Zufallsexperiments ab, nämlich dem Würfeln mit dem Ergebnisraum $\Omega = \{1, \ldots, 6\}$ und der Gleichverteilung P darauf. Die Zufallsvariable

$$X(\omega) = \begin{cases} 3 & \text{für} & \omega \in \{1, 2\}, \\ -1 & \text{für} & \omega \in \{3, 4, 5, 6\}, \end{cases}$$

gibt für jedes $\omega \in \Omega$ an, was A an B zahlen muß. Dabei bedeutet natürlich „-1" daß A von B eine Mark bekommt.

Es kann passieren, daß A nach den meisten oder sogar allen Würfen zahlen muß, und ebenso, daß sie meistens oder immer etwas einnimmt. Bei großem n „erwarten" wir jedoch intuitiv und aufgrund der Interpretation I.2.2 einer Wahrscheinlichkeit, daß A an B in ungefähr einem Drittel der Würfe drei Mark zahlt und in zwei Dritteln der Würfe eine Mark von ihm bekommt, so daß der zu „erwartende" Gewinn von B nach n Würfen gleich

$$3 \cdot \frac{n}{3} - 1 \cdot \frac{2n}{3} = \frac{n}{3}$$

ist, also 1/3 pro Wurf, was ihm die Wette attraktiv machen sollte.

Diese Berechnung des pro Wurfs zu erwartenden Gewinns von B spiegelt schon ein allgemeines Bildungsgesetz wider. Es ist ja

$$3 \cdot \frac{1}{3} - 1 \cdot \frac{2}{3} = 3P\{X = 3\} + (-1)P\{X = -1\}. \tag{1}$$

Entsprechende Überlegungen mit einer beliebigen Zufallsvariablen führen auf die folgende Definition.

Definition 1. Es sei X eine Zufallsvariable über einem diskreten Wahrscheinlichkeitsraum (Ω, P). Ist die Reihe

$$E_P(X) = \sum_{x \in X(\Omega)} xP\{X = x\} = \sum_{x \in X(\Omega)} xQ_X\{x\} \tag{2}$$

absolut konvergent, so heißt ihr Wert der *Erwartungswert* oder die *Erwartung von X*.

Es hängt also $E_P(X)$ nur von der Verteilung Q_X von X ab. Im folgenden schreiben wir kurz $E(X)$ oder auch nur EX, wenn wir keine Mißverständnisse befürchten müssen.

Setzen wir $p_\omega = P\{\omega\}$, so können wir den Erwartungswert auch in der Form

$$EX = \sum_{\omega \in \Omega} X(\omega)p_\omega \tag{3}$$

schreiben. Dies folgt aus

$$EX = \sum_{x \in X(\Omega)} xP\{X = x\} = \sum_{x \in X(\Omega)} x \sum_{\omega : X(\omega)=x} p_\omega = \sum_{x \in X(\Omega)} \sum_{\omega : X(\omega)=x} X(\omega)p_\omega$$

und $\Omega = \bigcup_{x \in X(\Omega)}\{\omega : X(\omega) = x\}$. Offensichtlich ist auch die absolute Konvergenz von (2) mit der von (3) äquivalent. Bei endlichem $X(\Omega)$, d. h. wenn X nur endlich viele Werte annimmt, stellt sich die Frage der Konvergenz natürlich nicht.

Beispiel 1. In (1) hatten wir den erwarteten Gewinn des Spielers B nach der Formel (2) berechnet. Gemäß (3) ergäbe sich

$$EX = X(1)\frac{1}{6} + \cdots + X(6)\frac{1}{6} = (3 + 3 - 1 - 1 - 1 - 1)\frac{1}{6} = \frac{1}{3}.$$

Beispiel 2. Ist X in der Menge $\Omega(X) = \{a_1, \ldots, a_m\}$ gleichverteilt, d. h. nimmt X jeden seiner Werte mit derselben Wahrscheinlichkeit an, so zeigt (2), daß

$$EX = \frac{1}{m}(a_1 + \cdots + a_m)$$

das arithmetische Mittel dieser Werte bildet. Ist z.B. beim Würfelwurf X die geworfene Augenzahl, so wird

$$EX = \frac{1}{6}(1 + \cdots + 6) = 3{,}5.$$

Im allgemeinen Fall stellt EX nach (2) das „gewogene" Mittel der Werte von X dar, worin jeder Wert mit der Wahrscheinlichkeit gewichtet wird, mit der X ihn annimmt.

Beispiel 3. Für eine Indikatorvariable 1_A eines Ereignisses A folgt aus (2):

$$E1_A = 1P\{1_A = 1\} + 0P\{1_A = 0\} = P\{1_A = 1\} = PA\,,$$

d. h.

$$E1_A = PA\,. \tag{4}$$

Aus der Darstellung (3) des Erwartungswertes folgt, daß die Menge der auf (Ω, P) definierten Zufallsvariablen, deren Erwartungswert existiert, mit den im Abschnitt I.6 erklärten Operationen ein linearer Raum ist. Wir bezeichnen ihn mit $\mathcal{L}^1(P)$ oder auch kurz, wenn die zugrunde liegende Wahrscheinlichkeit P feststeht, mit $\mathcal{L}^1$. Die reellwertige Funktion E auf $\mathcal{L}^1$ ist ein *lineares Funktional*, d. h.

$$E(X + Y) = EX + EY\,, \quad E(aX) = aEX \text{ für } a \in \mathbb{R}\,, \tag{5}$$

und dieses Funktional ist *positiv*, d. h.

$$X \leq Y \Rightarrow EX \leq EY\,, \tag{6}$$

wobei $EX = EY$ unter der Annahme $X \leq Y$ dann und nur dann gilt, wenn *fast sicher* $X = Y$, d. h. $P\{X = Y\} = 1$. Aus (4) mit $A = \Omega$ und (6), oder auch direkt aus (2), folgt schließlich

$$Ea = a \tag{7}$$

für jede konstante Zufallsvariable a.

Beispiel 4. Die Zufallsvariable X sei binomialverteilt mit den Parametern n und p, d. h. $P\{X = k\} = b(k; n, p)$ für $k = 0, 1, \ldots, n$. Wir setzen $q = 1 - p$ und bemerken, daß $k\binom{n}{k} = n\binom{n-1}{k-1}$ für $k = 1, \ldots, n$ und

$$\sum_{k=1}^{n} \binom{n-1}{k-1} p^{k-1} q^{n-1-(k-1)} = \sum_{i=0}^{n-1} b(i; n-1, p) = 1\,. \tag{8}$$

Die Definition (2) zusammen mit (III.4.8) und (8) ergibt nun

$$EX \;=\; \sum_{k=0}^{n} k\,b(k; n, p) = \sum_{k=0}^{n} k\binom{n}{k} p^k q^{n-k} = \sum_{k=1}^{n} n\binom{n-1}{k-1} p^k q^{n-k}$$

$$\;=\; np \sum_{k=1}^{n} \binom{n-1}{k-1} p^{k-1} q^{n-1-(k-1)} = np\,,$$

d. h.

$$EX = np\,. \tag{9}$$

Dies entspricht der Interpretation einer so verteilten Zufallsvariablen $X = X$. im Beispiel III.4.3 als Anzahl des Eintretens eines Ereignisses bei n unabhängigen Wiederholungen desselben Zufallsexperiments, wenn die Wahrscheinlichkeit dafür in jedem einzelnen Experiment gleich p ist: im „Mittel" sollte dieses Ereignis dann in n Versuchen np-mal eintreten. Damit bekommen wir zugleich einen zweiten Beweis von (9). In den Bezeichnungen jenes Beispiels ist nämlich $X = X_1 + \cdots + X_n$, wobei nach (4) gilt $EX_i = p$ für jedes i, und nun folgt (9) aus (5).

Eine dritte Methode zum Beweis von (9) werden wir in Beispiel 3.5 kennenlernen.

Die Möglichkeit, den Erwartungswert sowohl nach (2) als auch nach (3) zu berechnen, ist ein Spezialfall des folgenden, theoretisch und praktisch nützlichen Prinzips, das uns oft erlaubt, den zugrunde liegenden Wahrscheinlichkeitsraum geeignet zu wählen:

Satz 1. *Es seien (Ω, P) und (Ω', P') zwei diskrete Wahrscheinlichkeitsräume und X eine Abbildung von Ω in Ω'. Dann und nur dann gilt*

$$E_{P'}(Y) = E_P(Y \circ X) \tag{10}$$

für jedes $Y \in \mathcal{L}^1(P')$, wenn P' das Bild von P vermöge X ist, d. h. die Verteilung des über dem Wahrscheinlichkeitsraum (Ω, P) definierten Zufallselements X in Ω'.

Beweis. Zunächst nehmen wir an, (10) sei für jedes $Y \in \mathcal{L}^1(P')$ richtig, also insbesondere für Indikatorvariable $Y = 1_{A'}$ mit $A' \subseteq \Omega'$. Wegen $Y \circ X = 1_{X^{-1}(A')}$ ist (10) in diesem Fall mit der Definition (I.6.2) des Bildes P' von P vermöge X identisch.

Sodann sei P' dieses Bild von P. Dann wird nach (I.6.2):

$$E_{P'}(Y) = \sum_{\omega' \in \Omega'} Y(\omega') P'\{\omega'\} = \sum_{\omega' \in \Omega'} Y(\omega') P(X^{-1}(\{\omega'\}))$$

$$= \sum_{\omega' \in \Omega'} Y(\omega') \sum_{\omega \in X^{-1}(\{\omega'\})} P\{\omega\} = \sum_{\omega \in \Omega} Y(X(\omega)) P\{\omega\} = E_P(Y \circ X),$$

wenn diese Reihen absolut konvergieren. Dieselbe Rechnung mit $|Y|$ anstelle von Y zeigt jedoch, daß die absolute Konvergenz einer dieser Reihen die aller anderen nach sich zieht und insbesondere die linke Seite von (10) dann und nur dann existiert, wenn die rechte einen Sinn hat.   □

Die Gleichung (10) drückt den Erwartungswert von $Y \circ X$ bezüglich P durch Y und die Verteilung P' von X allein aus. In vielen Anwendungen ist $X = (X_1, \ldots, X_n)$ ein Zufallsvektor, so daß wir dann den Erwartungswert von $\omega \mapsto Y(X_1(\omega), \ldots, X_n(\omega))$ als Erwartungswert von Y vermöge der gemeinsamen Verteilung von $X_1, \ldots, X_n$ schreiben können. Ist X insbesondere eine Zufallsvariable und Y eine auf $\Omega' = X(\Omega)$ erklärte reellwertige Funktion, so wird aus (10) mit vertauschten Seiten

$$E_P(Y \circ X) = \sum_{x \in X(\Omega)} Y(x) Q_X\{x\}, \tag{11}$$

falls einer dieser beiden Ausdrücke existiert. Nehmen wir schließlich für Y die identische Abbildung von Ω', so ist (11) mit (2) identisch.

Analog zur bedingten Wahrscheinlichkeit eines Ereignisses erklären wir nun den Begriff des bedingten Erwartungswerts einer Zufallsvariablen.

Definition 2. Es seien X eine Zufallsvariable über einem diskreten Wahrscheinlichkeitsraum (Ω, P), deren Erwartungswert existiert, und A ein Ereignis mit $PA > 0$. Unter dem *bedingten Erwartungswert von X bei gegebenem A* verstehen wir den Erwartungswert von X in bezug auf die bedingte Wahrscheinlichkeitsverteilung $P(\cdot|A)$ und bezeichnen ihn durch $E_P(X|A)$ oder kurz $E(X|A)$.

Wenden wir die Definition des Erwartungswerts in der Form (3) auf die Verteilung $P(\cdot|A)$ anstelle von P an, so bekommen wir also

$$E(X|A) = \sum_{\omega \in \Omega} X(\omega) P(\{\omega\}|A) = \sum_{\omega \in \Omega} X(\omega) \frac{P(\{\omega\} \cap A)}{PA} = \sum_{\omega \in A} X(\omega) \frac{P(\{\omega\})}{PA},$$

d. h.

$$E(X|A) = \frac{1}{PA} \sum_{\omega \in A} X(\omega) P\{\omega\}. \tag{12}$$

Beispiel 5. Gibt X beim Würfeln die geworfene Augenzahl an und ist A das Ereignis „gerade Zahl", so ergibt (12) den Wert

$$E(X|A) = \frac{1}{1/2}\left(2 \cdot \frac{1}{6} + 4 \cdot \frac{1}{6} + 6 \cdot \frac{1}{6}\right) = 4.$$

Für eine Indikatorvariable $X = 1_B$ reduziert sich die Gleichung (12) natürlich auf die Definition (III.1.2) der bedingten Wahrscheinlichkeit von B bei gegebenem A. Als Verallgemeinerung der Gleichung (III.1.7) haben wir die fundamentale Formel für den *zusammengesetzten Erwartungswert*, die ebenfalls leicht aus (12) folgt: Ist $(A_1, A_2, \ldots)$ eine Zerlegung von Ω in endlich oder abzählbar unendlich viele, paarweise unvereinbare Ereignisse positiver Wahrscheinlichkeit und existiert EX, so gilt

$$EX = \sum_i E(X|A_i) PA_i. \tag{13}$$

Hat das Ereignis A die Form $A = \{Z \in M\}$ mit irgendeinem Zufallselement Z und irgendeiner Teilmenge M des Raums, in dem seine Werte liegen, so schreiben wir statt $E(X|A) = E(X|\{Z \in M\})$ kürzer $E(X|Z \in M)$, in Worten: der bedingte Erwartungswert von X gegeben daß $Z \in M$.

Auch die die Unabhängigkeit von Ereignissen definierende Gleichung verallgemeinert sich auf Zufallsvariable:

Satz 2. *Es seien X und Y zwei unabhängige Zufallsvariable in $\mathcal{L}^1(P)$. Dann ist $XY \in \mathcal{L}^1(P)$ und*

$$E(XY) = EX\,EY\,. \tag{14}$$

Beweis. Nach der definierenden Gleichung (III.4.5) ist

$$E(XY) = \sum_{\omega \in \Omega} X(\omega)Y(\omega)P\{\omega\} = \sum_{x \in X(\Omega)} \sum_{y \in Y(\Omega)} \sum_{\omega \in \{X=x,Y=y\}} xyP\{\omega\}$$

$$= \sum_{x \in X(\Omega)} \sum_{y \in Y(\Omega)} xyP\{X = x, Y = y\}$$

$$= \sum_{x \in X(\Omega)} \sum_{y \in Y(\Omega)} xyP\{X = x\}P\{Y = y\}$$

$$= \Big(\sum_{x \in X(\Omega)} xP\{X = x\}\Big)\Big(\sum_{y \in Y(\Omega)} yP\{Y = y\}\Big) = EX\,EY\,,$$

wenn alle diese Reihen absolut konvergieren. Dieselbe Rechnung mit den absoluten Beträgen der Werte von X und Y zeigt aber, daß dies der Fall ist, sobald EX und EY existieren. $\qquad\square$

Der Beweis überträgt sich unmittelbar auf mehrere unabhängige Zufallsvariable $X_1,\dots,X_n$ in $\mathcal{L}^1$: es gilt dann

$$E(X_1 \cdots X_n) = EX_1 \cdots EX_n\,. \tag{15}$$

2. Varianz, Korrelation: $\mathcal{L}^2$-Methoden

Es liegt im Begriff einer Zufallsvariablen, daß sie, vom Zufall abhängig, „fluktuiert", d. h. verschiedene Werte annimmt, wenn sie nicht gerade eine Konstante ist. Im vorangegangenen Abschnitt haben wir eine Charakteristik einer Zufallsvariablen aus $\mathcal{L}^1$ definiert, nämlich ihren Erwartungswert, der einen mittleren Wert darstellt. Wir werden jetzt eine zweite Charakteristik erklären, die die Fluktuation der Werte um diesen Mittelwert herum widerspiegelt.

Es sei also die Zufallsvariable X über (Ω, P) gegeben. Zur Abkürzung setzen wir $EX = \mu$. Als Maß für die Abweichung zwischen dem bei einer Realisierung angenommenen Wert $X(\omega)$ und dem Erwartungswert μ verwenden wir das Quadrat $(X(\omega) - \mu)^2$. Der Erwartungswert hiervon, d. h. $E((X - \mu)^2)$, reflektiert dann in der Tat die Natur der Schwankungen der Werte von X um μ herum; auf andere Aspekte dieser Fluktuationen kommen wir am Schluß dieses Abschnitts zurück. Die eben betrachtete Zahl heißt die *Varianz* von X, geschrieben $V_P X$ oder kurz VX, d. h. nach (1.3):

$$VX = E((X - \mu)^2) = \sum_{\omega \in \Omega}(X(\omega) - \mu)^2 P\{\omega\}\,, \tag{1}$$

falls diese Reihe konvergiert. Nach (1.10), angewandt auf die Funktion $Y(x) = (x - \mu)^2$, können wir VX ebenso gut mit Hilfe von

$$VX = \sum_{x \in X(\Omega)} (x - \mu)^2 P\{X = x\} \tag{2}$$

berechnen, und zwar konvergiert (2) dann und nur dann, wenn (1) es tut. Es hängt demnach auch VX nur von der Verteilung von X ab.

Die Zahl $\sqrt{VX} \geq 0$ wird die *Standardabweichung* von X genannt. Sie ist also ein gewichtetes quadratisches Mittel der Abweichungen $|X(\omega) - \mu|$.

Wenn $X \geq 0$ und $EX > 0$ ist, interessiert man sich oft mehr für die relative, d. h. auf EX bezogene, Standardabweichung, die der *Variationskoeffizient* von X heißt, nämlich

$$V^\circ X = \frac{\sqrt{VX}}{EX} . \tag{3}$$

Beispiel 1. Es sei X in $\{0, 1, \ldots, 6\}$ gleichverteilt, und Y sei binomialverteilt mit den Parametern $n = 6$ und $p = 1/2$, d. h. $P\{X = k\} = 1/7$ und $P\{Y = k\} = \binom{6}{k} 2^{-6}$, $k = 0, 1, \ldots, 6$. Beide Zufallsvariable haben dieselben Werte und denselben Erwartungswert, nämlich $EX = EY = 3$, aber nach (2) ist $VX = 4$ und $VY = 3/2$. Die Varianz von Y ist also erheblich kleiner als die von X. Dies spiegelt einen wesentlichen Aspekt der Histogramme der beiden Verteilungen wider (Abb. 1 und 2): die großen Abweichungen vom Mittelwert wie 0, 1, 5, 6 sind bei der Binomialverteilung viel weniger wahrscheinlich als bei der Gleichverteilung, wo alle Werte gleich wahrscheinlich sind. Für die Variationskoeffizienten bekommen wir $V^\circ X = 0{,}6667$ und $V^\circ Y = 0{,}4082$.

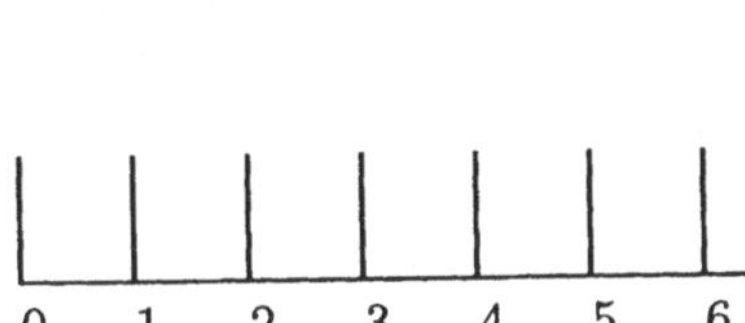

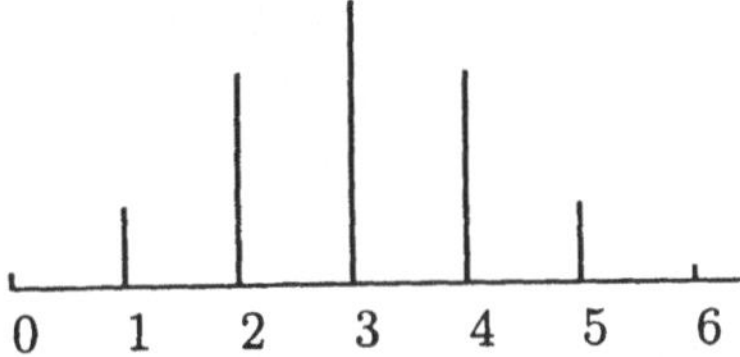

Abb. 1. Gleichverteilung in $\{0, 1, \ldots, 6\}$

Abb. 2. Binomialverteilung mit $n = 6$ und $p = \frac{1}{2}$

Wir werden uns nun die Varianz und verwandte Dinge von einem „geometrischen" Standpunkt aus ansehen.

Es sei $\mathcal{L}^2(P)$ oder kurz geschrieben $\mathcal{L}^2$ die Menge aller Zufallsvariablen X auf (Ω, P), für die die Reihe

$$E(X^2) = \sum_{\omega \in \Omega} X(\omega)^2 P\{\omega\} = \sum_{x \in X(\Omega)} x^2 P\{X = x\}$$

konvergiert. Es ist also $X \in \mathcal{L}^2$ gleichwertig mit $X^2 \in \mathcal{L}^1$. Die Zahl $E(X^2)$ wird dann das *zweite Moment* von X genannt. Bei endlichem Ω gehört natürlich jedes X zu $\mathcal{L}^2$.

Aus $(x + y)^2 \leq 2(x^2 + y^2)$ folgt, daß $\mathcal{L}^2$ einen linearen Raum darstellt, und aus $|xy| \leq (x^2 + y^2)/2$ ergibt sich, daß $X, Y \in \mathcal{L}^2$ impliziert $XY \in \mathcal{L}^1$. Wir können daher in diesem Fall $E(XY)$ bilden, und dies als Funktion von X und Y hat „fast" die Eigenschaften eines *inneren Produkts*. Es ist nämlich *bilinear*, d.h. $X \mapsto E(XY)$ bei festem Y und $Y \mapsto E(XY)$ bei festem X sind linear, es ist *positiv semidefinit*, d.h. $E(XX) \geq 0$, und schließlich folgt aus $E(XX) = 0$ zwar nicht $X = 0$, aber doch „fast sicher" $X = 0$, d.h. $P\{X = 0\} = 1$.

Das zweite Moment ist einfach das Quadrat der „Norm" oder „Länge" von X. Die Zufallsvariablen X und Y heißen *orthogonal*, wenn $E(XY) = 0$. Für beliebige Zufallsvariable $X_1, \ldots, X_n$ in $\mathcal{L}^2$ gilt

$$E\left(\left(\sum_{i=1}^{n} X_i\right)^2\right) = \sum_{i,j=1}^{n} E(X_i X_j) \,, \tag{4}$$

woraus bei paarweise orthogonalen Zufallsvariablen der *Satz des Pythagoras* folgt:

$$E\left(\left(\sum_{i=1}^{n} X_i\right)^2\right) = \sum_{i=1}^{n} E(X_i^2) \,. \tag{5}$$

Wegen $|x| \leq \max(x^2, 1) \leq x^2 + 1$ gilt $\mathcal{L}^2 \subseteq \mathcal{L}^1$, d.h. EX existiert für jedes $X \in \mathcal{L}^2$. Da jede konstante Zufallsvariable zu $\mathcal{L}^2$ gehört, ist $X \in \mathcal{L}^2$ gleichwertig mit $X - \mu \in \mathcal{L}^2$, was besagt, daß X dann und nur dann in $\mathcal{L}^2$ liegt, wenn seine Varianz existiert.

Die Menge $\mathcal{R}$ der konstanten Zufallsvariablen bildet einen eindimensionalen linearen Unterraum von $\mathcal{L}^2$, der z.B. von der Zufallsvariablen 1 erzeugt wird. Wir fassen insbesondere den Erwartungswert $\mu = EX$ irgendeiner Zufallsvariablen $X \in \mathcal{L}^2$ als ein Element von $\mathcal{R}$ auf. Die Zufallsvariable $X - \mu$ hat nach (1.7) die Eigenschaft $E(1(X - \mu)) = E(X - \mu) = EX - \mu = 0$, d.h. sie steht auf $\mathcal{R}$ senkrecht. Daher ist EX, als konstante Zufallsvariable aufgefaßt, einfach die orthogonale Projektion von X auf $\mathcal{R}$. Auf diese Weise haben wir X in zwei zueinander orthogonale Bestandteile zerlegt:

$$X = EX + (X - EX) \,. \tag{6}$$

Darin kann man EX anschaulich als den konstanten Anteil von X ansehen, während $X - EX$ aus den Fluktuationen von X besteht. Man nennt $X - EX$ den *zentrierten Anteil von* X, und X heißt *zentriert*, wenn es gleich seinem zentrierten Anteil ist, d.h. wenn $EX = 0$. Die Menge der zentrierten Zufallsvariablen ist also der Raum $\mathcal{R}^{\perp}$ der zu $\mathcal{R}$, d.h. zur konstanten Variablen 1, orthogonalen Variablen. Natürlich hat die Definition des zentrierten Anteils und einer zentrierten Zufallsvariablen auch noch einen Sinn für Variable aus $\mathcal{L}^1$, doch werden wir vorläufig im Raum $\mathcal{L}^2$ bleiben.

Definitionsgemäß ist die Varianz von X gleich dem Quadrat der Länge des zentrierten Anteils von X. Die orthogonale Zerlegung (6) und der Satz des Pythagoras (5) implizieren daher die sogenannte *Steinersche Gleichung*

$$E(X^2) = (EX)^2 + VX \,. \tag{7}$$

Ihr praktischer Wert liegt darin, daß sie oft die Berechnung von VX erleichtert, manchmal auch die von $E(X^2)$.

Beispiel 2. Es sei $X = 1_A$ die Indikatorvariable eines Ereignisses A und $p = PA$, also $EX = p$ nach (1.4). Dann ist $X^2 = X$ und daher auch $E(X^2) = p$, was nach (7) impliziert

$$VX = p(1 - p) \tag{8}$$

Bei beliebigem konstanten a haben X und $X - a$ denselben zentrierten Anteil und daher dieselbe Varianz. Wenden wir (7) auf $X - a$ an, so bekommen wir daher

$$E((X - a)^2) = (EX - a)^2 + VX \, .$$

Hiernach ist $E((X - a)^2) \geq VX$, und das Gleichheitszeichen gilt dann und nur dann, wenn $a = EX$. Dies ist die wohlbekannte Eigenschaft einer orthogonalen Projektion: EX hat unter allen Variablen $a \in \mathcal{R}$ den kleinsten Abstand zu X. Wahrscheinlichkeitstheoretisch ausgedrückt heißt das, daß EX diejenige Konstante darstellt, von der die mittlere quadratische Abweichung der Werte von X am kleinsten wird. Weiterhin sehen wir, daß $VX = 0$ dann und nur dann, wenn es eine Zahl a so gibt, daß fast sicher gilt $X = a$, d. h. wenn X fast sicher eine Konstante ist, die dann natürlich gleich EX sein muß.

Wir betrachten sodann zwei Zufallsvariable X und Y. Aus der Orthogonalität der beiden Terme in (6) und in der entsprechenden Zerlegung von Y folgt dann

$$E(XY) = EX\,EY + E((X - EX)(Y - EY)) \, , \tag{9}$$

was sich im Fall $X = Y$ auf (7) reduziert. Natürlich ist (9) einfach ein Spezialfall der Berechnung eines inneren Produkts mit Hilfe von orthogonalen Zerlegungen. Der erste Term, $EX\,EY$, ist das innere Produkt der konstanten Anteile von X und Y. Der zweite Term, das innere Produkt ihrer zentrierten Anteile, heißt die *Kovarianz* von X und Y, also nach (9):

$$\mathrm{cov}(X, Y) = E((X - EX)(Y - EY)) = E(XY) - EX\,EY \, . \tag{10}$$

Auch die Funktion cov ist bilinear und symmetrisch, und überdies invariant gegenüber der Addition einer Konstanten zu X oder Y. Insbesondere gilt für jede reelle Zahl b :

$$V(bX) = b^2 VX \, . \tag{11}$$

Daher ändert sich $V^\circ X$ mit $X \geq 0$ und $EX > 0$ nicht, wenn wir X mit einer positiven Konstanten multiplizieren.

Die Variablen X und Y werden *unkorreliert* genannt, wenn $\mathrm{cov}(X, Y) = 0$, d. h. wenn ihre zentrierten Anteile zueinander orthogonal sind. Nach (10) ist dies gleichbedeutend mit $E(XY) = EX\,EY$. Hiermit folgt aus dem Satz 1.2 der

Satz 1. *Sind die Zufallsvariablen X und Y aus $\mathcal{L}^2$ unabhängig, so sind sie unkorreliert.*

Es seien nun $X_1, \ldots, X_n$ paaarweise unkorreliert. Da der zentrierte Anteil der Summe $X_1 + \cdots + X_n$ trivialerweise gleich $\sum_{i=1}^{n}(X_i - EX_i)$ ist, können wir den Satz des Pythagoras (5) auf die $X_i - EX_i$ anwenden und erhalten die sogenannte *Bienaymésche Gleichung*

$$V(X_1 + \cdots + X_n) = VX_1 + \cdots + VX_n \,. \tag{12}$$

Beispiel 3. Wie im Beispiel 1.4 seien $X_1, \ldots, X_n$ unabhängige identisch verteilte binäre Zufallsvariable, $p = P\{X_i = 1\}$, und $X. = X_1 + \cdots + X_n$. Aus dem Satz 1 und aus (12) und (8) folgt dann

$$VX. = np(1 - p) \,. \tag{13}$$

Dies ist also die Varianz der Binomialverteilung mit den Parametern n und p. Es sei empfohlen, (13) auch nach dem Muster der ersten Rechnung im Beispiel 1.4 direkt aus (2) oder (7) abzuleiten.

Satz 2. *Für beliebige Zufallsvariable $X, Y \in \mathcal{L}^2$ gilt*

$$(E(XY))^2 \le E(X^2)E(Y^2) \tag{14}$$

(Cauchy-Schwarz-Bunjakowskische Ungleichung). Das Gleichheitszeichen gilt dann und nur dann, wenn X und Y fast sicher linear abhängig sind, d. h. wenn es Zahlen a und b gibt, die nicht beide verschwinden, so daß $P\{aX + bY = 0\} = 1$.

Beweis. Ist $E(X^2) = 0$, so muß fast sicher $X = 0$ und damit auch fast sicher $XY = 0$ sein, folglich $E(XY) = 0$, so daß (14) mit dem Gleichheitszeichen richtig ist. In diesem Fall sind X und Y fast sicher linear abhängig.

Ist $E(X^2) > 0$, so ergibt sich (14) aus $0 \le E((cX - Y)^2)$, indem man darin $c = E(XY)/E(X^2)$ setzt. Gilt das Gleichheitszeichen in (14), so wird mit diesem Wert von c auch $0 = E((cX - Y)^2)$ und daher $P\{cX - Y = 0\} = 1$. Sind umgekehrt X und Y fast sicher linear abhängig, also z.B. $Y = cX$ fast sicher mit irgendeiner Zahl c, so erhält man das Gleichheitszeichen in (14) unmittelbar. $\square$

Wir bemerken noch, daß im Fall $Y = cX$ mit $c \ge 0$ gilt $E(XY) = \sqrt{E(X^2)}\sqrt{E(Y^2)}$, während wir im Fall $c \le 0$ haben $E(XY) = -\sqrt{E(X^2)}\sqrt{E(Y^2)}$.

Wenden wir (14) auf die zentrierten Anteile von X und Y an, so erhalten wir

$$|\operatorname{cov}(X, Y)| \le \sqrt{VX}\sqrt{VY} \,. \tag{15}$$

Die Operation des Zentrierens macht eine Zufallsvariable von der Wahl des Koordinatenursprungs unabhängig in dem Sinne, daß X und $X + a$ für jede Zahl a denselben zentrierten Anteil haben. In ähnlicher Weise werden wir nun durch „Normieren", d. h. durch Dividieren durch die Standardabweichung, zu einer Variablen gelangen, die nicht von der Wahl eines Maßstabs abhängt.

Wir definieren die *zu X gehörige normierte* oder *standardisierte Zufallsvariable* X^* unter der Voraussetzung $VX > 0$ durch

$$X^* = \frac{X - EX}{\sqrt{VX}} \,. \tag{16}$$

Mit Hilfe von (11) ist es leicht zu verifizieren, daß X^* gegenüber allen affinen Transformationen invariant bleibt, d.h. $(a + bX)^* = X^*$.

Die Kovarianz der zu X und Y mit $VX > 0$, $VY > 0$ gehörigen normierten Variablen wird der *Korrelationskoeffizient von X und Y* genannt, geschrieben $\mathrm{cor}(X, Y)$, also

$$\mathrm{cor}(X, Y) = \frac{\mathrm{cov}(X, Y)}{\sqrt{VX}\sqrt{VY}} \,. \tag{17}$$

Geometrisch interpretiert ist dies der Kosinus des von X und Y eingeschlossenen Winkels.

Die Ungleichung (15) nimmt damit die folgende Form an:

$$-1 \leq \mathrm{cor}(X, Y) \leq 1 \,. \tag{18}$$

Nach Satz 2 und der nach seinem Beweis gemachten Bemerkung gilt in (18) dann und nur dann eins der Gleichheitszeichen, wenn $E - EX$ und $Y - EY$ fast sicher linear abhängig sind, und zwar ist $\mathrm{cor}(X, Y) = 1$ gleichbedeutend damit, daß eine Zahl $c > 0$ existiert, mit der fast sicher $Y - EY = c(X - EX)$ gilt, während $\mathrm{cor}(X, Y) = -1$ bedeutet, daß $Y - EY = c(X - EX)$ mit einer Zahl $c < 0$.

Wir können den Korrelationskoeffizienten als eine Art Maß für den Grad der linearen Abhängigkeit zwischen den zentrierten Variablen $X - EX$ und $Y - EY$ ansehen. Im Fall $\mathrm{cor}(X, Y) = 0$, d.h. wenn X und Y unkorreliert sind, liegt überhaupt keine solche Abhängigkeit vor. Ist die Korrelation positiv, so gibt es eine gewisse „positive lineare Abhängigkeit" zwischen den zentrierten Variablen, d.h. positive Abweichungen $X(\omega) - EX$ treten „eher" mit positiven Abweichungen $Y(\omega) - EY$ als mit negativen Abweichungen $Y(\omega) - EY$ gekoppelt auf. Wir können dies auch der aus (1.3) und (10) folgenden expliziten Darstellung

$$\mathrm{cov}(X, Y) = \sum_{\omega \in \Omega} (X(\omega) - EX)(Y(\omega) - EY)P\{\omega\} \tag{19}$$

ansehen: $\mathrm{cov}(X, Y) > 0$ bedeutet, daß hier die positiven Terme gegenüber den negativen überwiegen. Analog interpretieren wir $\mathrm{cov}(X, Y) < 0$ dahin, daß die Abweichungen $X(\omega) - EX$ und $Y(\omega) - EY$ von den betreffenden Mittelwerten die Tendenz haben, sich in entgegengesetzter Richtung zu bewegen. Diese Tendenz ist extrem, wenn $\mathrm{cor}(X, Y) = -1$, d.h. wenn $Y - EY$ für ein $c < 0$ fast sicher gleich $c(X - EX)$ ist.

Da X und Y nach Satz III.4.3 dann und nur dann unabhängig sind, wenn $X - EX$ und $Y - EY$ es sind, können wir den Inhalt des Satzes 1 auch so wiedergeben: wenn es überhaupt keine Abhängigkeit zwischen X und Y gibt, so besteht erst recht keine lineare Abhängigkeit zwischen ihnen. Das ist plausibel, und es ist ebenso plausibel, daß die Umkehrung von Satz 1 nicht richtig sein kann. Es ist in der Tat einfach, ein Beispiel anzugeben, in dem X sogar eine Funktion von Y ist und dennoch X und Y unkorreliert sind: $\Omega = \{1, 2, 3, 4\}$, P die Gleichverteilung auf Ω, $X(1) = X(2) = 1$, $X(3) = X(4) = -1$, $Y(1) = 2$, $Y(2) = -2$, $Y(3) = 1$, $Y(4) = -1$. Dann ist $X = \frac{2}{3}Y^2 - \frac{5}{3}$. Die Variablen X und Y sind zentriert und haben die gemeinsame Verteilung

$$
\begin{aligned}
P\{X = 1, Y = 2\} = P\{X = 1, Y = -2\} \;&=\; P\{X = -1, Y = 1\} \\
&=\; P\{X = -1, Y = -1\} = \frac{1}{4}\,,
\end{aligned}
$$

woraus $\mathrm{cov}(X, Y) = 0$ folgt, doch sind X und Y natürlich wegen ihrer funktionalen Abhängigkeit nicht unabhängig, was man auch direkt ihrer gemeinsamen Verteilung ansieht.

Die Gleichung (19) gibt die Kovarianz von X und Y als eine über den zugrundeliegenden Wahrscheinlichkeitsraum erstreckte Summe, entsprechend zu den Gleichungen (1.3) und (1) für den Erwartungswert und die Varianz. Analog zu den Darstellungen (1.2) und (2) des Erwartungswerts und der Varianz können wir sie auch mit Hilfe der gemeinsamen Verteilung von X und Y ausdrücken, indem wir den Satz 1.1 anwenden. Hierzu nehmen wir für Ω' die Menge $X(\Omega) \times Y(\Omega)$, also $\Omega' \subseteq \mathbb{R}^2$, und für P' die gemeinsame Verteilung von X und Y; die dort mit X bezeichnete Abbildung ist jetzt $\omega \mapsto (X(\omega), Y(\omega))$, und die dort vorkommende Funktion Y ist jetzt $(x, y) \mapsto (x - EX)(y - EY)$. Damit nimmt (10) mit vertauschten Seiten die Form

$$
\mathrm{cov}(X, Y) = \sum_{x \in X(\Omega),\, y \in Y(\Omega)} (x - EX)(y - EY)P\{X = x, Y = y\} \qquad (20)
$$

an.

Das Ziel dieses Abschnitts war, $\mathcal{L}^2$-Methoden einzuführen, die sich ja auf ein inneres Produkt stützen. Dies schließt nicht aus, daß auch andere Räume $\mathcal{L}^r$ mit $r \in \mathbb{N}$ in der Stochastik eine nützliche Rolle spielen. Man nennt $E(X^r) = \sum_{\omega \in \Omega} X(\omega)^r P\{\omega\}$ das *r-te Moment von* X, wenn diese Reihe absolut konvergiert, und $E(|X|^r)$ das *r-te absolute Moment von* X. Entsprechend heißt $E((X - EX)^r)$ das *r-te zentrierte Moment* und $E(|X - EX|^r)$ das *r-te absolute zentrierte Moment von* X. Der Erwartungswert der Variablen X ist also gleich ihrem ersten Moment, und ihre Varianz gleich ihrem zweiten zentrierten und zugleich zweiten absoluten zentrierten Moment. Auch das r-te absolute zentrierte Moment ist eine Art globales Maß für die Fluktuationen von X, im Sinne von Abweichungen zwischen X und EX. Ist die Verteilung von X *symmetrisch* in bezug auf EX, d.h. haben $X - EX$ und $-(X - EX)$ dieselbe Verteilung, so verschwinden alle ihre zentrierten r-ten Momente für ganze, ungerade r.

3. Verteilungen in $\{0, 1, 2, \ldots\}$

Zum Studium von Verteilungen, die auf $\mathbb{Z}_+ = \{0, 1, 2, \ldots\}$ konzentriert sind, gibt es ein nützliches Werkzeug, nämlich ihre erzeugenden Funktionen. Mit ihrer Hilfe können wir leicht Momente solcher Verteilungen berechnen und die Verteilung von Summen unabhängiger Zufallsvariablen in einfacher Weise bestimmen.

Definition 1. Es sei $p_k = P\{k\}$, $k = 0, 1, \ldots$, die Zähldichte einer Wahrscheinlichkeitsverteilung P in $\mathbb{Z}_+$. Dann heißt die durch

$$G(s) = p_0 + p_1 s + p_2 s^2 + \cdots \tag{1}$$

im Konvergenzbereich dieser Reihe definierte Funktion G die *erzeugende Funktion zu* P.

Ist X irgendeine Zufallsvariable mit der Verteilung P, so läßt sich (1) nach Satz 1.1 auch in der Form

$$G(s) = E(s^X) \tag{2}$$

schreiben.

Wir bemerken, daß G wegen $p_0 + p_1 + \cdots = 1$ zumindest im Intervall $[-1, 1]$ definiert ist und $G(1) = 1$. Wenn P auf einer endlichen Menge konzentriert ist, d. h. $p_k \neq 0$ nur für endlich viele k, so konvergiert die Reihe (1) natürlich für alle s und reduziert sich auf ein Polynom.

Da der Konvergenzradius also positiv ist, können wir die Reihe im Innern ihres Konvergenzbereichs gliedweise differenzieren und erhalten insbesondere an der Stelle 0:

$$G^{(k)}(0) = k! p_k , \quad k = 0, 1, 2, \ldots . \tag{3}$$

Damit sind die Zahlen p_k, d. h. die Verteilung P, durch die erzeugende Funktion G eindeutig bestimmt.

Beispiel 1. Die erzeugende Funktion der Gleichverteilung in $\{1, \ldots, m\}$ ist gleich

$$G(s) = \frac{1}{m}(s + s^2 + \cdots + s^m\} .$$

Beispiel 2. Zur Binomialverteilung mit den Parametern n und p und $q = 1 - p$ gehört die erzeugende Funktion

$$G(s) = \sum_{k=0}^{n} \binom{n}{k} p^k q^{n-k} s^k = (q + ps)^s . \tag{4}$$

Beispiel 3. Es sei P die geometrische Verteilung mit dem Parameter p, d. h. $p_0 = 0$ und $p_k = pq^{k-1}$, $k = 1, 2, \ldots$, wobei $0 < p \leq 1$. Die erzeugende Funktion dazu ist

$$G(s) = \sum_{k=1}^{\infty} pq^{k-1} s^k = \sum_{k=1}^{\infty} ps(qs)^{k-1} = \frac{ps}{1 - qs} . \tag{5}$$

Der Konvergenzbereich dieser Reihe ist das offene Intervall $]-q^{-1}, q^{-1}[$.

Beispiel 4. Für die Poissonsche Verteilung mit dem Parameter λ (Beispiel I.2.3) erhalten wir

$$G(s) = e^{-\lambda}\left(1 + \frac{\lambda}{1!}s + \frac{\lambda^2}{2!}s^2 + \cdots\right) = e^{-\lambda}e^{\lambda s} = e^{\lambda(s-1)}\,. \tag{6}$$

Hier ist der Konvergenzbereich ganz $\mathbb{R}$.

Differenzieren wir die Gleichung (2) formal unter dem Erwartungszeichen zweimal nach s, so erhalten wir $G'(s) = E(Xs^{X-1})$ und $G''(s) = E(X(X-1)s^{X-2})$. Im Innern des Konvergenzbereichs ist dies durch gliedweise Differentiation der Reihe (1) gerechtfertigt. Schreiben wir diese Gleichungen mit $s = 1$ auf, obwohl 1 ja nicht notwendig im Innern des Konvergenzbereichs liegt, so bekommen wir

$$\begin{aligned} G'(1) &= EX\,, \\ G''(1) &= E(X^2 - X)\,. \end{aligned}$$

Daraus folgt mit Hilfe der Steinerschen Gleichung (2.7):

$$VX = G''(1) + G'(1) - G'(1)^2\,.$$

Wir werden uns nun überlegen, inwieweit dies tatsächlich zutrifft.

Satz 1. *Es sei G die erzeugende Funktion der Verteilung der Zufallsvariablen X mit Werten in $\mathbb{Z}_+$. Dann und nur dann hat X einen Erwartungswert, wenn der linksseitige Grenzwert $G'(1-) = \lim_{s\nearrow 1} G'(s)$ existiert. In diesem Fall ist*

$$EX = G'(1-)\,. \tag{7}$$

Beweis. Wie aus der Theorie der Potenzreihen wohlbekannt, folgt dies unmittelbar aus der für $-1 < s < 1$ gültigen Gleichung

$$G'(s) = \sum_{k=1}^{\infty} kp_k s^{k-1}\,.$$

Satz 2. *Es sei G die erzeugende Funktion der Verteilung einer Zufallsvariablen X, dessen Erwartungswert existiert. Dann und nur dann hat X eine Varianz, wenn der linksseitige Grenzwert $G''(1-) = \lim_{s\nearrow 1} G''(s)$ existiert. In diesem Fall ist*

$$VX = G''(1-) + G'(1-) - G'(1-)^2\,. \tag{8}$$

Beweis. Existiert VX, so existiert auch $E(X(X-1)) = \sum_{k=2}^{\infty} k(k-1)p_k$ und damit der Grenzwert von

$$G''(s) = \sum_{k=2}^{\infty} k(k-1)p_k s^{k-2}\,,$$

wenn s von links gegen 1 strebt.

Ist umgekehrt dieser Grenzwert vorhanden, so folgt daraus die Konvergenz der $E(X(X-1))$ darstellenden Reihe und damit die Existenz dieses Erwartungswerts einschließlich $E(X(X-1)) = G''(1-)$, so daß auch VX vorhanden ist. Nach (2.7) gilt $VX = E(X(X-1)) + EX - (EX)^2$, und dies zusammen mit (7) ergibt (8). $\qquad\square$

Beispiel 5. Für die Binomialverteilung mit den Parametern n und p erhält man aus (4):

$$G'(s) = np(q + ps)^{n-1} \quad \text{und} \quad G''(s) = n(n-1)p^2(q + ps)^{n-2},$$

also nach (7) und (8): $EX = np$ und $VX = n(n-1)p^2 + np - n^2p^2 = np(1-p) = npq$ im Einklang mit (1.9) und (2.13).

Beispiel 6. Hat X die geometrische Verteilung mit dem Parameter p, so folgt aus (5):

$$G'(s) = \frac{p}{(1 - qs)^2} \quad \text{und} \quad G''(s) = \frac{2pq}{(1 - qs)^3}$$

und daher

$$EX = \frac{1}{p} \quad \text{und} \quad VX = \frac{1-p}{p^2}. \tag{9}$$

Diese Werte direkt aus ihren Definitionen zu berechnen, wäre viel umständlicher. Den ersten hätten wir freilich aufgrund der Bedeutung von X nach Beispiel I.6.2 erraten können: da „Kopf" bei jedem Wurf die Wahrscheinlichkeit $1/2$ hat zu erscheinen, muß man die Münze im Durchschnitt 2 mal werfen, bis „Kopf" zum ersten Mal fällt; wäre allgemeiner die Wahrscheinlichkeit von „Kopf" bei jedem Wurf gleich p, so müßte man im Mittel die Zeit $1/p$ warten, bis „Kopf" zum ersten Mal oben liegt.

Beispiel 7. Ist die Zufallsvariable X Poissonsch verteilt mit dem Parameter λ, so erhalten wir über die Differentiation von (6), nämlich $G'(s) = \lambda e^{\lambda(s-1)}$ und $G''(s) = \lambda^2 e^{\lambda(s-1)}$, die Werte

$$EX = VX = \lambda. \tag{10}$$

In der Gleichung (III.4.9) hatten wir die Verteilung der Summe $X.$ unabhängiger Zufallsvariablen $X_1, \ldots, X_n$ durch die Verteilungen der X_i ausgedrückt. Wenn die X_i nur Werte in $\mathbb{Z}_+$ annehmen, können wir auch die erzeugende Funktion dieser Verteilung leicht berechnen. Wir bezeichnen mit G_i die erzeugende Funktion von X_i und mit G die von $X.$. Nach Satz III.4.3 sind die Zufallsvariablen $s^{X_1}, \ldots, s^{X_n}$ ebenfalls unabhängig, und daher haben wir nach (2) und Satz 1.2 zumindest für $-1 \le s \le 1$:

$$G(s) = E(s^{X_1 + \cdots + X_n}) = E(s^{X_1}) \cdots E(s^{X_n}) = G_1(s) \cdots G_n(s).$$

Dies beweist den

Satz 3. *Die erzeugende Funktion der Verteilung der Summe von unabhängigen Zufallsvariablen mit Werten in $\mathbb{Z}_+$ ist das Produkt der erzeugenden Funktionen ihrer Verteilungen.*

Mit der (III.4.9) vorausgehenden Definition können wir dies auch so formulieren: die erzeugende Funktion des Faltungsprodukts von auf $\mathbb{Z}_+$ konzentrierten Verteilungen ist das Produkt der erzeugenden Funktionen dieser Verteilungen.

Beispiel 8. Wir nehmen das Beispiel 2 noch einmal auf und benutzen Satz 3, um die Binomialverteilung mit den Parametern n und p neu abzuleiten. Definitionsgemäß ist sie die Verteilung der Summe $X.$ von n unabhängigen Indikatorvariablen 1_{A_i} mit $PA_i = p$ für $i = 1, \ldots, n$. Die erzeugende Funktion der Verteilung von 1_{A_i}, nämlich der Bernoullischen Verteilung mit dem Parameter p, ist nach (1) gleich $q + ps$ wobei $q = 1 - p$, und daher ist die erzeugende Funktion der Verteilung von $X.$ nach Satz 3 gleich

$$G(s) = (q + ps)^n = \sum_{k=0}^{n} \binom{n}{k} p^k q^{n-k} s^k \,,$$

woraus nach (1) folgt

$$b(k; n, p) = P\{X. = k\} = \binom{n}{k} p^k q^{n-k} \,.$$

Ebenso ergibt sich, daß die Summe zweier unabhängiger Zufallsvariablen, die binomialverteilt sind mit den Parametern n und p bzw. m und p, der Binomialverteilung mit den Parametern $n + m$ und p folgt. Das kann man natürlich auch direkt einsehen, indem man wie im Beispiel III.4.3 ein Modell für das $(n + m)$-malige Wiederholen desselben Experiments konstruiert.

Beispiel 9. Es seien X und Y unabhängig und Poissonsch verteilt mit den Parametern λ und μ. Dann ist die erzeugende Funktion ihrer Summe nach Beispiel 4 und Satz 3 gleich

$$G(s) = e^{\lambda(s-1)} e^{\mu(s-1)} = e^{(\lambda+\mu)(s-1)} \,.$$

Hieraus folgt, daß auch $X + Y$ eine Poissonsche Verteilung hat und zwar mit dem Parameter $\lambda + \mu$.

4. Tschebyscheffsche Ungleichung und schwaches Gesetz der großen Zahlen

In Abschnitt 2 hatten wir verschiedene Maße für eine Art „mittlerer "Abweichung einer Zufallsvariablen von ihrem Erwartungswert betrachtet. Es erhebt sich die Frage, wie diese Maße mit der *Wahrscheinlichkeit* einer Abweichung gegebener Größenordnung der Variablen von ihrem Erwartungswert zusammenhängen. Eine grobe, aber dafür sehr allgemeine Abschätzung beruht auf dem folgenden

Satz 1. *Es seien f eine auf $\mathbb{R}_+$ definierte, monoton wachsende, reelle Funktion mit $f(x) > 0$ für $x > 0$ und X eine Zufallsvariable, für die der Erwartungswert $E(f \circ |X|)$ existiert. Dann gilt für jedes $\varepsilon > 0$:*

$$P\{|X| \geq \varepsilon\} \leq \frac{E(f \circ |X|)}{f(\varepsilon)} \tag{1}$$

(Markoffsche Ungleichung).

Beweis. Nach (1.10) und wegen der Monotonie von f gilt:

$$
\begin{aligned}
E(f \circ |X|) \;&=\; \sum_{x \in |X|(\Omega)} f(x) P\{|X| = x\} \\
&\geq\; \sum_{x \in |X|(\Omega),\; x \geq \varepsilon} f(\varepsilon) P\{|X| = x\} = f(\varepsilon) P\{|X| \geq \varepsilon\}\,,
\end{aligned}
$$

woraus (1) folgt. $\qquad\square$

Für $f(x) = x^r$, $r > 0$, erhalten wir aus (1):

$$P\{|X| \geq \varepsilon\} \leq \frac{E(|X|^r)}{\varepsilon^r}\,, \tag{2}$$

falls das r-te Moment von X existiert. Ist $X \in \mathcal{L}^2$, so liefert (2) angewandt auf die zentrierte Variable $X - EX$ den unter dem Namen *Tschebyscheffsche Ungleichung* bekannten Spezialfall

$$P\{|X - EX| \geq \varepsilon\} \leq \frac{VX}{\varepsilon^2}\,. \tag{3}$$

Diese läßt sich mit den Bezeichnungen $\sigma = \sqrt{VX}$, $\gamma = \varepsilon/\sigma$ und $X^* = (X - EX)/\sigma$ umformen zu

$$P\{|X^*| \geq \gamma\} \leq \frac{1}{\gamma^2}\,, \tag{4}$$

vorausgesetzt natürlich, daß $\sigma > 0$. Hier treten Erwartungswert und Varianz von X nicht mehr explizit auf, d. h. (4) trifft auf alle normierten Zufallsvariablen X^* und alle $\gamma > 0$ zu.

In Abschnitt I.2 waren wir von der „Häufigkeitsinterpretation" (I.2.2) einer Wahrscheinlichkeit ausgegangen: die relative Häufigkeit m_A/n des Eintretens des Ereignisses A in n unabhängigen Wiederholungen desselben Experiments sollte im allgemeinen nahe bei PA liegen, wenn n groß ist. Dabei kann „im allgemeinen" nur bedeuten: mit großer Wahrscheinlichkeit. Natürlich war das keine Definition, sondern eine zwar plausible aber zirkuläre Beschreibung: um die Wahrscheinlichkeit zu interpretieren, haben wir bereits den Begriff der Wahrscheinlichkeit benutzt. Wir können und werden jedoch jetzt die dort vorliegende Situation mathematisch modellieren und studieren, indem wir den Begriff der Wahrscheinlichkeit in der axiomatischen, durch die Definition I.2.1 gegebenen Form verwenden.

In derselben Weise hatten wir den Erwartungswert EX der Zufallsvariablen X als diejenige reelle Zahl angesehen, in deren Nähe wir das arithmetische Mittel $\bar{x} = (x_1 + \cdots + x_n)/n$ der in einer großen Zahl von unabhängigen Wiederholungen des fraglichen Experiments erhaltenen Werte x_i von X „erwarten". Da PA nach (1.4) gleich dem Erwartungswert der Indikatorvariablen $X = 1_A$ und in diesem Fall $n_A/n = \bar{x}$ ist, werden wir gleich die zweite, allgemeinere Situation betrachten.

Die folgende, noch etwas allgemeinere Situation tritt in der Stochastik immer wieder auf: $X_1, \ldots, X_n$ sind paarweise unkorrelierte Zufallsvariable, die alle denselben Erwartungswert μ und dieselbe Varianz σ^2 haben. Uns interessiert ihr arithmetisches Mittel, d. h. die Zufallsvariable

$$\bar{X} = \frac{1}{n}(X_1 + \cdots + X_n)\,. \tag{5}$$

Wegen der Linearität von E hat $\bar{X}$ denselben Erwartungswert:

$$E\bar{X} = \mu\,, \tag{6}$$

und aus (2.11) und (2.12) folgt

$$V\bar{X} = \frac{\sigma^2}{n}\,. \tag{7}$$

Durch die Bildung des arithmetischen Mittels verringert sich also die Varianz von der Ordnung n^{-1}. Eine Verringerung war intuitiv zu erwarten; die Präzisierung (7) ist ein einfaches, aber fundamentales Ergebnis der Wahrscheinlichkeitstheorie.

Aus der Tschebyscheffschen Ungleichung (3), angewandt auf $\bar{X}$, resultiert nun wegen (6) und (7) bei beliebigem $\varepsilon > 0$:

$$P\{|\bar{X} - \mu| \leq \varepsilon\} \geq 1 - \frac{\sigma^2}{n\varepsilon^2}\,. \tag{8}$$

In diesem Sinne liegt also $\bar{X}$ bei großem n tatsächlich mit großer Wahrscheinlichkeit nahe an EX .

Wir nehmen schließlich an, wir hätten für jedes $n \in \mathbb{N}$ eine Folge $X_1, \ldots, X_n$ mit den oben beschriebenen Eigenschaften und denselben μ und σ. Der Übersichtlichkeit zuliebe verzichten wir darauf, die Abhängigkeit dieser Folge von n durch einen zusätzlichen Index deutlich zu machen. Dann folgt aus (7):

$$\lim_{n \to \infty} V\left(\frac{1}{n}(X_1 + \cdots + X_n)\right) = 0\,, \tag{9}$$

und aus (8) ergibt sich der folgende Satz, den man das *schwache Gesetz der großen Zahlen* nennt:

Satz 2. *Unter den genannten Voraussetzungen gilt für jedes $\varepsilon > 0$:*

$$\lim_{n \to \infty} P\left\{\left|\frac{1}{n}(X_1 + \cdots + X_n) - \mu\right| \leq \varepsilon\right\} = 1\,. \tag{10}$$

Die Voraussetzung der Gleichheit aller μ und aller σ ist insbesondere dann
erfüllt, wenn die X_i *identisch verteilt* sind, d. h. alle dieselbe Verteilung haben,
und die Voraussetzung der Unkorreliertheit ist erfüllt, wenn sie unabhängig sind
und zweite Momente haben.

5. Aufgaben

1. Beim Wurf eines roten und eines schwarzen Würfels sei X_1 das Ergebnis des
   roten und X_2 das des schwarzen Würfels und $X_3 = X_1 + X_2$ die Augensumme.
   Man berechne die Korrelationskoeffizienten $\mathrm{cor}(X_i, X_j)$ für $1 \leq i \leq j \leq 3$ und die
   bedingten Erwartungswerte $E(X_1|X_3 = k)$ für $k = 2, \ldots, 12$ und $E(X_3|X_1 = k)$
   für $k = 1, \ldots, 6$.

2. Was ist die Kovarianz zweier Indikatorvariablen 1_A und 1_B? Man zeige, daß für
   Indikatorvariable Unkorreliertheit und Unabhängigkeit dasselbe bedeuten.

3. Aus einer Population $\mathcal{U} = \{1, \ldots, N\}$ ziehen wir mit derselben Wahrscheinlichkeit eine ungeordnete Stichprobe ohne Wiederholung vom Umfang n. Für
   $u = 1, \ldots, N$ sei $\delta(u)$ die Indikatorvariable des Ereignisses „u gehört der Stichprobe an" (siehe Aufgabe 11 zu Kapitel I). Man berechne die Erwartungswerte
   $E(\delta(u))$ und die Kovarianzen $\mathrm{cov}(\delta(u), \delta(v))$ für alle $u, v \in \mathcal{U}$. Wie kann man das
   Vorzeichen dieser Kovarianzen für $u \neq v$ interpretieren? Wie verhalten sich die
   Kovarianzen für $N \to \infty$? Anleitung: Man bilde die Erwartungswerte der Sum-
   men $\sum_{u=1}^{N} \delta(u)$ und $\sum_{u,v=1}^{N} \delta(u)\delta(v)$ und beachte die Invarianz des Problems
   gegenüber Permutationen von $\mathcal{U}$.

4. Man berechne den Erwartungswert und die Varianz einer Zufallsvariablen $X.$,
   die der hypergeometrischen Verteilung zu den Parametern N, R und n folgt, nach
   zweierlei Methoden:

   (a) direkt aus den Definitionen und (2.7);

   (b) mit Hilfe des Ergebnisses der vorangegangenen Aufgabe und der Darstel-
       lung

   $$X. = \sum_{u=1}^{N} f(u)\delta(u) ,$$

   in der f z.B. im Urnenmodell die Indikatorfunktion der Menge der roten
   Kugeln ist.

   Man leite hieraus den Erwartungswert und die Varianz der durch (I.1.1) moti-
   vierten Schätzung $r \mapsto r/n$ von $p = R/N$ ab; man drückt das Ergebnis über
   den Erwartungswert dadurch aus, daß man sagt, die betreffende Schätzung sei
   erwartungstreu für p.

5. Die Zufallsvariablen $X_1, \ldots, X_n$ seien unabhängig und identisch verteilt nach der
   geometrischen Verteilung zum Parameter p, wobei $0 < p \leq 1$. Man zeige, daß
   $X. = X_1 + \cdots + X_n$ negativ binomial verteilt ist mit den Parametern n und
   p (siehe Aufgabe 9 zu Kapitel III) zum einen direkt und zum anderen mittels
   erzeugender Funktionen. Ebenso berechne man den Erwartungswert und die
   Varianz der negativ binomialen Verteilung auf zwei verschiedene Arten.

6. Ein *Median* einer Zufallsvariablen X ist eine reelle Zahl m mit $P\{X \le m\} \ge 1/2$ und $P\{X \ge m\} \ge 1/2$. Dieser Begriff hängt also nur von der Verteilung von X ab. Man drücke seine Definition mit Hilfe der Zähldichte aus und veranschauliche sie sich auf diese Weise. Sodann finde man die Mediane für die folgenden Verteilungen:

   (a) Die Gleichverteilung auf einer Menge $\{a_1, \ldots, a_l\}$ mit $a_1 < \ldots < a_l$, wobei man die Fälle „l gerade" und „l ungerade" unterscheide.

   (b) In den Bezeichnungen der Aufgabe 1 die Verteilungen der Variablen $X_1 + X_2$ und $X_1 \cdot X_2$.

   (c) Die Binomialverteilung mit $n = 6$ und $p = 0,4$ und dasselbe mit $n = 6$ und $p = 0,7$ (siehe die Tafel am Ende der Aufgaben zu Kapitel V).

   (d) Die hypergeometrische Verteilung mit Parametern $N = 13, R = 4, n = 6$ und ebenso mit $N = 13, R = 7, n = 6$.

   In all diesen Fällen vergleiche man die Mediane mit dem Erwartungswert und den Stellen eines Maximums der Zähldichte.

7. Man zeige, daß m genau dann ein Median einer Zufallsvariablen X ist, wenn

$$E|X - m| = \inf_{a \in \mathbb{R}} E|X - a|.$$

8. Zwei Studenten vereinbaren das folgende Spiel, in dessen Beschreibung wir wieder die Bezeichnungen der Aufgabe 1 verwenden. Zunächst würfele A mit zwei Würfeln; das Ergebnis sei (x_1, x_2). Dann hat B die Wahl zwischen zwei Alternativen: entweder zahlt er an A eine Mark, oder er würfelt auch und zahlt in Abhängigkeit vom Resultat (y_1, y_2) an A zwei Mark, wenn $y_1 y_2 \le x_1 x_2$, dagegen nichts, wenn $y_1 y_2 > x_1 x_2$. Darauf wiederholen sie dies mit vertauschten Rollen usw.

   Es mögen sich nun A und B für spezielle Strategien entscheiden: B zahlt dann und nur dann eine Mark an A, wenn $x_1 x_2$ nicht kleiner als der Median von $X_1 X_2$ war, und A zahlt dann und nur eine Mark, wenn $y_1 y_2$ größer als $E(X_1 X_2)$ war. Es sei U_i der Betrag, den B in der i-ten Wiederholung des Spiels zu zahlen hat, und entsprechend V_i das, was A an B zu zahlen hat. Man bestimme die Verteilungen von U_i und V_i und entscheide mit Hilfe des schwachen Gesetzes der großen Zahlen, welche Strategie auf die Dauer günstiger ist.

9. Es mögen $0,28 \cdot 10^{23}$ Moleküle eines Gases (d. h. so viele, wie die durch das Molvolumen dividierte Loschmidtsche Zahl angibt) auf zwei Gefäße so verteilt werden, daß jedes Molekül unabhängig von den anderen mit derselben Wahrscheinlichkeit in das eine oder andere Gefäß gelangt. Mit Hilfe der Tschebyscheffschen Ungleichung schätze man die Wahrscheinlichkeit dafür ab, daß in einem der beiden Gefäße mehr als $0,14 \cdot 10^{23}(1 + 10^{-8})$ Moleküle sind. Physikalische Interpretation?

Kapitel V

Statistische Inferenz über unbekannte Wahrscheinlichkeiten

Bisher haben wir Statistik mit einer „exakten" Verteilung betrieben, die sich in natürlicher Weise aus dem Problem ergab. Wir tun nun die ersten Schritte in Richtung auf asymptotische Methoden, und verwenden dazu die Hilfsmittel, die wir inzwischen erarbeitet haben.

Die in Kapitel II behandelte Grundaufgabe der Statistik sah so aus: in einer Population $\mathcal{U}$ vom Umfang N ist eine Teilpopulation $\mathcal{V}$ vom Umfang R gegeben, so daß $p = R/N$ den Bruchteil von $\mathcal{V}$ in $\mathcal{U}$ darstellt. Mit Hilfe einer ungeordneten Stichprobe ohne Wiederholung aus $\mathcal{U}$ vom Umfang n wollen wir Rückschlüsse über p ziehen. Im Fall $n = 1$ ist p die Wahrscheinlichkeit dafür, daß die Stichprobe aus einem Element von $\mathcal{V}$ besteht, und bei beliebigem n folgt die Anzahl Z der Elemente von $\mathcal{V}$ in der Stichprobe der hypergeometrischen Verteilung $P\{Z = r\} = h(r; n, R, N)$.

Der Gebrauch von Stichproben ohne Wiederholung und damit der hypergeometrischen Verteilung entspricht dem, was man in der Praxis tut: ein einmal gezogenes, d. h. in die Stichprobe aufgenommenes Element wird nicht noch einmal gezogen. Das ist vernünftig, weil seine erneute Beobachtung keine weiteren Informationen liefern würde.

Wenn aber N sehr groß wird und n im Verhältnis zu N klein bleibt, so ist die hypergeometrische Verteilung unhandlich, zumal sie ja außer vom Umfang n der Stichprobe auch noch von den beiden Parametern N und R abhängt. Dann ist es aber plausibel, daß es keinen wesentlichen Unterschied zwischen einer Stichprobe ohne und einer mit Wiederholung mehr gibt, weil eine wieder zurückgelegte Kugel nur sehr geringe Chancen hat, noch einmal gezogen zu werden. Wir sind damit in der Situation des Beispiels III.4.3 von n unabhängigen Auswahlen aus einer „unendlichen" Population, und die Anzahl der roten Kugeln in der Stichprobe folgt einer Binomialverteilung mit den Parametern n und p. Dem entspricht, daß die Binomialverteilung nach Aufgabe III.8 im dort beschriebenen Sinne die Grenzverteilung der hypergeometrischen Verteilung für großes N ist.

Wir werden im ersten Abschnitt dieses Kapitels die auf die Binomialverteilung gestützte Inferenz über eine Wahrscheinlichkeit behandeln und im zweiten Abschnitt die simultane Inferenz über mehrere Wahrscheinlichkeiten, was auf die Inferenz über eine diskrete Verteilung hinausläuft.

1. Inferenz über eine Wahrscheinlichkeit

Wir betrachten also jetzt die Menge $\Omega = \mathcal{U}^n$ aller geordneten Stichproben $\omega = (u_1, \ldots, u_n)$, $u_i \in \mathcal{U}$, mit Wiederholung vom Umfang n, und die Gleichverteilung

P auf Ω. Wir setzen

$$X_i(\omega) = \begin{cases} 1, & \text{wenn } u_i \in \mathcal{V}, \\ 0, & \text{wenn } u_i \in \mathcal{U} \setminus \mathcal{V}. \end{cases}$$

Nach Beispiel III.4.3 sind die Zufallsvariablen $X_1, \ldots, X_n$ unabhängig und identisch verteilt; ihre Verteilung ist durch

$$P\{X_i = 1\} = p\,, \quad P\{X_i = 0\} = 1 - p = q \tag{1}$$

gegeben. Nachdem wir dies festgestellt haben, können wir das ursprüngliche Urnenmodell, die Herkunft von p, nämlich $p = R/N$, und den Raum Ω ganz vergessen, und anders als dort braucht p keine rationale Zahl mehr zu sein. Die einzige Gegebenheit, mit der wir operieren werden, ist die gemeinsame Verteilung von $X_1, \ldots, X_n$, die wegen ihrer Unabhängigkeit und (1) so aussieht:

$$P_p\{X_1 = x_1, \ldots, X_n = x_n\} = p^k q^{n-k}$$

für alle Folgen $x_1, \ldots, x_n$ mit $x_i = 0$ oder $x_i = 1$, wobei $k = x_1 + \cdots + x_n$ angibt, wie oft die Zahl 1 unter den x_i vorkommt. Die Verteilung P_p ist also auf der Menge $\{0, 1\}^n$ dieser Folgen konzentriert. Die Familie $(P_p)_{0 \le p \le 1}$ ist unser statistisches Modell. Im Folgenden werden wir Erwartungswerte und Varianzen bezüglich P_p durch E_p und V_p bezeichnen.

Genau wie in den Abschnitten II.2, 3 und 4 werden wir aber tatsächlich unsere statistische Inferenz nicht auf den beobachteten Wert des Zufallsvektors $(X_1, \ldots, X_n)$ selbst gründen, sondern nur auf den Wert einer Funktion seiner Komponenten, nämlich der Summe

$$X. = X_1 + \cdots + X_n\,.$$

Es ist in der Tat z.B. im Urnenmodell einleuchtend, daß man, um etwas über p auszusagen, nur die Anzahl der roten Kugeln in der Stichprobe zu kennen braucht, und daß es keine Rolle spielt, in welcher Reihenfolge diese Kugeln in der Stichprobe erschienen sind. Diese Summe $X.$ ist ein Spezialfall eines Begriffs, dem wir schon in Abschnitt II.4 unter dem Namen „Teststatistik" begegnet sind und den wir jetzt allgemein definieren werden.

Definition 1. Es seien $X_1, \ldots, X_n$ Zufallsvariable, deren gemeinsame Verteilung einem statistischen Modell $(P_\vartheta)_{\vartheta \in \Theta}$ angehört. Unter einer *Statistik* zu diesem Modell verstehen wir eine Funktion der beobachteten Werte, d. h. eine Zufallsvariable der Form $X = \phi \circ (X_1, \ldots, X_n)$ mit einer gewissen reellwertigen Funktion ϕ, die auf der Menge der Werte von $(X_1, \ldots, X_n)$ definiert ist.

Im vorliegenden Fall ist $\phi(x_1, \ldots, x_n) = x_1 + \cdots + x_n$. Man drückt die Idee, daß die Kenntnis des beobachteten Werts von $X.$ allein schon ausreicht, um eine sinnvolle Inferenz über p zu ermöglichen, daß also $X.$ schon alle nützliche Information enthält, dadurch aus, daß man sagt, $X.$ sei eine *erschöpfende Statistik* für dieses Problem. Das ist allerdings ein Begriff, den wir hier weder präzisieren können noch zu präzisieren brauchen.

Nach Beispiel III.4.3 hat $X.$ eine Binomialverteilung :

$$P_p\{X. = k\} = \binom{n}{k} p^k q^{n-k} , \quad k = 0, \ldots, n . \tag{2}$$

Wir gehen nun ähnlich wie in Kapitel II vor und betrachten zuerst die „naive" Schätzung von p, nämlich

$$\bar{X} = \frac{X.}{n} . \tag{3}$$

Intuitiv ist es in der Tat einleuchtend, daß diese relative Häufigkeit des Wertes „1" unter den Werten von $X_1, \ldots, X_n$ bei großem n im allgemeinen dicht an p liegen wird. Haben wir die Realisierung $k = x_1 + \cdots + x_n$ von $X.$ beobachtet, so hat diese Schätzung den Wert $\hat{p} = k/n$. Wir können $\hat{p}$ auch mittels des Maximum Likelihood-Prinzips bekommen. Die zu k gehörige Likelihood-Funktion ist nämlich nach (2) gleich

$$L_k(p) = \binom{n}{k} p^k (1 - p)^{n-k} , \tag{4}$$

und als einfache Anwendung der Differentialrechnung beweist man, daß L_k im Intervall $0 \leq p \leq k/n$ monoton wächst und im Intervall $k/n \leq p \leq 1$ monoton fällt, also an der Stelle k/n, d. h. dem beobachteten Wert der Zufallsvariablen $\hat{p}$, ihr eindeutiges Maximum annimmt.

Wir beschäftigen uns nun nicht länger mit der Konstruktion, sondern mit den Eigenschaften dieser Schätzung. Zunächst folgt aus (IV.1.5):

$$E_p\bar{X} = p \quad \text{für jedes } p \in [0, 1] . \tag{5}$$

Diese Gleichung drückt aus, daß $\bar{X}$ „im Mittel" den wahren Parameter liefert. Solche Schätzungen heißen *erwartungstreu*. Ein erstes Beispiel war uns schon in Aufgabe IV.4 begegnet, ohne daß wir dort diesen Terminus verwendet hätten. Das besagt allerdings kaum etwas über das, was uns eigentlich interessiert, nämlich über den Fehler oder die Abweichung $\bar{X}(\omega) - p$ bei den verschiedenen Realisierungen ω. Z.B. ist jedes X_i wegen $E_pX_i = p$ auch eine erwartungstreue Schätzung, aber es ist plausibel, daß sie schlechter als $\bar{X}$ sein wird, d. h. im allgemeinen größere Fehler geben wird, weil sie von der ganzen Beobachtung nur die Kenntnis von X_i, z.B. die Farbe der i-ten Kugel, ausnutzt. Wir werden dies sogleich präzisieren.

Unter einer „guten" Schätzung verstehen wir eine, für die die mittlere quadratische Abweichung zwischen dem Schätzwert und dem zu schätzenden Parameter möglichst klein ist. Das ist der sogenannte *mittlere quadratische Fehler*, der im vorliegenden Fall die Form $E_p((\bar{X} - p)^2)$ hat. Wegen der Erwartungstreue, d. h. (5), fällt er mit der Varianz von $\bar{X}$ zusammen. Nach (IV.2.8) ist

$$V_pX_i = pq , \quad i = 1, \ldots, n,$$

und folglich wegen (IV.2.11) und (IV.2.12):

$$V_p\bar{X} = \frac{pq}{n} . \tag{6}$$

Außer im trivialen Fall $n = 1$ ist also $V_p \bar{X}$ in der Tat kleiner als $V_p X_i$. Da $pq = p(1 - p) \leq 1/4$, erhalten wir die Abschätzung $V_p \bar{X} \leq 1/4n$, in der der unbekannte Parameter p nicht mehr vorkommt.

Ein noch aufschlußreicheres Qualitätskriterium als die Varianz ist oft der Variationskoeffizient. Nach der Definition (IV.2.3) erhalten wir wegen (5) und (6):

$$V_p^\circ(\bar{X}) = \sqrt{\frac{1 - p}{np}} \,. \tag{7}$$

Dies stellt das „relative", d.h. auf den zu schätzenden Wert p bezogene, gewichtete quadratische Mittel der Fehler dar. Für $p \to 0$ strebt es von der Größenordnung $p^{-1/2}$ gegen ∞, anschaulich gesprochen: kleine Häufigkeiten sind schwerer zu schätzen. Der Ausdruck np im Nenner läßt sich unmittelbar interpretieren: es ist $np = E_p X$. die erwartete Anzahl der Einsen unter den beobachteten Werten, z.B. die erwartete Anzahl von roten Kugeln in der Stichprobe.

Die Gleichungen (6) und (7) haben zunächst nur eine theoretische Bedeutung, denn p ist ja gerade unbekannt. Wenn wir den Wert k von X. beobachtet und daraus $\hat{p} = k/n$ berechnet haben und wenn wir uns dann fragen, wie gut nun eigentlich diese Schätzung im Sinne der obigen, auf die Varianz von $\bar{X}$ gestützten Definition war, so müssen wir diese Varianz ihrerseits auch noch schätzen. Das ist einer der wesentlichsten Grundgedanken der Statistik. Natürlich schätzen wir hier keinen Parameter im bisherigen Sinne, d.h. keinen Index in einer parametrischen Familie, sondern eine Funktion dieses Parameters, nämlich $p \mapsto V_p \bar{X}$, doch bleiben alle Begriffe *mutatis mutandis* dieselben.

Es liegt nahe, zur Schätzung von $V_p \bar{X}$ in der Formel (6) einfach p durch seine Schätzung $\hat{p}$ zu ersetzen, aber das gäbe keine erwartungstreue Schätzung. Man arbeitet stattdessen mit

$$\widehat{V_p \bar{X}} = \frac{1}{n - 1} \hat{p}(1 - \hat{p}) \,. \tag{8}$$

Satz 1. *Die Schätzung* (8) *ist erwartungstreu für* $V_p \bar{X}$.

Beweis. Nach der Steinerschen Gleichung (IV.2.7) und nach (5) und (6) ist

$$\begin{aligned}
E_p(\bar{X}(1 - \bar{X})) &= E_p \bar{X} - E_p(\bar{X}^2) = E_p \bar{X} - (E_p \bar{X})^2 - V_p \bar{X} \\
&= p - p^2 - V_p \bar{X} = (n - 1)V_p \bar{X} \,. \qquad \square
\end{aligned}$$

Wir untersuchen nun, was bei großem n geschieht. Wie am Schluß von Abschnitt IV.4 nehmen wir an, wir hätten für jedes n eine Folge $X_1^{(n)}, \ldots, X_n^{(n)}$ von unabhängigen Zufallsvariablen, die der Bernoullischen Verteilung mit demselben Parameter p folgen, und setzen

$$\bar{X}_n = \frac{1}{n}(X_1^{(n)} + \cdots + X_n^{(n)}) \,.$$

Das schwache Gesetz der großen Zahlen, Satz IV.4.2, impliziert dann, daß für jedes $\varepsilon > 0$ gilt

$$\lim_{n \to \infty} P_p\{|\bar{X}_n - p| \leq \varepsilon\} = 1 \,. \tag{9}$$

Eine solche Folge von Schätzungen von p heißt *konvergent* oder *konsistent*, sie konvergiert *der Wahrscheinlichkeit nach* gegen p.

Wir wenden uns der Theorie der Konfidenzintervalle zu und halten n wieder fest. Wie schon in Aufgabe III.9 führen wir die *kumulative* Binomialverteilung ein:

$$B(k; n, p) = \sum_{j=0}^{k} b(j; n, p) = P_p\{X. \leq k\} \tag{10}$$

für $k = 0, \ldots, n$.

Satz 2. *Die Funktion $p \mapsto B(k; n, p)$ fällt monoton, und im Fall $k < n$ sogar strikt monoton.*

Beweis. Es ist

$$\frac{dB(k; n, p)}{dp} = \sum_{j=1}^{k} \binom{n}{j} j p^{j-1} (1-p)^{n-j} - \sum_{j=0}^{k} \binom{n}{j} (n-j) p^j (1-p)^{n-j-1} .$$

Beachtet man $\binom{n}{j} j = n\binom{n-1}{j-1}$ und $\binom{n}{j}(n-j) = n\binom{n-1}{j}$ und ersetzt in der ersten Summe j durch $j+1$, so sieht man, daß von diesem Ausdruck nur der letzte Summand der zweiten Summe übrig bleibt, d. h.

$$\frac{dB(k; n, p)}{dp} = -n\binom{n-1}{k} p^k (1-p)^{n-k-1} \leq 0 \quad \text{für } 0 < p < 1 .$$

Im Fall $k < n$ ist dies sogar im offenen Intervall $]0, 1[$ strikt negativ. $\qquad\square$

Die Sätze 2 und I.6.1 sind übrigens Spezialfälle eines allgemeinen Satzes über eine ganze Klasse von statistischen Modellen, nämlich solchen mit *monotonen Likelihood-Quotienten*, auf die wir hier aber nicht eingehen.

Wir können nun Konfidenzintervalle für p ganz analog zum Abschnitt II.3 definieren und konstruieren. Bei gegebenem $\alpha \in]0, 1[$ sagen wir, $C : k \mapsto C(k)$, $k = 0, \ldots, n$, sei ein *Konfidenzbereich* für p zum Niveau $1 - \alpha$, wenn

$$P_p\{k : p \in C(k)\} \geq 1 - \alpha \quad \text{für jedes } p \in [0, 1] . \tag{11}$$

Das hier auftretende Ereignis läßt sich kürzer in der Form $\{p \in C \circ X.\}$ schreiben, wo sinnfällig zum Ausdruck kommt, daß der Konfidenzbereich vom Beobachtungsergebnis, nämlich dem Wert der Statistik $X.$, abhängt.

Zur Konstruktion von C benutzen wir wieder das durch (II.3.2) und (II.3.3) erklärte Prinzip. Wir definieren

$$a'(p) = \min\left\{k : P_p\{X. > k\} \leq \frac{\alpha}{2}\right\} = \max\left\{k : P_p\{X. \geq k\} > \frac{\alpha}{2}\right\} ,$$

$$a''(p) = \max\left\{k : P_p\{X. < k\} \leq \frac{\alpha}{2}\right\} = \min\left\{k : P_p\{X. \leq k\} > \frac{\alpha}{2}\right\} ,$$

und setzen $A(p) = \{a''(p), a''(p) + 1, \ldots, a'(p)\}$. Dann wird

$$P_p(A(p)) \geq 1 - \alpha .$$

Weiterhin ist

$$k \leq a'(p) \Leftrightarrow P_p\{X. \geq k\} > \frac{\alpha}{2} \, . \tag{12}$$

Wir setzen nun

$$p'(k) = \inf\left\{p : P_p\{X. \geq k\} > \frac{\alpha}{2}\right\} \, . \tag{13}$$

Im Fall $0 < k$ wächst die Funktion $p \mapsto P_p\{X. \geq k\}$ nach Satz 2 strikt monoton, und daher ist die rechte Seite von (12) gleichwertig mit $p > p'(k)$; im Fall $k = 0$ ist (12) für jedes p richtig, also in trivialer Weise äquivalent mit $p \geq 0 = p'(0)$. Definieren wir analog

$$p''(k) = \sup\left\{p : P_p\{X. \leq k\} > \frac{\alpha}{2}\right\} \, , \tag{14}$$

so ist $a''(p) \leq k$ im Fall $k < n$ gleichwertig mit $p < p''(k)$ und und im Fall $k = n$ gleichwertig mit $p \leq 1 = p''(n)$. Folglich erhalten wir einen Konfidenzbereich zum Niveau $1 - \alpha$ in der folgenden Weise:

$$C(k) =]p'(k), p''(k)[\, , \quad k = 1, \ldots, n - 1;$$

$$C(0) = [0, p''(0)[\, ; \qquad C(n) =]p'(n), 1] \, .$$

Wir schreiben die Definitionen (13) und (14) noch etwas um, wiederum auf Satz 2 gestützt, wobei wir zugleich direkt die Bezeichnung für die kumulative Binomialverteilung benutzen:

$$p'(k) \quad = \quad \max\left\{p : 1 - B(k - 1; n, p) \leq \frac{\alpha}{2}\right\} \quad \text{für } 0 < k \, ,$$

$$p''(k) \quad = \quad \min\left\{p : B(k; n, p) \leq \frac{\alpha}{2}\right\} \quad \text{für } k < n \, .$$

In der Praxis ist das „max" dieser Darstellung von $p'(k)$ das Maximum der in der verwendeten Tafel vorkommenden Werte von p, für die $1 - B(k - 1; n, p) \leq \alpha/2$. Das gibt im allgemeinen einen etwas kleineren Wert als genau $p'(k)$, d. h. wir erhalten einen etwas größeren Konfidenzbereich, was die Präzision ein wenig verringern kann, aber jedenfalls das Niveau nicht verkleinert. Das entsprechende gilt für $p''(k)$.

Brauchbare Tafeln sind z.B. [37]. Sie geben meist nur die Werte für $p \leq$ 0,5; im Fall $p > 0,5$ benutzt man die leicht zu beweisende Formel $B(k; n, p) = 1 - B(n - k - 1; n, 1 - p)$ (s. Aufgabe 5).

Wir betrachten zum Schluß ein typisches Testproblem, nämlich $H_1 : p > p_0$ mit der Nullhypothese $H_0 : p \leq p_0$, wobei also $p_0 \in]0, 1[$ bekannt ist. Wir gehen, wie in Abschnitt II.4, von der heuristischen und inzwischen durch (5) und asymptotisch in Form der Konsistenz präzisierten Tatsache aus, daß $\bar{X}$ mit großer Wahrscheinlichkeit in der Nähe von p liegt, wenn p der wahre Parameter ist. Wir werden daher dann und nur dann geneigt sein, H_1 anzunehmen, wenn $\bar{X}$ „sehr viel größer" als p_0 ist. Es ist allerdings wieder bequemer, anstelle von

$\bar{X}$ mit der Teststatistik $X. = n\bar{X}$ zu operieren, die ganzzahlige Werte annimmt. Unser Test wird daher so aussehen: haben wir $k = x.$ beobachtet, so sei

$$\tau(k) = \begin{cases} 1, & \text{wenn } k > \gamma \\ 0, & \text{wenn } k \le \gamma \end{cases}$$

mit einer bestimmten ganzen Zahl γ .

Dieser Test soll zunächst eine das gegebene Niveau α nicht überschreitende Fehlerwahrscheinlichkeit haben, d. h.

$$P_p\{X. > \gamma\} = 1 - B(\gamma; n, p) = \sum_{j=\gamma+1}^{n} b(j; n, p) \le \alpha \quad \text{für alle } p \le p_0 \ . \tag{15}$$

Da die Gütefunktion

$$p \mapsto \beta_\tau(p) = P_p\{X. > \gamma\}$$

nach Satz 2 monoton wächst, genügt es wieder, daß (15) nur im Fall $p = p_0$ erfüllt ist, d. h.

$$1 - B(\gamma; n, p_0) \le \alpha \ . \tag{16}$$

Andererseits suchen wir einen möglichst mächtigen Test dieser Form unter der Nebenbedingung (16), d. h. einen, bei dem die Gütefunktion $\beta_\tau(p)$ für $p_0 < p$ möglichst große Werte annimmt, was wir erreichen, indem wir γ möglichst groß machen. Wir bestimmen daher γ so, daß (16) und

$$1 - B(\gamma - 1; n, p_0) > \alpha \tag{17}$$

gelten. Das kann wieder mit Hilfe einer Tafel der Binomialverteilung oder eines Computerprogramms erfolgen. Für ein gegebenes $p > p_0$ können wir dann die Güte des Tests an dieser Stelle, d. h. $\beta_\tau(p) = 1 - B(\gamma; n, p)$, ebenfalls auf diese Weise erhalten. Sie hängt natürlich von p ab und ist umso größer, je größer p ist, was plausibel erscheint: mit Hilfe des gegebenen Experiments können wir den „Effekt" H_1 mit umso größerer Wahrscheinlichkeit entdecken, je ausgeprägter er ist, d. h. je größer p .

Aus der Monotonie der Gütefunktion ergibt sich auch, daß $\beta_\tau(p') \le \beta_\tau(p)$ für alle $p' \le p_0 < p$, d. h. wenn H_1 richtig ist, wird es mit größerer Wahrscheinlichkeit angenommen, als wenn es falsch ist. Diese wünschenswerte Eigenschaft eines Tests heißt *Unverfälschtheit*.

Darüber hinaus läßt sich zeigen, was wir aber nicht tun werden, daß τ sogar der „beste" Test unter allen vom selben Niveau ist. Es gilt nämlich folgendes: ist τ' irgendein Test, für den $\beta_{\tau'}(p_0) = \beta_\tau(p_0)$, so wird $\beta_{\tau'}(p) \ge \beta_\tau(p)$ für alle $p \le p_0$ und $\beta_{\tau'}(p) \le \beta_\tau(p)$ für alle $p > p_0$.

Wir schreiben noch die Definition des p-Wertes des Ergebnisses k unseres Experiments auf:

$$\pi(k) = P_{p_0}\{X. \ge k\} = 1 - B(k - 1; n, p_0) \ .$$

Dies ist wieder das kleinste Niveau, auf dem man H_1 mit Hilfe eines Tests der fraglichen Form annehmen kann.

Wir sehen uns schließlich das asymptotische Verhalten dieser Tests an, wenn n nicht mehr fest bleibt, sondern gegen ∞ strebt. Wir betrachten dieselbe Situation wie oben, d. h. die Schätzungen $\bar{X}_n$ von p, und bestimmen zu gegebenem festem α für jedes n den entsprechenden Test τ_n vermöge (16) und (17), wobei $\gamma = \gamma_n$ natürlich von n abhängt. Wir setzen $\tilde{\gamma}_n = \gamma_n/n$, so daß H_1 durch τ_n dann und nur dann angenommen wird, wenn $\bar{X}_n > \tilde{\gamma}_n$, und die Bedingungen (16) und (17) nehmen die Form an

$$P_{p_0}\{\bar{X}_n > \tilde{\gamma}_n\} \le \alpha \, , \quad P_{p_0}\{\bar{X}_n \ge \tilde{\gamma}_n\} > \alpha \, . \tag{18}$$

Dann haben wir den

Satz 3. *Für jedes feste, d. h. von n unabhängige $p_1 > p_0$ ist*

$$\lim_{n\to\infty} \beta_{\tau_n}(p_1) = 1 \, .$$

Eine Folge von Tests mit dieser Eigenschaft heißt *konsistent*.

Beweis. Wir zeigen zunächst, daß $\limsup \tilde{\gamma}_n \le p_0$, d. h. daß für jedes $p > p_0$ die Ungleichung $\tilde{\gamma}_n > p$ höchstens endlich oft richtig sein kann. Aus $\tilde{\gamma}_n > p$ folgt nämlich nach (17):

$$P_{p_0}\{|\bar{X}_n - p_0| > p - p_0\} \ge P_{p_0}\{\bar{X}_n > p\} \ge P_{p_0}\{\bar{X}_n \ge \tilde{\gamma}_n\} > \alpha > 0 \, ,$$

weil hier die beiden letzten Ereignisse jeweils das vorangegangene implizieren. Daher kann $\tilde{\gamma}_n > p$ in der Tat wegen der Konsistenz der Folge von Schätzungen $(\bar{X}_n)$ nur für endlich viele n richtig sein. Wählen wir sodann ein p mit $p_0 < p < p_1$, so haben wir also für schließlich alle n die Ungleichung $\tilde{\gamma}_n \le p$, aus der folgt

$$\beta_{\tau_n}(p_1) = P_{p_1}\{\bar{X}_n > \tilde{\gamma}_n\} \ge P_{p_1}\{|\bar{X}_n - p_1| < p - p_1\} \, ,$$

weil das zweite Ereignis das erste nach sich zieht. Benutzen wir noch einmal die Konsistenz der Folge $(\bar{X}_n)$, diesmal mit p_1 anstelle von p_0, so bekommen wir die Behauptung. $\qquad\square$

Die durch diesen Satz ausgedrückte Möglichkeit, zwischen den beiden Hypothesen $p = p_0$ und $p = p_1$ aufgrund der n Beobachtungen mit beliebig großer „Sicherheit" zu entscheiden, wenn nur n hinreichend groß ist, beruht darauf, daß sich die beiden zu p_0 bzw. zu p_1 gehörigen Verteilungen immer mehr „trennen", je größer n wird. Die erste ist dann weitgehend in der Nähe von p_0 konzentriert und die zweite in der Nähe von p_1, wie es (9) zeigt, woraus wir ja den Satz letzten Endes abgeleitet haben. Die Histogramme der Abbildungen 1 bis 4 veranschaulichen dies mit $p_0 = 0{,}3$, $p_1 = 0{,}5$ in den Fällen $n = 8$ und $n = 40$.

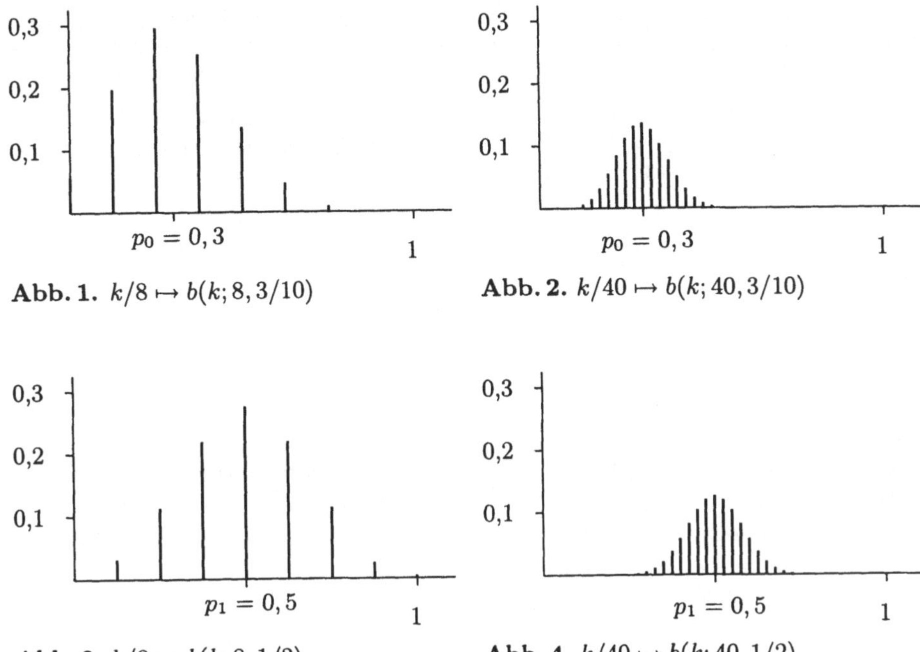

Abb. 1. $k/8 \mapsto b(k; 8, 3/10)$

Abb. 2. $k/40 \mapsto b(k; 40, 3/10)$

Abb. 3. $k/8 \mapsto b(k; 8, 1/2)$

Abb. 4. $k/40 \mapsto b(k; 40, 1/2)$

Natürlich sagt der Satz 3 nichts über die Schnelligkeit aus, mit der $\beta_{T_n}(p)$ für $p > p_0$ gegen 1 strebt. In der Praxis werden wir daher entweder doch den uns interessierenden speziellen Wert der Gütefunktion in der Alternativhypothese direkt berechnen oder aber feinere asymptotische Methoden benutzen, die wir im nächsten Kapitel kennenlernen.

2. Inferenz über eine diskrete Verteilung

Um zu prüfen, ob die Ziffern in der Tafel 1 im Anhang wirklich „rein zufällig", d. h. insbesondere nach der Gleichverteilung in $\{0, 1, \ldots, 9\}$, ausgewählt worden sind, könnte man z.B. daran denken, einen Test zur folgenden Nullhypothese zu konstruieren: die Wahrscheinlichkeit p, eine Ziffer ≤ 4 anzutreffen, ist gleich $\frac{1}{2}$. Die zugehörige Alternative wäre $p \neq \frac{1}{2}$; vgl. Aufgabe 4.

Nun könnte es aber sein, daß die Ziffern 0 und 5 jeweils mit der Wahrscheinlichkeit $\frac{1}{6}$ und jede der übrigen mit der Wahrscheinlichkeit $\frac{1}{12}$ ausgewählt wurden. Dann wäre ebenfalls, wie bei einer Gleichverteilung, $p = \frac{1}{2}$, so daß uns ein solcher Test nichts nützen würde. In der Tat haben wir es nicht mit einer, sondern mit zehn unbekannten Wahrscheinlichkeiten $p_0, \ldots, p_9$ zu tun, die nur den Bedingungen $0 \leq p_j \leq 1$ und $p_0 + \cdots + p_9 = 1$ unterworfen sind, d. h. mit einer ganzen unbekannten Wahrscheinlichkeitsverteilung. Nach unseren bisherigen Methoden müßten wir daher neun verschiedene Hypothesen testen. In diesem Abschnitt werden wir eine Methode kennenlernen, mittels eines einzigen Tests eine Hypothese, eine gewisse unbekannte Verteilung sei gleich einer gegebenen bekannten, zu testen.

Es seien $X_1, \ldots, X_n$ unabhängige, identisch verteilte Zufallsvariable, definiert auf einem diskreten Wahrscheinlichkeitsraum (Ω, P) und mit Werten in $\{1, \ldots, m\}$. Die Zahlen $1, \ldots, m$ beschreiben in den Anwendungen m verschiedene „Kategorien" wie z.B. in den Aufgaben VII.13 bis VII.15, und man nennt deshalb die Werte der X_i auch *kategorielle Daten*. Wir setzen $p_j = P\{X_i = j\}$, $j = 1, \ldots, m$; diese Wahrscheinlichkeiten sind unabhängig von i. Ferner bezeichnen wir mit $Y_1, \ldots, Y_m$ die durch

$$Y_j(\omega) = \#\{i : X_i(\omega) = j\} = \sum_{i=1}^{n} 1_{\{X_i = j\}}(\omega) , \quad \omega \in \Omega, \ j = 1, \ldots, m ,$$

gegebenen Zufallsvariablen.

Nach dem vorangegangenen Abschnitt ist Y_j binomialverteilt mit den Parametern n und p_j. Wegen $Y_1 + \cdots + Y_m = n$ sind $Y_1, \ldots, Y_m$ sicher nicht unabhängig. Weiterhin ist Y_j/n eine erwartungstreue Schätzung für p_j mit der Varianz $p_j q_j / n$, wobei $q_j = 1 - p_j$.

Eine beobachtete Realisierung von Y_j bezeichnen wir mit n_j, den zugehörigen Schätzwert n_j/n für p_j mit $\hat{p}_j$. Der Graph der Funktion $j \mapsto \hat{p}_j$ heißt das durch die Beobachtung gegebene *empirische Histogramm*. Wir lassen uns wieder von der Vorstellung leiten, daß dieses Histogramm mit großer Wahrscheinlichkeit den Verlauf des „wirklichen" oder „theoretischen" Histogramms $j \mapsto p_j$ recht gut wiedergibt, sobald n nicht zu klein ist.

Beispiel 1. Es bezeichne $\hat{p}_j = n_j/300$ die relative Häufigkeit, mit der die Ziffer j in den ersten fünf Zeilen der Tafel 1 im Anhang vorkommt, $j = 0, \ldots, 9$. Das Ergebnis ist das folgende Histogramm: die Höhe des Rechtecks über der Ziffer j ist gleich $\hat{p}_j$. Es ist unverkennbar, daß die Höhe dieser Rechtecke um $p_j = \frac{1}{10}$ herum schwankt. Unter der Annahme, daß die Ziffern der Tafel tatsächlich Realisierungen unabhängiger Zufallsvariablen X_i waren, fragt sich dann, ob diese Schwankungen nur zufallsbedingt sind, oder ob die Ziffern doch nicht nach der Gleichverteilung in $\{0, \ldots, 9\}$ ausgewählt wurden. In Beispiel 4 werden wir darauf näher eingehen.

Zu gegebenen Wahrscheinlichkeiten $p_1^{(0)}, \ldots, p_m^{(0)} > 0$ mit $p_1^{(0)} + \cdots + p_m^{(0)} = 1$ wollen wir nun einen auf die Werte $n_1, \ldots, n_m$ gestützten Test der Nullhypothese

$$H_0 \ : \ (p_1, \ldots, p_m) = (p_1^{(0)}, \ldots, p_m^{(0)})$$

gegen die Alternative

$$H_1 \ : \ (p_1, \ldots, p_m) \neq (p_1^{(0)}, \ldots, p_m^{(0)})$$

konstruieren.

Hätten wir nur die Nullhypothese $H_0^j \ : \ p_j = p_j^{(0)}$ gegen $H_1^j \ : \ p_j \neq p_j^{(0)}$ für ein festes j zu testen, so würden wir H_0^j nach den Überlegungen des vorigen

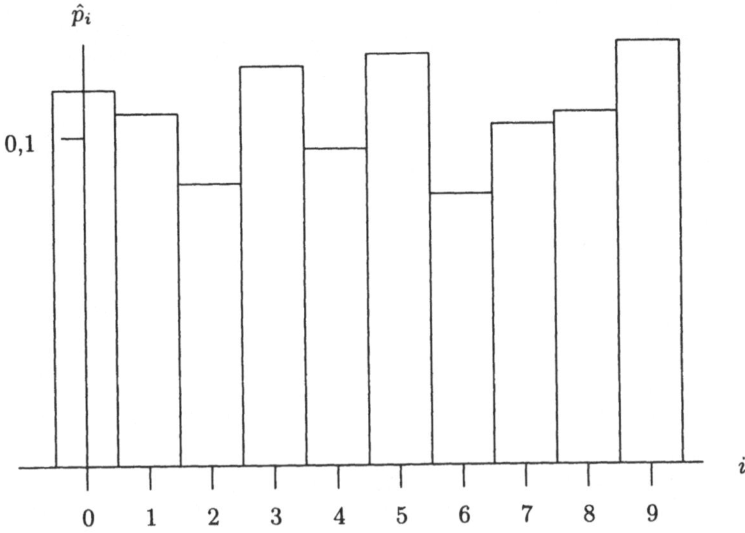

Abb. 1. Ein empirisches Histogramm zur Gleichverteilung in $\{0,\dots,9\}$

Abschnitts ablehnen, wenn der Abstand $|\hat{p}_j - p_j^{(0)}|$ zu groß wäre. Ganz analog ist es zum Testen von H_0 gegen H_1 zweckmäßig, einen geeigneten Abstand $D((\hat{p}_1,\dots,\hat{p}_m),(p_1^{(0)},\dots,p_m^{(0)}))$ so zu definieren, daß es einerseits vernünftig erscheint, H_0 abzulehnen, wenn dieser Abstand zu groß ist, und daß andererseits die Zufallsvariable $D((Y_1/n,\dots,Y_m/n),(p_1^{(0)},\dots,p_m^{(0)}))$ zur leichten Bestimmung des kritischen Bereichs unter der Nullhypothese eine möglichst einfach zu berechnende Verteilung hat.

Ein sinnvoller Abstand ist

$$\tilde{D}((\hat{p}_1,\dots,\hat{p}_m),(p_1^{(0)},\dots,p_m^{(0)})) = \max_{j=1,\dots,m}\left|\hat{p}_j - p_j^{(0)}\right|. \tag{1}$$

Sehr viel häufiger wird jedoch der folgende gebraucht, dessen ursprüngliche Motivierung daher kam, daß er *asymptotisch* eine besonders einfache Verteilung hat:

$$D((\hat{p}_1,\dots,\hat{p}_m),(p_1^{(0)},\dots,p_m^{(0)})) = \sum_{j=1}^{m} \frac{(\hat{p}_j - p_j^{(0)})^2}{p_j^{(0)}/n}. \tag{2}$$

Wir bemerken zunächst, daß dies in der Tat ≥ 0 ist; das Gleichheitszeichen gilt hier dann und nur dann, wenn die beiden Argumente zusammenfallen, und D hängt von ihnen stetig ab. Da $\hat{p}_j$ wie gesagt mit großer Wahrscheinlichkeit in der Nähe von p_j liegt für $j = 1,\dots,m$, ist es also sinnvoll, H_0 dann und nur dann abzulehnen, wenn (2) „groß" ist.

Man kann den Ausdruck (2) direkt in Abhängigkeit von $n_1,\dots,n_m$ auch so schreiben:

$$\chi^2(n_1,\ldots,n_m) = \sum_{j=1}^{m} \frac{(\hat{p}_j - p_j^{(0)})^2}{p_j^{(0)}/n} = \sum_{j=1}^{m} \frac{(n_j - np_j^{(0)})^2}{np_j^{(0)}} = \frac{1}{n}\sum_{j=1}^{m} \frac{n_j^2}{p_j^{(0)}} - n \ . \tag{3}$$

Hier ist $np_j^{(0)}$ die unter H_0 erwartete Anzahl von Beobachtungen, die ein Resultat der Kategorie j ergeben, während n_j die tatsächlich beobachtete Anzahl ist.

Wir leiten zunächst die „exakte" Verteilung der Statistik

$$D((Y_1/n,\ldots,Y_m/n),(p_1^{(0)},\ldots,p_m^{(0)})) = \chi^2 \circ (Y_1,\ldots,Y_m) \tag{4}$$

bei beliebigem Parametervektor $\mathbf{p} = (p_1,\ldots,p_m)$ her. Die Betrachtungen von Beispiel III.4.3 verallgemeinernd, berechnen wir dazu die gemeinsame Verteilung $Q_{\mathbf{p}}$ von $Y_1,\ldots,Y_m$. Der Zufallsvektor $(Y_1,\ldots,Y_m)$ nimmt nur Werte $(n_1,\ldots,n_m)$ mit $n_1,\ldots,n_m \in \mathbb{Z}_+$ und $n_1 + \cdots + n_m = n$ an. Für solche Werte gilt

$$Q_{\mathbf{p}}\{(n_1,\ldots,n_m)\} = P\{Y_1 = n_1,\ldots,Y_m = n_m\} = \binom{n}{n_1,\ldots,n_m} p_1^{n_1} \cdots p_m^{n_m} \ . \tag{5}$$

In der Tat existieren

$$\binom{n}{n_1,\ldots,n_m} = \frac{n!}{n_1! \cdots n_m!}$$

verschiedene n-tupel $(x_1,\ldots,x_n)$, in denen n_j Komponenten gleich j sind für $j = 1,\ldots,m$; vgl. Aufgabe I.14. Für jedes derartige n-tupel ist $P\{X_1 = x_1,\ldots,X_n = x_n\} = p_1^{n_1} \cdots p_m^{n_m}$ wegen der Unabhängigkeit der X_i, woraus (5) folgt.

Verteilungen von der Form (5) nennt man m-dimensionale *Multinomialverteilungen*. Wir werden also mit dem „multinomialen" statistischen Modell $(Q_{\mathbf{p}})_{\mathbf{p}\in\Theta}$ arbeiten, wobei $\Theta = \{(p_1,\ldots,p_m) : p_1 + \cdots + p_m = 1\}$. Für $k = 2$ erhalten wir die Binomialverteilungen, hier jedoch aufgefaßt als Verteilungen in der Menge $\{(k, n - k) : 0 \le k \le n\}$ statt in $\{k : 0 \le k \le n\}$.

Es ist üblich, die Zufallsvariable (4) ebenfalls durch χ^2 zu bezeichnen. Ihre „kumulative Verteilungsfunktion" $F_{\mathbf{p}}$ ist nach (5) gleich

$$F_{\mathbf{p}}(z) = Q_{\mathbf{p}}\{\chi^2 \le z\} = \sum_{(n_1,\ldots,n_m):\,\chi^2(n_1,\ldots,n_m)\le z} \binom{n}{n_1,\ldots,n_m} p_1^{n_1} \cdots p_m^{n_m} \ . \tag{6}$$

Für $F_{\mathbf{p}^{(0)}}$ schreiben wir im folgenden kurz F_0 und entsprechend ist Q_0 definiert.

Um H_0 gegen H_1 auf einem Niveau α mit $0 < \alpha < 1$ zu testen, wählen wir c_α so, daß

$$F_0(c_\alpha) \ge 1 - \alpha \quad \text{und} \quad F_0(z) < 1 - \alpha \quad \text{für} \quad z < c_\alpha \ .$$

Hierdurch ist c_α eindeutig bestimmt, und zwar ist es das Infimum der $(1 - \alpha)$-*Quantile* zu F_0, wie wir sie im Kap. VII allgemeiner definieren werden. Nach der Definition von c_α gilt

$$Q_0\{\chi^2 > c_\alpha\} = 1 - F_0(c_\alpha) \le \alpha \ , \qquad Q_0\{\chi^2 \ge c_\alpha\} > \alpha \ , \tag{7}$$

und damit haben wir den gesuchten Test: Dann und nur dann lehnen wir H_0 ab, wenn $\chi^2(n_1, \ldots, n_m) > c_\alpha$. Der zugehörige kritische Bereich $\{\chi^2 > c_\alpha\}$ ist unter allen kritischen Bereichen der Form

$$\{\chi^2 > c\} \tag{8}$$

auf dem Niveau α maximal.

Der p-Wert des Beobachtungsergebnisses $n_1, \ldots, n_m$ ist $Q_0\{\chi^2 \geq \chi^2(n_1, \ldots, n_m)\}$, was wir analog zu (6) aus (5) erhalten.

Beispiel 2. Wir betrachten die Nullhypothese, daß 8 unabhängig voneinander zufällig ausgewählte Ziffern jeweils mit der Wahrscheinlichkeit $p_1^{(0)} = 0,2$ gleich 0 oder 1 sind, mit der Wahrscheinlichkeit $p_2^{(0)} = 0,3$ gleich 2, 3 oder 4, und mit der Wahrscheinlichkeit $p_3^{(0)} = 0,5$ gleich 5, 6, 7, 8 oder 9 sind. Zunächst tabellarisieren wir die Werte $(n_j - 8p_j^{(0)})^2/8p_j^{(0)}$:

n_i	0	1	2	3	4	5	6	7	8
$\dfrac{(n_1-8\cdot0,2)^2}{8\cdot0,2}$	1,60	0,23	0,10	1,23	3,60	7,23	12,10	18,23	25,60
$\dfrac{(n_2-8\cdot0,3)^2}{8\cdot0,3}$	2,40	0,82	0,07	0,15	1,07	2,82	5,40	8,82	13,07
$\dfrac{(n_3-8\cdot0,5)^2}{8\cdot0,5}$	4,00	2,25	1,00	0,25	0,00	0,25	1,00	2,25	4,00

Sodann ordnen wir den Wertebereich von χ^2 von den größten Werten her und berechnen deren Wahrscheinlichkeiten unter H_0 bis hinab zum Wert 9,05:

$\chi^2(n_1, n_2, n_3)$	(n_1, n_2, n_3)	$\binom{8}{n_1\,n_2\,n_3}$	p-Wert
32,00	(8,0,0)	0,000003	0,000003
23,05	(7,1,0)	0,000031	0,000034
22,88	(7,0,1)	0,000051	0,000085
18,67	(0,8,0)	0,000066	0,000151
16,17	(6,2,0)	0,000161	0,000312
15,50	(6,0,2)	0,000448	0,000760
15,17	(6,1,1)	0,000538	0,001298
13,05	(1,7,0)	0,000350	0,001648
12,67	(0,7,1)	0,000875	0,002523
11,38	(5,3,0)	0,000484	0,003007
9,88	(5,0,3)	0,002240	0,005247
9,55	(5,2,1)	0,002419	0,007666
9,50	(2,6,0)	0,000816	0,008482
9,05	(5,1,2)	0,004032	0,012514

Die letzte Spalte enthält die entsprechenden p-Werte. Beobachten wir z.B. das ziemlich extreme Ergebnis $n_1 = 7, n_2 = 1, n_3 = 0$, so können wir H_1 auf dem Niveau 0,000034 annehmen. Suchen wir andererseits einen Test zum Niveau $\alpha = 0{,}01$, so folgt aus (7) und der Tafel, daß $c_\alpha = 9{,}05$. Auf diesem Niveau führt jedes der in der Tafel aufgeschriebenen Ergebnisse mit Ausnahme des letzten zur Annahme von H_1, alle anderen dagegen nicht. Wenden wir dies auf die ersten 8 Ziffern der Tafel 1 im Anhang an, nämlich 0, 1, 5, 9, 3, 5, 9, 3, so haben wir $n_1 = 2$, $n_2 = 2$, $n_3 = 4$. Dafür gilt $\chi^2(2,2,4) = 0{,}17 < 9{,}05$, d. h. wir verwerfen H_0 nicht. Natürlich ist diese Tafel so konstruiert worden, daß H_0 richtig ist.

Die Rechnungen werden noch etwas komplizierter im folgenden Beispiel, das eigentlich, wie zu Beginn dieses Abschnitts gesagt, natürlicher ist.

Beispiel 3. Gesucht sei ein Test zum Niveau $\alpha = 0{,}01$ der Nullhypothese, daß 8 unabhängig voneinander zufällig ausgewählte Ziffern jeweils mit der Wahrscheinlichkeit $p_j^{(0)} = \frac{1}{10}$ gleich j sind für $j = 0, 1, \ldots, 9$. Für jedes j gilt

n_i	0	1	2	3	4	5	6	7	8
$\dfrac{(n_i - 8 \cdot 0{,}1)^2}{8 \cdot 0{,}1}$	0,80	0,05	1,80	6,05	12,80	22,05	33,80	48,05	64,80

Analog zum vorigen Beispiel ergibt sich die folgende Tabelle, in der wir mit $\langle n_0, \ldots, n_9 \rangle$ die Menge der 10-tupel bezeichnen, die eine Permutation von $(n_0, \ldots, n_9)$ sind:

$\chi^2(n_0, \ldots, n_9)$	$n_0 \ldots n_9$	$P_0 < n_0, \ldots, n_9 >$	p-Wert
72,0	80...0	0,0000001	0,0000001
54,5	710...0	0,0000072	0,0000073
42,0	620...0	0,0000252	0,0000325
39,5	6110...0	0,0002016	0,0002341
34,5	530...0	0,0000504	0,0002845
32,0	440...0	0,0000315	0,0003160
29,5	5210...0	0,0012096	0,0015256
27,0	51110...0	0,0028224	0,0043480
24,5	4310...0	0,0020160	0,0063640
22,0	4220...0	0,0015120	0,0078760
19,5	42110...0	0,0211680	
	3320...0	0,0020160	0,310600
17,0	411110...0	0,0211680	
	33110...0	0,0141120	0,0663400
14,5	32210...0	0,0423360	0,1086760

Wir entnehmen ihr, daß $c_{0,01} = 19{,}5$, und daher lehnen wir H_0 dann und nur dann ab, wenn $\chi^2(n_0, \ldots, n_9) > 19{,}5$. Dieser Test hat das Niveau 0,007876.

Lehnen wir jedoch H_0 dann und nur dann ab, wenn $\chi^2(n_0, \ldots, n_9) > 17$, so läuft das darauf hinaus, einen Test mit dem Niveau 0,03106 zu verwenden.

Der erste Test führt dann und nur dann zur Annahme von H_1, wenn mindestens eine der 8 ausgewählten Ziffern mindestens 4mal, aber nicht in der Häufigkeitskombination $\langle 4\,2\,1\,1\,0\ldots 0\rangle$ oder $\langle 4\,1\,1\,1\,1\,0\ldots 0\rangle$ vorkommt. Durch den zweiten nehmen wir H_1 dann und nur dann an, wenn mindestens eine Ziffer mindestens 4mal erscheint außer in der Kombination $\langle 4\,1\,1\,1\,1\,0\ldots 0\rangle$, und auch wenn die Kombination $\langle 3\,3\,2\,0\ldots 0\rangle$ vorliegt. Wenden wir den ersten Test auf die ersten 8 Ziffern irgendeiner der 50 Zeilen der Tafel der Zufallsziffern an, so führt er nie zur Ablehnung von H_0. Vermöge des zweiten lehnen wir H_0 einmal ab, nämlich für die ersten 8 Ziffern der vorletzten Zeile, die die Häufigkeitskombination $\langle 4\,2\,1\,1\,0\ldots 0\rangle$ haben. Dieses Ergebnis liegt durchaus im Rahmen des unter der Nullhypothese zu erwartenden, denn die Wahrscheinlichkeit, sie dann einmal abzulehnen, wenn wir den Test 50 mal unabhängig voneinander anwenden, ist nach der Binomialverteilung abgerundet gleich

$$50 \cdot 0{,}03106(1 - 0{,}03106)^{49} = 0{,}33\,.$$

Diese Beispiele zeigen, daß wir schon bei mäßig großem n sehr viel rechnen müssen, um F_0 und damit c_α oder p-Werte zu finden. Die Verteilung F_0 hängt von $m-1$ Parametern ab, nämlich den $p_j^{(0)}$ unter der Bedingung $\sum_{j=1}^{m} p_j^{(0)} = 1$; das schließt eine Tabellarisierung aus, mit Ausnahme des Falls $m = 2$, d.h. der Binomialverteilung. Man muß daher z.B. den p-Wert eines Beobachtungsergebnisses jedesmal für die gegebenen speziellen Parameter mit Hilfe eines geeigneten Programms berechnen. Es gibt jedoch schon für nicht allzu große n eine gute Approximation von F_0 durch eine Verteilung, die nur von m abhängt und die man die χ^2-Verteilung mit $m-1$ Freiheitsgraden nennt. Wir kommen darauf in Abschnitt VII.5 zurück.

3. Aufgaben

1. Das statistische Modell $(P_p)_{0\leq p\leq 1}$ sei wie in Abschnitt 1 erklärt. Man zeige, daß $\bar{X} = X./n$ die einzige erwartungstreue Schätzung von p ist, die nur von $X.$ abhängt. Anleitung: Ist Y irgendeine erwartungstreue Schätzung von p, die nur von $X.$ abhängt, d.h. $Y = f \circ X.$, so gilt

$$0 = E_p(\bar{X} - Y) = \sum_{k=0}^{n} \left(\frac{k}{n} - f(k)\right) b(k; n, p) \quad \text{für alle } p\,.$$

Für $0 \leq p < 1$ substituiere man $p/(1-p) = u$.

2. Wir betrachten die Zufallsvariable $X.$ in den folgenden Fällen:

    (a) $X.$ folgt der hypergeometrischen Verteilung mit den Parametern N, R und n;

    (b) $X.$ folgt der Binomialverteilung mit den Parametern n und $p = R/N$.

    Es seien σ^2 und $\tilde{\sigma}^2$ die Varianzen von $\bar{X} = X./n$ in diesen beiden Fällen (siehe Aufgabe IV.4) und $\kappa = \sigma^2/\tilde{\sigma}^2$ die sogenannte *Korrektur für endliche Populationen*. Man berechne κ und interpretiere das Resultat im Lichte der Schätztheorie:

in welchem der beiden statistischen Modelle ist die Schätzung $\bar{X}$ „effizienter"?
Wie verhält sich κ, wenn N und n gegen ∞ streben?

3. In einem statistischen Modell $(P_\vartheta)_{\vartheta \in \Theta}$ sei Y eine Schätzung einer Funktion
   $f(\vartheta)$ des Parameters ϑ. Wenn alle $E_\vartheta Y$ existieren, nennt man $E_\vartheta Y - f(\vartheta)$
   in Abhängigkeit von ϑ den *systematischen Fehler* dieser Schätzung. Unter der
   Voraussetzung der Existenz des 2. Moments von Y für alle P_ϑ drücke man den
   mittleren quadratischen Fehler der Schätzung durch die Varianz von Y (den sogenannten „zufälligen" quadratischen Fehler und den systematischen Fehler aus.
   Man berechne diese Größen in der folgenden Situation: $X_1, \ldots, X_n$ mit $n > 1$
   sind unabhängige Variable, die der Bernoullischen Verteilung mit dem Parame-
   ter p folgen, $f(p) = p(1 - p)/n$ ist die Varianz von $\bar{X}$, und $Y = \frac{1}{n}\bar{X}(1 - \bar{X})$.
   Welche von den beiden Schätzungen Y und $Y^* = \frac{1}{n-1}\bar{X}(1-\bar{X})$ hat den kleineren
   mittleren quadratischen Fehler?

4. Um zu prüfen, ob die 50 Ziffern in der ersten Spalte der Tafel 1 von Zufallsziffern „rein zufällig" gewählt worden sind, teste man, ob die Hypothese, die
   Wahrscheinlichkeit des Antreffens einer Ziffer ≤ 4 sei gleich 1/2, auf dem Niveau $\alpha = 0{,}02$ verworfen werden muß oder nicht. Anleitung: Hier ist H_1 die
   „zweiseitige" Alternative $p \neq 1/2$. Wir nehmen sie an, wenn wir eine der Hypothesen $p < 1/2$ und $p > 1/2$ mit Hilfe eines jeweils zum Niveau $\alpha/2$ konstruierten
   Tests annehmen können.

5. Man beweise die zum Gebrauch gewisser Tafeln der Binomialverteilungen nötige
   Formel
$$B(k; n, p) = 1 - B(n - k - 1; n, 1 - p)\,.$$

6. Aus der Tabelle 1 in Abschnitt II.3 leite man zu allen Beobachtungsergebnis-
   sen Konfidenzintervalle für den Parameter $p = R/13$ ab. Mit Hilfe der Tafel
   am Schluß dieser Aufgaben konstruiere man sodann entsprechende Konfidenzintervalle für p in dem Fall, wo die beobachtete Zufallsvariable nicht mehr die
   hypergeometrische Verteilung mit Parametern $N = 13$, R und $n = 6$ hat, sondern
   die Binomialverteilung mit Parametern $n = 6$ und $p = R/13$. Man vergleiche
   beide und interpretiere das Ergebnis, insbesondere im Lichte der Aufgabe 8 zu
   Kapitel III.

   Schließlich teste man in beiden Fällen die Hypothese $H_0 : \ p \leq 4/13$ gegen
   $H_1 : \ p > 4/13$ auf dem Niveau $\alpha = 0{,}05$, wenn die Stichprobe 4 rote Kugeln
   enthält, und berechne die p-Werte dieses Ergebnisses.

7. Diese Aufgabe führt das Beispiel 3 weiter. Wir geben zunächst die Wahrscheinlichkeiten der restlichen 7 Häufigkeitskombinationen:

$$P_0\langle 3, 2, 1, 1, 1, 0, 0, 0, 0, 0\rangle = 0{,}169344, \quad P_0\langle 3, 1, 1, 1, 1, 1, 0, 0, 0, 0\rangle = 0{,}084672,$$
$$P_0\langle 2, 2, 2, 2, 0, 0, 0, 0, 0, 0\rangle = 0{,}005292, \quad P_0\langle 2, 2, 2, 1, 1, 0, 0, 0, 0, 0\rangle = 0{,}127008,$$
$$P_0\langle 2, 2, 1, 1, 1, 1, 0, 0, 0, 0\rangle = 0{,}317520, \quad P_0\langle 2, 1, 1, 1, 1, 1, 1, 0, 0, 0\rangle = 0{,}169344,$$
$$P_0\langle 1, 1, 1, 1, 1, 1, 1, 1, 0, 0\rangle = 0{,}018144.$$

   (a) Man prüfe die Berechnung einer der Wahrscheinlichkeiten aus der Tabelle
       von Beispiel 3 und einer der eben angegebenen nach.

   (b) Man untersuche die zu den χ^2-Tests analogen Tests, die sich auf die durch
       (2.1) definierte Statistik $\tilde{D}$ stützen. Wie sehen diese Tests zu den Niveaus

0,01 und 0,07 aus? Wie kann man ihre kritischen Bereiche direkt anhand der Häufigkeitskombinationen $\langle n_0, \ldots, n_9 \rangle$ beschreiben? Man zeige, daß zu beiden Niveaus der entsprechende χ^2-Test mächtiger ist, d. h. öfter zur Annahme von H_1 führt, aber auch eine größere Fehlerwahrscheinlichkeit hat.

(c) Man ordne die Häufigkeitskombinationen $\langle n_0, \ldots, n_9 \rangle$ nach aufsteigender Wahrscheinlichkeit $P_0 \langle n_0, \ldots, n_9 \rangle$, wobei zwei gleichwahrscheinliche Kombinationen irgendwie angeordnet werden, z.B lexikographisch. Es sei $\nu \langle n_0, \ldots, n_9 \rangle$ die so definierte Nummer von $\langle n_0, \ldots, n_9 \rangle$. Wir betrachten Tests von der Form: H_0 werde verworfen, wenn $\nu \langle n_0, \ldots, n_9 \rangle < \rho$, wobei ρ eine feste Zahl ist. Warum erscheint ein solcher Test vernünftig? Gibt es einen Zusammenhang mit dem in den Abschnitten II.2 und V.1 diskutierten Maximum Likelihood-Prinzip? Wie sehen die Tests dieser Form zu den Niveaus 0,01 und 0,07 aus? Man zeige, daß der zum Niveau 0,01 mächtiger ist als der χ^2-Test zum Niveau 0,01.

Tafel der kumulativen Verteilungsfunktion $k \mapsto B(k; 6, p)$

p \ k	0	1	2	3	4	5
0,01	0,941	0,999	1,000			
0,02	0,886	0,994	1,000			
0,03	0,833	0,988	0,999	1,000		
0,04	0,783	0,978	0,999	1,000		
0,05	0,735	0,967	0,998	1,000		
0,06	0,690	0,954	0,996	1,000		
0,07	0,647	0,939	0,994	1,000		
0,08	0,606	0,923	0,991	0,999	1,000	
0,09	0,568	0,905	0,988	0,999	1,000	
0,10	0,531	0,886	0,984	0,999	1,000	
0,11	0,497	0,865	0,979	0,998	1,000	
0,12	0,464	0,844	0,974	0,997	1,000	
0,13	0,434	0,822	0,968	0,997	1,000	
0,14	0,405	0,800	0,961	0,995	1,000	
0,15	0,377	0,776	0,953	0,994	1,000	
0,16	0,351	0,753	0,944	0,993	0,999	1,000
0,17	0,327	0,729	0,934	0,991	0,999	1,000
0,18	0,304	0,704	0,924	0,988	0,999	1,000
0,19	0,282	0,680	0,913	0,986	0,999	1,000
0,20	0,262	0,655	0,901	0,983	0,998	1,000
0,21	0,243	0,631	0,888	0,980	0,998	1,000
0,22	0,225	0,606	0,875	0,976	0,997	1,000
0,23	0,208	0,582	0,861	0,972	0,997	1,000
0,24	0,193	0,558	0,846	0,967	0,996	1,000
0,25	0,178	0,534	0,831	0,962	0,995	1,000
0,26	0,164	0,510	0,814	0,957	0,994	1,000
0,27	0,151	0,487	0,798	0,951	0,993	1,000
0,28	0,139	0,464	0,780	0,944	0,992	1,000
0,29	0,128	0,442	0,763	0,937	0,991	0,999
0,30	0,118	0,420	0,744	0,930	0,989	0,999
0,31	0,108	0,400	0,726	0,921	0,987	0,999
0,32	0,100	0,378	0,706	0,913	0,985	0,999
0,33	0,090	0,358	0,687	0,903	0,983	0,999
0,34	0,083	0,338	0,667	0,893	0,980	0,998
0,35	0,075	0,319	0,647	0,883	0,978	0,998
0,36	0,068	0,301	0,627	0,871	0,975	0,998
0,37	0,063	0,283	0,606	0,860	0,971	0,997
0,38	0,057	0,266	0,586	0,847	0,968	0,997
0,39	0,052	0,249	0,565	0,834	0,963	0,996
0,40	0,047	0,233	0,544	0,821	0,959	0,996
0,41	0,042	0,218	0,524	0,807	0,954	0,995
0,42	0,038	0,203	0,503	0,792	0,949	0,995
0,43	0,034	0,190	0,482	0,777	0,943	0,994
0,44	0,031	0,176	0,462	0,761	0,937	0,993
0,45	0,028	0,164	0,442	0,745	0,931	0,992
0,46	0,025	0,152	0,421	0,728	0,924	0,991
0,47	0,022	0,140	0,402	0,711	0,916	0,989
0,48	0,020	0,129	0,382	0,693	0,908	0,988
0,49	0,018	0,119	0,363	0,675	0,900	0,986
0,50	0,016	0,109	0,344	0,656	0,891	0,984

Kapitel VI

Grenzwertsätze

Die Binomialverteilungen hängen von zwei Parametern n und p ab, und zwar in relativ komplizierter Weise. Der in Abschnitt 2 abgeleitete Grenzwertsatz von de Moivre und Laplace erlaubt es, kumulative Binomialwahrscheinlichkeiten für solche n und p, für die $np(1-p)$ nicht allzu klein ist, nach einer linearen, von n und p in einfacher Weise abhängenden Transformation durch eine einzige Verteilung, die sogenannte Standard-Normalverteilung, anzunähern.

Sind dagegen n und p so beschaffen, daß np^2 klein ist, so kann man die Binomialverteilung gut durch eine Poissonsche Verteilung approximieren. Dies beweisen wir in Abschnitt 3. Wir beschreiben darin auch eine typische Situation, in der eine Verteilung vom Poissonschen Typ exakt auftritt.

1. Stirlingsche Formel

In den kombinatorischen Überlegungen in Abschnitt I.4 und daher in den Formeln für die hypergeometrischen Verteilungen und die Binomialverteilungen spielt die Fakultät $n!$ eine große Rolle.

In der Theorie und Praxis der Wahrscheinlichkeitstheorie erweist sich nun oft die sogenannte *Stirlingsche Approximation* als nützlich:

$$n! \sim \sqrt{2\pi}\,n^{n+1/2}\mathrm{e}^{-n} = \sqrt{2\pi n}\left(\frac{n}{\mathrm{e}}\right)^n, \tag{1}$$

wobei das Zeichen $\sim$ bedeutet, daß der Quotient aus beiden Seiten für $n \to \infty$ gegen 1 strebt.

Wir werden in diesem Abschnitt nur zeigen, daß eine Konstante c existiert mit

$$n! \sim c\,n^{n+1/2}\mathrm{e}^{-n} \tag{2}$$

und im nächsten Abschnitt den Wert dieser Konstanten aus wahrscheinlichkeitstheoretischen Betrachtungen herleiten, nämlich $c = \sqrt{2\pi}$.

Zur Motivierung eines Ansatzes der Form (2) überlegen wir uns zunächst folgendes: Die Summation der aus der strikten Isotonie des natürlichen Logarithmus log folgenden Ungleichungskette

$$\int_{k-1}^{k} \log x\,dx < \log k < \int_{k}^{k+1} \log x\,dx$$

über $k = 1, \dots, n$ liefert

$$\int_0^n \log x \, dx < \log n! < \int_1^{n+1} \log x \, dx \, ,$$

also, da $x \mapsto x \log x - x$ eine Stammfunktion zu $x \mapsto \log x$ ist,

$$n \log n - n < \log n! < (n+1) \log(n+1) - n \, .$$

Diese Doppelungleichung legt es nahe, $\log n!$ mit $(n + \frac{1}{2}) \log n - n$ zu vergleichen. Deswegen betrachten wir

$$d_n = \log n! - \left(n + \frac{1}{2}\right) \log n + n \, . \tag{3}$$

Aus

$$d_n - d_{n+1} = \left(n + \frac{1}{2}\right) \log \frac{n+1}{n} - 1, \qquad \frac{n+1}{n} = \frac{1 + \frac{1}{2n+1}}{1 - \frac{1}{2n+1}}$$

und

$$\frac{1}{2} \log \frac{1+t}{1-t} = t + \frac{t^3}{3} + \frac{t^5}{5} + \frac{t^7}{7} + \cdots \qquad \text{für } |t| < 1 \tag{4}$$

folgt

$$d_n - d_{n+1} = \frac{1}{3(2n+1)^2} + \frac{1}{5(2n+1)^4} + \frac{1}{7(2n+1)^6} + \cdots \, . \tag{5}$$

Der Vergleich der rechten Seite mit einer geometrischen Reihe mit dem Faktor $(2n+1)^{-2}$ ergibt

$$\frac{1}{3(2n+1)^2} < d_n - d_{n+1} < \frac{1}{3((2n+1)^2 - 1)} = \frac{1}{12n} - \frac{1}{12(n+1)} \, . \tag{6}$$

Wegen

$$\frac{1}{12(n+1)} - \frac{1}{12(n+1)+1} \leq \frac{12}{144n^2 + 144n + 37} < \frac{1}{3(2n+1)^2} \qquad \text{für } n \geq 1$$

folgt aus (6)

$$d_n - \frac{1}{12n} < d_{n+1} - \frac{1}{12(n+1)} < d_{n+1} - \frac{1}{12(n+1)+1} < d_n - \frac{1}{12n+1} \, . \tag{7}$$

Hiernach wächst die Folge $(d_n - \frac{1}{12n})_{n \in \mathbb{N}}$ monoton, die Folge $(d_n - \frac{1}{12n+1})_{n \in \mathbb{N}}$ fällt monoton, beide Folgen sind beschränkt, und ihre somit existierenden Grenzwerte stimmen mit dem ebenfalls existierenden Grenzwert

$$d = \lim_{n \to \infty} d_n \tag{8}$$

überein. Wegen (7) gilt

$$d + \frac{1}{12n+1} < d_n < d + \frac{1}{12n} \tag{9}$$

und daher wegen (3)

$$d + \left(n + \frac{1}{2}\right)\log n - n + \frac{1}{12n+1} < \log n! < d + \left(n + \frac{1}{2}\right)\log n - n + \frac{1}{12n}\,,$$

woraus sich mit $c = e^d$ ergibt

$$c\,n^{n+1/2}e^{-n}e^{1/(12n+1)} < n! < c\,n^{n+1/2}e^{-n}e^{1/12n}\,. \tag{10}$$

Hieraus folgt die zu beweisende Relation (2). Die Doppelungleichung (10) liefert darüber hinaus eine Fehlerabschätzung für (2) und die rechte Seite von (10) eine gegenüber (2) verbesserte Approximation für $n!$. Zum Beispiel weicht für $n = 5$ die rechte Seite von (2) um höchstens den Faktor $e^{1/60} < 1,017$ und die rechte Seite von (10) um höchstens den Faktor $e^{1/60-1/61} < 1,00028$ von 5! ab.

2. Approximation der Binomialverteilung durch die Normalverteilung: der Grenzwertsatz von de Moivre-Laplace

Wie in Beispiel III.4.3 und im ganzen Kap. V betrachten wir bei n unabhängigen Wiederholungen eines Zufallsexperiments die Anzahl $X.$ derjenigen Wiederholungen, bei denen ein bestimmtes Ereignis, das jedesmal die Wahrscheinlichkeit p hat, $0 < p < 1$, eintritt. Dann ist $X.$ binomialverteilt mit den Parametern n und p. Da diese Verteilung von zwei Parametern abhängt, gibt es Tafeln nur in einem relativ beschränkten Umfang, insbesondere nicht für große n, und die direkte Berechnung der Verteilung zu gegebenen speziellen Werten der Parameter ist nicht immer möglich oder praktisch. Deswegen werden wir in diesem Abschnitt Wahrscheinlichkeiten der Form

$$P\{a' \le X. \le b'\} = \sum_{k=a'}^{b'} b(k;n,p) = F(b') - F(a'-1)\,, \qquad a',b' \in \mathbb{Z}_+\,, \tag{1}$$

wobei F die durch (V.1.10) eingeführte kumulative Binomialverteilung mit den Parametern n und p bedeutet, bei festem p näherungsweise durch tabellarisierte Integrale ausdrücken.

Es wird sich als zweckmäßig erweisen, zu der durch (IV.2.16) definierten standardisierten Zufallsvariablen $X.^*$ überzugehen, die nach (IV.1.9) und (IV.2.13) für die hier betrachtete Variable $X.$ die Form

$$X.^* = \frac{X. - np}{\sqrt{npq}}\,, \qquad q = 1 - p\,, \tag{2}$$

annimmt. Wir werden nämlich sehen, daß wir bei beliebigen festen Zahlen a und b mit $a < b$ für großes n eine Approximation von $P\{a \le X.^* \le b\}$ erhalten, in der p und n gar nicht mehr vorkommen. Wahrscheinlichkeiten vom Typ (1) ergeben sich dann hieraus, wenn wir $a = \frac{a'-np}{\sqrt{npq}}$ und $b = \frac{b'-np}{\sqrt{npq}}$ setzen, so daß

$$\sum_{a' \leq k \leq b'} \binom{n}{k} p^k q^{(n-k)} = P\{a' \leq X. \leq b'\} = P\{a \leq X^*. \leq b\} \,. \tag{3}$$

Unsere Methode wird darin bestehen, den ersteren Ausdruck durch eine Riemannsche Summe zu approximieren, die für $n \to \infty$ gegen ein bestimmtes Integral konvergiert, das dann seinerseits die gewünschte Approximation von (3) darstellt.

Zur Approximation der Summe in (3) approximieren wir zunächst die Summanden selbst. Die Abbildung $k \mapsto b(k; n, p)$ nimmt für $k = [(n+1)p]$ ihr Maximum an (Aufgabe III.12). Wir setzen $m = [(n+1)p]$ und können damit schreiben:

$$m = np + \delta \qquad \text{mit } -q < \delta \leq p \,. \tag{4}$$

Für übersichtlichere Rechnungen setzen wir ferner

$$a_k = b(m+k; n, p) = \binom{n}{m+k} p^{m+k} q^{n-m+k} \,, \tag{5}$$

wobei also $-m \leq k \leq n - m$.

Wir betrachten zunächst den Fall $k > 0$. Dann gilt:

$$a_k = a_0 \frac{(n-m)(n-m-1)(n-m-2)\cdots(n-m-k+1)p^k}{(m+1)(m+2)(m+3)\cdots(m+k)q^k} \,. \tag{6}$$

Mit der Bezeichnung $t_j = \frac{j+\delta+q}{(n+1)pq}$, $j = 0, 1, \ldots, n-m$, wird

$$1 - pt_j \;=\; \frac{(n+1)q - j - \delta - q}{(n+1)q} = \frac{n-m-j}{(n+1)q} \,,$$

$$1 + qt_j \;=\; \frac{(n+1)p + j + \delta + q}{(n+1)p} = \frac{m+j+1}{(n+1)p} \,,$$

also

$$a_k = a_0 \frac{(1-pt_0)(1-pt_1)(1-pt_2)\cdots(1-pt_{k+1})}{(1+qt_0)(1+qt_1)(1+qt_2)\cdots(1+qt_{k+1})} \,. \tag{7}$$

Im folgenden setzen wir $k < \frac{(n+1)pq}{2}$, also $t_{k-1} < \frac{1}{2}$, voraus. Aus (7) und

$$\log \frac{1-pt_j}{1+qt_j} \;=\; \log(1-pt_j) - \log(1+qt_j)$$

$$=\; \left(-pt_j - p^2\frac{t_j^2}{2} - \cdots\right) - \left(qt_j - q^2\frac{t_j^2}{2} + - \cdots\right) = -t_j + r_j$$

mit $|r_j| \leq t_j^2$ für $0 \leq j \leq k < \frac{(n+1)pq}{2}$ folgt

$$a_k = a_0 \exp(-t_0 - t_1 - \cdots - t_{k-1} + R_k') \,, \tag{8}$$

wobei

$$|R'_k| \le t_0^2 + t_1^2 + \cdots + t_{k-1}^2 \le k t_{k-1}^2 \le \frac{k^3}{(npq)^2} \, . \tag{9}$$

Wegen

$$t_0 + t_1 + \cdots + t_{k-1} = \frac{\frac{1}{2}k(k-1) + k(\delta + q)}{(n+1)pq} = \frac{k^2}{2npq} + R''_k \, , \quad |R''_k| \le \frac{k}{npq} \, ,$$

ergibt sich aus (8)

$$a_k = a_0 \exp(-\frac{k^2}{2npq} + R'_k - R''_k) \tag{10}$$

mit

$$|R'_k - R''_k| \le \frac{k^3}{(npq)^2} + \frac{k}{npq} \quad \text{für } k < \frac{(n+1)pq}{2} \, . \tag{11}$$

Im Fall $k < 0$ und unter der Voraussetzung $-\frac{(n+1)pq}{2} < k < 0$ erhalten wir (10) durch eine analoge Rechnung. Wir brauchen nur in (11) auf der rechten Seite k durch $|k|$ zu ersetzen.

Wir approximieren jetzt a_0.

Aus (4) folgt

$$\frac{m}{n+1} \le p < \frac{m+1}{n+1} \, . \tag{12}$$

Wie wir bereits aus Abschnitt V.1 wissen, nimmt die Funktion $t \mapsto b(m;n,t)$ für $t = m/n$ ihr Maximum an. Offensichtlich gilt für diese t

$$\frac{m}{n+1} \le t < \frac{m+1}{n+1} \, , \tag{13}$$

so daß also

$$|p - t| \le \frac{1}{n+1} \, . \tag{14}$$

Mittels (10) erhalten wir für $m \ge 1$, $n - m \ge 1$ und $n > \frac{1}{\min(p,q)}$:

$$b(m;n,\frac{m}{n}) = \frac{n!}{m!(n-m)!} \left(\frac{m}{n}\right)^m \left(1 - \frac{m}{n}\right)^{n-m}$$

$$\le \frac{c\, n^{n+1/2}\, e^{-n}\, e^{(1/12n)-(1/(12m+1))-(1/(12(n-m)+1))}}{c\, m^{m+1/2} e^{-m}\, c\,(n-m)^{n-m+1/2}\, e^{-n+m}} \left(\frac{m}{n}\right)^m \left(\frac{n-m}{n}\right)^{n-m}$$

$$\le \frac{\sqrt{n}}{c\sqrt{m(n-m)}} = \frac{1}{c\sqrt{nt(1-t)}} \le \frac{1}{c\sqrt{npq(1-1/npq)}} \, ,$$

letzteres wegen der aus (14) folgenden Ungleichungskette

$$t(1-t) \ge \left(p - \frac{1}{n+1}\right)\left(1 - p - \frac{1}{n+1}\right) = \left(p - \frac{1}{n+1}\right)\left(q - \frac{1}{n+1}\right)$$

$$= pq - \frac{1}{n+1} + \frac{1}{(n+1)^2} = pq - \frac{n}{(n+1)^2}$$

$$\ge pq - \frac{1}{n} = pq\left(1 - \frac{1}{npq}\right) \, .$$

Analog ergibt sich

$$b\left(m;n,\frac{m}{n}\right) \geq \frac{\sqrt{n}\,e^{(-1/12m)-(1/(12(n-m)))}}{c\,\sqrt{m(n-m)}} \geq \frac{e^{(-1/12m)-(1/(12(n-m)))}}{c\,\sqrt{npq(1+1/npq)}} \ . \tag{15}$$

Da die Funktion $t \mapsto b(m;n,t)$ für $m/n < t < 1$ monoton fällt und für $0 < t < m/n$ monoton steigt, gilt

$$\min(b\left(m;n,\frac{m}{n+1}\right), b\left(m;n,\frac{m+1}{n+1}\right)) \leq a_0 = b(m;n,p) \leq b\left(m;n,\frac{m}{n}\right) \ .$$

Aus (15) erhalten wir die Abschätzungen

$$b\left(m;n,\frac{m}{n+1}\right) \ = \ b\left(m;n+1,\frac{m}{n+1}\right) \geq \frac{e^{(-1/12m)-(1/12(n+1-m))}}{c\,\sqrt{(n+1)pq(1+1/(n+1)pq)}}$$

$$\geq \ \frac{e^{(-1/12m)-(1/12(n-m))}}{c\,\sqrt{(n+1)pq(1+1/npq)}}$$

und

$$b\left(m;n,\frac{m+1}{n+1}\right) \ = \ b\left(m+1;n+1,\frac{m+1}{n+1}\right) \geq \frac{e^{(-1/12(m+1))-(1/12(n-m))}}{c\,\sqrt{(n+1)pq(1+1/(n+1)pq)}}$$

$$\geq \ \frac{e^{(-1/12m)-(1/12(n-m))}}{c\,\sqrt{(n+1)pq(1+1/npq)}}$$

Aus alldem folgt

$$a_0 = \frac{1}{c\sqrt{npq}}(1+\rho_n) \tag{16}$$

mit

$$|\rho_n| \ \leq \ \max\left(\frac{1}{\sqrt{1-1/npq}} - 1, 1 - \frac{e^{-n/12m(n-m)}}{\sqrt{(1+1/n)(1+1/npq)}}\right)$$

$$\leq \ \frac{1}{\sqrt{1-1/npq}} - \frac{e^{-1/12nt(1-t)}}{1+1/npq}$$

$$\leq \ 1 + \frac{1}{2npq(1-1/npq)} - \left(1 - \frac{1}{12nt(1-t)}\right)\left(1 - \frac{1}{npq}\right)$$

$$\leq \ \frac{1}{2npq(1-1/npq)} + \frac{1}{npq} + \frac{1}{12nt(1-t)} \ ,$$

also

$$|\rho_n| \leq \frac{2}{npq} \quad \text{für hinreichend große } n. \tag{17}$$

Setzen wir

$$h = \frac{1}{\sqrt{npq}} \tag{18}$$

und

$$\varphi(x) = \frac{1}{c}\,e^{-x^2/2}, \quad -\infty < x < +\infty, \tag{19}$$

so ergibt sich aus (10) und (16)

$$a_k = h\varphi(kh)(1 + R_k) \tag{20}$$

mit

$$|R_k| < e^{|R_k' - R_k''|} - 1 + |\rho_n|e^{|R_k' + R_k''|},$$

also wegen (11), (17) und $e^x - 1 \le x + \frac{x^2}{2!} + \cdots \le xe^x$ für $x \ge 0$

$$|R_k| \le (|R_k' - R_k''| + |\rho_n|)e^{|R_k' - R_k''|} \le \left(\frac{|k|^3}{(npq)^2} + \frac{|k|+2}{npq}\right)\exp\left(\frac{|k|^3}{(npq)^2} + \frac{|k|}{npq}\right) \tag{21}$$

für $|k| < \frac{(n+1)pq}{2}$ und hinreichend großes n. Hieraus können wir nun leicht ableiten:

Satz 1 (Lokaler Grenzwertsatz von de Moivre und Laplace). *Zu jedem $p \in\,]0,1[$ und $\rho > 0$ existieren ein $\alpha > 0$ und ein $n_0 \in \mathbb{N}$ so, daß für alle $k \in \mathbb{Z}$ mit $|k| < \rho\sqrt{np(1-p)}$ und alle $n \ge n_0$ gilt:*

$$\left|\frac{a_k}{h\varphi(kh)} - 1\right| \le \alpha h = \frac{\alpha}{\sqrt{npq}}\,. \tag{22}$$

(Übersichtlichkeitshalber unterdrücken wir wieder in unserer Notation die Darstellung der Abhängigkeit von a_k und h von n.)

Beweis. Zu gegebenen p und ρ setzen wir $K_n = \rho\sqrt{npq}$, $q = 1-p$. Da $K_n^3/n^2 \to 0$ für $n \to \infty$, existiert $n_0' \in \mathbb{N}$ so, daß für alle $n \ge n_0'$

$$K_n > 1, \qquad \sqrt{npq} > 2 \quad \text{und} \quad \frac{K_n^{3/2}}{(n+1)pq} < \frac{1}{2}\,,$$

Aufgrund der obigen Überlegungen existiert also ein $n_0 \ge n_0'$ so, daß für alle $n \ge n_0$ und für alle k mit $|k| < K_n < K_n^{3/2} < \frac{(n+1)pq}{2}$ die Ungleichung (21) gilt. Deren rechte Seite läßt sich für diese k abschätzen durch

$$\left(\frac{\rho^3\sqrt{npq}^3}{(npq)^2} + \frac{\rho\sqrt{npq}+2}{npq}\right)\exp\left(\frac{\rho^3\sqrt{npq}^3}{(npq)^2} + \frac{\rho\sqrt{npq}}{npq}\right)$$

$$\le \frac{\rho^3 + \rho + 1}{\sqrt{npq}}\exp\left(\frac{\rho^3 + \rho}{\sqrt{npq}}\right)$$

$$\le \frac{\rho^3 + \rho + 1}{\sqrt{npq}}\exp(2(\rho^3 + \rho))\,.$$

Mit $\alpha = (\rho^3 + \rho + 1)\exp(2(\rho^3 + \rho))$ folgt (22) hieraus und aus (20) und (21).

$\square$

Aufgrund dieses Satzes läßt sich nun (3) approximieren:
Aus (22) erhalten wir

$$h\varphi(kh) - \alpha h^2 \varphi(kh) \leq a_k \leq h\varphi(kh) + \alpha h^2 \varphi(kh)$$

und daher für $|a| \leq \rho$ und $|b| \leq \rho$

$$(1 - \alpha h)I_n(a,b) < \sum_{a\sqrt{npq}<k<b\sqrt{npq}} a_k < (1 + \alpha h)I_n(a,b)\,, \qquad (23)$$

wobei

$$I_n(a,b) = \sum_{a\sqrt{npq}<k<b\sqrt{npq}} h\varphi(kh) = \sum_{a<kh<b} h\varphi(kh)\,. \qquad (24)$$

Da $h \to 0$ für $n \to \infty$, haben wir

$$\lim_{n\to\infty} I_n(a,b) = \int_a^b \varphi(x)\,dx\,, \qquad (25)$$

und der mittlere Term konvergiert in (23) gegen denselben Grenzwert. Da andererseits der mittlere Term in (23), nämlich $P\{a\sqrt{npq} \leq X. - [(n+1)p] \leq b\sqrt{npq}\}$, von $P\{a \leq X_.^* \leq b\} = P\{a\sqrt{npq} \leq X. - np \leq b\sqrt{npq}\}$ um höchstens $2a_0$ abweicht und diese von n abhängige Zahl gegen 0 strebt für $n \to \infty$, hat auch $(P\{a \leq X_.^* \leq b\})_{n\in\mathbb{N}}$ diesen Grenzwert. Wir haben somit bewiesen, daß

$$\lim_{n\to\infty} P\{a \leq X_.^* \leq b\} = \int_a^b \varphi(x)\,dx\,, \quad -\infty < a < b < +\infty\,. \qquad (26)$$

Es ist leicht zu zeigen (Aufgabe 3), daß dies sogar gleichmäßig in a und b und daher auch für $a = -\infty$ oder $b = +\infty$ gilt.

Aus diesen Überlegungen folgt sogar die Abschätzung

$$\left| P\{a \leq X_.^* \leq b\} - \int_a^b \varphi(x)\,dx \right| \leq \frac{\beta}{\sqrt{npq}} \qquad (27)$$

mit einer geeigneten Konstanten β für alle $n \geq n_0$. Denn einerseits läßt sich $|a_0|$ wegen (16) und (17) durch $2/c\sqrt{npq}$ nach oben abschätzen. Andererseits haben wir wegen $|\varphi'(x)| = |-xc\exp(-x^2/2)| \leq c$, $\quad \varphi''$ ist nämlich bei $x = -1$ und $x = +1$ gleich 0, unter eventueller Berücksichtigung von „Randintervallen" der Länge h, aufgrund des Mittelwertsatzes der Differentialrechnung

$$\left| I_n(a,b) - \int_a^b \varphi(x)\,dx \right| \leq 2ch + \sum_{a\sqrt{npq}<k<b\sqrt{npq}} \left| \int_{kh}^{(k+1)h} (\varphi(kh) - \varphi(x))\,dx \right|$$

$$\leq 2ch + \sum_{a\sqrt{npq}<k<b\sqrt{npq}} \int_{kh}^{(k+1)h} ch\,dx$$

$$= 2ch + ch2\rho = 2c(1+\rho)h\,,$$

während der mittlere Term von (23) von $I_n(a,b)$ höchstens den Abstand $\alpha h I_n(a,b)$ mit beschränkten $I_n(a,b)$, $n \in \mathbb{N}$, hat.

Es bleibt noch die Konstante c in (19), d. h. in (1.2) und (1.10), zu bestimmen.

Da Wahrscheinlichkeiten nicht größer als 1 sind, ist auch das Integral in (26) für alle a und b nicht größer als 1.

Andererseits folgt aus der Tschebyscheffschen Ungleichung für alle $\eta > 0$ und $n \in \mathbb{N}$

$$P\{-\eta < X_\cdot^* < +\eta\} \geq 1 - \frac{1}{\eta^2} ,$$

woraus sich für $n \to \infty$ ergibt, daß das Integral in (26) für $a = -\eta$ und $b = \eta$ mindestens gleich $1 - 1/\eta^2$ ist. Für $\eta \to \infty$ haben wir also

$$\int_{-\infty}^{+\infty} \varphi(x)\,dx = 1 , \tag{28}$$

d. h.

$$c = \int_{-\infty}^{+\infty} e^{-\frac{x^2}{2}}\,dx . \tag{29}$$

Dieses Integral läßt sich folgendermaßen auswerten:

$$\begin{aligned}
c^2 &= \int_{-\infty}^{+\infty} e^{-\frac{x^2}{2}}\,dx \cdot \int_{-\infty}^{+\infty} e^{-\frac{y^2}{2}}\,dy = \int_{-\infty}^{+\infty} \int_{-\infty}^{+\infty} e^{-\frac{x^2+y^2}{2}}\,dx\,dy \\
&= \int_{0}^{\infty} \int_{0}^{2\pi} e^{-\frac{r^2}{2}} r\,d\psi\,dr = 2\pi .
\end{aligned}$$

Hier haben wir die Substitution $x = r\cos\psi$ und $y = r\sin\psi$ mit der Funktionaldeterminante r verwendet. Es ist also

$$c = \sqrt{2\pi} . \tag{30}$$

Damit ist zugleich die Stirlingsche Formel (1) vollends bewiesen, und zugleich erhalten wir aus (26) den

Satz 2 (Grenzwertsatz von de Moivre und Laplace). *Es ist*

$$\lim_{n\to\infty} P\{a \leq X_\cdot^* \leq b\} = \frac{1}{\sqrt{2\pi}} \int_{a}^{b} e^{-\frac{x^2}{2}}\,dx , \quad -\infty \leq a < b \leq +\infty , \tag{31}$$

gleichmäßig in a und b.

Setzen wir

$$\Phi(z) = \frac{1}{\sqrt{2\pi}} \int_{-\infty}^{z} e^{-\frac{x^2}{2}}\,dx , \quad -\infty \leq z \leq +\infty , \tag{32}$$

$\Phi(-\infty) = 0$, $\Phi(+\infty) = 1$, so läßt sich (31) auch in der Form

$$\lim_{n\to\infty} P\{a \leq X_\cdot^* \leq b\} = \Phi(b) - \Phi(a) , \quad -\infty \leq a < b \leq +\infty , \tag{33}$$

schreiben.

Die durch (32) erklärte Funktion Φ heißt die *kumulative Verteilungsfunktion der Standard-Normalverteilung*. Die durch (19) und (30) definierte Funktion φ, d. h.

$$\varphi(x) = \frac{1}{\sqrt{2\pi}}e^{-\frac{x^2}{2}}\, , \quad -\infty \le x \le +\infty\, , \qquad (34)$$

heißt die *Dichte der Standard-Normalverteilung*. Statt „Normalverteilung" sagt man auch „Gaußsche Verteilung".

In welchem Sinne Φ bzw. φ tatsächlich eine Wahrscheinlichkeitsverteilung definieren, werden wir im nächsten Kapitel erklären, wenn wir allgemeine Wahrscheinlichkeitsräume einführen.

Im Anhang gibt Tafel 2 Werte für Φ für positive Argumente z an. Für $z < 0$ benutze man die aus der Symmetrie von φ, nämlich $\varphi(x) = \varphi(-x)$, folgende Gleichung

$$\Phi(z) = 1 - \Phi(-z)\, . \qquad (35)$$

z	$\Phi(z)$
0,000	0,5000
0,674	0,7500
1,000	0,8413
1,036	0,8500
1,282	0,9000
1,645	0,9500
1,960	0,9500
2,000	0,9773
2,326	0,9900
2,576	0,9950
3,000	0,9986
3,090	0,9990
3,291	0,9995
3,719	0,9999
3,891	0,99995

Tabelle 1. Verteilungsfunktion der Standardnormalverteilung.

In der nebenstehenden Tabelle kann man einige häufig benötigte Werte finden.

Beispiel 1. Wir sind jetzt imstande, dem in Beispiel 1.1.2 erwähnten Spieler auszurechnen, inwieweit seine Zweifel an der Homogenität des von ihm benutzten Würfels berechtigt waren. Ist X_i die Indikatorvariable des Ereignisses, daß im i-ten Wurf eine 6 gewürfelt wird, $i = 1, \ldots, 1000$, so ist

$$X. = X_1 + \cdots + X_{1000}$$

binomialverteilt mit den Parametern $n = 1000$ und $p = p_0 = 1/6$ und $EX. = np_0 = 166,66\ldots$. Da der Spieler mit seinem Experiment anstrebt, seine Zweifel zu bestätigen, interessiert ihn die Nullhypothese $H_0 : p \le 1/6$ gegen $H_1 : p > 1/6$. Demensprechend verwendet er einen Test von der folgenden Form: er nimmt H_1 genau dann an, wenn $X.$ einen Wert $k > \gamma$ hat, wobei γ unter der Nebenbedingung

$$P_{p_0}\{X. > \gamma\} \le \alpha \qquad (36)$$

möglichst klein gewählt worden ist. Wir ersetzen hierin die linke Seite durch ihre Approximation (33), so daß (36) wegen (2) übergeht in

$$1 - P_{p_0}\{X. \le \gamma\} \approx 1 - \Phi\left(\frac{\gamma - np_0}{\sqrt{np_0 q_0}}\right) \le \alpha. \qquad (37)$$

Dank der Stetigkeit und Monotonie von Φ ist der kleinstmögliche Wert von γ unter dieser Bedingung gleich $(u_\alpha - np_0)/\sqrt{np_0 q_0}$ mit dem durch

$$\Phi(u_\alpha) = 1 - \alpha \qquad (38)$$

definierten Wert u_α. Man nennt u_α das $(1-\alpha)$-*Quantil der Standard-Normalverteilung*. Infolgedessen wird H_1 genau dann angenommen, wenn

$$\frac{k - np_0}{\sqrt{np_0q_0}} > u_\alpha. \tag{39}$$

Der p-Wert des Beobachtungsergebnisses k ist dementsprechend näherungsweise gleich

$$1 - \Phi\left(\frac{k - np_0}{\sqrt{np_0q_0}}\right). \tag{40}$$

Aus Tabelle 1 ergibt sich z.B. für $\alpha = 0,005$ der Wert $u_\alpha = 2,576$ und damit $np_0 + u_\alpha\sqrt{np_0q_0} = 197,0251$. Wegen $k = 200$ kann der Spieler also H_0 selbst auf diesem sehr kleinen Niveau zugunsten von H_1 verwerfen, d. h. er kann ziemlich sicher sein, daß sein Würfel die 6 mit größerer Wahrscheinlichkeit als $1/6$ liefert.

Ganz analog erhalten wir aus einem beobachteten Wert k von X. näherungsweise das Konfidenzintervall

$$\hat{p} - u_{\alpha/2}\sqrt{\frac{\hat{p}\hat{q}}{n-1}} \leq p \leq \hat{p} + u_{\alpha/2}\sqrt{\frac{\hat{p}\hat{q}}{n-1}}. \tag{41}$$

Hier haben wir aber gleich zweimal approximiert: die Binomialverteilung durch eine Normalverteilung und die zur Standardisierung benötigte Varianz pq/n von $\bar{X}$, die wir ja nicht kennen, durch ihre Schätzung $\hat{p}\hat{q}/(n-1)$. Es ist daher sinnlos, mit einem auf viele Dezimalstellen festgelegten $u_{\alpha/2}$ zu operieren, was nur eine nicht vorhandene Genauigkeit vortäuschen würde. So sollte man den dem beliebten Niveau $1 - \alpha = 0,95$ entsprechenden Wert 1,96 aus Tabelle 1 lieber gleich durch 2 ersetzen, wodurch das Konfidenzintervall (41) ein wenig größer und damit ein wenig „sicherer" wird.

Satz 2 bzw. die Abschätzung (27) können noch weiter präzisiert werden: Einer der Sätze von Berry-Esséen besagt für den Fall der Binomialverteilungen, daß (27) mit $\beta = 0,8$ für alle a, b, n und p gilt, siehe z. B. [12]. In der Praxis genügt meist die Faustregel: Man verwende die Approximation (31) für diejenigen n und p, für die npq nicht viel kleiner als 9 ist, für die also die Standardabweichung $\sqrt{npq}$ nicht viel kleiner als 3 ist.

Der Grenzwertsatz von de Moivre und Laplace ist ein Spezialfall des zentralen Grenzwertsatzes der Wahrscheinlichkeitstheorie, der in der klassischen Fassung folgendermaßen lautet:

Satz 1. *Es sei $X_1, X_2, \ldots$ eine Folge von unbhängigen, identisch verteilten Zufallsvariablen mit existierenden Erwartungswerten $\mu = EX_i$ und Varianzen $\sigma^2 = VX_i > 0,$, $i = 1, 2, \ldots$. Dann gilt*

$$\lim_{n\to\infty} P\left\{a \leq \frac{X_1 + \cdots + X_n - n\mu}{\sqrt{n}\sigma} \leq b\right\} = \Phi(b) - \Phi(a) \tag{42}$$

gleichmäßig in a und b.

Der Beweis dieses Satzes bedarf allerdings zu vieler analytischer Hilfsmittel, als daß er im Rahmen dieses Buches präsentiert werden könnte. Eins dieser Hilfsmittel ist die sogenannte charakteristische Funktion einer Verteilung, die mit der erzeugenden Funktion aus Abschnitt IV.3 zusammenhängt. Für einen so geführten Beweis siehe [12]. Eine andere, relativ elementare Beweismethode bedient sich einfacher Begriffe der Funktionalanalysis; siehe [17].

3. Approximation der Binomialverteilung durch die Poissonsche Verteilung: der Poissonsche Grenzwertsatz

In vielen Anwendungen der Wahrscheinlickeitstheorie tauchen Binomialverteilungen auf, bei denen n groß und p klein wird, während np beschränkt bleibt. In diesen Fällen erweist sich der folgende Satz zur Approximation der Binomialverteilung als nützlich:

Satz 1 (Poissonscher Grenzwertsatz). *Ist* $p_1, p_2, \dots$ *eine Folge reeller Zahlen* $p_n \in]0, 1[$, *für die der Grenzwert*

$$\lambda = \lim_{n \to \infty} np_n \tag{1}$$

existiert, so gilt für $k = 0, 1, \dots$

$$\lim_{n \to \infty} b(k; n, p_n) = \frac{\lambda^k}{k!} e^{-\lambda}. \tag{2}$$

Beweis. Dies folgt unmittelbar aus

$$b(k; n, p_n) = \binom{n}{k} p_n^k (1 - p_n)^{n-k}$$

$$= \frac{(np_n)^k}{k!} \left(1 - \frac{np_n}{n}\right)^n \frac{n(n-1)\dots(n-k+1)}{n^k} \left(1 - \frac{np_n}{n}\right)^{-k} \qquad \square$$

Die in (2) auftretende Funktion

$$k \mapsto \frac{\lambda^k}{k!} e^{-\lambda} = p(k; \lambda) \tag{3}$$

ist die in Beispiel 1.2.3 eingeführte Zähldichte der $P(\lambda)$-Verteilung, d. h. der Poissonschen Verteilung mit dem Parameter λ. Wir erinnern daran, daß der Parameter einer Poissonschen Verteilung sowohl gleich ihrem Erwartungswert als auch gleich ihrer Varianz ist.

Beispiel 1. Wie groß ist die Wahrscheinlichkeit, daß unter 600 Personen k Personen am 1. Juli Geburtstag haben? Einfachheitshalber sei vorausgesetzt, daß keine der 600 Personen am 29. Februar Geburtstag hat und alle anderen Tage mit gleicher Wahrscheinlichkeit als Geburtstage auftreten. Dann ist k die Realisierung einer binomialverteilten zufälligen Variablen mit den Parametern $n = 600$ und $p = 1/365$. Nach Satz 1 haben wir mit $\lambda = np = 1{,}64384$ approximativ für $k = 0, 1, \ldots$

$$b\left(k; 600, \frac{1}{365}\right) \approx \frac{1{,}64384^k}{k!}\,e^{-1{,}64384}. \qquad (4)$$

Die nebenstehende Tabelle mag eine Vorstellung von der Genauigkeit der Approximation der Binomialverteilung durch die Poissonsche Verteilung vermitteln.

k	$b(k; n, p)$	$p(k; \lambda)$
0	0,1928	0,1932
1	0,3178	0,3177
2	0,2615	0,2611
3	0,1432	0,1431
4	0,0587	0,0588
5	0,0192	0,0193
6	0,0052	0,0053
7	0,0012	0,0012

Tabelle 1. Parameter $n = 600$, $p = 1/365$, $\lambda = np = 1{,}64384$

Beispiel 2. Im Qualitätskontrolle-Beispiel I.1.3 kann man k approximativ als Realisierung einer binomialverteilten Variablen auffassen mit den Parametern $n = 100$ und p gleich der Wahrscheinlichkeit dafür, daß ein produziertes Relais defekt ist. Da die Produktion nur dann gestoppt werden soll, wenn sie nicht mehr zufriedenstellend ist, d. h. wenn mehr als 5 % der produzierten Relais defekt sind, werden wir auf die Nullhypothese $H_0 : p \le 0{,}05$ mit der Alternative $H_1 : p > 0{,}05$ geführt.

Im vorliegenden Fall ist bei Gültigkeit von H_0 p relativ klein, $n = 100$ relativ groß, und $\lambda = 100p$ „mäßig groß". Da wir zur Berechnung des kritischen Bereiches nur die Parameter der Nullhypothese berücksichtigen müssen, ersetzen wir daher aufgrund von Satz 1 die Binomialverteilung durch die Poissonsche Verteilung mit dem Parameter $\lambda = np$ und betrachten das Testproblem im statistischen Modell $(P_\lambda)_{\lambda > 0}$. Die Hypothesen haben jetzt die Form $H_0 : \lambda \le 5$ und $H_1 : \lambda > 5$. Es sei X die Zufallsvariable „Anzahl der defekten Relais in der Stichprobe". Die kumulative Verteilungsfunktion

$$P(k; \lambda) = \sum_{j=0}^{k} p(j; \lambda) = P_\lambda\{X \le k\} \qquad (5)$$

fällt als Funktion von λ monoton, was man z.B. in Analogie zu Satz V.1.2 durch Differentiation nach λ zeigen kann. Damit sieht der Test, den wir gebrauchen können, ganz entsprechend zum Modell der Binomialverteilungen aus: Zu gegebenem α bestimmen wir die ganze Zahl c so, daß

$$1 - P(c; 5) \le \alpha \quad \text{und} \quad 1 - P(c-1; 5) > \alpha \qquad (6)$$

wird, und nehmen H_1 an, wenn $k > c$. Der p-Wert des Beobachtungsergebnisses k ist $P_5\{X \ge k\} = 1 - P(k-1; 5)$. Zum Beispiel ergibt sich für $\alpha = 0{,}02$ wegen

$P(9; 5) = 0,9682$ und $P(10; 5) = 0,9863$, daß $c = 10$, d. h. man beschließt, den Produktionsprozess zu verbessern, wenn unter den geprüften Relais mindestens 11 defekt sind.

Auch Konfidenzintervalle lassen sich natürlich in diesem statistischen Modell ganz wie im Abschnitt V.1 konstruieren. Geeignete Tafeln der Poissonschen Verteilungen sind [35], [37] und [39].

Ist X Poissonsch verteilt mit einem Parameter λ, so läßt sich die Verteilung von $X^* = (X - \lambda)/\sqrt{\lambda}$ schon für $\lambda > 5$ recht gut im Sinne von Abschnitt VI.2 durch die Standard-Normalverteilung approximieren (Aufgabe 6).

Poissonsche Verteilungen treten als Verteilungen vieler Zufallsvariablen auf, die gewisse stochastische Phänomene der Natur beschreiben. Dies hängt gewöhnlich eng mit Satz 1 zusammen.

Betrachten wir als Beispiel die Anzahl der im Zeitintervall $[0, t[$, $t > 0$, in einer Telefonzentrale eingehenden Anrufe, die ja eine Zufallsvariable Y ist. Wir wollen ihre Verteilung P in $\mathbb{Z}_+$ bestimmen. Hierzu werden wir durch die mathematische Modellierung von Eigenschaften, die wir dem vorliegenden Beispiel unterstellen, Bedingungen finden, die P eindeutig festlegen.

Zunächst setzen wir voraus, daß Y einen endlichen, positiven Erwartungswert besitzt, den wir in der Form λt schreiben, d. h.

P1:

$$E(Y) = \lambda t > 0. \tag{7}$$

Hierin ist λ als die durchschnittliche Anzahl von Telefonanrufen pro Zeiteinheit zu interpretieren.

Sodann betrachten wir auch die Anzahl der Anrufe in gewissen Teilintervallen von $[0, 1[$. Da wir weiterhin mit diskreten Wahrscheinlichkeitsräumen auskommen wollen, können wir diese Anzahlen nicht alle als Zufallsvariable auf demselben Wahrscheinlichkeitsraum Ω konstruieren. Was Y selbst anbetrifft, so definieren wir es der Einfachheit halber als die identische Abbildung von $\mathbb{Z}_+$ auf sich, d. h. als Variable auf dem Ergebnisraum $\Omega = \mathbb{Z}_+$.

Wir unterstellen, daß die Anzahlen von Anrufen in disjunkten Zeitintervallen unabhängig und, wenn diese Intervalle die gleiche Länge haben, auch identisch verteilt sind. (Das Letztere ist natürlich eine starke Idealisierung: zwischen 4 und 5 Uhr telefoniert man weniger als zwischen 16 und 17 Uhr. Aber bei nicht zu großem t erscheint diese Annahme gerechtfertigt.) Wir betrachten insbesondere zu gegebenem $n \in \mathbb{N}$ die Intervalle $[(i-1)t/n, it/n[$, $i = 1, \ldots, n$, und bezeichnen mit $Y_i^{(n)}$ die entsprechenden Anzahlen von Anrufen. Dann sind die $Y_i^{(n)}$ also unabhängig und haben alle dieselbe Verteilung P_n. Wie wir in Abschnitt III.4 gesehen haben, können wir sie rein mathematisch z.B. als Zufallsvariable auf dem Wahrscheinlichkeitsraum $(\mathbb{Z}_+^n, P_n^{n\otimes})$ mit $P_n^{n\otimes} = P_n \otimes \ldots \otimes P_n$ konstruieren, wobei $Y_i^{(n)}$ die i-te Projektion wird. Aufgrund ihrer Interpretation postulieren wir weiter, daß die Verteilung der Summe $Y^{(n)} = Y_1^{(n)} + \ldots + Y_n^{(n)}$ gleich der von Y, d. h. gleich P, ist, ungeachtet dessen, daß diese beiden Zufallsvariablen auf verschiedenen Ergebnisräumen definiert sind. In den Bezeichnungen von Abschnitt IV.4 läßt sich dies so ausdrücken:

P2:   *Zu jedem $n \in \mathbb{N}$ gibt es eine Verteilung P_n auf $\mathbb{Z}_+$ so, daß P die Verteilung der Summe von n unabhängigen, nach P_n verteilten Zufallsvariablen wird, d. h. P wird das n-fache Faltungsprodukt*

$$P = P_n \star \cdots \star P_n. \tag{8}$$

Man bezeichnet eine Verteilung mit dieser Eigenschaft als *unbegrenzt teilbar*.

Durch (8) ist P_n eindeutig bestimmt. Nach Satz IV.3.3 sind nämlich die erzeugenden Funktionen G von P und G_n von P_n durch die Gleichung $G(s) = G_n(s)^n$, d. h. $G_n(s) = G(s)^{1/n}$ für alle $s \in [0,1]$ verknüpft, wodurch G_n und damit P_n eindeutig festgelegt ist.

Schließlich nehmen wir noch folgendes an:

P3:   *Setzen wir $p_n = P_n\{1\}$ und $\tilde{p}_n = P_n\{2,3,\ldots\}$, wobei P_n durch (8) definiert ist, so gilt $p_n > 0$ für alle n und $\lim\limits_{n\to\infty} \tilde{p}_n/p_n = 0$.*

Grob gesprochen bedeutet dies, daß die Wahrscheinlichkeit für genau einen Anruf in einem nicht leeren Intervall immer positiv ist und daß in einem sehr kurzen Intervall die Wahrscheinlichkeit für mehr als einen Anruf gegenüber der für genau einen vernachlässigt werden kann.

Wir werden nun zeigen, daß die Eigenschaften P1, P2 und P3 auf die Poissonsche Verteilung mit dem Parameter λt führen. Dazu ziehen wir zunächst zwei technische Folgerungen.

Folgerung 1. *Die Folge $p_1, 2p_2, 3p_3, \ldots$ ist strikt monoton wachsend und durch λt beschränkt.*

Beweis. Setzen wir, für $n \in \mathbb{N}$, $Y' = \sum_{j=1}^{n+1} Y_j^{(n(n+1))}$, so ist die erzeugende Funktion H der Verteilung von Y' gleich $(G_{n(n+1)})^{n+1}$. Hieraus folgt $H^n = (G_{n(n+1)})^{n(n+1)} = G$, also $H = G^{1/n} = G_n$, d. h. Y' hat dieselbe Verteilung wie Y_1^n, was auch intuitiv zu erwarten war. Daher gilt

$$
\begin{aligned}
p_n &= P_n^{n\otimes}\{Y_1^{(n)} = 1\} = P_{n(n+1)}^{n(n+1)\otimes}\{Y' = 1\} \\
&= P_{n(n+1)}^{n(n+1)\otimes}\left\{ \bigcup_{j=1}^{n+1}\left(\{Y_j^{(n(n+1))} = 1\} \cap \bigcap_{i=1,i\neq j}^{n+1} \{Y_j^{(n(n+1))} = 0\}\right) \right\} \\
&= (n+1)p_{n(n+1)}\left(1 - p_{n(n+1)} - \tilde{p}_{n(n+1)}\right)^n .
\end{aligned}
\tag{9}
$$

Mittels analoger Betrachtung der Zufallsvariablen $Y'' = \sum_{j=1}^{n} Y_j^{(n(n+1))}$ erhält man

$$p_{n+1} = n\, p_{n(n+1)}\left(1 - p_{n(n+1)} - \tilde{p}_{n(n+1)}\right)^{n-1}. \tag{10}$$

Aus (9) und (10) folgt

$$\frac{p_n}{p_{n+1}} = \frac{n+1}{n}\left(1 - p_{n(n+1)} - \tilde{p}_{n(n+1)}\right) < \frac{n+1}{n}.$$

Dies beweist die strikte Isotonie der Folge $p_1, 2p_2, 3p_3, \ldots$. Ihre Beschränktheit ergibt sich aus

$$
\begin{aligned}
np_n = nP_n^{n\otimes}\{Y_1^{(n)} = 1\} &\leq n\,E\big(Y_1^{(n)}\big) = E\big(Y_1^{(n)} + \cdots + Y_n^{(n)}\big) \\
&= E\big(Y_.^{(n)}\big) = E(Y) = \lambda t\,. \qquad\qquad \square
\end{aligned}
$$

Folgerung 2. *Für* $Y_n = \sum_{i=1}^n 1_{\{Y_i^{(n)}\geq 1\}} = \sum_{i=1}^n 1_{\mathsf{N}} \circ Y_i^{(n)}$, $n \in \mathbb{N}$, *gilt*

$$
\lim_{n\to\infty} P_n^{n\otimes}\{Y_.^{(n)} \neq Y_n\} = \lim_{n\to\infty} n\tilde{p}_n = 0\,.
$$

Beweis. Die Behauptung ergibt sich aus

$$
\begin{aligned}
P_n^{n\otimes}\{Y_.^{(n)} \neq Y_n\} = P_n^{n\otimes}\Big(\bigcup_{i=1}^n \{Y_i^{(n)} > 1\}\Big) &\leq nP_n^{n\otimes}\{Y_1^{(n)} > 1\} = n\tilde{p}_n \\
&= np_n\frac{\tilde{p}_n}{p_n} \leq \lambda t\frac{\tilde{p}_n}{p_n}
\end{aligned}
$$

und P3. $\qquad\qquad\qquad\qquad\qquad\qquad\qquad\qquad\qquad\qquad\qquad\qquad\qquad\qquad\quad\square$

Wir bemerken, daß die Variable Y_n die Anzahl der Intervalle $[(i-1)t/n, it/n[$, $i = 1, \ldots, n$, darstellt, in denen mindestens ein Anruf eingeht.

Nunmehr sind wir imstande, den folgenden Satz ohne große Umschweife zu beweisen.

Satz 1. *Eine Wahrscheinlichkeitsverteilung* P *in* $\mathbb{Z}_+$ *ist dann und nur dann gleich der Poissonschen Verteilung mit dem Parameter* λt, *wenn sie die Eigenschaften* P1, P2 *und* P3 *hat.*

Beweis. Zunächst setzen wir voraus, daß P diese Eigenschaften hat.

Es sei Y_n wie in Folgerung 2 definiert. Damit gilt

$$
\begin{aligned}
P\{k\} &= P\{Y = k\} = P\{Y_.^{(n)} = k\} \\
&= P_n^{n\otimes}\big(\{Y_.^{(n)} = k\} \cap \{Y_n = Y_.^{(n)}\}\big) \\
&\qquad\qquad\qquad + P_n^{n\otimes}\big(\{Y_.^{(n)} = k\} \cap \{Y_n \neq Y_.^{(n)}\}\big) \\
&= P_n^{n\otimes}\big(\{Y_n = k\} \cap (\mathbb{Z}_+^n \setminus \{Y_n \neq Y_.^{(n)}\})\big) \\
&\qquad\qquad\qquad + P_n^{n\otimes}\big(\{Y_.^{(n)} = k\} \cap \{Y_n \neq Y_.^{(n)}\}\big) \\
&= P_n^{n\otimes}\{Y_n = k\} - P_n^{n\otimes}\big(\{Y_n = k\} \cap \{Y_n \neq Y_.^{(n)}\}\big) \\
&\qquad\qquad\qquad + P_n^{n\otimes}\big(\{Y_.^{(n)} = k\} \cap \{Y_n \neq Y_.^{(n)}\}\big)\,.
\end{aligned}
$$

Definitionsgemäß ist Y_n binomialverteilt mit den Parametern n und $P_n^{n\otimes}\{Y_1^{(n)} \geq 1\} = p_n + \tilde{p}_n$, d. h.

$$
P_n^{n\otimes}\{Y_n = k\} = b(k; n, p_n + \tilde{p}_n), \quad k = 0, 1, \ldots, n;\ n \in \mathbb{N}.
$$

Aufgrund der Folgerungen 1 und 2 existiert

$$\lim_{n \to \infty} n(p_n + \tilde{p}_n) = \lim_{n \to \infty} np_n \ .$$

Bezeichnen wir diesen Grenzwert mit λ', so erhalten wir aus obigem mittels Folgerung 2 und Satz 1

$$P\{k\} = P\{Y = k\} = \lim_{n \to \infty} b(k; n, p_n + \tilde{p}_n) = p(k; \lambda') \ ,$$

d. h. Y ist Poissonsch verteilt mit dem Parameter λ'. Dieser Parameter ist gleich der Erwartung von Y, d. h. nach P1 gleich λt, so daß P in der Tat die Poissonsche Verteilung zum Parameter λt ist.

Es bleibt noch zu zeigen, daß die Poissonsche Verteilung mit dem Parameter λt die Eigenschaften P1, P2 und P3 hat.

Die erste ist offensichtlich.

Zum Nachweis der zweiten, nämlich P2, sei P_n für $n \in \mathbb{N}$ gleich der Poissonschen Verteilung mit dem Parameter $\lambda t/n$. Nach Beispiel IV.3.4 hat sie die erzeugende Funktion

$$G_n(s) = e^{\lambda t(s-1)/n} \ ,$$

und somit hat die Verteilung von $Y^{(n)} = Y_1^{(n)} + \cdots + Y_n^{(n)}$ die erzeugende Funktion

$$G_n(s)^n = e^{\lambda t(s-1)} \ ,$$

d. h. $Y^{(n)}$ ist in der Tat Poissonsch verteilt mit dem Parameter λt.

Die Eigenschaft P3 folgt aus

$$\frac{\tilde{p}_n}{p_n} = \frac{\sum_{k=2}^{\infty} \frac{1}{k!}\left(\frac{\lambda t}{n}\right)^k e^{-\lambda t/n}}{\frac{\lambda t}{n} e^{-\lambda t/n}} = \sum_{k=2}^{\infty} \frac{1}{k!}\left(\frac{\lambda t}{n}\right)^{k-1}$$

$$= \frac{\lambda t}{n} \sum_{j=0}^{\infty} \frac{1}{(j+2)!}\left(\frac{\lambda t}{n}\right)^{j} < \frac{\lambda t}{n} e^{\lambda t/n} \qquad \square$$

Damit haben wir gezeigt, daß die Anzahl der Telefonanrufe in einem Zeitraum der Länge t unter den gemachten Voraussetzungen Poissonsch verteilt ist mit dem Parameter λt. Insbesondere ist für jede natürliche Zahl γ die Wahrscheinlichkeit dafür, daß in einem Zeitintervall der Länge t höchstens γ Anrufe eingehen, gleich $\sum_{k=0}^{\gamma} p(k; \lambda t)$, womit die Frage in Beispiel I.1.6 beantwortet ist.

Analog kann man zum Beispiel bei einer radioaktiven Substanz die Zahl der Emissionen von α-Teilchen in einem gegebenen Zeitraum betrachten. Ebenso lassen sich diese Gedankengänge auf die Verteilung der Standorte von Pflanzen auf einem (zweidimensionalen!) Feld oder auf die Verteilung von Molekülen eines idealen Gases in einem (dreidimensionalen) Raum anwenden.

Der an weiteren Beispielen und Analysen dieser „Poissonschen Prozesse" interessierte Leser sei z. B. auf [10], [12], [23], [29] und [31] verwiesen.

Zum Schluß beweisen wir noch eine praktisch nützliche Abschätzung für die Genauigkeit der Approximation einer kumulativen $B(n,p)$-Verteilung durch die entsprechende kumulative $P(np)$-Verteilung.

Satz 2. *Für alle* $n \in \mathbb{N}$ *und* $0 \leq p \leq 1$ *gilt mit* $\lambda = np$

$$\sum_{j=1}^{\infty} |b(j;n,p) - p(j;\lambda)| \leq 2np^2 \, , \tag{11}$$

insbesondere gilt

$$|B(k;n,p) - P(k;\lambda)| \leq 2np^2 \quad \textit{für alle } k \in \mathbb{Z}_+ \, . \tag{12}$$

Beweis. Auf $\mathbb{Z}_+$ sei die $P(p)$-Verteilung, auf $\{0,1\}$ die $B(1, 1 - (1 - p)\mathrm{e}^p)$-Verteilung und auf $\Omega_0 = \mathbb{Z}_+ \times \{0,1\}$ deren Produktverteilung, P_0, gegeben. Auf Ω_0 sei X_0 als die Indikatorvariable $1_{\{(0,0)\}^c}$ definiert, d. h.

$$P_0\{X_0 = 0\} = P_0\{(0,0)\} = \mathrm{e}^{-p} \cdot (1 - p)\mathrm{e}^p = 1 - p \, ,$$

also

$$P_0\{X_0 = 1\} = p \, .$$

X_0 ist demnach $B(1,p)$-verteilt. Ferner sei $k \mapsto Y_0(k,u) = k$ die 1. Projektion des Produktraums Ω_0, die natürlich $P(p)$-verteilt ist. Wir haben

$$
\begin{aligned}
P_0\{X_0 \neq Y_0\} \;&=\; P_0(\{X_0 \neq Y_0\} \cap \{Y_0 = 0\}) + P_0(\{X_0 \neq Y_0\} \cap \{Y_0 = 1\}) \\
&\qquad + P_0(\{X_0 \neq Y_0\} \cap \{Y_0 \geq 2\}) \\
&=\; P_0\{(0,1)\} + 0 + P_0\{Y_0 \geq 2\} \\
&=\; \mathrm{e}^{-p}(1 - (1 - p)\mathrm{e}^p) + 1 - P_0\{Y_0 \leq 1\} \\
&=\; \mathrm{e}^{-p} - 1 + p + 1 - (1 + p)\mathrm{e}^{-p} = p(1 - \mathrm{e}^{-p}) \leq p^2
\end{aligned}
$$

Auf $\Omega = \Omega_0^n = \big\{(\omega_1, \ldots, \omega_n) : \omega_i \in \Omega_0, \ i = 1, \ldots, n\big\}$ definieren wir

$$X_i(\omega_1, \ldots, \omega_n) = X_0(\omega_i) \, , \quad Y_i(\omega_1, \ldots, \omega_n) = Y_0(\omega_i) \, .$$

Bezüglich der Produktverteilung $P = P_0^{n\otimes}$ auf Ω sind die $X_1, \ldots, X_n$ sowie die $Y_1, \ldots, Y_n$ unabhängig, d. h. $X. = X_1 + \cdots + X_n$ ist $B(n,p)$-verteilt und $Y. = Y_1 + \cdots + Y_n$ ist nach Beispiel IV.3.9 $P(np)$-, also $P(\lambda)$-verteilt. Daraus erhalten wir, indem wir noch beachten, daß (X_i, Y_i) für jedes $i = 1, \ldots, n$ genauso wie (X_0, Y_0) verteilt ist,

$$\sum_{k=0}^{\infty} \Big| P\{X. = k\} - P\{Y. = k\} \Big|$$

$$= \sum_{k=0}^{\infty} \Big| P(\{X. \neq Y.\} \cap \{X. = k\}) + P(\{X. = Y.\} \cap \{X. = k\})$$

$$- P(\{X. = Y.\} \cap \{Y. = k\}) - P(\{X. \neq Y.\} \cap \{Y. = k\}) \Big|$$

$$\leq 2P\big(\{X. \neq Y.\}\big) \leq 2 \sum_{i=1}^{n} P\big(\{X_i \neq Y_i\}\big)$$

$$= 2nP\big(\{X_0 \neq Y_0\}\big) = 2np^2 \ .$$

Dies beweist die Ungleichung (11).

Die Ungleichung (12) folgt daraus mittels der Dreieckungleichung. $\square$

4. Aufgaben

1. Man begründe, daß bei nur mäßig großem n und $\alpha, \beta \in \{0, 1, \dots, n\}$ für eine mit den Parametern n und p binomialverteilte Zufallsvariable $X.$ als Approximationsformel

$$P\{\alpha \leq X. \leq \beta\} \approx \Phi\Big(\frac{\beta - m + 0{,}5}{\sqrt{npq}}\Big) - \Phi\Big(\frac{\alpha - m - 0{,}5}{\sqrt{npq}}\Big)$$

   benutzt werden sollte, in der $m = [(n+1)p]$. Worin liegt der Unterschied zu

$$P\{a \leq X.^{*} \leq b\} \approx \Phi(b) - \Phi(a) \ ?$$

2. Man gebe einen Näherungswert für die Wahrscheinlichkeit an,

   (a) bei 100 Münzwürfen wenigstens 45mal und höchstens 55mal Kopf zu werfen;

   (b) bei 1000 Münzwürfen wenigstens 450mal und höchstens 550mal Kopf zu werfen.

   (Anregung: Man approximiere nach beiden in Aufgabe 1 angegebenen Methoden.)

3. Man zeige, daß die Beziehung (2.26) gleichmäßig in a und b und auch für $a = -\infty$ und $b = +\infty$ gilt. Anleitung: Man benutze Satz 2.1 für $|a|, |b| \leq \rho$ mit einem genügend großen, in Abhängigkeit von einem gegebenen $\varepsilon > 0$ gewählten ρ.

4. Durch eine statistische Erhebung soll ein Konfidenzintervall der Länge 0,02 zum Niveau $1 - \alpha = 0{,}98$ für den Anteil p der Raucher in einer gegebenen Bevölkerungsgruppe ermittelt werden. Wieviel Personen dieser als sehr groß vorausgesetzten Bevölkerungsgruppe müssen befragt werden, wenn keinerlei Vorinformationen über p vorliegen? Anleitung: Es stehe n für die Anzahl der befragten Personen und $X.^{(n)}$ für die Anzahl der Raucher darunter. Dann ist $X.^{(n)}$ binomialverteilt mit den Parametern n und p, und $\bar{X}_n = \frac{1}{n} X.^{(n)}$ ist eine erwartungstreue Schätzung für p. Mit Hilfe von (V.1.6), der Abschätzung $pq \leq 1/4$ und der Approximation durch die Normalverteilung bestimme man ein minimales n mit $P\{|\bar{X}_n - p| < 0{,}01\} \geq 0{,}98$ für alle $p \in [0, 1]$.

   In diesem Beispiel ist p (leider!) verhältnismäßig groß. Man beachte jedoch, daß die „Präzision" $\varepsilon = 0{,}01$ bei sehr kleinem p kein praktisches Interesse hat, weil es dann auf die relative Präzision ε/p ankommt. Wie können wir das gesuchte n zu gegebener relativer Präzision finden, wenn wir, z.B. aus früheren Erhebungen oder kleinen vorläufigen Untersuchungen, schon eine gewisse Information über die Größenordnung von p haben, etwa in der Form $p \geq p_0$ mit bekanntem $p_0 > 0$?

5. Auf einer Landstraße mögen pro Minute durchschnittlich 2 Autos eine bestimmte Stelle passieren. Wie groß ist die Wahrscheinlichkeit, daß in einem Zeitraum von zwei Minuten

   (a) kein Auto,

   (b) 2 Autos,

   (c) k Autos, $k \in \mathbb{Z}_+$,

   diese Stelle passieren?

6. Man zeige mittels der Stirlingschen Formel für $a < b$:

$$\lim_{\lambda \to \infty} \sum_{\lambda + a\sqrt{\lambda} < k < \lambda + b\sqrt{\lambda}} \frac{\lambda^k}{k!} e^{-\lambda} = \Phi(b) - \Phi(a) \, .$$

Analog zu Aufgabe 1 begründe man auch hier die für nur mäßig große λ empfehlenswertere Approximationsformel

$$\sum_{k=\alpha}^{\beta} \frac{\lambda^k}{k!} e^{-\lambda} \approx \Phi\left(\frac{\beta - \lambda + 0{,}5}{\sqrt{\lambda}}\right) - \Phi\left(\frac{\alpha - \lambda - 0{,}5}{\sqrt{\lambda}}\right) , \quad \alpha, \beta = 0, 1, \ldots , \ \alpha \leq \beta \, .$$

Kapitel VII

Allgemeine Wahrscheinlichkeitstheorie

In der Praxis beobachtet man letzten Endes nur Zufallsvariable, deren Werte einer von vornherein gegebenen endlichen Menge angehören, z.B. der Menge aller Vielfachen von 10^{-m} unterhalb einer gewissen Schranke, wenn man alle Meßergebnisse durch auf m Ziffern nach dem Komma abgerundete Zahlen darstellt. Nichtsdestoweniger sind Modelle zufälliger Phänomene, die sich lediglich auf diskrete Wahrscheinlichkeitsräume stützen, sehr oft willkürlich, unnatürlich und nicht zweckmäßig. Wir werden daher in diesem Kapitel „allgemeine" d. h. nicht notwendig diskrete, Wahrscheinlichkeitsräume definieren und konstruieren.

1. Allgemeiner Wahrscheinlichkeitsraum

Nicht immer läßt sich die Gesamtheit der möglichen Ergebnisse eines Zufallsexperiments in natürlicher Weise durch eine abzählbare Menge beschreiben. Drehen wir zum Beispiel ein Rouletterad, so definiert eine auf seinem Rand eingravierte Marke nach dem Stillstand eine „Zufallsrichtung", die wir als das Ergebnis der zufälligen Auswahl einer Zahl aus dem Intervall $[0, 2\pi]$ ansehen können oder auch, nach Division durch 2π, als eine „Zufallszahl" im Einheitsintervall $[0, 1[$.

Andere Beispiele sind im vorangegangenen Abschnitt aufgetaucht. Es sei etwa T der Zeitpunkt des ersten Anrufs in der Telefonzentrale im oder nach dem Zeitpunkt 0. Dann ist T eine Zufallsvariable, die im Prinzip alle nichtnegativen Werte annehmen kann. Betrachten wir gar alle Anrufe in einem Zeitintervall $[0, t[$, so sind die möglichen Ergebnisse die endlichen Folgen der Zeitpunkte, zu denen diese Anrufe erfolgen, d. h.

$$\omega = (s_1, \ldots, s_y), \ 0 \le s_1 < s_2 < \ldots < s_y, \ y \in \mathbb{N}, \tag{1}$$

und für Ω können wir den Raum aller dieser Folgen einschließlich der leeren Folge nehmen, der gewiß nicht abzählbar ist. Man beachte, daß $y = Y(\omega)$ die im letzten Abschnitt behandelte Anzahl der Anrufe im Zeitraum $[0, t[$ ist.

Wollten wir in solchen Beispielen auf den Potenzmengen $\mathfrak{P}(\Omega)$ der jeweiligen Ergebnisräume Wahrscheinlichkeitsverteilungen P definieren, die die Zufallsexperimente adäquat beschreiben, so kämen wir schnell in mathematische Schwierigkeiten. So ist im Beispiel des Rouletterads, d. h. der Zufallszahl in $[0, 1[$, intuitiv klar, daß für $0 \leq a < b < 1$ gelten sollte

$$P[a,b] = b - a \, . \tag{2}$$

Man kann jedoch zeigen, [21], [33], daß es überhaupt keine gegenüber Translationen mod 1 invariante und auf ganz $\mathfrak{P}([0,1[)$ definierte nichtnegative Funktion P gibt, die die Eigenschaften a) und b) der Definition I.2.1 einer Wahrscheinlichkeit hat.

Aus diesem Dilemma gibt es aber einen völlig zufriedenstellenden Ausweg. Es genügt ja, P auf einem Teilsystem $\mathfrak{F}$ von $\mathfrak{P}(\Omega)$ zu definieren, das hinreichend groß ist, um alle uns interessierenden Ereignisse zu enthalten. Das schließt insbesondere die folgenden Eigenschaften von $\mathfrak{F}$ ein: Ist PA definiert, so sollte auch die Wahrscheinlichkeit des Komplementärereignisses $\Omega \setminus A$ erklärt sein, d. h. aus $A \in \mathfrak{F}$ sollte $\Omega \setminus A \in \mathfrak{F}$ folgen. Entsprechend sollten mit A und B auch $A \cap B$ und $A \cup B$ in $\mathfrak{F}$ liegen. Natürlich sollte $\mathfrak{F}$ nicht leer sein, was darauf hinaus läuft, daß es $\emptyset$ und Ω enthält. Ein Mengensystem mit diesen Eigenschaften heißt eine *Mengenalgebra* in Ω. Darüber hinaus ist es zweckmäßig zu verlangen, daß auch der Durchschnitt und die Vereinigung von abzählbar vielen Mengen aus $\mathfrak{F}$ wieder zu $\mathfrak{F}$ gehören; dann bezeichnet man $\mathfrak{F}$ als eine *σ-Algebra*.

Um sich davon zu überzeugen, daß ein Mengensystem $\mathfrak{F} \subseteq \mathfrak{P}(\Omega)$ eine σ-Algebra in Ω ist, reicht es aus, das Folgende nachzuweisen:

$$\text{Aus } A \in \mathfrak{F} \text{ folgt } \Omega \setminus A \in \mathfrak{F} \, . \tag{3}$$

$$\text{Aus } A_1, A_2, \ldots \in \mathfrak{F} \text{ folgt } \bigcup_{k=1}^{\infty} A_k \in \mathfrak{F} \, . \tag{4}$$

$$\Omega \in \mathfrak{F} \, . \tag{5}$$

Nach (3) und (5) ist dann nämlich $\emptyset = \Omega \setminus \Omega \in \mathfrak{F}$, und wegen (3) und (4) folgt aus $A_1, A_2, \ldots \in \mathfrak{F}$, daß

$$\bigcap_{k=1}^{\infty} A_k = \Omega \setminus \bigcup_{k=1}^{\infty} (\Omega \setminus A_k) \in \mathfrak{F} \, . \tag{6}$$

Haben wir nur endlich viele $A_1, \ldots, A_m \in \mathfrak{F}$ und wenden wir (4) auf die Folge $A_1, \ldots, A_m, \emptyset, \emptyset, \ldots$ und (6) auf die Folge $A_1, \ldots, A_m, \Omega, \Omega, \ldots$ an, so sehen wir, daß wiederum $A_1 \cup \cdots \cup A_m \in \mathfrak{F}$ und $A_1 \cap \cdots \cap A_m \in \mathfrak{F}$.

Wir bringen diese Überlegungen in die Form der

Definition 1. Ein *Wahrscheinlichkeitsraum* ist ein Tripel $(\Omega, \mathfrak{F}, P)$, in dem Ω, der Ergebnisraum, eine nichtleere Menge ist, $\mathfrak{F}$, das System der Ereignisse, eine σ-Algebra in Ω, und P eine *Wahrscheinlichkeitsverteilung* auf $\mathfrak{F}$, d. h. eine auf $\mathfrak{F}$ erklärte nichtnegative Funktion mit den Eigenschaften

$$P\Omega = 1 \, , \tag{7}$$

$$P\left(\bigcup_{k=1}^{\infty} A_k \right) = \sum_{k=1}^{\infty} PA_k \tag{8}$$

für paarweise disjunkte Mengen $A_1, A_2, \ldots$ aus $\mathfrak{F}$; die letzte Eigenschaft heißt wieder die *σ-Additivität*.

Die Zahl PA heißt die *Wahrscheinlichkeit* des Ereignisses A; natürlich ist $0 \le PA \le 1$. Statt Wahrscheinlichkeitsverteilung sagen wir auch *Wahrscheinlichkeitsgesetz* oder kurz *Verteilung* oder *Gesetz*, und wenn klar ist, welche σ-Algebra zugrunde liegt, so sprechen wir statt von einer Verteilung auf $\mathfrak{F}$ von einer Verteilung in Ω.

Beispiel 1. Ein diskreter Wahrscheinlichkeitsraum im Sinne der Definition I.2.1 ist ein Wahrscheinlichkeitsraum der Form $(\Omega, \mathfrak{P}(\Omega), P)$ mit abzählbarem Ω.

Im weiteren Verlauf unserer Untersuchungen werden wir meistens den Ergebnisraum $\Omega = \mathbb{R}^n$ verwenden. Um darin eine geeignete σ-Algebra $\mathfrak{F}$ zu definieren, überlegen wir uns folgendes: Einerseits sollte $\mathfrak{F}$ alle einfachen Mengen wie z.B. verallgemeinerte Intervalle enthalten. Andererseits sollte $\mathfrak{F}$ nicht zu groß sein, damit sich darauf noch Wahrscheinlichkeitsverteilungen erklären lassen, die als Modelle für die uns interessierenden Zufallserscheinungen dienen können.

Wir bezeichnen mit $\langle a, b \rangle$ irgendein abgeschlossenes, offenes oder halboffenes Intervall in $\mathbb{R}$ mit den Endpunkten a und b, wobei $-\infty \le a \le b \le \infty$. Im Fall $a = -\infty < b < \infty$ steht $\langle a, b \rangle$ für die offene oder abgeschlossene Halbgerade $] -\infty, b[$ bzw. $]\infty, b]$ und entsprechend, wenn $b = \infty$. Ist $b < a$, so definieren wir $\langle a, b \rangle = \emptyset$. Unter einem n-dimensionalen Intervall verstehen wir jede Menge der Form

$$\langle a_1, b_1 \rangle \times \cdots \times \langle a_n, b_n \rangle \, ,$$

Der Durchschnitt einer Menge von σ-Algebren ist offensichtlich wieder eine σ-Algebra. Da es eine alle n-dimensionalen Intervalle enthaltende σ-Algebra gibt, nämlich $\mathfrak{P}(\mathbb{R}^n)$, so ist der Durchschnitt *aller* σ-Algebren, der alle diese Intervalle angehören, selbst eine σ-Algebra, und zwar die kleinste. Sie wird die *Borelsche σ-Algebra* in $\mathbb{R}^n$ genannt und mit $\mathfrak{B}^n$ bezeichnet, und ihre Elemente heißen *Borelsche Mengen*. Man sagt auch, $\mathfrak{B}^n$ sei die von den Intervallen *erzeugte σ-Algebra* in $\mathbb{R}^n$. Sie ist in der Tat für unsere Zwecke hinreichend groß, denn sie enthält z.B. alle offenen Teilmengen von $\mathbb{R}^n$, weil ja jede offene Menge die Vereinigung von abzählbar vielen Intervallen ist. Folglich gehört auch jede abgeschlossene Menge als Komplement einer offenen dazu und vieles mehr.

Es läßt sich nun zeigen, daß eine zunächst nur auf dem System der n-dimensionalen Intervalle definierte Mengenfunktion P dann und nur dann zu einer Wahrscheinlichkeitsverteilung auf $\mathfrak{B}^n$ fortgesetzt werden kann, wenn sie von vornherein *σ-additiv* ist im folgenden Sinne: $0 \le PI \le 1$ für jedes Intervall I, $P\mathbb{R}^n = 1$ und $PI = \sum_{k=1}^{\infty} PI_k$ für jede Zerlegung $I = \bigcup_{k=1}^{\infty} I_k$ des Intervalls I in abzählbar viele, paarweise fremde Intervalle I_k. Diese Fortsetzung ist eindeutig. Der umfangreiche Beweis fällt aus dem Rahmen dieser elementaren Einführung; wir verweisen auf [17].

In konkreten Beispielen werden wir daher die betreffende Wahrscheinlichkeit im allgemeinen nur für Intervalle definieren. Meistens ist allerdings der Nachweis der σ-Additivität selbst dort nicht einfach, und wir müssen uns auch da mit dem Hinweis auf [17] begnügen.

Manchmal ist es natürlicher, anstelle von $\mathbb{R}^n$ eine Borelsche Teilmenge Ω von $\mathbb{R}^n$ als Ergebnisraum zu benutzen. Darin arbeiten wir mit der σ-Algebra $\{\Omega \cap B : B \in \mathfrak{B}_n\}$.

Beispiel 2. Der Ergebnisraum der rein zufälligen Auswahl einer Zahl aus dem Intervall $[0, 1[$, die wir zu Beginn dieses Abschnitts betrachtet haben, ist dieses Intervall selbst. Das Postulat (2) unwesentlich verallgemeinernd verlangen wir

$$P\langle a, b\rangle = b - a \tag{9}$$

für alle Teilintervalle $\langle a, b\rangle$ von $[0, 1[$. Dies definiert die *Gleichverteilung* in $[0, 1[$. Setzen wir allgemeiner für ein beliebiges Intervall $\langle c, d\rangle$ mit $-\infty < c < d < \infty$:

$$P\langle a, b\rangle = \frac{b - a}{d - c} \quad \text{für } \langle a, b\rangle \subseteq \langle c, d\rangle\,, \tag{10}$$

so erhalten wir die Gleichverteilung in $\Omega = \langle c, d\rangle$. Wir hätten sie auch als Verteilung in $\Omega = \mathbb{R}$ auffassen können, nämlich, von (10) ausgehend,

$$P\langle a, b\rangle = P(\langle a, b\rangle \cap \langle c, d\rangle) = P\langle \max(a, c), \min(b, d)\rangle \tag{11}$$

für alle a und b.

Beispiel 3. Wir nehmen das Beispiel der Telefonzentrale aus dem Abschnitt VI.3 wieder auf; es bedeute λ die durchschnittliche Anzahl der Anrufe pro Stunde. Wie zu Anfang dieses Abschnitts sei T der Zeitpunkt des ersten Anrufs in oder nach dem Zeitpunkt 0. Wir wollen einen Wahrscheinlichkeitsraum konstruieren, der das Ergebnis dieser Zufallsbeobachtung beschreibt. Wir setzen $\Omega = \mathbb{R}$ und $\mathfrak{F} = \mathfrak{B}^1$. Für $A \in \mathfrak{B}^1$ soll PA die Wahrscheinlichkeit bedeuten, daß das Ergebnis dieser Beobachtung, nämlich der Wert von T, in die Menge A fällt. Natürlich muß $PA = 0$ sein, wenn $A \in \mathfrak{B}^1$ und $A \subseteq\,]-\infty, 0[$. Für $t > 0$ ist $P[0, t]$ gleich der Wahrscheinlichkeit, daß im Intervall $[0, 1]$ mindestens ein Anruf erfolgt, also nach Abschnitt VI.3:

$$P[0, 1] = \sum_{k=1}^{\infty} p(k; \lambda t) = 1 - p(0; \lambda t) = 1 - e^{-\lambda t}\,. \tag{12}$$

Für $0 \leq s \leq t$ erhalten wir damit, wenn wir noch $P\{x\} = 0$ bei beliebigem x beachten:

$$P\langle s, t\rangle = P[0, t] - P[0, s] = e^{-\lambda s} - e^{-\lambda t}\,. \tag{13}$$

Wir bezeichnen die so definierte Wahrscheinlichkeitsverteilung als die *Exponentialverteilung zum Parameter λ*.

Es sei P irgendeine Wahrscheinlichkeitsverteilung in $\mathbb{R}$. Wie in (12) betrachten wir die Wahrscheinlichkeit der Halbgeraden $]-\infty, \xi]$ als Funktion von ξ und definieren so die *kumulative Verteilungsfunktion zu P* oder kurz *Verteilungsfunktion zu P* durch

$$F(\xi) = P]-\infty, \xi] \, . \tag{14}$$

Offensichtlich ist $0 \le F(\xi) \le 1$, und F wächst monoton. Weiterhin ist F rechsseitig stetig. Ist nämlich $\xi_1, \xi_2, \ldots$ eine monoton fallend gegen ξ konvergente Folge, so folgt aus der σ-Additivität von P:

$$\lim_{k\to\infty} P]-\infty, \xi_k] = \lim_{k\to\infty} (P]-\infty, \xi] + P]\xi, \xi_k])$$

$$= P]-\infty, \xi] + \lim_{k\to\infty} \sum_{j=k}^{\infty} P]\xi_{j+1}, \xi_j] = P]-\infty, \xi] \, ,$$

d. h.

$$F(\xi+) = P]-\infty, \xi] = F(\xi) \, . \tag{15}$$

Konvergiert dagegen eine Folge (ξ_k) monoton wachsend gegen ξ,, so erhalten wir

$$\lim_{k\to\infty} P]-\infty, \xi_k] = \lim_{k\to\infty} (P]-\infty, \xi_1] + \sum_{j=1}^{k-1} P]\xi_j, \xi_{j+1}])$$

$$= P]-\infty, \xi_1] + P]\xi_1, \xi[= P]-\infty, \xi[\, ,$$

d. h.

$$F(\xi-) = P]-\infty, \xi[\, . \tag{16}$$

Nach (15) und (16) ist

$$P\{\xi\} = F(\xi) - F(\xi-) \tag{17}$$

die Höhe des „Sprungs" von F an der Stelle ξ. Die Beweise der Gleichungen

$$\lim_{\xi\to-\infty} F(\xi) = 0 \, , \quad \lim_{\xi\to+\infty} F(\xi) = 1 \tag{18}$$

mögen dem Leser überlassen bleiben (Aufgabe 1). Damit können wir nun die Wahrscheinlichkeit jedes Intervalls durch F ausdrücken:

$$P]a, b] = F(b) - F(a) \, , \quad P]a, b[= F(b-) - F(a) \, ,$$
$$P[a, b] = F(b) - F(a-) \, , \quad P[a, b[= F(b-) - F(a-) \, ,$$
$$P]a, +\infty[= 1 - F(a) \, , \quad P[a, +\infty[= 1 - F(a-) \, ,$$
$$P]-\infty, b] = F(b) \, , \quad P]-\infty, b[= F(b-) \, .$$

Dies impliziert, daß P durch F eindeutig bestimmt ist. Andererseits können wir hierdurch eine Verteilung P definieren, wenn F irgendeine auf $\mathbb{R}$ erklärte und monoton wachsende Funktion ist, die den Gleichungen (18) genügt; jede solche Funktion ist also die Verteilungsfunktion einer Wahrscheinlichkeitsverteilung.

Nicht jede Verteilungsfunktion wächst strikt monoton, so daß sie eine Umkehrfunktion hätte, aber der Begriff ihrer Umkehrung in einem verallgemeinerten

Sinne spielt unter dem Namen „Quantile" eine fundamentale Rolle in der Stochastik. Wir sind ihnen schon in den Abschnitten II.3, II.4, II.5, IV.5, V.1 und V.2 begegnet, ohne dieses Wort zu verwenden (siehe Aufgabe IV.6), und wir werden sie auch weiterhin häufig treffen.

Es sei F die kumulative Verteilungsfunktion der Verteilung P und $0 \leq \alpha \leq 1$. Zur Definition eines sogenannten α-*Quantils* von F oder P unterscheiden wir zwei Fälle.

Im ersten Fall nimmt F den Wert α an höchstens einer Stelle an. Ist nun $\alpha = 0$, so definieren wir das 0-Quantil durch $q_0 = -\infty$, und ist $\alpha = 1$, so erklären wir das 1-Quantil durch $q_1 = +\infty$. Ist dagegen $0 < \alpha < 1$, so gibt es eine und nur eine Zahl q_α derart, daß

$$F(q_\alpha-) \leq \alpha \leq F(q_\alpha)\,, \tag{19}$$

und diese heißt das α-*Quantil von F*. Anschaulich gesprochen ist q_α diejenige Stelle, an der F das Niveau α überquert oder überspringt. Wir können dann weiter feststellen, daß $\xi < q_\alpha$ impliziert $F(\xi) < \alpha$ und $\xi > q_\alpha$ impliziert $F(\xi) > \alpha$.

Nimmt F den Wert α ein und nur einmal an, so gilt nach dieser Definition

$$F(q_\alpha) = \alpha\,. \tag{20}$$

Dies trifft auf *alle* $\alpha \in\ ]0,1[$ zu, wenn F stetig ist und strikt monoton wächst, so daß unter dieser Annahme $\alpha \mapsto q_\alpha$ die Umkehrfunktion F^{-1} ist. Ferner erhalten wir

$$q_{F(\xi)} = \xi\,, \tag{21}$$

wenn F den Wert $F(\xi)$ nur einmal annimmt.

Im zweiten Fall nimmt F den Wert α mehrere Male an. Dann kann $F^{-1}(\alpha)$ für $\alpha = 0$ eine Halbgerade der Form $]-\infty, b[$ oder der Form $]-\infty, b]$ sein, für $\alpha = 1$ eine abgeschlossene Halbgerade der Gestalt $[a, +\infty[$, und für $0 < \alpha < 1$ ein Intervall $[a, b[$ oder $[a, b]$. In diesem Fall bezeichnen wir, (19) verallgemeinernd, als α-Quantil jede Zahl q für die $F(q-) \leq \alpha \leq F(q)$ gilt. Die Menge aller dieser q ist einfach die abgeschlossene Hülle der eben betrachteten Konstanzmenge $F^{-1}(\alpha)$, d.h. wir fügen noch den rechten Endpunkt hinzu, falls er nicht ohnehin schon dazu gehört oder gleich $+\infty$ ist. Die Gleichung (20) in der Form $F(q) = \alpha$ gilt dann für alle α-Quantile mit eventueller Ausnahme dieses rechten Endpunkts.

Das Wesentliche der Idee eines α-Quantils q ist also, daß X mit höchstens der Wahrscheinlichkeit α Werte links von q und mit höchstens der Wahrscheinlichkeit $1 - \alpha$ Werte rechts von q annimmt. Insbesondere interessieren wir uns oft für ein $\frac{1}{2}$-Quantil, das man einen *Median* von X nennt; dieser ist also dann und nur dann eindeutig, wenn F den Wert 1/2 höchstens einmal annimmt. Für $\alpha = 1/4,\ 1/2,\ 3/4$ erhalten wir die sogenannten *Quartile*. Die Differenz

$$\min\{q:\ q \text{ ist ein 3/4-Quantil}\} - \max\{q:\ q \text{ ist ein 1/4-Quantil}\} \tag{22}$$

heißt der *Interquartilbereich*. Man sieht ihn als ein gewisses Maß für die Fluktuation der Werte von X an.

Wir sehen uns zunächst den Fall an, in dem P diskret ist, womit wir jetzt meinen, daß P auf einer abzählbaren Menge $\{\xi_1, \xi_2, \ldots\}$ konzentriert ist:

$$PA = \sum_{k:\, \xi_k \in A} P\{\xi_k\} \quad \text{für jedes } A \in \mathfrak{B}^1 \,. \tag{23}$$

Einen diskreten Wahrscheinlichkeitsraum im alten Sinne würden wir also erhalten, wenn wir (23) nur für Teilmengen von $\{\xi_1, \xi_2, \ldots\}$ benutzen würden, was auf (I.2.8) hinausliefe. Die zugehörige Verteilungsfunktion

$$F(\xi) = \sum_{k:\, \xi_k \leq \xi} P\{\xi_k\} \tag{24}$$

ist dann eine rechtsseitig stetige Treppenfunktion, d. h. stückweise konstante Funktion, die an der Stelle ξ_k einen Sprung der Höhe $P\{\xi_k\}$ macht. Die Folge dieser Zahlen $P\{\xi_k\}$ heißt wieder die *Zähldichte* von P. Spezielle diskrete Verteilungen sind die hypergeometrischen, Binomial- und Poissonschen Verteilungen. Zum Beispiel hat die Verteilungsfunktion der Poissonschen Verteilung mit dem Parameter λ an der Stelle k einen Sprung der Höhe $p(k; \lambda)$ für $k = 0, 1, \ldots$.

Zu vielen Verteilungen gibt es eine integrierbare Funktion $f \geq 0$ derart, daß

$$F(\xi) = \int_{-\infty}^{\xi} f(x)dx \tag{25}$$

für jedes ξ. Hier und im folgenden kann der Leser je nach Kenntnisstand alle auftretenden Integrale als Lebesguesche Integrale auffassen oder sich auf, eventuell uneigentliche, aber absolut konvergente, Riemannsche Integrale beschränken. In den Beispielen genügen immer die letzteren. Eine Funktion f, die (25) für alle ξ erfüllt, heißt eine *Dichte* von P. Sie ist nicht eindeutig bestimmt, denn man kann sie ja z.B. an endlich vielen Stellen ändern, ohne die Integrale (25) zu beeinflussen. Man weiß aber (siehe z.B. [17], daß zwei Funktionen, für die (25) für alle ξ gilt, „fast überall" im Sinne der Lebesgueschen Integrationstheorie übereinstimmen. Unter all diesen Funktionen gibt es meist eine, die sich in natürlicher Weise auszeichnet, z.B. durch ihre Stetigkeit oder rechtsseitige Stetigkeit und eine minimale Menge von Unstetigkeitsstellen. Mit dieser arbeiten wir dann.

Hat P eine Dichte, so ist F überall stetig. Weiterhin ist F dann „fast überall" differenzierbar mit der Ableitung f, und insbesondere ist F im Punkte x differenzierbar mit der Ableitung $f(x)$, wenn f dort stetig ist. Die obige Liste, in der wir die Wahrscheinlichkeiten von Intervallen durch F ausgedrückt hatten, nimmt hier die einfache Form

$$P\langle a, b\rangle = \int_a^b f(x)dx \,, \quad -\infty \leq a \leq b \leq \infty, \tag{26}$$

an. Insbesondere ist

$$\int_{-\infty}^{+\infty} f(x)dx = 1\,. \tag{27}$$

Umgekehrt ist jede nichtnegative über $\mathbb{R}$ integrierbare Funktion f, die (27) erfüllt, die Dichte einer Verteilung, nämlich der durch (25) definierten.

Mit Hilfe von (26) läßt sich die Wahrscheinlichkeit des Intervalls $\langle a, b\rangle$ als Inhalt der Fläche veranschaulichen, die zwischen a und b durch die Abszisse und den Graph von f eingeschlossen wird. Vergleichen wir (26) mit (23), so sehen wir, daß wir eine Dichte als das kontinuierliche Analogon zu einer Zähldichte auffassen können.

Die Exponentialverteilung mit dem Parameter λ hat nach (12) die kumulative Verteilungsfunktion

$$F(t) = \begin{cases} 0 & \text{für } t < 0\,, \\ 1 - e^{-\lambda t} & \text{für } t \geq 0\,. \end{cases} \tag{28}$$

Durch Differenzieren finden wir die Dichte

$$f(t) = \begin{cases} 0 & \text{für } t < 0\,, \\ \lambda e^{-\lambda t} & \text{für } t \geq 0\,. \end{cases} \tag{29}$$

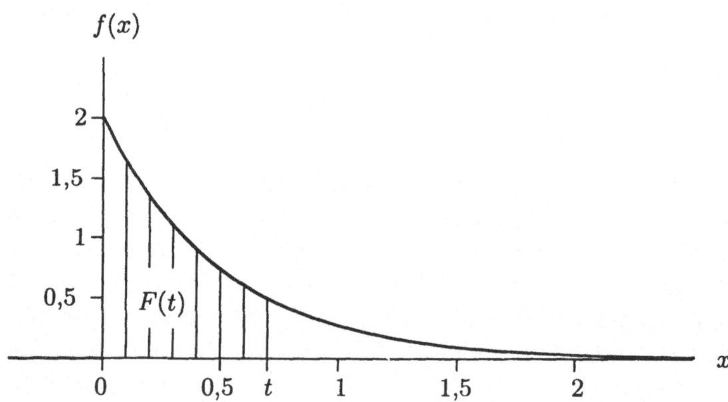

Abb. 1. Dichte f der Exponentialverteilung mit dem Parameter $\lambda = 2$.
Der Wert $F(t)$ ist durch die schraffierte Fläche gegeben.

Beispiel 4. Die durch (11) erklärte Gleichverteilung im Intervall $\langle a, b\rangle$ hat die Dichte

$$f(x) = \frac{1}{b-a} 1_{\langle a,b\rangle}(x)\,. \tag{30}$$

Beispiel 5. Wir hatten schon in Abschnitt VI.2 die durch (VI.2.32) gegebene Funktion φ als Dichte der Standard-Normalverteilung bezeichnet. In der Tat definiert

$$P\langle a, b\rangle = \int_a^b \frac{1}{\sqrt{2\pi}} e^{-x^2/2} dx \quad \text{für } -\infty \leq a \leq b \leq \infty \tag{31}$$

wegen (VI.2.28) eine Verteilung in $\mathbb{R}$, deren Dichte gleich φ ist. Wir nennen sie die (eindimensionale) *Standard-Normalverteilung*. Die durch (VI.2.32) erklärte Funktion Φ ist die zugehörige kumulative Verteilungsfunktion, im Einklang mit dem Sprachgebrauch in Abschnitt VI.2.

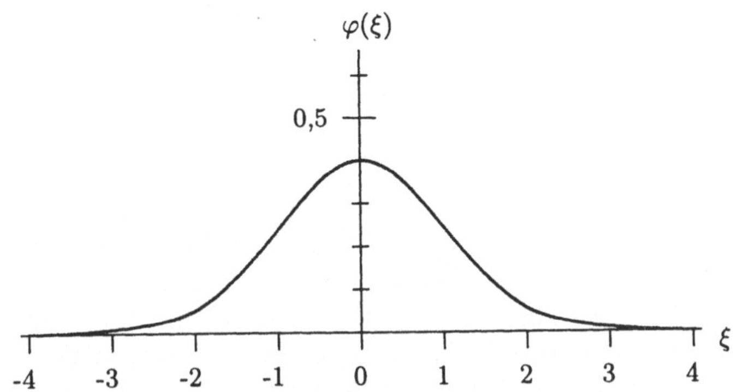

Abb. 2. Die Dichte φ der Standardnormalverteilung

Wir definieren schließlich, (26) verallgemeinernd, Dichten in $\mathbb{R}^n$. Ist f irgendeine in $\mathbb{R}^n$ erklärte, nichtnegative und integrierbare Funktion mit der Eigenschaft

$$\int_{-\infty}^{+\infty} \cdots \int_{-\infty}^{+\infty} f(x_1, \ldots, x_n)dx_1 \cdots dx_n = 1 \,, \tag{32}$$

so bildet

$$P(\langle a_1, b_1 \rangle \times \cdots \times \langle a_n, b_n \rangle) = \int_{a_1}^{b_1} \cdots \int_{a_n}^{b_n} f(x_1, \ldots, x_n)dx_1 \cdots dx_n \tag{33}$$

auf der Menge der n-dimensionalen Intervalle eine nichtnegative σ-additive Funktion mit $P\mathbb{R}^n = 1$, die also eine und nur eine Fortsetzung zu einer Wahrscheinlichkeitsverteilung P auf $\mathfrak{B}^n$ besitzt. Wir bezeichnen auch hier f als Dichte von P. Demnach ist dann

$$PB = \int_B f(x_1, \ldots, x_n)dx_1 \cdots dx_n \tag{34}$$

für jede Borelsche Teilmenge B von $\mathbb{R}^n$.

Beispiel 6. Die Funktion

$$\varphi(x_1, \ldots, x_n) = \frac{1}{\sqrt{2\pi}} \exp\left(-\frac{x_1^2 + \cdots + x_n^2}{2}\right) \tag{35}$$

hat die Eigenschaften einer Dichte; insbesondere erfüllt sie (32). Die mit ihr nach (33) definierte Wahrscheinlichkeitsverteilung P heißt die *n-dimensionale Standard-Normalverteilung*. Wir werden sie in Abschnitt VI näher untersuchen.

2. Zufallsvariable

In Abschnitt I.6 hatten wir ein Zufallselement X in einer abzählbaren Menge Ω' über einem diskreten Wahrscheinlichkeitsraum (Ω, P) als eine Abbildung von Ω in Ω' erklärt. Dabei interessierte uns besonders seine Verteilung, nämlich das Bild P' von P vermöge X, das wir durch (I.6.2) oder kürzer

$$P'A' = P\{X \in A'\} \tag{1}$$

definiert hatten, wobei $\{X \in A'\} = X^{-1}(A')$.

Wollen wir dies auf einen allgemeinen Wahrscheinlichkeitsraum $(\Omega, \mathfrak{F}, P)$ übertragen, so müssen wir erst einmal sagen, auf welcher σ-Algebra $\mathfrak{F}'$ in Ω' wir P' definieren wollen. Ist dies geschehen, so hat die Definition (1) nur dann einen Sinn, wenn X so beschaffen ist, daß $\{X \in A'\} \in \mathfrak{F}$ gilt für jedes $A' \in \mathfrak{F}'$. Unter dieser Voraussetzung ist es leicht zu zeigen, daß (1) tatsächlich eine Wahrscheinlichkeitsverteilung P' auf $\mathfrak{F}'$ liefert. Dies führt uns auf die folgende

Definition 1. Es seien $(\Omega, \mathfrak{F}, P)$ ein Wahrscheinlichkeitsraum und $\mathfrak{F}'$ eine σ-Algebra in einer nichtleeren Menge Ω'. Eine Abbildung X von Ω in Ω' heißt ein *Zufallselement in Ω'*, wenn

$$\{X \in A'\} \in \mathfrak{F} \quad \text{für alle } A' \in \mathfrak{F}'. \tag{2}$$

Die dann durch (1) auf $\mathfrak{F}'$ definierte Wahrscheinlichkeitsverteilung P' wird das *Bild von P vermöge X* oder, in mehr wahrscheinlichkeitstheoretischer Ausdrucksweise, die *Verteilung von X* genannt.

Wie im diskreten Fall sprechen wir auch hier von *Zufallsvariablen*, wenn $\Omega' \subseteq \mathbb{R}$, von *Zufallsvektoren*, wenn $\Omega' \subseteq \mathbb{R}^n$ mit $n \geq 2$,, von *Zufallsfunktionen*, wenn Ω' eine Menge von Funktionen ist, und ähnlich von *Zufallskreisen, Zufallswegen* usw. So läßt sich ein *Zufallsalgorithmus* als ein Zufallselement in einer Menge von Algorithmen auffassen. Für die σ-Algebra $\mathfrak{F}'$ gibt es meist eine ganz natürliche Wahl. Ist z.B. $\Omega' \in \mathfrak{B}^n$,, so verwenden wir normalerweise, ohne es ausdrücklich zu sagen, $\mathfrak{F}' = \{\Omega' \cap B : B \in \mathfrak{B}^n\}$, insbesondere $\mathfrak{F}' = \mathfrak{B}^n$ im Fall $\Omega' = \mathbb{R}^n$.

Bei beliebigem $A \in \mathfrak{F}$ ist $X = 1_A$ eine Zufallsvariable, weil $\{X \in B\}$ bei beliebigem $B \in \mathfrak{B}^1$ gleich einer der Mengen $\emptyset$, Ω, A oder $\Omega \setminus A$ ist. In diesem Fall nennen wir 1_A wieder die *Indikatorvariable zu A*. Die Verteilung von 1_A ist dann die in Abschnitt I.6 eingeführte Bernoullische Verteilung mit dem Parameter $p = PA$, aber jetzt als Verteilung auf ganz $\mathbb{R}$ aufgefaßt und nicht nur auf $\{0, 1\}$. Im Fall $A \notin \mathfrak{F}$ ist 1_A keine Zufallsvariable, denn $\{1_A = 1\} = A \notin \mathfrak{F}$.

Wir leiten nun ein oft einfach zu verifizierendes Kriterium für die Bedingung (2) ab. Ist $\mathfrak{M}'$ ein System von Teilmengen von Ω', so sagen wir, wie schon in der Definition der Borelschen Mengen, daß $\mathfrak{F}'$ *von $\mathfrak{M}'$ erzeugt* wird, wenn $\mathfrak{F}'$ die kleinste $\mathfrak{M}'$ umfassende σ-Algebra ist, d. h. der Durchschnitt aller σ-Algebren in Ω', die $\mathfrak{M}'$ enthalten. Wir schreiben dann $\mathfrak{F}' = \sigma(\mathfrak{M}')$.

Satz 1. *Wird $\mathfrak{F}'$ von $\mathfrak{M}'$ erzeugt, so erfüllt die Abbildung X von Ω in Ω' die Bedingung (2) schon dann, wenn*

$$\{X \in M'\} \in \mathfrak{F} \quad \text{für alle } M' \in \mathfrak{M}' . \tag{3}$$

Beweis. Wir setzen $\mathfrak{C} = \{A' \in \mathfrak{F}' : X^{-1}(A') \in \mathfrak{F}\}$. Aus

$$
\begin{aligned}
X^{-1}(\Omega') &= \Omega \in \mathfrak{F} , \\
X^{-1}(\Omega' \setminus A') &= \Omega \setminus X^{-1}(A') \in \mathfrak{F} , \quad \text{wenn } A' \in \mathfrak{C} , \\
X^{-1}\Big(\bigcup_{k=1}^{\infty} A'_k\Big) &= \bigcup_{k=1}^{\infty} X^{-1}(A'_k) \in \mathfrak{F} , \quad \text{wenn } A'_1, A'_2, \ldots \in \mathfrak{C}
\end{aligned}
$$

folgt, daß $\mathfrak{C}$ eine σ-Algebra ist. Nach der Voraussetzung (3) enthält $\mathfrak{C}$ ganz $\mathfrak{M}'$, also auch $\sigma(\mathfrak{M}') = \mathfrak{F}'$, und das ist gerade die Behauptung (2). $\qquad\square$

Korollar. *Eine reellwertige Funktion X auf Ω ist dann und nur dann eine Zufallsvariable über $(\Omega, \mathfrak{F}, P)$, wenn*

$$\{X < \xi\} \in \mathfrak{F} \quad \text{für alle } \xi \in \mathbb{R} . \tag{4}$$

Beweis. Es sei $\mathfrak{M}'$ das System der rechtsoffenen Halbgeraden $]-\infty, \xi[$ mit $\xi \in \mathbb{R}$. Die Voraussetzung (4) bedeutet dann, daß $\mathfrak{M}'$ die Bedingung (3) erfüllt. Wir brauchen also nur noch zu zeigen, daß $\mathfrak{B}^1$ von $\mathfrak{M}'$ erzeugt wird. Nun ist aber jede rechtsabgeschlossene Halbgerade $]-\infty, \xi]$ der Durchschnitt von abzählbar vielen rechtsoffenen Halbgeraden und jedes Intervall die Mengendifferenz zweier Halbgeraden, also gehören alle Intervalle zu $\sigma(\mathfrak{M}')$ und damit auch jede Borelsche Menge. $\qquad\square$

Die kumulative Verteilungsfunktion der Verteilung der Zufallsvariablen X heißt wieder, wie im Fall einer diskret verteilten Variablen, die Verteilungsfunktion von X. Sie ist demnach definiert durch

$$F(\xi) = P\{X \le \xi\} .$$

Analog sprechen wir von Dichten, Quantilen usw. von X und meinen damit die der Verteilung von X.

Im Fall $(\Omega, \mathfrak{F}) = (\mathbb{R}^n, \mathfrak{B}^n)$ ist jede auf $\mathbb{R}^n$ erklärte reellwertige stetige Funktion X eine Zufallsvariable. Bei beliebigem $\xi \in \mathbb{R}$ ist dann nämlich $\{X < \xi\}$ eine offene Menge, also die Vereinigung von abzählbar vielen Intervallen und daher Borelsch. Insbesondere ist jede Projektion $X_i : \mathbb{R}^n \to \mathbb{R}$, $X_i(x_1, \ldots, x_n) = x_i$, $i = 1, \ldots, n$, eine Zufallsvariable, was man natürlich auch schnell direkt sieht; denn für jede Zahl ξ ist die Menge $\{X_i < \xi\} = \{(x_1, \ldots, x_n) : x_i < \xi\}$ ein offenes n-dimensionales Intervall.

Sind $X_1, \ldots, X_n$ Zufallsvariable über $(\Omega, \mathfrak{F}, P)$, so bildet $\mathbf{X} = (X_1, \ldots, X_n)$, definiert durch $\mathbf{X}(\omega) = (X_1(\omega), \ldots, X_n(\omega))$, einen Zufallsvektor und umgekehrt, da

$$\{(X_1, \ldots, X_n) \in \langle a_1, b_1 \rangle \times \cdots \times \langle a_n, b_n \rangle\} = \bigcap_{i=1}^{n} \{X_i \in \langle a_i, b_i \rangle\} \in \mathfrak{F}$$

für jedes n-dimensionale Intervall. Die Verteilung dieses Zufallsvektors $\mathbf{X}$ heißt
die *gemeinsame Verteilung* von $X_1, \ldots, X_n$. Explizit geschrieben ist dies nach
Definition 1 die durch

$$P'B = P\{\mathbf{X} \in B\} \quad \text{für alle } B \in \mathfrak{B}^n \tag{5}$$

erklärte Verteilung P'.

Die gemeinsame Verteilung einer Teilfolge $X_{i_1}, \ldots, X_{i_m}$ heißt analog zum Fall
diskreter Wahrscheinlichkeitsräume die zu $i_1, \ldots, i_m$ gehörige *Randverteilung*
oder *Marginalverteilung* von $X_1, \ldots, X_n$. Sie ist durch diese eindeutig bestimmt,
nämlich als deren Bild vermöge der Projektion $(x_1, \ldots, x_n) \mapsto (x_{i_1}, \ldots, x_{i_m})$.

Ist P' die Verteilung eines Zufallsvektors $\mathbf{X}$ in $\mathbb{R}^n$ und $\mathbf{Y}$ ein m-dimensionaler
Zufallsvektor über $(\mathbb{R}^n, \mathfrak{B}^n, P')$, so wird auch $\mathbf{Y} \circ \mathbf{X}$ ein m-dimensionaler Zufallsvektor, weil

$$\{\mathbf{Y} \circ \mathbf{X} \in B\} = \{\mathbf{X} \in \mathbf{Y}^{-1}(B)\} \in \mathfrak{F} \tag{6}$$

für jede Menge $B \in \mathfrak{B}^m$. Dies trifft insbesondere auf jede stetige vektorwertige
Funktion $\mathbf{Y}$ zu. Zugleich ersehen wir aus der Definition 1 und (6), daß die
Verteilung von $\mathbf{Y} \circ \mathbf{X}$ einfach das Bild von P' vermöge $\mathbf{Y}$ ist. Wir könnten
ebensogut irgendwelche Zufallselemente X und Y nehmen und sinngemäß das
allgemeine Prinzip „die zusammengesetzte Funktion $Y \circ X$ ist ein Zufallselement,
wenn X und Y es sind", aussprechen, doch ist die vorstehende Formulierung für
uns allgemein genug.

Insbesondere ergibt sich, daß jede Linearkombination $a_1 X_1 + \cdots + a_n X_n$
von Zufallsvariablen $X_1, \ldots, X_n$ eine Zufallsvariable bildet, da sie sich ja als
Hintereinanderschaltung der stetigen Funktion $(x_1, \ldots, x_n) \mapsto a_1 x_1 + \cdots + a_n x_n$
und des Zufallsvektors $\mathbf{X} = (X_1, \ldots, X_n)$ schreiben läßt. Ebenso sind z.B. jedes
Polynom in Zufallsvariablen $X_1, \ldots, X_n$ und $|X_1|$, $\max(X_1, X_2)$, $\min(X_1, X_2)$,
$\exp X_1$ usw. wieder Zufallsvariable.

In der Statistik spielen „Transformationen" von n Zufallsvariablen $X_1, \ldots, X_n$
mittels einer Abbildung $\mathbf{Y}$ von $\mathbb{R}^n$ in $\mathbb{R}^n$, d.h. der Übergang vom Zufallsvektor
$\mathbf{X} = (X_1, \ldots, X_n)$ zum Zufallsvektor $\mathbf{Y} \circ \mathbf{X}$, eine große Rolle. Das Problem ist
dann, die Verteilung von $\mathbf{Y} \circ \mathbf{X}$ in handlicher Form aus der von $\mathbf{X}$ abzuleiten.
Dies ist u.a. dann möglich, wenn die Verteilung von $\mathbf{X}$ eine Dichte hat und $\mathbf{Y}$
differenzierbar ist. In vielen wichtigen Fällen ist allerdings $\mathbf{Y}$ nicht „global", sondern nur „lokal" bijektiv, woraus sich die auf den ersten Blick etwas kompliziert
erscheinende Form des folgenden Satzes erklärt.

Satz 2. *Es sei* $\mathbf{X} = (X_1, \ldots, X_n)$ *ein Zufallsvektor, dessen Verteilung eine
Dichte f hat. Weiter sei $G \subseteq \mathbb{R}^n$ eine offene Menge, auf der die Verteilung
von $\mathbf{X}$ konzentriert ist, d.h. $P\{\mathbf{X} \in G\} = 1$ und dementsprechend $f(\mathbf{x}) = 0$
für $\mathbf{x} \in \mathbb{R}^n \setminus G$. Auf G sei eine Abbildung $\mathbf{Y} = (Y_1, \ldots, Y_n)$ mit Werten in $\mathbb{R}^n$
erklärt, und es gebe eine Zerlegung $G = G_1 \cup \cdots \cup G_m$ in paarweise disjunkte
offene Mengen so, daß die Einschränkung $\mathbf{Y}^j$ von $\mathbf{Y}$ auf G_j bijektiv und in
beiden Richtungen stetig differenzierbar ist. Wir setzen $H_j = \mathbf{Y}(G_j) = \mathbf{Y}^j(G_j)$.*

Dann hat $\mathbf{Y} \circ \mathbf{X}$ *im Punkt* $\mathbf{y} \in \mathbb{R}^n$ *die Dichte*

$$g(\mathbf{y}) = \sum_{j=1}^{m} 1_{H_j}(\mathbf{y}) f((\mathbf{Y}^j)^{-1}(\mathbf{y})) |\Delta((\mathbf{Y}^j)^{-1}(\mathbf{y}))|^{-1}, \tag{7}$$

wobei

$$\Delta(\mathbf{x}) = \begin{vmatrix} \frac{\partial Y_1}{\partial x_1}(\mathbf{x}) & \cdots & \frac{\partial Y_n}{\partial x_1}(\mathbf{x}) \\ \cdots & \cdots & \cdots \\ \frac{\partial Y_1}{\partial x_n}(\mathbf{x}) & \cdots & \frac{\partial Y_n}{\partial x_n}(\mathbf{x}) \end{vmatrix}$$

die Funktionaldeterminante von $\mathbf{Y}$ *an der Stelle* $\mathbf{x} \in G$ *bedeutet.*

Der j-te Summand in (7) ist natürlich als 0 definiert, wenn $\mathbf{y} \notin H_j$; im Fall $\mathbf{y} \notin H = H_1 \cup \cdots \cup H_m = \mathbf{Y}(G)$ ergibt sich also $g(\mathbf{y}) = 0$. Man beachte, daß die Mengen H_j ebenfalls offen sind.

Der Fall $m = 1$ ist der einer bijektiven Abbildung $\mathbf{Y}$ von $G = G_1$ auf $H = H_1$, und (7) nimmt die einfachere Form

$$g(\mathbf{y}) = \begin{cases} f(\mathbf{Y}^{-1}(\mathbf{y})) |\Delta(\mathbf{Y}^{-1}(\mathbf{y}))|^{-1} & , \quad \text{wenn } \mathbf{y} \in H, \\ 0 & , \quad \text{wenn } \mathbf{y} \notin H, \end{cases} \tag{8}$$

an. Im allgemeinen Fall setzt sich $g(\mathbf{y})$ additiv aus den Beiträgen aller Urbilder $(\mathbf{Y}^j)^{-1}(\mathbf{y})$ zusammen.

Beweis. Nach (1.34) und (1) gilt für jede offene Menge $A \subseteq \mathbb{R}^n$

$$P\{\mathbf{Y} \circ \mathbf{X} \in A\} = P\{\mathbf{X} \in \mathbf{Y}^{-1}(A)\} = \sum_{j=1}^{m} P\{\mathbf{X} \in \mathbf{Y}^{-1}(A) \cap G_j\}$$

$$= \sum_{j=1}^{m} \int_{\mathbf{Y}^{-1}(A) \cap G_j} f(\mathbf{x}) dx.$$

Aus dem Transformationssatz für mehrfache Integrale (siehe [34]) und

$$\mathbf{Y}^{-1}(A) \cap G_j = (\mathbf{Y}^j)^{-1}(A) \cap G_j = (\mathbf{Y}^j)^{-1}(A \cap H_j)$$

folgt, daß die letzte Summe gleich

$$\sum_{j=1}^{m} \int_{A \cap H_j} f((\mathbf{Y}^j)^{-1}(\mathbf{y})) |\Delta((\mathbf{Y}^j)^{-1}(\mathbf{y}))|^{-1} d\mathbf{y}$$

$$= \sum_{j=1}^{m} \int_{A} 1_{H_j}(\mathbf{y}) f((\mathbf{Y}^j)^{-1}(\mathbf{y})) |\Delta((\mathbf{Y}^j)^{-1}(\mathbf{y}))|^{-1} d\mathbf{y} = \int_{A} g(\mathbf{y}) d\mathbf{y}$$

mit der durch (7) erklärten Funktion g ist, und damit die Behauptung. $\square$

Wir betrachten einige Spezialfälle.

Ist $\mathbf{Y}$ eine affine Abbildung, im Matrizenkalkül mit Hilfe von Spaltenvektoren geschrieben als $\mathbf{Y}(\mathbf{x}) = \mathcal{A}\mathbf{x} + \mathbf{b}$ mit $\det \mathcal{A} \neq 0$, so können wir $m = 1$ und $G = \mathbb{R}^n$ setzen und erhalten die Dichte von $\mathbf{Y} \circ \mathbf{X} = \mathcal{A}\mathbf{X} + \mathbf{b}$ im Punkt $\mathbf{y} \in \mathbb{R}^n$:

$$g(\mathbf{y}) = \frac{1}{|\det \mathbf{A}|} f(\mathcal{A}^{-1}(\mathbf{y} - \mathbf{b})) \,. \tag{9}$$

Insbesondere ergibt sich im Falle $n = 1$ für eine Zufallsvariable $Y = aX + b$ mit $a \neq 0$:

$$g(y) = \frac{1}{|a|} f\!\left(\frac{y - b}{a}\right) . \tag{10}$$

Sodann sei $n = 1$ und $Y(x) = x^2$. Wir setzen $m = 2, U_1 =]-\infty, 0[$ und $U_2 =]0, +\infty[$. Dann wird $\Delta(x) = 2x$, und folglich ist die Dichte von X^2 im Punkt $y > 0$ nach (7) gleich

$$g(y) = \frac{f(+\sqrt{y}) + f(-\sqrt{y})}{2\sqrt{y}} \; ; \tag{11}$$

natürlich gilt $g(y) = 0$ für $y \leq 0$.

Nehmen wir nun außerdem an, X habe eine in bezug auf den Nullpunkt *symmetrische* Verteilung, d. h. $-X$ sei ebenso verteilt wie X, so ist f eine gerade Funktion, und (11) geht über in

$$g(y) = \frac{f(\sqrt{y})}{\sqrt{y}} \,. \tag{12}$$

Hieraus folgt

$$f(x) = xg(x^2) \quad \text{für } x \geq 0 \,, \tag{13}$$

womit wir in diesem Fall die Dichte von X durch die von X^2 ausgedrückt haben. Dabei haben wir die Existenz der Dichte f von X vorausgesetzt und die der Dichte g von X^2 abgeleitet, aber Satz 3, angewandt auf die inverse Abbildung $y \mapsto \sqrt{y}$ von $]0, +\infty[$ auf sich, zeigt auch umgekehrt, daß die Existenz der Dichte von X aus der von X^2 folgt, wenn X symmetrisch verteilt ist.

Ein anderer Spezialfall von (11) ist der folgende: Gilt stets $X \geq 0$, so ergibt sich $g(y) = f(\sqrt{y})/2\sqrt{y}$ und $f(x) = 2xg(x^2)$, wobei wieder die Existenz einer der beiden Dichten die der anderen impliziert.

3. Unabhängigkeit

Die in Abschnitt III.3 gegebene Definition der Unabhängigkeit von Ereignissen überträgt sich ohne Änderung vom Fall eines diskreten auf den eines allgemeinen Wahrscheinlichkeitsraums. Dagegen müssen wir die Definition III.4.1 etwas modifizieren, weil die Wahrscheinlichkeit von $\{X_i \in B_i\}$ ja nicht für jede Teilmenge B_i von $\mathbb{R}$ erklärt ist. Sie ist es jedoch, wenn B_i Borelsch ist, und das legt die folgende Definition nahe:

Definition 1. Zufallsvariable $X_1, \ldots, X_n$ über einem Wahrscheinlichkeitsraum $(\Omega, \mathfrak{F}, P)$ heißen *unabhängig*, wenn für beliebige Mengen $B_1, \ldots, B_n \in \mathfrak{B}^1$ gilt

$$P\{X_1 \in B_1, \ldots, X_n \in B_n\} = P\{X_1 \in B_1\} \cdots P\{X_n \in B_n\}. \tag{1}$$

Im Fall eines diskreten Wahrscheinlichkeitsraums kommen wir auf die Definition III.4.1 zurück, weil sich das Ereignis $\{X_i \in B_i\}$ bei beliebigem B_i auch in der Form $\{X_i \in B_i'\}$ mit abzählbarem und daher Borelschem B_i' schreiben läßt, nämlich $B_i' = B_i \cap X_i(\Omega)$.

Definition 1 operiert mit den Verteilungen der X_i und mit ihrer gemeinsamen Verteilung, d. h. der Verteilung des Zufallsvektors $(X_1, \ldots, X_n)$. Wir definieren nun ganz allgemein das *Produkt* irgendwelcher Verteilungen $Q_1, \ldots, Q_n$ auf $\mathfrak{B}^1$, geschrieben $Q = Q_1 \otimes \cdots \otimes Q_n$, als diejenige Wahrscheinlichkeitsverteilung Q auf $\mathfrak{B}^n$, die für Intervalle durch

$$Q(\langle a_1, b_1 \rangle \times \cdots \times \langle a_n, b_n \rangle) = \prod_{i=1}^{n} Q_i \langle a_i, b_i \rangle \tag{2}$$

gegeben ist. Um die Existenz und Eindeutigkeit einer solchen Verteilung Q nachzuweisen, müßten wir, wie in Abschnitt 1 gesagt, die σ-Additivität der durch (2) erklärten „Intervallfunktion" verifizieren. Wir tun das ebensowenig wie wir beweisen, daß die Gleichung (2) dann auch noch für beliebige Borelsche Mengen gilt, d. h.

$$Q(B_1 \times \cdots \times B_n) = \prod_{i=1}^{n} Q_i B_i \quad \text{für alle } B_i \in \mathfrak{B}^1, \tag{3}$$

siehe [17]. Definition 1 ist demnach gleichwertig mit der folgenden: $X_1, \ldots, X_n$ sind dann und nur dann unabhängig, wenn ihre gemeinsame Verteilung gleich dem Produkt ihrer Verteilungen ist. Der Begriff des Produkts beliebiger Verteilungen ist allerdings nur scheinbar allgemeiner. Sind nämlich $Q_1, \ldots, Q_n$ irgendwelche Verteilungen und bilden wir ihr Produkt Q, so ist die identische Abbildung $\mathbf{X}$ von $\mathbb{R}^n$ auf sich ein Zufallsvektor über dem Wahrscheinlichkeitsraum $(\mathbb{R}^n, \mathfrak{B}^n, Q)$, die Projektion $X_i : (x_1, \ldots, x_n) \mapsto x_i$ ist eine Zufallsvariable auf diesem Raum mit der Verteilung Q_i, der Zufallsvektor $(X_1, \ldots, X_n)$ ist gleich $\mathbf{X}$, und Q wird die Verteilung von $\mathbf{X}$. Auf diese Weise haben wir also, analog zum diskreten Wahrscheinlichkeitsraum in Abschnitt III.4, zu gegebenen Verteilungen $Q_1, \ldots, Q_n$ auf $\mathfrak{B}^1$ unabhängige Zufallsvariable $X_1, \ldots, X_n$ konstruiert, die diesen Verteilungen folgen.

Haben die Verteilungen der unabhängigen Zufallsvariablen $X_1, \ldots, X_n$ Dichten $f_1, \ldots, f_n$, so folgt aus (2) für jedes n-dimensionale Intervall:

$$
\begin{aligned}
Q(\langle a_1, b_1 \rangle \times \cdots \times \langle a_n, b_n \rangle) &= Q_1 \langle a_1, b_1 \rangle \cdots Q_n \langle a_n, b_n \rangle \\
&= \int_{a_1}^{b_1} f_1(x_1) dx_1 \cdots \int_{a_n}^{b_n} f_n(x_n) dx_n \\
&= \int_{a_1}^{b_1} \cdots \int_{a_n}^{b_n} f_1(x_1) \cdots f_n(x_n) dx_1 \cdots dx_n,
\end{aligned}
$$

d. h. die gemeinsame Verteilung Q hat die Dichte

$$(x_1, \ldots, x_n) \mapsto f_1(x_1) \cdots f_n(x_n) \,. \tag{4}$$

Dies ist natürlich auch hinreichend dafür, daß $X_1, \ldots, X_n$ unabhängig sind.

Zum Beispiel ist die n-dimensionale Standard-Normalverteilung nach (1.35) das n-fache Produkt der eindimensionalen. Sie ist demnach die gemeinsame Verteilung von n unabhängigen, nach $N(0,1)$ verteilten Variablen.

Wie in Abschnitt III.4 nennen wir die Verteilung der Summe $X_1 + \cdots + X_n$ unabhängiger Variablen die *Faltung* ihrer Verteilungen Q_i, geschrieben $Q_1 \star \cdots \star Q_n$. Das ist also das Bild der Verteilung $Q_1 \otimes \cdots \otimes Q_n$ vermöge der Abbildung $(x_1, \ldots, x_n) \mapsto x_1 + \cdots + x_n$. Daraus folgt wegen der Kommutativität und Assoziativität der Addition, daß auch die Operation der Faltung kommutativ und assoziativ ist.

Haben die unabhängigen Zufallsvariablen X_1 und X_2 Verteilungen mit Dichten f_1 und f_2, so können wir die Verteilungsfunktion ihrer Summe mit Hilfe der Dichte (4) ihrer gemeinsamen Verteilung so berechnen:

$$
\begin{aligned}
P\{X_1 + X_2 \le z\} &= Q\{(x_1, x_2) : x_1 + x_2 \le z\} \\
&= \iint\limits_{x_1 + x_2 \le z} f_1(x_1) f_2(x_2) dx_1 dx_2 \\
&= \int_{-\infty}^{+\infty} \int_{-\infty}^{z-x_1} f_1(x_1) f_2(x_2) dx_1 dx_2 \\
&= \int_{-\infty}^{+\infty} f_1(x_1) \left(\int_{-\infty}^{z-x_1} f_2(x_2) dx_2 \right) dx_1 \\
&= \int_{-\infty}^{+\infty} f_1(x_1) \left(\int_{-\infty}^{z} f_2(y - x_1) dy \right) dx_1 \\
&= \int_{-\infty}^{z} \int_{-\infty}^{+\infty} f_1(x_1) f_2(y - x_1) dx_1 dy \,.
\end{aligned}
$$

Folglich hat die Verteilung von $X_1 + X_2$ im Punkt y die Dichte

$$\int_{-\infty}^{+\infty} f_1(x) f_2(y - x) dx \,. \tag{5}$$

Man nennt dies das *Faltungsintegral* von f_1 und f_2. Die Dichte der Summe von mehr als zwei unabhängigen Variablen, deren Verteilungen Dichten besitzen, können wir nun wegen der Assoziativität der Faltung mit Hilfe von (5) rekursiv bekommen.

Beispiel 1. Wir greifen wieder das Beispiel 1.3 der Zeitpunkte der Anrufe in einer Telefonzentrale auf. Wir hatten dort gesehen, daß der Augenblick T des ersten Anrufs exponentialverteilt ist mit dem Parameter λ. Es seien nun $T_1, T_2, \ldots$ unabhängige Zufallsvariable, d. h. für jedes n seien $T_1, \ldots, T_n$ unabhängig, und jedes T_i habe dieselbe Verteilung wie T, nämlich eben die Exponentialverteilung mit dem Parameter λ. Wir betrachten die Folge $S_n = T_1 + \cdots + T_n$, $n = 1, 2, \ldots$. Wir können sie als Modell für die Zeitpunkte des Eingangs von Anrufen ansehen; S_n ist der Augenblick des n-ten Anrufs. Die Differenz $T_{n+1} = S_{n+1} - S_n$ bedeutet die „Wartezeit" zwischen dem n-ten und dem $(n+1)$-ten Anruf, so daß die Annahme, die T_n seien unabhängig und identisch verteilt, in gewissem Umfang gerechtfertigt ist. Wir zeigen, daß wir in diesem Modell dasselbe Ergebnis erhalten wie in Abschnitt VI.3.

Zunächst hat S_2 nach (5) im Punkt $y \geq 0$ die Dichte

$$\int_0^y \lambda e^{-\lambda x} \lambda e^{-\lambda(y-x)} dx = \lambda^2 e^{-\lambda y} \int_0^y dx = \lambda^2 y e^{-\lambda y} \, ,$$

und durch vollständige Induktion ergibt sich, daß S_n die Dichte

$$\frac{\lambda^n y^{n-1}}{(n-1)!} e^{-\lambda y} \tag{6}$$

hat. Setzen wir nun $Y' = \#\{n : S_n < t\}$, wobei $t > 0$ gegeben ist, so gilt nach (6):

$$\begin{aligned}
P\{Y' = k\} &= P\{S_k < t \leq S_{k+1}\} = P\{S_k < t\} - P\{S_{k+1} < t\} \\
&= \int_0^t \left(\frac{\lambda^k y^{k-1}}{(k-1)!} e^{-\lambda y} - \frac{\lambda^{k+1} y^k}{k!} e^{-\lambda y} \right) dy \\
&= \left[\frac{\lambda^k y^k}{k!} e^{-\lambda y} \right]_0^t = \frac{(\lambda t)^k}{k!} e^{-\lambda t} \, ,
\end{aligned}$$

d. h. Y' ist ebenso wie die Zufallsvariable Y in Abschnitt VI.3 Poissonsch verteilt mit dem Parameter λt.

Dem Leser wird nicht entgangen sein, daß wir keinen Wahrscheinlichkeitsraum $(\Omega, \mathfrak{F}, P)$ angegeben haben, über dem $T_1, T_2, \ldots$ definiert sein könnten. Obwohl wir ihn hier ebensowenig wie in den meisten anderen wahrscheinlichkeitstheoretischen Problemen explizit benötigen, möchten wir doch kurz skizzieren, wie wir ihn hätten konstruieren können. Es handelt sich einfach um das allgemeine Problem der Konstruktion einer Folge unabhängiger und identisch verteilter Zufallsvariablen, deren jede eine gegebene Verteilung P_0 hat. Wir setzen $\Omega = \mathbb{R}^{\mathbb{N}} = \{(t_1, t_2, \ldots) : t_i \in \mathbb{R}\}$ und

$$\mathfrak{F} = \sigma\{B_1 \times \cdots \times B_n \times \mathbb{R} \times \mathbb{R} \times \cdots : B_i \in \mathfrak{B}^1, n \in \mathbb{N}\} \, .$$

Anschaulich gesprochen, ist Ω die Menge aller Realisierungen (1.1) der gesuchten Folge von Zufallsvariablen, und $\mathfrak{F}$ die kleinste σ-Algebra, die alle Ereignisse enthält, welche sich durch endlich viele „Koordinaten" dieser Realisierungen beschreiben lassen. Dann kann man zeigen (siehe [17]), daß

$$P(B_1 \times \cdots \times B_n \times \mathbb{R} \times \mathbb{R} \times \cdots) = \prod_{i=1}^n P_0 B_i$$

eindeutig eine Wahrscheinlichkeitsverteilung P auf $\mathfrak{F}$ bestimmt; wir schreiben dafür $P = P_0^{\times \mathbb{N}}$. Bezeichnen wir mit T_i die i-te Projektion von Ω auf $\mathbb{R}$, so hat diese Folge von Zufallsvariablen die gewünschten Eigenschaften. In unserem Beispiel ist P_0 die Exponentialverteilung mit dem Parameter λ.

Die Definition 1 der Unabhängigkeit von Zufallsvariablen und die sich daran anschließende Diskussion übertragen sich verbatim auf den Fall von Zufallsvektoren. Wir formulieren schließlich, analog zu den Sätzen III.4.3 und III.4.4, das allgemeine Prinzip „Funktionen unabhängiger Zufallsvektoren sind unabhängig".

Satz 1. *Für $j = 1, \ldots, m$ sei $\mathbf{Y}_j$ ein Zufallsvektor über dem Wahrscheinlichkeitsraum $(\Omega, \mathfrak{F}, P)$ mit Werten in $\mathbb{R}^{n_j}$ und $\mathbf{Z}_j$ ein Zufallsvektor über $(\mathbb{R}^{n_j}, \mathfrak{B}^{n_j}, Q_j)$ mit Werten in $\mathbb{R}^{l_j}$, wobei Q_j die Verteilung von $\mathbf{Y}_j$ bedeutet. Sind nun $\mathbf{Y}_1, \ldots, \mathbf{Y}_m$ unabhängig, so sind auch $\mathbf{Z}_1 \circ \mathbf{Y}_1, \ldots, \mathbf{Z}_m \circ \mathbf{Y}_m$ unabhängig.*

Der Beweis verläuft ebenso wie der von Satz III.4.3, gestützt darauf, daß $(\mathbf{Z}_j)^{-1}(B_j) \in \mathfrak{B}^{n_j}$ für $B_j \in \mathfrak{B}^{l_j}$.

Satz 2. *Es seien $X_1, \ldots, X_n$ unabhängige Zufallsvariable und $n_1, \ldots, n_m \in \mathbb{N}$ mit $n_1 + \cdots + n_m = n$. Dann sind auch $(X_1, \ldots, X_{n_1}), (X_{n_1+1}, \ldots, X_{n_1+n_2}), \ldots, (X_{n_1+\cdots+n_{m-1}+1}, \ldots, X_n)$ unabhängig.*

Der Beweis ist trivial, weil wir ja die definierende Gleichung (1) nur für Intervalle zu verifizieren brauchen.

Die Sätze 1 und 2 können nun wie in Abschnitt III.4 kombiniert werden.

4. Momente

Wir wollen uns zunächst überlegen, wie wir den *Erwartungswert* einer Zufallsvariablen X über einem Wahrscheinlichkeitsraum $(\Omega, \mathfrak{F}, P)$ definieren sollten.

Ist X diskret verteilt, d. h. existiert eine abzählbare Menge $B \subseteq \mathbb{R}$ mit $P\{X \in B\} = 1$, so bietet sich die alte Definition (IV.1.2) an:

$$EX = \sum_{x \in X(\Omega)} x P\{X = x\}, \tag{1}$$

sofern diese Reihe absolut konvergiert; da $P\{X = x\} = 0$ für $x \in X(\Omega) \setminus B$, reduziert sich dies natürlich auf die Reihe, in der x nur die Menge B durchläuft.

Sodann sei X irgendeine Zufallsvariable. Wir definieren für jedes $n \in \mathbb{N}$ zwei diskret verteilte Zufallsvariable $X_n^\vee$ und $X_n^\wedge$, die X minorisieren bzw. majorisieren, indem wir für $k \in \mathbb{Z}$ und $\omega \in \{k/2^n \le X < (k+1)/2^n\}$ setzen: $X_n^\vee(\omega) = k/2^n$ und $X_n^\wedge = (k+1)/2^n$. Dann ist

$$X_n^\vee \le X < X_n^\wedge = X_n^\vee + \frac{1}{2^n}, \tag{2}$$

und nach (1) haben $X_n^\vee$ und $X_n^\wedge$ die Erwartungswerte

$$EX_n^\vee = \sum_{k=-\infty}^{+\infty} \frac{k}{2^n} P\left\{\frac{k}{2^n} \le X < \frac{k+1}{2^n}\right\}, \tag{3}$$

$$EX_n^\wedge \;=\; \sum_{k=-\infty}^{+\infty} \frac{k+1}{2^n} P\left\{ \frac{k}{2^n} \le X < \frac{k+1}{2^n} \right\}, \tag{4}$$

wenn diese Reihen absolut konvergieren, was wir im folgenden voraussetzen wollen.

Die Folge der $X_n^\vee$ wächst monoton, denn im Fall $k/2^n \le X(\omega) < (2k+1)/2^{n+1}$ ist $X_{n+1}^\vee(\omega) = X_n^\vee(\omega)$, während im Fall $(2k+1)/2^{n+1} \le X(\omega) < (k+1)/2^n$ gilt $X_{n+1}^\vee(\omega) = X_n^\vee(\omega) + 2^{-(n+1)}$. Daher wächst auch die Folge der Erwartungswerte $EX_n^\vee$ monoton, und ebenso ergibt sich, daß die Folge der Variablen $X_n^\wedge$ und die ihrer Erwartungswerte monoton fällt. Nach (2) konvergieren die Folgen $X_n^\vee$ und $X_n^\wedge$ gleichmäßig gegen X, und es ist $EX_n^\wedge - EX_n^\vee = 2^{-n}$, so daß die beiden Folgen dieser Erwartungswerte gegen denselben Grenzwert konvergieren. Es erscheint sinnvoll, den Erwartungswert von X durch diesen gemeinsamen Grenzwert der Reihen (3) zu definieren. Wir schreiben dafür $EX = \int_\Omega X(\omega)P(d\omega)$ oder kurz $\int_\Omega X\,dP$.

Nach dieser Definition ist EX dann und nur dann vorhanden, wenn die beiden Reihen (3) absolut konvergieren, und die vorangehende Diskussion zeigt, daß dafür die Konvergenz einer von beiden ausreicht. Zugleich sehen wir, daß EX genau dann existiert, wenn $E|X|$ existiert. Außerdem zeigt die Konstruktion, daß EX nur von der Verteilung von X abhängt.

In manchen Spezialfällen läßt sich der Erwartungswert noch in anderer Weise berechnen. Für eine diskret verteilte Variable haben wir die Gleichung (1), von der wir ausgegangen waren. Als Spezialfall erhalten wir

$$E1_A = PA \tag{5}$$

für jedes Ereignis A. Hat die Verteilung von X dagegen eine Dichte f, so gilt:

$$\frac{k}{2^n} \int_{k/2^n}^{(k+1)/2^n} f(x)dx \le \int_{k/2^n}^{(k+1)/2^n} xf(x)dx \le \frac{k+1}{2^n} \int_{k/2^n}^{(k+1)/2^n} f(x)dx. \tag{6}$$

Summieren wir dies über alle k, so erhalten wir aus (1.26) und (3) die Ungleichungen $EX_n^\vee \le \int_{-\infty}^{+\infty} xf(x)dx \le EX_n^\wedge$, woraus nach dem Grenzübergang $n \to \infty$ folgt

$$EX = \int_{-\infty}^{+\infty} xf(x)dx. \tag{7}$$

Aus (6) lesen wir auch ab, daß EX genau dann existiert, wenn die Funktion $x \mapsto |xf(x)|$ integrierbar ist.

Beispiel 1. Es folge X der Gleichverteilung im Intervall $\langle a,b\rangle$. Deren Dichte ist durch (1.30) gegeben. Daraus und aus (7) resultiert

$$EX = \int_a^b x\frac{1}{b-a}dx = \frac{a+b}{2}. \tag{8}$$

Beispiel 2. Es sei wieder T der Augenblick des ersten Anrufs in der Telefonzentrale. Aus (1.29) und (7) folgt

$$ET = \int_0^\infty t\lambda e^{-\lambda t}dt = \left[-te^{-\lambda t} - \frac{1}{\lambda}e^{-\lambda t} \right]_0^\infty = \frac{1}{\lambda}\,. \tag{9}$$

Damit haben wir $1/\lambda$ als die „mittlere Wartezeit" bis zum ersten Anruf interpretiert.

Neben den Gleichungen (1) und (7), die uns erlauben, den Erwartungswert der Zufallsvariablen X mit Hilfe ihrer Verteilung zu berechnen, gibt es allgemeinere Regeln, um den Erwartungswert einer Zufallsvariablen der Form $Y \circ \mathbf{X}$, wobei $\mathbf{X}$ ein Zufallsvektor ist, durch die Verteilung von $\mathbf{X}$ auszudrücken. Im Fall eines diskreten Zufallsvektors haben wir die Gleichung (IV.1.10). Ihr Analogon in dem Fall, wo $\mathbf{X}$ eine Dichte hat, sieht so aus:

Satz 1. *Es sei* $\mathbf{X} = (X_1, \ldots, X_n)$ *ein Zufallsvektor, dessen Verteilung Q eine Dichte f hat, und Y eine Zufallsvariable über* $(\mathbb{R}^n, \mathfrak{B}_n, Q)$. *Dann gilt*

$$E(Y \circ \mathbf{X}) = \int_{-\infty}^{+\infty} \cdots \int_{-\infty}^{+\infty} Y(x_1, \ldots, x_n) f(x_1, \ldots, x_n) dx_1 \cdots dx_n \tag{10}$$

in dem Sinne, daß mit einem dieser beiden Ausdrücke auch der andere existiert.

Im Fall $n = 1$ erhalten wir

$$E(Y \circ X) = \int_{-\infty}^{+\infty} Y(x) f(x) dx\,. \tag{11}$$

Auch der Satz IV.1.1 bleibt sinngemäß richtig. Für die Beweise siehe z.B. [17].

Die im Fall diskreter Wahrscheinlichkeitsräume gegebene Definition der Mengen $\mathcal{L}^r$ mit $r \in \mathbb{N}$ verallgemeinernd bezeichnen wir durch $\mathcal{L}^r = \mathcal{L}^r(P)$ die Menge der Zufallsvariablen, für die $E(X^r)$ existiert. Wir betrachten zunächst den Fall $r = 1$ und zeigen, daß das auf $\mathcal{L}^1$ definierte Funktional E auch bei allgemeinen Wahrscheinlichkeitsräumen die grundlegenden Eigenschaften hat, auf denen wir damals die meisten Deduktionen aufgebaut hatten.

Satz 2. *Die Abbildung $E : \mathcal{L}^1 \to \mathbb{R}$ hat die Eigenschaften:*

  i) *Linearität: Aus $X, Y \in \mathcal{L}^1$ und $a, b \in \mathbb{R}$ folgt $aX + bY \in \mathcal{L}^1$ und*
     $E(aX + bY) = aEX + bEY$;

  ii) *Positivität (Isotonie):*

     (a) *Aus $0 \leq X \leq Y$ und $Y \in \mathcal{L}^1$ folgt $X \in \mathcal{L}^1$ und $0 \leq EX$;*

     (b) *Aus $X, Y \in \mathcal{L}^1$ und $X \leq Y$ folgt $EX \leq EY$;*

  iii) *Normiertheit: $E1 = 1$.*

Beweis. Den Fall diskret verteilter Variablen können wir direkt auf den von Variablen über einem diskreten Wahrscheinlichkeitsraum zurückführen, in dem wir den Satz ja schon in Abschnitt IV.1 bewiesen hatten. Ist nämlich X auf der Menge $\{\xi_1, \xi_2, \ldots\}$ und Y auf der Menge $\{\eta_1, \eta_2, \ldots\}$ konzentriert, so definieren wir auf der Menge Ω' aller Paare $\omega_{jl} = (\xi_j, \eta_l)$ eine Wahrscheinlichkeitsverteilung P' durch $P'\{\omega_{jl}\} = P\{X = \xi_j, Y = \eta_l\}$; dies ist nichts anderes als die gemeinsame Verteilung von X und Y, aber als Verteilung auf Ω' statt auf $\mathbb{R}^2$ angesehen. Die Zufallsvariablen $X'(\omega_{jl}) = \xi_j$, $Y'(\omega_{jl}) = \eta_l$ haben dieselbe gemeinsame Verteilung wie X und Y, insbesondere hat X' dieselbe Verteilung wie X und Y' dieselbe wie Y. Weiterhin folgt aus $0 \leq X$, daß $P'\{0 \leq X'\} = 1$, und $X \leq Y$ impliziert fast sicher $X' \leq Y'$. Schließlich hat $aX' + bY'$ dieselbe Verteilung wie $aX + bY$.

Sodann seien X und Y beliebige Zufallsvariable. Unter der Voraussetzung von *ii) (a)*, d. h. $0 \leq X \leq Y$ und $Y \in \mathcal{L}^1$, gilt $0 \leq X_n^{\vee} \leq Y_n^{\vee}$ und $Y_n^{\vee} \in \mathcal{L}^1$, also nach dem eben bemerkten $0 \leq EX_n^{\vee} \leq EY_n^{\vee} \leq EY$ für alle n, und damit die Behauptung von *ii) (a)*. Ebenso ergibt sich die Implikation *ii) b)*.

Aus $X_n^{\vee} + Y_n^{\vee} \leq (X+Y)_n^{\vee} \leq X + Y \leq (X+Y)_n^{\wedge} \leq X_n^{\wedge} + Y_n^{\wedge}$ und dem über diskret verteilte Variable Bewiesenen resultiert

$$E(X + Y) = EX + EY, \tag{12}$$

wenn $X, Y \in \mathcal{L}^1$. Ferner gilt im Fall $a > 0$:

$$
\begin{aligned}
E(aX) \;&\geq\; \sum_{k=-\infty}^{+\infty} \frac{k}{2^n} P\left\{\frac{k}{2^n} \leq aX < \frac{k+1}{2^n}\right\} \\
&=\; a \sum_{k=-\infty}^{+\infty} \frac{k}{a2^n} P\left\{\frac{k}{a2^n} \leq X < \frac{k+1}{a2^n}\right\} \geq a\left(EX - \frac{1}{a2^n}\right)
\end{aligned}
$$

und ebenso $E(aX) \leq a(EX + \frac{1}{a2^n})$ für alle n, also

$$E(aX) = aEX. \tag{13}$$

Im Fall $a \leq 0$ benutzen wir, daß wegen (12) gilt $E(aX) - aEX = E(aX) + (-a)EX = E(aX) + E(-aX) = E(aX - aX) = E0 = 0$, und daher haben wir wiederum (13). $\qquad\square$

Wir sagen wieder, die Verteilung von X sei *symmetrisch* in bezug auf eine Zahl μ, wenn $X - \mu$ und $\mu - X$ dieselbe Verteilung haben. Aus dem eben bewiesenen Satz folgt dann $EX = \mu$, wenn EX existiert.

Wir betrachten nun auch andere Räume $\mathcal{L}^r$. Ist $r' < r$ und $X \in \mathcal{L}^r$, so folgt aus $|X|^{r'} \leq 1 + |X|^r$, daß $X \in \mathcal{L}_{r'}$, d. h. es ist $\mathcal{L}^r \subseteq \mathcal{L}^{r'}$; insbesondere gilt $\mathcal{L}^r \subseteq \mathcal{L}^1$ für jedes $r \geq 1$. Die Zahl $E(X^r)$ heißt wieder das *r-te Moment* von X, und $E((X - EX)^r)$ wird das *r-te zentrierte Moment* von X genannt, wenn $X \in \mathcal{L}^r$; entsprechend definieren wir *absolute* und *absolute zentrierte Momente*. Das r-te absolute zentrierte Moment $E(|X - EX|^r)$ ist also das Mittel der r-ten

Potenz der Abweichung der Variablen X von EX und stellt so ein Maß für die Fluktuationen der Werte von X um ihren Mittelwert herum dar.

Die Markoffsche Ungleichung (IV.4.1) gilt unter denselben Voraussetzungen wie in Satz IV.1.1 und mit demselben Beweis:

$$E(f \circ |X|) \geq E(1_{\{|X| \geq \varepsilon\}} f \circ |X|) \geq E\big(1_{\{|X| \geq \varepsilon\}}\big) f(\varepsilon) = f(\varepsilon) P\{|X| \geq \varepsilon\}.$$

Ein Spezialfall ist (IV.4.2), und wenden wir dies auf die „zentrierte" Variable $X - EX$ an, so haben wir eine Version der oben erwähnten Interpretation eines absoluten zentrierten Moments als Maß einer Fluktuation. Aus (IV.4.2) mit $r = 1$ folgt ferner der

Satz 3. *Ist* $X \in \mathcal{L}^1$ *und* $E|X| = 0$, *so verschwindet* X *fast sicher, d. h.* $P\{X = 0\} = 1$.

Beweis. Es bezeichne F die kumulative Verteilungsfunktion von $|X|$. Nach (1.16) und (IV.4.2) ist $1 - F(\varepsilon-) = 0$ für jedes $\varepsilon > 0$, also wegen der rechtsseitigen Stetigkeit von F auch $P\{|X| > 0\} = 1 - F(0) = 0$. $\qquad\qquad\square$

Der Fall $r = 2$ ist wegen der Existenz des inneren Produkts in $\mathcal{L}_2$ und der darauf gestützten Methoden einschließlich ihrer geometrischen Deutung besonders wichtig. Wir können die Überlegungen aus Abschnitt IV.2 praktisch unverändert übernehmen und werden daher hier nur das wesentlichste wiederholen.

In dem linearen Raum $\mathcal{L}^2$ stellt $(X, Y) \mapsto E(XY)$ ein inneres Produkt dar, d. h. eine symmetrische Bilinearform, die „fast" positiv definit ist in dem Sinne, daß $E(X^2) \geq 0$ und daß $E(X^2) = 0$ impliziert „X=0 fast sicher", das letztere nach Satz 3. Sind $X_1, \ldots, X_n$ paarweise orthogonal, so gilt der Satz des Pythagoras:

$$E\big((X_1 + \cdots + X_n)^2\big) = E(X_1^2) + \cdots + E(X_n^2). \tag{14}$$

Die konstante Variable EX ist die orthogonale Projektion von X auf den aus allen Konstanten bestehenden linearen Unterraum von $\mathcal{L}^2$, so daß wir die orthogonale Zerlegung

$$X = EX + (X - EX) \tag{15}$$

haben, in der $X - EX$ die zu X gehörige *zentrierte* Variable bedeutet. Diese ist invariant gegenüber Translationen, d. h. X und $X + a$ mit einer Konstanten a haben dieselbe zentrierte Variable. Das innere Produkt der zu X und Y gehörigen zentrierten Variablen heißt die *Kovarianz* von X und Y :

$$\mathrm{cov}(X, Y) = E\big((X - EX)(Y - EY)\big), \tag{16}$$

und aus der Orthogonalität der Summanden in (15) und der entsprechenden Zerlegung von Y folgt

$$\mathrm{cov}(X, Y) = E(XY) - EX\, EY. \tag{17}$$

Unter der *Varianz* von X verstehen wir die Kovarianz von X mit sich selbst, d. h. das Quadrat der „Länge" von $X - EX$ in $\mathcal{L}^2$, geschrieben

$$VX = E\big((X - EX)^2\big). \tag{18}$$

Dies ist also das zweite zentrierte Moment, welches die mittlere quadratische Abweichung der Variablen X von ihrem Erwartungswert darstellt. Aus (17), oder direkt aus der orthogonalen Zerlegung (15) und dem Satz des Pythagoras (14), erhalten wir die *Steinersche Gleichung*

$$VX = E(X^2) - (EX)^2 \,. \tag{19}$$

Für beliebige Konstanten a und b gilt

$$V(aX + b) = a^2 VX \,. \tag{20}$$

Zwei Variable X und Y heißen *unkorreliert*, wenn $\operatorname{cov}(X, Y) = 0$. Die Definition (18) impliziert für beliebige Variable $X_1, \ldots, X_n \in \mathcal{L}^2$:

$$V\left(\sum_{i=1}^{n} X_i \right) = \sum_{i,j=1}^{n} \operatorname{cov}(X_i, X_j) \,. \tag{21}$$

Bei paarweise unkorrelierten Variablen reduziert sich dies auf die *Bienaymésche Gleichung*

$$V\left(\sum_{i=1}^{n} X_i \right) = \sum_{i=1}^{n} VX_i \,, \tag{22}$$

die natürlich einfach ein Spezialfall von (14) ist.

Die positive Wurzel $\sigma_X = \sqrt{VX}$ wird die *Standardabweichung* von X genannt. Sie ist demnach ein Mittel der Abweichungen $|X - EX|$, aber im Sinne eines *quadratischen Mittels*, nicht des gewöhnlichen Mittels E, welches uns das erste absolute zentrierte Moment $E(|X - EX|)$ geben würde. Man sieht dies besonders einleuchtend im Fall einer diskreten, auf einer endlichen oder abzählbar unendlichen Menge $\{\xi_1, \xi_2, \ldots\}$ konzentrierten Verteilung: mit $p_k = P\{X = \xi_k\}$ wird dann nach (1):

$$\sigma_X = \sqrt{\sum_k (\xi_k - EX)^2 p_k} \,.$$

Im Fall $X \geq 0$ ist es oft natürlicher, die Abweichungen $|X - EX|$ relativ zu EX zu betrachten, wenn $EX > 0$, und das führt uns auf den Begriff des *Variationskoeffizienten*

$$V^\circ X = \frac{\sigma_X}{EX} \,. \tag{23}$$

Nach Satz 3 bedeutet $VX > 0$, daß X nicht fast sicher gleich einer Konstanten ist. In diesem Fall definieren wir die *zu X gehörige standardisierte Zufallsvariable* X^* durch

$$X^* = \frac{X - EX}{\sqrt{VX}} \,. \tag{24}$$

Sie ist zentriert, d.h. $EX^* = 0$, und normiert, d.h. $VX^* = 1$. Die Kovarianz von X^* und Y^* heißt der *Korrelationskoeffizient* von X und Y, also

$$\operatorname{cor}(X, Y) = \frac{\operatorname{cov}(X, Y)}{\sqrt{VX \cdot VY}} \,. \tag{25}$$

Aus der nach wie vor gültigen *Cauchy-Schwarz-Bunjakowskischen Ungleichung* (IV.2.14) folgt

$$-1 \leq \operatorname{cor}(X,Y) \leq +1 . \tag{26}$$

Hierin gilt das Gleichheitszeichen links dann und nur dann, wenn $X - EX$ fast sicher ein negatives Vielfaches von $Y - EY$ ist, und rechts dann und nur dann, wenn $X - EX$ fast sicher ein positives Vielfaches von $E - EY$ darstellt. Das erste läuft auf die Existenz von Konstanten a und b mit $a < 0$ hinaus, mit denen fast sicher $X = aY + b$ gilt, und ensprechend das zweite mit $a > 0$. Etwas vage gesprochen ist $\operatorname{cor}(X,Y)$ ein Maß für eine „teilweise" lineare Abhängigkeit von $X - EX$ und $Y - EY$. Diese liegt im üblichen Sinne der linearen Algebra vollständig vor, jedenfalls fast sicher, wenn $|\operatorname{cor}(X,Y)| = 1$, und ist (fast) vollkommen abwesend, wenn X und Y unkorreliert sind. Dementsprechend bezeichnet man manchmal das Quadrat $\operatorname{cor}(X,Y)^2$ als den *Koeffizient der Determiniertheit* von X durch Y oder Y durch X.

Die praktische Berechnung der hier eingeführten Größen stützt sich meistens auf die Verteilungen der betreffenden Zufallsvariablen. Auf diskret verteilte Variable können wir die Ergebnisse von Abschnitt IV.2 anwenden, z.B. die Formel (IV.2.2) für die Varianz, die der Formel (1) für die Erwartung entspricht. Hat die Verteilung von X dagegen eine Dichte f, so ergibt sich aus Satz 1, daß

$$E((X-a)^r) = \int_{-\infty}^{+\infty} (x-a)^r f(x) dx, \quad \text{wenn } X \in \mathcal{L}^r \text{ und } a \in \mathbb{R} . \tag{27}$$

Insbesondere erhalten wir für die Varianz

$$VX = \int_{-\infty}^{+\infty} (x - EX)^2 f(x) dx . \tag{28}$$

Dies läßt sich ebenso gut aus Satz 2.2, nämlich dem Spezialfall (2.11), ableiten. Praktischer ist allerdings meist die Berechnung von VX vermittels (19) und gegebenfalls (27) mit $a = 0$. Entsprechend gilt für die Kovarianz von X und Y, wenn ihre gemeinsame Verteilung eine Dichte f hat:

$$\operatorname{cov}(X,Y) = \int_{-\infty}^{+\infty} \int_{-\infty}^{+\infty} (x - EX)(y - EY) f(x,y) \, dx dy . \tag{29}$$

Im Beispiel 1 einer Gleichverteilung erhalten wir so

$$VX = \int_a^b \left(x - \frac{a+b}{2} \right)^2 \frac{1}{b-a} dx = \frac{1}{12}(b-a)^2 , \tag{30}$$

und im Beispiel 2 der Exponentialverteilung mit dem Parameter λ ergibt sich

$$VT = \int_0^\infty \left(t - \frac{1}{\lambda} \right)^2 \lambda e^{-\lambda t} dt = \frac{1}{\lambda^2} \int_0^\infty (s-1)^2 e^{-s} ds = \frac{1}{\lambda^2} . \tag{31}$$

Wir kehren schließlich zum Fall $r = 1$ zurück.

Satz 4. *Sind die Zufallsvariablen X und Y aus $\mathcal{L}^1$ unabhängig, so ist auch $XY \in \mathcal{L}^1$ und*

$$E(XY) = EX \cdot EY \, . \tag{32}$$

Beweis. Die Idee ist dieselbe wie im Beweis des Satzes 2. Nach Satz IV.1.2 trifft die Behauptung auf diskret verteilte Variable X und Y zu. Sodann setzen wir zunächst voraus, daß $X, Y \geq 0$. In diesem Fall gilt

$$X_n^\vee Y_n^\vee \leq (XY)_{2n}^\vee \leq XY \leq (XY)_{2n}^\wedge \leq X_n^\wedge Y_n^\wedge \, ,$$

und die Variablen $X_n^\vee$ und $Y_n^\vee$ sind aufgrund ihrer Definition unabhängig und ebenso $X_n^\wedge$ und $Y_n^\wedge$. Daher ist dann $XY \in \mathcal{L}^1$ und

$$E(X_n^\vee)E(Y_n^\vee) = E(X_n^\vee Y_n^\vee) \leq E(XY) \leq E(X_n^\wedge Y_n^\wedge) = E(X_n^\wedge)E(Y_n^\wedge) \, ,$$

woraus wir für $n \to \infty$ die Gleichung (32) erhalten.

Wenden wir dies bei beliebigen $X, Y \in \mathcal{L}^1$ auf $|X|$ und $|Y|$ an, so sehen wir, daß $XY \in \mathcal{L}^1$. Wegen $0 \leq X^+ \leq |X|$ und $0 \leq X^- \leq |X|$ gehören nach Satz 2 auch X^+ und X^- zu $\mathcal{L}^1$ und ebenso Y^+ und Y^-, und nach Satz 3.1 sind X^+ und X^- unabhängig von Y^+ und Y^-. Die Zerlegung

$$XY = (X^+ - X^-)(Y^+ - Y^-) = X^+Y^+ + X^-Y^- - X^+Y^- - X^-Y^+$$

ergibt nun schließlich wieder (32). $\square$

Die Gleichung (17) liefert uns das

Korollar. *Zwei unabhängige Zufallsvariable aus $\mathcal{L}^2$ sind unkorreliert.*

Die Begriffe der *bedingten Wahrscheinlichkeit* und der *bedingten Wahrscheinlichkeitsverteilung* werden in allgemeinen Wahrscheinlichkeitsräumen ebenso wie in diskreten durch die Definition III.1.1 erklärt, und die Formel (III.1.7) der *vollständigen* oder *zusammengesetzten Wahrscheinlichkeit*, die *Bayessche Formel* (III.1.8) und die *Multiplikationsformel* (III.1.9) gelten unverändert. Wir definieren den *bedingten Erwartungswert* einer Zufallsvariablen $X \in \mathcal{L}^1(P)$ bei gegebenem Ereignis A, die Gleichung (IV.1.12) verallgemeinernd, durch

$$E(X|A) = \frac{1}{PA}E(1_A X) \, ,$$

so daß insbesondere $P(B|A) = E(1_B|A)$. Die Gleichung (IV.1.13) der *zusammengesetzten Erwartungswerte* folgt dann für endlich viele Ereignisse A_i unmittelbar aus (12). Ihr Beweise für abzählbar unendlich viele A_i geht allerdings über den Rahmen dieses Buchs hinaus, weil er auf der gliedweisen Berechnung des Erwartungswerts einer unendlichen Reihe von Zufallsvariablen beruht (siehe [17]).

5. Normalverteilung, χ^2-Verteilung, F-Verteilung, t-Verteilung

Im Grenzwertsatz von de Moivre-Laplace, Satz VI.2.2, hatten wir die Standard-Normalverteilung als die Grenzverteilung von standardisierten binomialverteilten Zufallsvariablen kennengelernt. Der ohne Beweis angegebene klassische zentrale Grenzwertsatz, Satz VI.2.3, zeigt, daß diese Verteilung noch öfter als Grenzverteilung auftaucht. Auch die dort beschriebene Situation ist aber noch keineswegs die allgemeinste, in der wir asymptotisch zu einer Normalverteilung gelangen. Insbesondere haben sehr viele in der Statistik verwendete „Statistiken" im Sinne der Definition 5.1.1, d. h. Funktionen des Beobachtungsergebnisses, eine normale Grenzverteilung, wenn sich das Beobachtungsresultat in bestimmter Weise aus vielen Einzelbeobachtungen zusammensetzt. Dieser Allgegenwart der Normalverteilung in der theoretischen Stochastik entspricht es, daß man sie auch experimentell zumindestens näherungsweise häufig wiederfindet: das Gewicht von Kindern eines bestimmten Alters, eine Reihe von Meßergebnissen derselben Größe, die mit zufälligen Fehlern behaftet sind (Beispiel I.1.7) und vieles andere. Wir werden uns daher in diesem Abschnitt mit dieser Verteilung und mit gewissen aus ihr abgeleiteten befassen.

In Abb. 1.2 hatten wir uns schon die Form der durch (VI.2.34) gegebenen Dichte φ der Standard-Normalverteilung vor Augen geführt, und Tabelle VI.2.1 gab einige Werte ihrer kumulativen Verteilungsfunktion Φ, während Tabelle 2 im Anhang eine systematische Aufstellung ihrer Werte ist. Die Symmetrie dieser Verteilung in bezug auf 0 drückt sich dadurch aus, daß φ gerade ist, oder auch durch (VI.2.34). Für den Erwartungswert einer so verteilten Variablen X erhalten wir wegen der Symmetrie der Verteilung den Wert

$$EX = 0 \, . \tag{1}$$

Partielle Integration von $x \cdot x \exp(-x^2/2)$ liefert wegen (4.28) die Varianz

$$VX = 1 \, . \tag{2}$$

Folgt Y der Standard-Normalverteilung und sind σ und μ reelle Zahlen mit $\sigma > 0$, so hat die Zufallsvariable $X = \sigma Y + \mu$ nach Satz 4.2 und (4.20) die Erwartung μ und die Varianz σ^2. Man nennt deswegen ihre Verteilung die *Normalverteilung mit der Erwartung μ und der Varianz σ^2*; sie wird durch $N(\mu, \sigma^2)$ bezeichnet. Sie hat nach dem Spezialfall (2.10) von Satz 2.2 im Punkt x die Dichte

$$\frac{1}{\sigma} \varphi\!\left(\frac{x - \mu}{\sigma}\right) = \frac{1}{\sqrt{2\pi}\sigma} \exp\left(-\frac{(x - \mu)^2}{2\sigma^2}\right) . \tag{3}$$

Diese Dichte ist symmetrisch in bezug auf μ, und je kleiner σ wird, desto mehr sind die großen Werte von φ und damit die Wahrscheinlichkeiten der Werte von X in der Nähe von μ konzentriert. Wir können dies genauer in den folgenden

Gleichungen ausdrücken, die sich aus der Definition von Φ und (VI.2.35) ergeben:

$$P\{X \le \mu + \xi\} \;=\; \Phi\Big(\frac{\xi}{\sigma}\Big)\,, \tag{4}$$

$$P\{X \ge \mu - \xi\} \;=\; 1 - \Phi\Big(-\frac{\xi}{\sigma}\Big) = \Phi\Big(\frac{\xi}{\sigma}\Big)\,, \tag{5}$$

und im Fall $\xi > 0$:

$$P\{|X - \mu| \le \xi\} = P\{X \le \mu + \xi\} - P\{X \le \mu - \xi\} = 2\Phi\Big(\frac{\xi}{\sigma}\Big) - 1\,. \tag{6}$$

Die rechten Seiten dieser Gleichungen fallen monoton als Funktionen von σ, was übrigens ein weiterer Spezialfall des nach Satz V.1.2 erwähnten allgemeinen Satzes ist, worauf wir in Kap. VIII noch einmal zurückkommen werden. Für $\sigma \to 0$ konvergieren die Wahrscheinlichkeiten (4)-(6) gegen 1, und für $\sigma \to \infty$ streben (4) und (5) gegen $\Phi(0) = 1/2$ und (6) gegen 0. Oft ist es praktischer, ξ in der Form $\xi = \eta\sigma$ anzusetzen und die Wahrscheinlichkeiten der entgegengesetzten Ungleichungen zu betrachten:

$$P\{X \ge \mu + \eta\sigma\} \;=\; P\{X \le \mu - \eta\sigma\} = 1 - \Phi(\eta)\,, \tag{7}$$

$$P\{|X - \mu| \ge \eta\sigma\} \;=\; 2(1 - \Phi(\eta))\,. \tag{8}$$

Hat X die Verteilung $N(\mu, \sigma^2)$, so folgt $aX + b$ mit $a, b \in \mathbb{R}$ definitionsgemäß der Verteilung $N(a\mu + b, (a\sigma)^2)$, wobei wir im Fall $a < 0$ davon Gebrauch machen, daß $-Y$ ebenfalls standard-normalverteilt ist, wenn Y es ist.

Zur Vorbereitung auf das Studium gewisser mit der Normalverteilung zusammenhängender Verteilungen führen wir zunächst zwei große Klassen anderer Verteilungen ein, nämlich die Beta- und Gammaverteilungen.

Die *Beta-Funktion* ist für $a, b > 0$ definiert durch

$$\mathrm{B}(a, b) = \int_0^1 t^{a-1}(1 - t)^{b-1} dt\,. \tag{9}$$

Als *Beta-Verteilung mit den Parametern a und b* bezeichnet man diejenige auf $]0, 1[$ konzentrierte Verteilung, die an der Stelle $t \in]0, 1[$ die Dichte

$$\frac{1}{\mathrm{B}(a, b)} t^{a-1}(1 - t)^{b-1} \tag{10}$$

hat.

Die *Gamma-Funktion* ist für $a > 0$ erklärt durch

$$\Gamma(a) = \int_0^\infty t^{a-1} \mathrm{e}^{-t} dt\,. \tag{11}$$

Unter der *Gamma-Verteilung mit den Parametern $a > 0$ und $\lambda > 0$* versteht man diejenige auf $]0, +\infty[$ konzentrierte Verteilung, die dort im Punkt t die Dichte

$$\frac{\lambda^a}{\Gamma(a)} t^{a-1} \mathrm{e}^{-\lambda t} \tag{12}$$

hat.

Für $a, b > 0$ gilt

$$\Gamma(a)\Gamma(b) = \int_0^\infty \int_0^\infty e^{-(s+t)} s^{a-1} t^{b-1} ds\, dt \,. \tag{13}$$

Durch die Transformation $s = uv$, $t = v(1 - u)$ mit der Funktionaldeterminante

$$\frac{\partial(s,t)}{\partial(u,v)} = v$$

wird die Menge $\{(u,v) : 0 < u < 1,\ 0 < v\}$ bijektiv auf die Menge $\{(s,t) : 0 < s,\ 0 < t\}$, über die wir in (13) integrieren, abgebildet. Damit erhalten wir

$$\begin{aligned}
\Gamma(a)\Gamma(b) &= \int_0^\infty \int_0^1 e^{-v} (uv)^{a-1} (v - vu)^{b-1} v\, du\, dv \\[2mm]
&= \int_0^\infty e^{-v} v^{a+b-1} dv \int_0^1 u^{a-1}(1-u)^{b-1} du = \Gamma(a+b) \mathrm{B}(a,b) \,,
\end{aligned}$$

also

$$\mathrm{B}(a,b) = \frac{\Gamma(a)\Gamma(b)}{\Gamma(a+b)} \,. \tag{14}$$

Mittels partieller Integration von (11) ergibt sich für $a > 1$:

$$\Gamma(a) = (a-1)\Gamma(a-1) \,. \tag{15}$$

Die direkte Auswertung des Integrals (11) für $a = 1$ zeigt

$$\Gamma(1) = 1 \,, \tag{16}$$

und hieraus und aus (15) bekommen wir durch vollständige Induktion

$$\Gamma(n) = (n-1)! \tag{17}$$

für alle natürlichen Zahlen n.

Berechnen wir das Integral (9) für $a = b = 1/2$, so erhalten wir mittels der Substitution $t = (1 - u)/2$:

$$\begin{aligned}
\mathrm{B}\!\left(\tfrac{1}{2}, \tfrac{1}{2}\right) &= \int_{+1}^{-1} \left(\frac{1-u}{2}\right)^{-\frac{1}{2}} \left(\frac{1+u}{2}\right)^{-\frac{1}{2}} \left(-\frac{1}{2}\right) du \\[2mm]
&= \int_{-1}^{+1} \frac{du}{\sqrt{1-u^2}} = [\mathrm{Arcsin}(u)]_{-1}^{+1} = \pi \,.
\end{aligned}$$

Hieraus und aus (14) und (16) folgt

$$\Gamma\!\left(\frac{1}{2}\right) = \sqrt{\pi} \,. \tag{18}$$

Nach diesem Exkurs kommen wir zur

Definition 1. Unter der χ^2-*Verteilung mit n Freiheitsgraden* oder kurz χ_n^2-*Verteilung* versteht man die Verteilung einer Summe $X_1^2 + \cdots + X_n^2$ von n unabhängigen, standard-normalverteilten Zufallsvariablen $X_1, \ldots, X_n$.

Satz 1. *Die Dichte der χ_n^2-Verteilung ist gleich*

$$g_n(z) = \begin{cases} \dfrac{1}{2^{\frac{n}{2}}\Gamma(\frac{n}{2})} z^{\frac{n}{2}-1}e^{-\frac{z}{2}} & \text{für} \quad z > 0\,, \\ 0 & \text{für} \quad z \le 0\,. \end{cases} \tag{19}$$

Beweis. (Durch vollständige Induktion.) Ist die Variable X nach $N(0,1)$ verteilt und φ ihre durch (VI.2.34) gegebene Dichte, so folgt die Behauptung durch direkte Berechnung von

$$P\{X^2 \le z\} = \int_{-\sqrt{z}}^{0} \varphi(x)\,dx + \int_{0}^{\sqrt{z}} \varphi(x)\,dx = 2\int_{0}^{\sqrt{z}} \varphi(x)\,dx\,, \quad z \ge 0\,,$$

oder auch, was auf dasselbe hinausläuft, aus Satz 2.3, Spezialfall (2.12).

Trifft die Behauptung auf $n-1$ zu, so ergibt sich die Dichte im Punkt $z > 0$ der Verteilung von $(X_1^2 + \cdots + X_{n-1}^2) + X_n^2$ mit unabhängigen und nach $N(0,1)$ verteilten Variablen $X_1, \ldots, X_n$ aus der Faltungsformel (3.5):

$$g_n(z) = \int_{-\infty}^{+\infty} g_{n-1}(z)g_1(z-x)\,dx = \frac{z^{\frac{n}{2}-1}e^{-\frac{z}{2}}}{2^{\frac{n}{2}}\Gamma(\frac{n-1}{2})\Gamma(\frac{1}{2})} \int_{0}^{1} t^{\frac{n-1}{2}-1}(1-t)^{\frac{1}{2}-1}dt\,,$$

letzteres nach der Substitution $x = zt$. Das letzte Integral ist nach (11) und (14) gleich

$$\mathrm{B}\left(\frac{n-1}{2}, \frac{1}{2}\right) = \Gamma\left(\frac{n-1}{2}\right)\Gamma\left(\frac{1}{2}\right)/\Gamma\left(\frac{n}{2}\right)\,,$$

und damit haben wir die Behauptung. $\hfill \square$

Nach diesem Satz und (12) ist die χ_n^2-Verteilung gleich der Gamma-Verteilung mit den Parametern $a = n/2$ und $\lambda = 1/2$. Für $n = 2$ erhalten wir nach (1.29) die Exponentialverteilung mit dem Parameter $\lambda = 1/2$.

Den Erwartungswert einer χ_n^2-verteilten Zufallsvariablen Z können wir direkt aus ihrer Definition ablesen:

$$EZ = E(X_1^2) + \cdots + E(X_n^2) = VX_1 + \cdots + VX_n = n\,,$$

also

$$EZ = n\,. \tag{20}$$

Zur Berechnung der Varianz benutzen wir (4.22) und (4.19):

$$VZ = V(X_1^2) + \cdots + V(X_n^2) = n\big(E(X^4) - (EX^2)^2\big)\,,$$

wobei X irgendeine standard-normalverteilte Variable bedeute. Wegen

$$E(X^4) = \frac{1}{\sqrt{2\pi}} \int_{-\infty}^{+\infty} x^3 \cdot x e^{-\frac{x^2}{2}}\, dx = \frac{3}{\sqrt{2\pi}} \int_{-\infty}^{+\infty} x^2 e^{-\frac{x^2}{2}}\, dx = 3E(X^2) = 3 \quad (21)$$

ist also

$$VZ = 2n\,. \tag{22}$$

Eine ihrer wichtigsten Anwendungen finden die χ^2-Verteilungen als Approximation der Verteilung der χ^2-Statistik, die wir in Abschnitt V.2 untersucht haben. Wir bezeichnen mit G_m die kumulative Verteilungsfunktion der χ^2_m-Verteilung, d. h.

$$G_m(z) = \int_{-\infty}^{z} g_m(y)\, dy\,,$$

und mit $F_{p,n}$ die in (V.2.6) eingeführte Verteilungsfunktion der durch (V.2.3) definierten Statistik, wobei wir jetzt auch die Abhängigkeit dieser Verteilung von der Anzahl n der Beobachtungen zum Ausdruck gebracht haben. Dann gilt der die Nullhypothese betreffende

Satz 2. *Es ist* $\lim_{n\to\infty} F_{p_0,n}(y) = G_{m-1}(y)$ *gleichmäßig in* $y \in \mathbb{R}$.

Der Beweis würde allerdings den Rahmen dieses Buchs sprengen; wir verweisen auf [8].

Eine „Faustregel" besagt, daß man im χ^2-Test $F_{p_0,n}$ durch G_{m-1} ersetzen kann, wenn

$$E_0 Y_j = n p_j^{(0)} > 5 \quad \text{für alle } j = 1, \ldots, m\,. \tag{23}$$

Dann verwenden wir als p-Wert des Beobachtungsergebnisses $\chi^2(n_1, \ldots, n_m)$, für das man üblicherweises wieder einfach χ^2 schreibt, die Zahl $1 - G_{m-1}(\chi^2)$. Wollen wir zu einem gegebenen Niveau α den zugehörigen χ^2-Test bestimmen, so nehmen wir das $(1-\alpha)$-Quantil c_α von G_{m-1}, d. h. diejenige Zahl, die $G_{m-1}(c_\alpha) = 1 - \alpha$ erfüllt, und verwerfen H_0 dann und nur dann, wenn $\chi^2 > c_\alpha$. Tabelle 3 im Anhang gibt einige solche Quantile. Tafeln wie [35], [37], [39] oder Computerprogramme erlauben, p-Werte und Quantile allgemein zu finden. Eine Tafel kann allerdings nur bis zu nicht zu großen Freiheitsgraden reichen; auf die Approximation der χ^2_m-Verteilung durch die Standardnormalverteilung bei großem m kommen wir in Abschnitt VIII.2 zurück. Andererseits können wir für $m = 1$ direkt die Tafel der Standardnormalverteilung, Tafel 2 im Anhang, benutzen: nach (6) ist dann $P\{\chi^2 \le z\} = 2\Phi(\sqrt{z}) - 1$.

Beispiel 1. Wir nehmen das Beispiel V.2.1 wieder auf. Unsere Nullhypothese sei jetzt, daß die 300 Ziffern in den ersten fünf Zeilen der Tafel 1 im Anhang Realisierungen von unabhängigen Zufallsvariablen $X_1, \ldots, X_{300}$ sind, deren jede jeden Wert $0, \ldots, 9$ mit derselben Wahrscheinlichkeit $p_j^{(0)} = 1/10$, $j = 0, \ldots, 9$, annimmt. Mit den Werten $n_0, \ldots, n_9$, die dem Histogramm der Abb. 1 in Abschnitt V.2 zugrunde liegen, ergibt sich $\chi^2 = 5{,}87$. Wegen $300 \cdot \frac{1}{10} = 30$ erlaubt uns die Faustregel (23), mit der Verteilungsfunktion G_9 anstelle der exakten Verteilung zu operieren, und eine Tafel dieser Verteilung ergibt den p-Wert $0{,}75$. Es gibt also keinen Grund, H_0 abzulehnen: der Test auf, zum Beispiel, dem Niveau 0,76 würde zwar zur Annahme von H_1 führen, aber mit dieser Entscheidung würden wir uns mit der Wahrscheinlichkeit 0,76 irren.

Definition 2. Unter der *F-Verteilung mit m und n Freiheitsgraden* oder kurz $F_{m,n}$-*Verteilung* versteht man die Verteilung eines Quotienten

$$\frac{Y/m}{Z/n}\,, \tag{24}$$

in dem Y und Z unabhängig und nach χ^2_m bzw. χ^2_n verteilt sind.

Satz 3. *Die Dichte der $F_{m,n}$-Verteilung im Punkt $v > 0$ ist gleich*

$$g_{m,n}(v) = \frac{\Gamma(\frac{m+n}{2})}{\Gamma(\frac{m}{2})\Gamma(\frac{n}{2})} m^{\frac{m}{2}} n^{\frac{n}{2}} \frac{v^{\frac{m}{2}-1}}{(n+m)^{\frac{n+m}{2}}} \tag{25}$$

und $g_{m,n}(v) = 0$ für $v \le 0$.

Beweis. Für $v > 0$ gilt nach (1.34):

$$P\left\{\frac{Y/m}{Z/n} \le v\right\} = P\{(Y,Z) \in \{(y,z): \frac{y/m}{z/n} \le v\}\}$$

$$= \int\int_{\frac{y/m}{z/n} \le v} \frac{y^{\frac{m}{2}-1}}{2^{\frac{m}{2}}\Gamma(\frac{m}{2})} e^{-\frac{y}{2}} \frac{z^{\frac{n}{2}-1}}{2^{\frac{n}{2}}\Gamma(\frac{n}{2})} e^{-\frac{z}{2}} dy\,dz\,.$$

Transformieren wir vermöge $\frac{y/m}{z/n} = u$ und $z = z$, also $y = \frac{m}{n}uz$ und $z = z$, so ist die zugehörige Funktionaldeterminante gleich $\frac{m}{n}z$, und das obige Integral geht über in

$$\int_0^v \int_0^\infty \frac{2^{-\frac{m+n}{2}}}{\Gamma(\frac{m}{2})\Gamma(\frac{n}{2})} \left(\frac{m}{n}uz\right)^{\frac{m}{2}-1} z^{\frac{n}{2}-1} e^{-\frac{1}{2}(\frac{m}{n}uz+z)} \frac{m}{n} z \, du\,dz$$

$$= \int_0^v \frac{2^{-\frac{m+n}{2}}}{\Gamma(\frac{m}{2})\Gamma(\frac{n}{2})} \left(\frac{m}{n}\right)^{\frac{m}{2}} u^{\frac{m}{2}-1} \left(\int_0^\infty z^{\frac{m+n}{2}-1} e^{-\frac{z}{2}(\frac{m}{n}u+1)} dz\right) du\,.$$

Schließlich substituieren wir im inneren Integral $\frac{z}{2}(\frac{m}{n}u + 1) = t$ und erhalten aufgrund von (11) für den gesamten obigen Ausdruck:

$$\int_0^v \frac{2^{-\frac{m+n}{2}}}{\Gamma(\frac{m}{2})\Gamma(\frac{n}{2})} \left(\frac{m}{n}\right)^{\frac{m}{2}} u^{\frac{m}{2}-1} \frac{2^{\frac{m+n}{2}}}{(1+\frac{m}{n}u)^{\frac{m+n}{2}}} \Gamma\left(\frac{m+n}{2}\right) du$$

$$= \int_0^v \frac{\Gamma(\frac{m+n}{2})}{\Gamma(\frac{m}{2})\Gamma(\frac{n}{2})} m^{\frac{m}{2}} n^{\frac{n}{2}} \frac{u^{\frac{m}{2}-1}}{(n+mu)^{\frac{m+n}{2}}} du\,.$$

Dies ist gleichbedeutend mit (25). $\square$

Zum Zusammenhang zwischen den F-Verteilungen und den Beta-Verteilungen siehe Aufgabe 10.

Bei der Benutzung von Tafeln der F-Verteilungen beachte man, daß $1/V$ offensichtlich die Verteilung $F_{n,m}$ hat, wenn V nach $F_{m,n}$ verteilt ist.

Definition 3. Unter der *t-Verteilung* oder *Studentschen Verteilung mit n Freiheitsgraden*, kurz t_n-*Verteilung* genannt, versteht man die Verteilung eines Quotienten

$$\frac{X}{\sqrt{Z/n}}, \tag{26}$$

in dem X und Z unabhängig sind und X nach $N(0,1)$ und Z nach χ_n^2 verteilt ist.

Satz 4. *Die* t_n-*Verteilung hat im Punkt t die Dichte*

$$h_n(t) = \frac{\Gamma(\frac{n+1}{2})}{\Gamma(\frac{n}{2})\sqrt{n\pi}} \left(1 + \frac{t^2}{n}\right)^{-\frac{n+1}{2}}. \tag{27}$$

Beweis. Es sei T eine Zufallsvariable der Form (26). Dann hat T eine bezüglich des Nullpunktes symmetrische Verteilung. Weiterhin folgt T^2 nach Definition 2 der Verteilung $F_{1,n}$, deren Dichte durch (25) gegeben ist, und damit ergibt sich (27) unmittelbar aus Satz 2.2, Spezialfall (13), wenn wir $g = g_{1,n}$ und $f = h_n$ setzen und (18) beachten. □

Die t_1-Verteilung ist definitionsgemäß die eines Quotienten $X/|Z|$ mit zwei unabhängigen und standard-normalverteilten Variablen X und Z. Man nennt sie auch die standardisierte *Cauchysche Verteilung*. Nach (16) und (27) hat sie die Dichte

$$h_1(t) = \frac{1}{\pi(1 + t^2)}. \tag{28}$$

Sie hat keine Erwartung, weil das Integral von $th_1(t)$ über $\mathbb{R}$ divergiert.

6. Mehrdimensionale Normalverteilung

Die Transponierte einer Matrix A bezeichnen wir mit A^t. Wir definieren die Erwartung von Zufallsvektoren und Zufallsmatrizen komponentenweise. Dann ist E linear in dem Sinne, daß $E(\mathbf{X} + \mathbf{Y}) = E\mathbf{X} + E\mathbf{Y}$ und $E(A\mathbf{X}) = AE\mathbf{X}$ für beliebige Zufallsvektoren $\mathbf{X}$ und $\mathbf{Y}$ in $\mathbb{R}^n$ mit Komponenten aus $\mathcal{L}^1$ und jede $m \times n$-Matrix A.

Gehören die Komponenten eines Zufallsvektors $\mathbf{Y} = (Y_1, \ldots, Y_n)^t$ zu $\mathcal{L}^2$, so nennen wir die Matrix der Kovarianzen $(\mathrm{cov}(Y_i, Y_k))_{i,k=1,\ldots,n}$ die *Kovarianzmatrix* von $\mathbf{Y}$ und schreiben dafür $\mathrm{cov}\,\mathbf{Y}$, die Bezeichnung im Fall $n = 1$ verallgemeinernd. Definitionsgemäß ist

$$\mathrm{cov}\,\mathbf{Y} = E((\mathbf{Y} - E\mathbf{Y})(\mathbf{Y} - E\mathbf{Y})^t). \tag{1}$$

Daher erhalten wir die Kovarianzmatrix eines Zufallsvektors der Form $\mathfrak{B}\mathbf{Y} + \mathbf{b}$ aus der von $\mathbf{Y}$ vermöge

$$\operatorname{cov}(\mathfrak{B}\mathbf{Y} + \mathbf{b}) = \mathfrak{B}(\operatorname{cov}\mathbf{Y})\mathfrak{B}^t . \tag{2}$$

Es sei $\mathbf{X} = (X_1, \ldots, X_n)^t$ ein n-dimensional standard-normalverteilter Zufallsvektor, dessen Verteilung also die Dichte (1.35) hat. Dies läuft, wie im Anschluß an (3.4) bemerkt, darauf hinaus, daß die Zufallsvariablen $X_1, \ldots, X_n$ unabhängig sind und jede von ihnen nach $N(0,1)$ verteilt ist. Eine Verteilung Q in $\mathbb{R}^n$ heißt eine (allgemeine) *n-dimensionale Normalverteilung*, wenn es eine $n \times n$-Matrix $\mathcal{A}$ und einen Vektor $\mathbf{a} \in \mathbb{R}^n$ gibt, so daß Q gleich der Verteilung von $\mathcal{A}\mathbf{X} + \mathbf{a}$ ist. Wenn $\mathcal{A}$ ausgeartet ist, d. h. $\det \mathcal{A} = 0$, so nennt man auch Q *ausgeartet*. In anderen Worten ist eine n-dimensionale Normalverteilung das Bild der n-dimensionalen Standardnormalverteilung vermöge einer affinen Abbildung von $\mathbb{R}^n$ in sich.

Hat ein Zufallsvektor $\mathbf{Y}$ eine n-dimensionale Normalverteilung und ist $\mathcal{B}$ eine $n \times n$-Matrix und $\mathbf{b} \in \mathbb{R}^n$, so folgt auch der Zufallsvektor $\mathcal{B}\mathbf{Y} + \mathbf{b}$ einer n-dimensionalen Normalverteilung. In der Tat ist $\mathbf{Y}$ mit geeigneten $\mathcal{A}$ und $\mathbf{a}$ wie $\mathcal{A}\mathbf{X} + \mathbf{a}$ verteilt, also $\mathcal{B}\mathbf{Y} + \mathbf{b}$ wie $\mathcal{B}\mathcal{A}\mathbf{X} + (\mathcal{B}\mathbf{a} + \mathbf{b})$, oder kürzer geschlossen: die Zusammensetzung zweier affiner Abbildungen ist affin.

Wir berechnen die Dichte einer nicht ausgearteten n-dimensionalen Normalverteilung, d. h. die Dichte von $\mathbf{Y} = \mathcal{A}\mathbf{X} + \mathbf{a}$, wobei $\det \mathcal{A} \neq 0$ und $\mathbf{X}$ der n-dimensionalen Standardnormalverteilung folgt. Aus (1.35) und (2.9) ergibt sich, daß $\mathbf{Y}$ im Punkt $\mathbf{y} \in \mathbb{R}^n$ die Dichte

$$f(\mathbf{y}) = \frac{1}{\sqrt{2\pi}^n |\det \mathcal{A}|} \exp(-\frac{1}{2}(\mathcal{A}^{-1}(\mathbf{y} - \mathbf{a}))^t \mathcal{A}^{-1}(\mathbf{y} - \mathbf{a})) \tag{3}$$

hat. Setzen wir noch

$$\mathcal{C} = \mathcal{A}\mathcal{A}^t , \tag{4}$$

so daß $\mathcal{C}^{-1} = (\mathcal{A}^{-1})^t \mathcal{A}^{-1}$ und $\det \mathcal{C} = (\det \mathcal{A})(\det \mathcal{A}^t) = (\det \mathcal{A})^2$ wird, so bekommen wir

$$f(\mathbf{y}) = \frac{1}{\sqrt{2\pi}^n \sqrt{\det \mathcal{C}}} \exp(-\frac{1}{2}(\mathbf{y} - \mathbf{a})^t \mathcal{C}^{-1}(\mathbf{y} - \mathbf{a})) . \tag{5}$$

Die Matrix $\mathcal{C}$ ist aufgrund ihrer Definition symmetrisch und positiv definit. Umgekehrt existiert zu jeder symmetrischen und positiv definiten Matrix $\mathcal{C}$ eine invertierbare $n \times n$-Matrix $\mathcal{A}$, so daß (4) gilt (siehe z.B. [16]), und daher stellt (5) mit einer solchen Matrix $\mathcal{C}$ die Dichte einer nicht ausgearteten n-dimensionalen Normalverteilung dar.

Wegen $E\mathbf{X} = 0$ ist $E\mathbf{Y} = \mathcal{A}E\mathbf{X} + \mathbf{a} = \mathbf{a}$, d. h. die Komponenten a_i von $\mathbf{a}$ in (3) und (5) sind die Erwartungen der Zufallsvariablen Y_i. Weiterhin sind die X_i paarweise unabhängig und haben die Varianz 1, d. h. ihre Kovarianzmatrix $\operatorname{cov}\mathbf{X}$ ist die Einheitsmatrix, und daraus und aus (2) und (4) ergibt sich die Kovarianzmatrix von $\mathbf{Y}$ zu

$$\operatorname{cov}\mathbf{Y} = \operatorname{cov}(\mathcal{A}\mathbf{X} + \mathbf{a}) = \mathcal{A}\mathcal{A}^t = \mathcal{C} .$$

Damit haben wir auch die in (4) auftretende Matrix C interpretiert, nämlich als die Kovarianzmatrix der Y_i. Dementsprechend schreibt man für die Verteilung von $\mathbf{Y}$, die Bezeichnung im Fall $n = 1$ verallgemeinernd, $N(\mathbf{a}, C)$.

Ist $\mathcal{B}$ eine nicht ausgeartete $n \times n$-Matrix, so hat $\mathcal{B}\mathbf{Y} + \mathbf{b}$ nach (2) die Kovarianzmatrix $\mathcal{B}C\mathcal{B}^t$, wenn $\mathbf{Y}$ die Kovarianzmatrix C hat. Insbesondere ist $\mathcal{B}\mathbf{Y}$ standard-normalverteilt, wenn $\mathbf{Y}$ es ist und $\mathcal{B}$ eine orthonormale Matrix bildet.

Wir untersuchen nun ausgeartete Normalverteilungen. Um die Bezeichnungen zu vereinfachen, betrachten wir nur zentrierte Zufallsvektoren, d. h. solche, deren Komponenten die Erwartung Null haben, was der Allgemeinheit keinen Abbruch tut. Wie bisher sei $\mathbf{X}$ standard-normalverteilt in $\mathbb{R}^n$. Hat die $n \times n$-Matrix $\mathcal{A}$ den Rang m, so liegen die Werte von $\mathbf{Y} = \mathcal{A}\mathbf{X}$ in dem m-dimensionalen linearen Unterraum $U = \mathcal{A}(\mathbb{R}^n)$, d. h. in dem Bild von $\mathbb{R}^n$ vermöge der durch $\mathcal{A}$ bestimmten linearen Abbildung; dort ist also die Verteilung von $\mathcal{Y}$, die uns interessiert, konzentriert. Wir wählen eine orthonormale Basis von U, ergänzen sie zu einer orthonormalen Basis von $\mathbb{R}^n$ und erhalten so eine orthonormale $n \times n$-Matrix $\mathcal{D}$ derart, daß die letzten $n - m$ Zeilen von $\mathcal{D}\mathcal{A}$ und damit die letzten $n - m$ Komponenten von $\tilde{\mathbf{Y}} = \mathcal{D}\mathbf{Y}$ verschwinden. Wir werden nun zeigen, daß die ersten m Komponenten von $\tilde{\mathbf{Y}}$ eine nicht ausgeartete m-dimensionale Normalverteilung besitzen; in diesem Sinne hat $\mathbf{Y}$ in U eine nicht ausgeartete m-dimensionale Normalverteilung.

Ist $\mathcal{A}'$ die $m \times n$-Matrix, die aus den ersten m Zeilen von $\mathcal{D}\mathcal{A}$ besteht, so hat $\mathcal{A}'$ den Rang m, und die Behauptung läuft darauf hinaus, daß $\mathbf{Y}' = \mathcal{A}'\mathbf{X}$ eine nicht ausgeartete m-dimensionale Normalverteilung hat. In dieser Form werden wir sie neu formulieren und beweisen.

Satz 1. *Es seien X ein n-dimensionaler standard-normalverteilter Zufallsvektor, $\mathcal{A}$ eine $m \times n$-Matrix vom Rang m und $\mathbf{a} \in \mathbb{R}^m$. Dann hat $\mathbf{Y} = \mathcal{A}\mathbf{X} + \mathbf{a}$ die m-dimensionale Normalverteilung mit dem Erwartungsvektor $\mathbf{a}$ und der Kovarianzmatrix $C = \mathcal{A}\mathcal{A}^t$.*

Beweis. Wir können wieder $\mathbf{a} = \mathbf{0}$ setzen. Zuerst behandeln wir den Fall einer Projektion, z.B. auf den von den ersten m Koordinatenachsen in $\mathbb{R}^n$ aufgespannten Raum. Die ersten m Spalten von $\mathcal{A}$ bilden also jetzt die $m \times m$-Einheitsmatrix, und die restlichen $n - m$ Spalten verschwinden, so daß $Y_i = X_i$ wird für $i = 1, \ldots, m$. Da aber $X_1, \ldots, X_n$ unabhängig sind und jedes X_i die Verteilung $N(0, 1)$ hat, gilt das natürlich auch für $Y_1, \ldots, Y_m$.

Im allgemeinen Fall orthonormalisieren wir die m Zeilenvektoren $\mathbf{a}_1, \ldots, \mathbf{a}_m$ von $\mathcal{A}$ nach Gram und Schmidt (siehe [16]) und ergänzen sie zu einer orthonormalen Basis $\mathbf{b}_1, \ldots, \mathbf{b}_n$ von $\mathbb{R}^n$. Es sei $\mathcal{B}$ die $n \times n$-Matrix mit den Zeilen $\mathbf{b}_1, \ldots, \mathbf{b}_n$ und $\mathcal{E} = (e_{ik})_{i,k=1,\ldots,m}$ die Matrix der Koeffizienten der $\mathbf{a}_i$ in bezug auf die $\mathbf{b}_k$ mit $k = 1, \ldots, m$, d. h.

$$\mathbf{a}_i = \sum_{k=1}^{m} e_{ik}\mathbf{b}_k, \quad i = 1, \ldots, m. \tag{6}$$

Dann ist $\mathcal{E}$ nicht ausgeartet, weil ja $\mathbf{a}_1, \ldots, \mathbf{a}_m$ linear unabhängig sind, $\mathcal{B}$ ist orthonormal, und (6) schreibt sich kurz als

$$\mathcal{A} = (\mathcal{E}|0)\mathcal{B} ,\tag{7}$$

wobei $(\mathcal{E}|0)$ die $m \times n$-Matrix bedeutet, die man aus $\mathcal{E}$ durch Hinzufügen von $n - m$ Nullspalten erhält.

Wir setzen nun $\mathbf{Z} = \mathcal{B}\mathbf{X}$. Dann folgt aus (7), daß $\mathbf{Y} = \mathcal{A}\mathbf{X} = (\mathcal{E}|0)\mathcal{B}\mathbf{X} = (\mathcal{E}|0)\mathbf{Z} = \mathcal{E}\mathbf{Z}'$ wobei $\mathbf{Z}'$ der Zufallsvektor mit den Komponenten $Z_1, \ldots, Z_m$ ist. Wie oben bemerkt, hat $\mathbf{Z}$ ebenfalls eine n-dimensionale Standard-Normalverteilung, und folglich ist $\mathbf{Z}'$ nach dem schon erledigten Spezialfall unseres Satzes m-dimensional standard-normalverteilt. Da $\mathcal{E}$ nicht ausgeartet ist, hat also auch $\mathcal{E}\mathbf{Z}' = \mathbf{Y}$ eine nicht ausgeartete m-dimensionale Normalverteilung nach der Definition einer solchen Verteilung.

Es bleibt uns nur noch übrig, die Kovarianzmatrix von $\mathbf{Y}$, d.h. $\mathcal{E}\mathcal{E}^t$, zu berechnen. Aus (7) folgt aber $\mathcal{A}\mathcal{A}^t = (\mathcal{E}|0)\mathcal{B}\mathcal{B}^t(\mathcal{E}|0)^t = \mathcal{E}\mathcal{E}^t$. $\qquad\square$

Wir schreiben einige nützliche Korollare auf. Das erste hatten wir schon vorher formuliert und dann im Beweis benutzt, und das zweite kam in speziellerer Form auch schon im Beweis vor.

Korollar 1. *Hat $\mathbf{X}$ eine n-dimensionale Standard-Normalverteilung und ist $\mathcal{B}$ eine orthonormale $n \times n$-Matrix, so ist auch $\mathcal{B}\mathbf{X}$ in $\mathbb{R}^n$ standard-normalverteilt.*

Korollar 2. *Jede Randverteilung einer mehrdimensionalen Normalverteilung ist wieder eine (ein- oder mehrdimensionale) Normalverteilung.*

Korollar 3. *Ist die gemeinsame Verteilung von $Y_1, \ldots, Y_n$ normal, so folgt auch $Y_1 + \cdots + Y_n$ einer Normalverteilung. Dies gilt insbesondere, wenn die Y_i unabhängig sind und jedes Y_i normalverteilt ist.*

Korollar 4. *Ist die gemeinsame Verteilung von $Y_1, \ldots, Y_n$ normal und nicht ausgeartet, so sind $Y_1, \ldots, Y_n$ dann und nur dann unabhängig, wenn sie unkorreliert sind.*

Beweis. Wir wissen schon aus dem Korollar zu Satz 4.4, daß unabhängige Variable unkorreliert sind, wenn ihre zweiten Momente existieren. Haben andererseits $Y_1, \ldots, Y_n$ eine nicht ausgeartete Normalverteilung $N(\mathbf{a}, \mathcal{C})$ und sind sie unkorreliert, so ist $\mathcal{C}$ die $n \times n$-Einheitsmatrix, d.h. $Y_1 - a_1, \ldots, Y_n - a_n$ folgen der n-dimensionalen Standardnormalverteilung und sind folglich unabhängig. $\qquad\square$

Der folgende Satz wird uns später in der Statistik nützlich sein:

Satz 2 (Cochran). *Es seien $L_1, \ldots, L_m$ paarweise orthogonale Unterräume von $\mathbb{R}^n$ mit den Dimensionen $d_1, \ldots, d_m$, wobei $d_1 + \cdots + d_m = n$, so daß $\mathbb{R}^n$ die direkte Summe $L_1 \oplus \cdots \oplus L_m$ wird. Mit Pr_{L_r} bezeichnen wir die orthogonale Projektion auf L_r für $r = 1, \ldots, m$. Weiter sei $\mathbf{X}$ ein standard-normalverteilter Zufallsvektor in $\mathbb{R}^n$ und $\mathbf{W}_r = Pr_{L_r}\mathbf{X}$. Dann sind $\mathbf{W}_1, \ldots, \mathbf{W_m}$ unabhängig, und die Zufallsvariable $|\mathbf{W_r}|^2$, d.h. das Quadrat der Länge von $\mathbf{W_r}$, folgt der $\chi^2_{d_r}$-Verteilung für $r = 1, \ldots, m$.*

Beweis. Wir wählen eine orthonormale Basis aus Spaltenvektoren $\mathbf{a}_1, \ldots, \mathbf{a}_m$ von $\mathbb{R}^n$, so daß $\mathbf{a}_1, \ldots, \mathbf{a}_{d_1}$ eine Basis von L_1 ist, $\mathbf{a}_{d_1+1}, \ldots, \mathbf{a}_{d_1+d_2}$ eine Basis von L_2 usw. Es sei $\mathcal{A}$ die Matrix mit den Zeilen $\mathbf{a}_1^t, \ldots, \mathbf{a}_n^t$ und $\mathbf{Y} = \mathcal{A}\mathbf{X}$. Dieser Zufallsvektor $\mathbf{Y} = (Y_1, \ldots, Y_n)^t$ ist nach dem Korollar 1 zu Satz 1 ebenfalls standard-normalverteilt, und es gilt

$$\mathbf{X} = \mathcal{A}^t\mathbf{Y} = \sum_{i=1}^{n} \mathbf{a}_i Y_i \, .$$

Andererseits ist

$$\mathbf{X} = \sum_{r=1}^{m} \mathbf{W}_r \quad \text{mit} \quad \mathbf{W}_r \in L_r \, , \, r = 1, \ldots, m \, .$$

Wegen der Eindeutigkeit einer solchen orthogonalen Zerlegung ist also für jedes $r = 1, \ldots, m$:

$$\mathbf{W}_r = \sum_{i=d_1+\cdots+d_{r-1}+1}^{d_1+\cdots+d_r} \mathbf{a}_i Y_i$$

und daher auch

$$|\mathbf{W}_r|^2 = \sum_{i=d_1+\cdots+d_{r-1}+1}^{d_1+\cdots+d_r} Y_i^2 \, .$$

Da die Y_i unabhängig und nach $N(0,1)$ verteilt sind, folgt die Behauptung nun aus den Sätzen 3.1 und 3.2 und der Definition 5.1 der χ^2-Verteilungen. $\square$

7. Aufgaben

1. Man beweise die Gleichungen (1.18).

2. Man zeige: Ist q ein α-Quantil der Zufallsvariablen X, so ist $-q$ ein $(1-\alpha)$-Quantil von $-X$.

3. Man zeichne die Verteilungsfunktionen der folgenden Verteilungen:

    (a) der Gleichverteilung in $[1,3]$;

    (b) der Binomialverteilung mit den Parametern $n = 12$ und $p = 0,33$;

    (c) der Exponentialverteilung mit dem Parameter $1/2$;

    (d) der Poissonschen Verteilung mit dem Parameter 3 bis zum Wert $k = 11$.

4. Es sei σ die Standardabweichung und β der Interquartilbereich der Verteilung einer Zufallsvariablen. Man zeige, daß der Quotient $2\sigma/\beta$ gegenüber affinen Transformationen dieser Variablen invariant ist und berechne ihn für die folgenden Verteilungen:

    (a) eine Normalverteilung;

    (b) eine Gleichverteilung;

(c) die Verteilung mit der Dichte $f(x) = 5x^4/2$, wenn $|x| \le 1$, und $f(x) = 0$ für $|x| > 1$;

(d) die Verteilung mit der Zähldichte $p(k) = 1/4n$ für $k = \pm 1, \pm 2, \ldots, \pm(2n-1)$ und $k = \pm 2n^2$, wobei $n \in \mathbb{N}$. Was geschieht für $n \to \infty$?

5. Bei einer nach $N(\mu, \sigma^2)$ verteilten Zufallsvariablen X vergleiche man die durch die Tschebyscheffsche Ungleichung (IV.4.3) gegebene untere Abschätzung von $P\{|X| \le \varepsilon\}$ mit dem aus (5.6) resultierenden Wert im Fall $\varepsilon = 0,1$ und $\sigma = 0,05$.

6. Im Rahmen der Schätztheorie des Abschnitts V.1 und insbesondere der Relation (V.1.9) fragen wir uns, wie groß wir n zu gegebenen α und ε wählen müssen, damit $P\{|\bar{X}_n - p| \le \varepsilon\} \ge 1 - \alpha$ wird. Man behandele dieses Problem zunächst bei bekanntem p zum einen mit Hilfe von (IV.4.3) und zum anderen approximativ mit Hilfe des Satzes VI.2.2. Sodann ersetze man das tatsächlich ja unbekannte, weil zu schätzende, $p(1 - p)$ durch seine obere Schranke $1/4$; in der Praxis arbeitet man auch oft mit einer aus anderen Quellen, z.B. vorangegangenen Untersuchungen, bekannten Näherungsschranke. Was ergibt sich im Fall $\varepsilon = 0,1$ und $\alpha = 0,01$?

7. Für jedes m sei Z_m eine nach χ^2_m verteilte Zufallsvariable.

(a) Man zeige, daß für jedes $\varepsilon > 0$:

$$\lim_{m \to \infty} P\left\{|\frac{1}{m} Z_m - 1| \le \varepsilon\right\} = 1.$$

(b) Mit Hilfe der Tafel 3 im Anhang vergleiche man für die dort aufgeführten Werte von m den Median von Z_m mit seinem Erwartungswert.

8. Man beweise:

(a) Ist H_n die Verteilungsfunktion der t-Verteilung mit n Freiheitsgraden, so gilt

$$\lim_{n \to \infty} H_n(t) = \Phi(t) \quad \text{für jedes } t \in \mathbb{R}.$$

(b) Ist $G_{m,n}$ die Verteilungsfunktion der F-Verteilung mit m und n Freiheitsgraden und g_m die Dichte der χ^2_m-Verteilung, so gilt

$$\lim_{n \to \infty} G_{m,n}(v) = \int_0^{mv} g_m(y)dy \quad \text{für jedes } v \in \mathbb{R}.$$

Anleitung: Zu (a) zeige man mit Hilfe der Aufgabe 7 für unabhängige, nach $N(0,1)$ bzw. χ^2_n verteilte Variable X bzw. Z_n :

$$1 - P\left\{X > t\sqrt{1-\varepsilon}\right\} - \frac{2}{(n\varepsilon)^2} \le P\left\{\frac{X}{\sqrt{Z_n/n}} \le t\right\}$$
$$\le P\left\{X \le t\sqrt{1+\varepsilon}\right\} + \frac{2}{(n\varepsilon)^2}.$$

Analog verfahre man zu (b).

9. Es seien X und Y zwei unabhängige und normalverteilte Zufallsvariable. Man zeige, daß $X - Y$ und $X + Y$ dann und nur dann unabhängig sind, wenn X und Y dieselbe Varianz haben.

Anleitung: „Dann": Korollar 1 zu Satz 6.1. „Nur dann": Korollar zu Satz 4.4.

10. Man beweise: folgt X der $F_{m,n}$-Verteilung, so hat $mX/(n + mX)$ eine Beta-Verteilung mit den Parametern $a = m/2$ und $b = n/2$.

11. Es seien G_m die Verteilungsfunktion der χ^2_m-Verteilung und F_λ die der Poissonschen Verteilung mit dem Parameter λ. Man beweise, daß für jedes $x > 0$ und gerades $m > 0$:

$$1 - G_m(x) = F_{\frac{x}{2}}\left(\frac{m}{2} - 1\right).$$

12. Wir „diskretisieren" die exponentiell verteilte Wartezeit T aus den Beispielen 1.3 und 3.1, indem wir eine Zufallsvariable X definieren, die den Wert k annimmt, wenn $k \leq T < k + 1$, für $k = 0, 1, \ldots$. Man beweise, daß X geometrisch verteilt ist mit dem Parameter $p = 1 - \mathrm{e}^{-\lambda}$. Bemerkung: Man beachte die Analogie zwischen einer geometrisch verteilten und einer exponentiell verteilten Variablen, die wir beide schon früher als Wartezeiten angesehen hatten, und zwar die eine im Fall einer diskreten Zeitskala, und die andere bei kontinuierlicher Zeit (Beispiel I.3.3, VI.3, Aufgaben III.9 und VI.5).

13. Wir werfen einen Würfel erst $n = 6$ und dann $n = 60$ mal mit den folgenden Ergebnissen:

Augenzahl	1	2	3	4	5	6
Häufigkeit für $n = 6$	0	4	0	0	2	0
Häufigkeit für $n = 60$	7	21	8	9	11	4

Kann man die Hypothese eines „falschen" Würfels auf dem Niveau 0,025 annehmen? Bemerkung: Im Fall $n = 6$, in dem die Regel (5.23) ja verletzt ist, verwende man sowohl die exakte als auch die approximative Methode und vergleiche beide.

14. In der Tafel von Zufallsziffern im Anhang gehe man mindestens 6 Zeilen durch und zähle für $j = 0, 1, \ldots, 5$, wie oft zwischen zwei aufeinanderfolgenden durch 4 teilbaren Ziffern j nicht durch 4 teilbare Ziffern stehen und wie oft mehr als 5 nicht durch 4 teilbare Ziffern dazwischen liegen (0 ist durch 4 teilbar). Aufgrund dieser Daten bestimme man das kleinste aus der Tabelle am Ende dieser Aufgaben erhältliche Niveau, auf dem man die Nullhypothese, daß die Ziffern der Tafel unabhängig voneinander nach der Gleichverteilung in $\{0, 1, \ldots, 9\}$ ausgewählt worden waren, verwerfen kann. Anleitung: Es sei Y die Anzahl der Ziffern zwischen zwei aufeinanderfolgenden durch 4 teilbaren Ziffern. Was ist die Verteilung von Y unter H_0?

15. Man verfahre ebenso mit Hilfe des sogenannten *Poker-Tests*: Man zähle, wieviele zeilenweise Fünfer-Kombinationen

    ein Paar, also eine Permutation einer Kombination der Form $aabcd$,

    zwei Paare, also eine Permutation einer Kombination der Form $aabbc$,

    ein Tripel, also eine Permutation einer Kombination der Form $aaabb$,

    eine sonstige Kombination

enthalten, wobei a, b, c, d für verschiedene Ziffern stehen.

16. (a) In einem im Jahre 1865 veröffentlichten Kreuzungsversuch mit Erbsen erhielt Gregor Mendel 355 gelbe und 123 grüne Erbsen. Nach seiner sogenannten Spaltungsregel hätte in dieser Situation jede Erbse mit der Wahrscheinlichkeit 3/4 gelb und mit der Wahrscheinlichkeit 1/4 grün sein müssen

(H_0). Kann man aus Tabelle 4 im Anhang ein Niveau ermitteln, auf dem H_0 zu verwerfen ist?

(b) In einem anderen Experiment hätten auf Grund der Spaltungsregel und der sogenannten Unabhängigkeitsregel die Phänotypen „rund, gelb", „rund, grün", „kantig, gelb" und „kantig, grün" mit Wahrscheinlichkeiten im Verhältnis 9:3:3:1 auftreten müssen. Die beobachteten Häufigkeiten waren 315, 108, 101 und 32. Auf welchen Niveaus kann man diesmal die entsprechende Nullhypothese verwerfen?

Die sehr gute Übereinstimmung der beobachteten mit den nach diesen Regeln zu erwartenden Häufigkeiten hat sogar zu der Vermutung Anlaß gegeben, daß Mendel unter den Ergebnissen seiner Experimente diejenigen zur Veröffentlichung ausgewählt hat, bei denen diese Übereinstimmung besonders deutlich war.

Kapitel VIII

Statistik normalverteilter Zufallsvariablen

Wie wir gesehen haben, führen viele Probleme der Stochastik näherungsweise auf eine Normalverteilung. Wir werden daher in diesem Kapitel die Statistik normalverteilter Zufallsvariablen behandeln und uns zum Schluß überlegen, wieweit die Ergebnisse vermittels asymptotischer Methoden auch allgemeiner nützlich sein können.

In einer konkreten Situation liegen *Daten* $x_1, \ldots, x_n$ vor, die wir als Realisierungen von Zufallsvariablen $X_1, \ldots, X_n$ ansehen. Ein *statistisches Modell* zu definieren, bedeutet wie in Kapitel II und V, gewisse Annahmen über die gemeinsame Verteilung von $X_1, \ldots, X_n$ zu machen. Rein mathematisch ist also ein statistisches Modell einfach eine Menge von Verteilungen in $\mathbb{R}^n$, eben denen, die diese Annahmen erfüllen. Dieses Modell spiegelt den Zufallsmechanismus wider, der die Daten produziert hat. Zum Beispiel erscheinen die Daten oft als Ergebnisse von unabhängigen Beobachtungen oder Messungen, die unter denselben Bedingungen wiederholt worden sind. In diesem Fall wird man annehmen, daß die X_i unabhängig sind und alle der gleichen Verteilung folgen, also, wie man sagt, *identisch verteilt* sind. Oft haben wir auch zunächst einen komplizierteren Mechanismus und damit einen allgemeineren Wahrscheinlichkeitsraum $(\Omega, \mathfrak{F}, P)$, auf dem alle vorkommenden Zufallsvariablen definiert sind und aus dem wir dann die ins Spiel kommenden Verteilungen in $\mathbb{R}^n$ ableiten, so wie wir es im ersten Kapitel anhand von Beispielen beschrieben haben. In der statistischen Inferenz spielen jedoch nur die gemeinsamen Verteilungen der X_i eine Rolle, Ω und $\mathfrak{F}$ werden nie erscheinen, und wir können P als irgendeine Verteilung des betreffenden statistischen Modells ansehen. Im allgemeinen werden wir in der Bezeichnung der zugehörigen Erwartung E_P und Varianz V_P auf die Angabe von P verzichten.

Das Hin- und Hergehen zwischen Zufallsvariablen X_i und speziellen Realisierungen x_i ist für das Gebiet der Statistik charakteristisch. Um die Formulierungen und Bezeichnungen nicht zu pedantisch und schwerfällig werden zu lassen, erlauben wir uns gewisse Freiheiten; z.B. nennen wir sowohl $\bar{X}$ als auch $\bar{x}$ eine „Statistik".

1. Inferenz über die Erwartung bei bekannter Varianz

Die Normalverteilung und damit auch das statistische Modell, das wir weiter unten präzisieren werden, hängen von zwei Parametern ab: der Erwartung μ und der Varianz σ^2. In Fragen der Inferenz über μ ist σ^2 praktisch immer unbekannt, aber wir werden in diesem ersten Abschnitt voraussetzen, σ^2 sei bekannt, weil uns das gestattet, die Grundideen klarer zu sehen und weil es auch der natürliche Ausgangspunkt zur Konstruktion von Verfahren ist, die man bei unbekannter Varianz anwendet.

Zunächst betrachten wir allerdings ein Modell, das nichts mit der Normalverteilung zu tun hat. Wir setzen nur voraus, daß $X_1, \ldots, X_n$ paarweise unkorreliert sind, mit gleicher Erwartung $EX_i = \mu$ und gleicher Varianz $VX_i = \sigma^2 > 0$. Als erstes suchen wir Schätzungen von μ. Das arithmetische Mittel

$$\bar{X} = \frac{1}{n} \sum_{i=1}^{n} X_i$$

mit der Realisierung $\bar{x} = n^{-1}(x_1 + \cdots + x_n)$ ist, wie schon früher, ein plausibler Kandidat. Es bildet eine *erwartungstreue* Schätzung von μ, d. h. $E\bar{X} = \mu$. Der *mittlere quadratische Fehler* $E((\bar{X} - \mu)^2)$ dieser Schätzung ist daher gleich ihrer Varianz, und diese ist nach (VII.4.22) und (VII.4.20)

$$V\bar{X} = \frac{\sigma^2}{n} \, . \tag{1}$$

In diesem Sinne ist $\bar{X}$, das sich ja auf alle Daten stützt, für $n > 1$ eine bessere Schätzung als jedes einzelne X_i. Bei festem n ist $\bar{X}$ sogar die beste Schätzung unter allen erwartungstreuen Schätzungen von μ, die linear sind, d. h. die Form $Z = \alpha_1 X_1 + \cdots + \alpha_n X_n$ haben. Die Erwartungstreue von Z ist nämlich gleichwertig mit

$$\alpha_1 + \cdots + \alpha_n = 1 \, , \tag{2}$$

und es wird $VZ = (\alpha_1^2 + \cdots + \alpha_n^2)\sigma^2$. Nach der Steinerschen Gleichung (IV.2.7), angewandt auf die Zufallsvariable $i \mapsto \alpha_i$ über dem Wahrscheinlichkeitsraum $\{1, \ldots, n\}$ mit der Gleichverteilung, gilt

$$\alpha_1^2 + \cdots + \alpha_n^2 = \sum_{i=1}^{n} \left(\alpha_i - \frac{1}{n}\right)^2 + \frac{1}{n} \, , \tag{3}$$

und dies nimmt unter der Nebenbedingung (2) sein Minimum für $\alpha_i = 1/n$ und nur dort an. Die Aufgabe 1 bringt eine Verallgemeinerung dieses Resultats auf den Fall verschiedener Varianzen.

Geht die Anzahl n der einzelnen Beobachtungen bei festem σ gegen ∞, so strebt die Varianz (1) gegen 0 wie n^{-1}, und dies zieht wieder wie in Abschnitt V.1 aufgrund der Tschebyscheffschen Ungleichung (IV.4.3) die *Konvergenz* oder *Konsistenz* dieser Folge von Schätzungen nach sich: für jedes $\varepsilon > 0$ ist $\lim_{n\to\infty} P\{|\bar{X}_n - \mu| \leq \varepsilon\} = 1$, wobei wir jetzt die Abhängigkeit der arithmetischen Mittel von n in der Bezeichnung zum Ausdruck gebracht haben. (Siehe auch Aufgabe VII.7)

Wir setzen nun zusätzlich voraus, daß die gemeinsame Verteilung der X_i normal ist. Wegen Korollar 4 zu Satz VII.6.1 läuft das auf das folgende Modell hinaus: $X_1, \ldots, X_n$ sind unabhängig und identisch verteilt, und zwar hat jedes

X_i dieselbe Normalverteilung $N(\mu, \sigma^2)$. Wie in Abschnitt VII.6 benutzen wir vektorielle Bezeichnungen. Das statistische Modell besteht nach (VII.6.5) aus den Verteilungen, die mit gewissen μ und $\sigma^2 > 0$ im Punkte $\mathbf{x} = (x_1, \ldots, x_n)^t$ die Dichte

$$\varphi(\mathbf{x}; \mu, \sigma^2) = \frac{1}{\sqrt{2\pi}^n \, \sigma^n} \exp\left(-\frac{1}{2\sigma^2} \sum_{i=1}^{n} (x_i - \mu)^2\right) \tag{4}$$

haben. Da σ als bekannt und fest angesehen wird, so ist, analog zu den Definitionen in Kap. II und V, die Funktion $\mu \mapsto \varphi(\mathbf{x}; \mu, \sigma^2)$ die zum Beobachtungsergebnis $\mathbf{x}$ gehörige *Likelihood-Funktion*.

Aus der Steinerschen Gleichung folgt genauso wie oben, daß $\mu \mapsto \sum_{i=1}^{n}(x_i - \mu)^2$ sein Minimum an der Stelle $\hat{\mu} = \bar{x}$ und nur dort annimmt, was man natürlich auch durch Differenzieren beweisen kann. Folglich ist $\bar{X}$ in diesem Modell die *Maximum-Likelihood-Schätzung* von μ bei festem σ. Wie wir sehen, hängt sie nicht von σ ab.

Ganz wie in Abschnitt V.1 werden wir uns nun in der Konstruktion von Konfidenzbereichen und von Tests von Hypothesen nur noch auf die Statistik $\bar{X}$ stützen oder, was auf dasselbe hinausläuft, auf die eben untersuchte Schätzung $\bar{X}$ von μ. Nach Korollar 3 von Satz VII.6.1 und (1) hat $\bar{X}$ die Verteilung $N(\mu, \sigma^2/n)$.

Die Verteilung der standardisierten Zufallsvariablen

$$X^* = \frac{\bar{X} - \mu}{\sigma/\sqrt{n}} \, ,$$

nämlich $N(0, 1)$, hängt weder von μ noch von σ ab. Zu gegebenem α mit $0 < \alpha < 1$ können wir daher in einer Tafel oder mittels eines Rechenprogramms, das sich sogar in manchen Taschenrechnern findet, das $(1 - \alpha/2)$-Quantil der Standardnormalverteilung bestimmen, d. h. diejenige Zahl $u_{\alpha/2}$, für die

$$\Phi(u_{\alpha/2}) = 1 - \frac{\alpha}{2} \, . \tag{5}$$

Damit bilden wir zu gegebenem Beobachtungsergebnis $\bar{x}$ das Intervall

$$C(\bar{x}) = \left[\bar{x} - u_{\alpha/2}\frac{\sigma}{\sqrt{n}}, \bar{x} + u_{\alpha/2}\frac{\sigma}{\sqrt{n}}\right] \, , \tag{6}$$

wobei wir natürlich davon Gebrauch gemacht haben, daß σ bekannt ist. Dann ist das Ereignis $\mu \in C(\bar{X})$ gleichwertig mit $\mu - u_{\alpha/2}\sigma/\sqrt{n} \leq \bar{X} \leq \mu + u_{\alpha/2}\sigma/\sqrt{n}$, d. h. mit $-u_{\alpha/2} \leq X^* \leq u_{\alpha/2}$, und dieses Ereignis hat nach der Definition (5) von $u_{\alpha/2}$ und wegen (VII.5.6) die Wahrscheinlichkeit $P\{-u_{\alpha/2} \leq X^* \leq u_{\alpha/2}\} = 1 - \alpha$. Demnach ist $C : \bar{x} \mapsto C(\bar{x})$ ein Konfidenzintervall im Sinne unserer früheren Definition; dieses Mal haben wir sogar $P\{\mu \in C(\bar{X})\} = 1 - \alpha$, und nicht nur eine Ungleichung vom Typ (II.3.1) oder (V.1.11).

Wie alle früher konstruierten Konfidenzintervalle ist C „zweiseitig". In derselben Weise erhalten wir einseitige Konfidenzintervalle $\,]-\infty, \bar{x} + u_\alpha \sigma/\sqrt{n}]$ und $[\bar{x} - u_\alpha \sigma/\sqrt{n}, +\infty[$, wenn wir u_α als das $(1 - \alpha)$-Quantil von $N(0, 1)$ wählen.

Wenn wir uns z.B. nur für eine obere Schranke für μ interessieren, so werden wir natürlich ein einseitiges Konfidenzintervall verwenden, weil die Konfidenzschranke $\bar{x} + u_\alpha\sigma/\sqrt{n}$ mit einem $(1-\alpha)$-Quantil u_α kleiner wird als mit einem $(1-\alpha/2)$-Quantil, wie wir es bei einem zweiseitigen Konfidenzintervall benutzen müßten. Anders gesagt: haben wir vermöge eines zweiseitigen Konfidenzintervalls eine obere Konfidenzschranke zum Niveau $1-\alpha$ konstruiert, so bekommen wir dieselbe obere Schranke vermöge eines einseitigen Konfidenzintervalls sogar auf dem Niveau $1-\alpha/2$.

Wir wenden uns nun „einseitigen" Testproblemen zu, z.B. dem folgenden:

$$\text{die Nullhypothese } H_0 : \mu \le \mu_0 \text{ gegen die Alternative } H_1 : \mu > \mu_0 \ .$$

Jetzt wird es zweckmäßig sein, die Tatsache, daß die Verteilung des Zufallsvektors $\mathbf{X}$ von μ abhängt, auch in der Bezeichnung zum Ausdruck zu bringen, also P_μ statt P zu schreiben und entsprechend mit Erwartungen. Unter H_0 hat $\bar{X}$ eine Erwartung $E_\mu\bar{X} = \mu \le \mu_0$. Wie früher werden wir daher geneigt sein, H_0 zu verwerfen, d.h. H_1 anzunehmen, wenn der beobachtete Wert $\bar{x}$ sehr viel größer als μ_0 ist. Dementsprechend arbeiten wir mit einem Test der Form

$$\tau(\bar{x}) = \left\{ \begin{array}{ll} 1, & \text{wenn } \bar{x} > \gamma, \\ 0, & \text{wenn } \bar{x} \le \gamma. \end{array} \right.$$

Wir nennen die als Funktion von μ angesehene Wahrscheinlichkeit, H_1 anzunehmen, die *Gütefunktion* von τ. Sie ist also gleich

$$\beta(\mu) = P_\mu\{\bar{X} > \gamma\} = P_\mu\left\{X^* > \frac{\gamma-\mu}{\sigma/\sqrt{n}}\right\} = 1 - \Phi\left(\frac{\gamma-\mu}{\sigma/\sqrt{n}}\right) \ . \tag{7}$$

Da Φ strikt monoton wächst, so ist hiernach auch β strikt monoton wachsend; diese Feststellung ist neben den Sätzen I.6.1 und V.1.2 ein weiterer Spezialfall des dort erwähnten allgemeinen Satzes.

Als erste Folgerung hieraus erhalten wir

$$\alpha_\tau = \sup_{\mu \le \mu_0} \beta(\mu) = \beta(\mu_0) \ . \tag{8}$$

Dies ist das *Niveau* von τ, nämlich die größtmögliche Wahrscheinlichkeit, H_1 fälschlich anzunehmen. Weiter gilt $\alpha_\tau < \beta(\mu)$, wenn $\mu_0 < \mu$, d.h. τ ist strikt *unverfälscht*: wenn die Hypothese H_1 richtig ist, so nimmt man sie vermöge τ mit einer größeren Wahrscheinlichkeit an als wenn sie falsch ist. Für $\mu > \mu_0$ bedeutet die Monotonie von β, daß H_1 mit um so größerer Wahrscheinlichkeit angenommen wird, je größer der wahre Parameter μ, d.h. je stärker ausgeprägt der Effekt H_1 ist. Schließlich ist $\lim_{\mu\to\infty} \beta(\mu) = 1$: wenn der Effekt H_1, nämlich μ, sehr groß ist, so wird er durch τ praktisch sicher bestätigt.

Wollen wir zu gegebenem α zwischen 0 und 1 den Test τ so bestimmen, daß $\alpha_\tau = \alpha$ wird, so haben wir nach (5) und (7) die Schwelle γ so zu wählen, daß

$$\frac{\gamma-\mu_0}{\sigma/\sqrt{n}} = u_\alpha \tag{9}$$

das $(1-\alpha)$-Quantil von Φ ist. Damit sieht der Test so aus: H_1 wird angenommen, wenn $\bar{x} > \mu_0 + u_\alpha \sigma/\sqrt{n}$; andernfalls wird H_1 nicht angenommen.

Der p-Wert des Beobachtungsergebnisses $\bar{x}$ ist definiert als

$$P_{\mu_0}\{\bar{X} \geq \bar{x}\} = 1 - \Phi\left(\frac{\bar{x} - \mu_0}{\sigma/\sqrt{n}}\right).$$

Er ist das kleinste Niveau eines Tests der eben benutzten Form, mit Hilfe dessen wir H_1 annehmen können.

Bisher hatten wir eine feste Zahl n von Einzelbeobachtungen. Wir lassen nun n variieren, ohne α zu ändern und schreiben dementsprechend γ_n statt γ, β_n statt β und τ_n statt τ. Dann nimmt (9) die Gestalt

$$\gamma_n = \mu_0 + u_\alpha \sigma/\sqrt{n}$$

an. Hieraus und aus (7) resultiert

$$\beta_n(\mu) = 1 - \Phi\left(u_\alpha + \frac{\mu_0 - \mu}{\sigma/\sqrt{n}}\right). \tag{10}$$

Ist H_1 richtig, so konvergiert das Argument von Φ in dieser Gleichung für $n \to \infty$ gegen $-\infty$, woraus

$$\lim_{n \to \infty} \beta_n(\mu) = 1$$

folgt, was in der Terminologie von Abschnitt V.1 bedeutet, daß die Folge $\tau_1, \tau_2, \ldots$ *konsistent* ist.

Wir können dies noch etwas anders wenden. Zu gegebenem α' zwischen 0 und 1 betrachten wir die Menge aller μ, für die

$$\beta_n(\mu) \geq 1 - \alpha' \tag{11}$$

ist. Dies sind die Parameterwerte μ mit der folgenden Eigenschaft: ist μ der wahre Parameter, so führt der gegebene Test mit mindestens der Wahrscheinlichkeit $1 - \alpha'$ zur Annahme von H_1, d. h. man kann den „Effekt" H_1 mit mindestens der Wahrscheinlichkeit $1 - \alpha'$ entdecken, wenn er die durch μ bestimmte Größe hat. Es sei $u_{\alpha'}$ das $(1 - \alpha')$-Quantil von Φ. Wegen der Symmetrie der Standard-Normalverteilung ist dies gleichwertig mit $\Phi(-u_{\alpha'}) = \alpha'$. Aus (10) und (11) folgt dann, daß die fragliche Menge von Parametern aus allen μ mit

$$\mu \geq \mu_0 + (u_\alpha + u_{\alpha'})\frac{\sigma}{\sqrt{n}} \tag{12}$$

besteht. Je größer n ist, desto näher an μ_0 gelegene μ erlauben also immer noch die Annahme von H_1 mit mindestens der Wahrscheinlichkeit $1 - \alpha'$, d. h. desto kleinere Effekte können noch mit mindestens dieser Wahrscheinlichkeit entdeckt werden. Schreiben wir (12) in der Form

$$n \geq \frac{\sigma^2(u_\alpha + u_{\alpha'})^2}{(\mu - \mu_0)^2}, \tag{13}$$

so haben wir die Antwort auf die Frage, wie groß n sein muß, damit wir zu gegebenen Wahrscheinlichkeiten α und α' die Hypothese H_1 auf dem Niveau α mit der Wahrscheinlichkeit $1 - \alpha'$ annehmen können, wenn $\mu > \mu_0$ der wahre Parameter ist.

Natürlich ist μ unbekannt, und daher nützt uns (13) zunächst gar nichts, wenn wir n bestimmen wollen. Meistens sind wir aber nur dann daran interessiert, einen eventuell vorhandenen Effekt zu bestätigen, wenn er nicht zu klein ist, weil wir sonst doch keine praktischen Schlußfolgerungen daraus ziehen würden. Wir betrachten also nur solche μ, für die $\mu - \mu_0 \geq \varepsilon$, wobei $\varepsilon > 0$ gegeben und bekannt ist. Wenn wir dann

$$n \geq \frac{\sigma^2 (u_\alpha + u_{\alpha'})^2}{\varepsilon^2}$$

wählen, so ist (13) für diese μ erfüllt.

Wir sehen uns nun noch kurz das „zweiseitige Problem" an:

die Nullhypothese $H_0 : \mu = \mu_0$ gegen die Alternative $H_1 : \mu \neq \mu_0$.

Jetzt erscheint ein „zweiseitiger Test" von der Form

$$\tau(\bar{x}) = \begin{cases} 1, & \text{wenn } |\bar{x} - \mu_0| > u_{\alpha/2}\sigma/\sqrt{n} \\ 0, & \text{im entgegengesetzten Fall} \end{cases}$$

vernünftig, worin $\Phi(u_{\alpha/2}) = 1 - \alpha/2$. Hierdurch wird nämlich H_0 verworfen, wenn die Schätzung $\bar{x}$ von μ einen weit von μ_0 entfernten Wert ergibt, und die Symmetrie der Verteilung unter H_0 von $\bar{X}$ bezüglich μ_0 benutzend, haben wir den Begriff „weit" dahin präzisiert, daß τ das Niveau $P_{\mu_0}\{\tau = 1\} = \alpha$ hat.

Wir berechnen die Gütefunktion β von τ und schreiben dabei zur Abkürzung $u_{\alpha/2} = u$; man beachte, daß $\alpha/2 < 1/2$ impliziert $u > 0$. Es gilt

$$\begin{aligned} \beta(\mu) &= P_\mu\{|\bar{X} - \mu_0| > u\sigma/\sqrt{n}\} \\ &= P_\mu\{\bar{X} - \mu_0 > u\sigma/\sqrt{n}\} + P_\mu\{\bar{X} - \mu_0 < -u\sigma/\sqrt{n}\} \\ &= P_\mu\left\{X^* > u + \frac{\mu_0 - \mu}{\sigma/\sqrt{n}}\right\} + P_\mu\left\{X^* < -u + \frac{\mu_0 - \mu}{\sigma/\sqrt{n}}\right\} \\ &= \Phi\left(-u - \frac{\mu_0 - \mu}{\sigma/\sqrt{n}}\right) + \Phi\left(-u + \frac{\mu_0 - \mu}{\sigma/\sqrt{n}}\right) . \end{aligned}$$

Diese Funktion ist symmetrisch bezüglich μ_0. Um sie weiter zu untersuchen, differenzieren wir die Funktion

$$f(x) = \Phi(-u - x) + \Phi(-u + x)$$

und erhalten

$$\begin{aligned} f'(x) &= -\varphi(-u - x) + \varphi(-u + x) \\ &= \frac{1}{\sqrt{2\pi}}\left(-\exp\left(-\frac{(u + x)^2}{2}\right) + \exp\left(-\frac{(u - x)^2}{2}\right)\right) \\ &= \frac{1}{\sqrt{2\pi}}\exp\left(-\frac{(u - x)^2}{2}\right)(1 - \exp(2ux)) . \end{aligned}$$

Wegen $u > 0$ ist daher $f'(x) > 0$ für $x < 0$ und $f'(x) < 0$ für $x > 0$. Folglich ist die Gütefunktion

$$\beta(\mu) = f\left(\frac{\mu_0 - \mu}{\sigma/\sqrt{n}}\right)$$

strikt monoton abnehmend für $\mu < \mu_0$ und strikt monoton wachsend für $\mu > \mu_0$, hat also an der Stelle μ_0 und nur dort ein Minimum. Das bedeutet, daß τ für unser Problem unverfälscht ist. Außerdem gilt natürlich $\lim_{n \to -\infty} \beta(\mu) = \lim_{n \to \infty} \beta(\mu) = 1$, und dies und die Monotonieeigenschaften von β lassen sich ebenso wie in der einseitigen Situation interpretieren.

Wie beim einseitigen Problem fragen wir uns nun auch, für welche μ der Test τ mit mindestens der Wahrscheinlichkeit $1 - \alpha'$ zur Annahme von H_1 führt, wenn μ der wahre Parameter ist, d. h. für welche μ der Effekt H_1 auf diese Weise „entdeckt" werden kann. Aufgrund der oben abgeleiteten Form von β ist dies dann und nur dann der Fall, wenn

$$|\mu - \mu_0| \geq u(\alpha, \alpha')\frac{\sigma}{\sqrt{n}} , \tag{14}$$

wobei $u(\alpha, \alpha')$ die positive Lösung von $f(x) = 1 - \alpha'$ ist, die ja vermöge $u = u_{\alpha/2}$ auch noch von α abhängt. Diese Zahl kann im Gegensatz zum einseitigen Fall, wo wir (12) hatten, nicht mehr durch ein Quantil von Φ ausgedrückt werden, aber eine Analyse von f in der Nähe von $x = u_{\alpha/2} + u_{\alpha'}$ zeigt, daß $u(\alpha, \alpha') \leq u_{\alpha/2} + u_{\alpha'}$ und daß mit einer in der Praxis ausreichenden Genauigkeit

$$u(\alpha, \alpha') \approx u_{\alpha/2} + u_{\alpha'} . \tag{15}$$

In der Tat ist z.B. der Fehler in (15) kleiner als 10^{-6}, wenn $\alpha < 0{,}05$ und $\alpha' < 0{,}2$. Hieraus und aus (14) ergibt sich näherungsweise die Zahl der Einzelbeobachtungen, die wir brauchen, um H_1 auf dem Niveau α mit mindestens der Wahrscheinlichkeit $1 - \alpha'$ annehmen zu können, wenn μ der wahre Parameter ist, nämlich

$$n \geq \frac{\sigma^2(u_{\alpha/2} + u_{\alpha'})^2}{(\mu - \mu_0)^2} . \tag{16}$$

Für $n \to \infty$ gilt wieder $\beta_n(\mu) \to 1$ für jedes $\mu \neq \mu_0$, d. h. die Folge $\tau_1, \tau_2, \ldots$ ist konsistent.

Es sei dem Leser empfohlen, anhand der Gütefunktionen die Vor- und Nachteile abzuwägen, die sich ergeben, wenn man den einseitigen Test zum Testen der zweiseitigen Hypothese benutzt.

2. Inferenz über die Varianz bei bekannter Erwartung

Es seien $X_1, \ldots, X_n$ unabhängige identisch verteilte Zufallsvariable mit bekannter Erwartung $EX_i = \mu$ und unbekannter Varianz $VX_i = \sigma^2$. Nach Satz VII.3.1 sind die Zufallsvariablen $(X_i - \mu)^2$ ebenfalls unabhängig und identisch verteilt, und definitionsgemäß haben sie die Erwartung σ^2. Wir können daher die Überlegungen des letzten Abschnitts auf diese Variablen anwenden und finden in

$$\tilde{S}^2 = \frac{1}{n} \sum_{i=1}^{n} (X_i - \mu)^2 \tag{1}$$

eine erwartungstreue Schätzung von σ^2. Wenn die X_i ein 4. Moment und damit die $(X_i - \mu)^2$ ein 2. Moment besitzen, so hat $\tilde{S}^2$ nach (1.1) die Varianz

$$V(\tilde{S}^2) = \frac{\kappa}{n}, \tag{2}$$

worin nach der Steinerschen Gleichung (VII.4.19) gilt

$$\kappa = V((X_i - \mu)^2) = E((X_i - \mu)^4) - \sigma^4, \quad i = 1, \ldots, n.$$

Auch hier wieder konvergiert demnach der mittlere quadratische Fehler der Schätzung gegen Null von der Ordnung $1/n$, wenn $n \to \infty$.

Wir setzen nun weiter voraus, daß jedes X_i die Verteilung $N(\mu, \sigma^2)$ hat. Dann ist $E((X_i - \mu)^4)$ das 4. zentrierte Moment dieser Verteilung, welches nach (VII.5.21), angewandt auf die standardisierten Variablen $(X_i - \mu)/\sigma$, gleich $3\sigma^4$ ist, woraus

$$\kappa = 2\sigma^4 \tag{3}$$

folgt. Wenn wir also Daten $x_1, \ldots, x_n$ erhalten und damit den Schätzwert

$$\tilde{s}^2 = \frac{1}{n} \sum_{i=1}^{n} (x_i - \mu)^2$$

von σ^2, d. h. die entsprechende Realisierung von $\tilde{S}^2$, berechnet haben, und wenn wir dann eine ungefähre Idee von dem mittleren quadratischen Fehler dieses Schätzverfahrens bekommen wollen, so brauchen wir nur in den Gleichungen (2) und (3) den Wert $\tilde{s}^2$ für σ^2 einzusetzen.

Im folgenden schreiben wir P_σ für die gemeinsame Verteilung von $X_1, \ldots, X_n$, um die Abhängigkeit von σ zum Ausdruck zu bringen; μ bleibt ja fest.

Wir konstruieren nun Konfidenzintervalle für σ^2 und beginnen dieses Mal mit einseitigen Intervallen, teils zur Abwechslung, teils auch, weil sie gerade hier eine größere praktische Rolle spielen und wegen des Fehlens der Symmetrie der zugrundeliegenden Verteilung zunächst einmal natürlicher erscheinen. Wir stützen uns auf die Schätzung $\tilde{S}^2$ und bemerken, daß $n\tilde{S}^2/\sigma^2$ der χ_n^2-Verteilung folgt, die weder von μ noch von σ abhängt. Es sei $c_\alpha = \chi_{n;1-\alpha}^2$ das $(1 - \alpha)$-Quantil dieser Verteilung, d. h.

$$P_\sigma\{n\tilde{S}^2/\sigma^2 \le c_\alpha\} = 1 - \alpha.$$

Dies bedeutet $P_\sigma\{n\tilde{S}^2/c_\alpha \le \sigma^2\} = 1 - \alpha$, d. h.

$$\mathbf{x} \mapsto [n\tilde{s}^2/c_\alpha, +\infty[$$

ist ein einseitiges Konfidenzintervall für σ^2 zum Niveau $1 - \alpha$, was man auch kürzer durch

$$\sigma^2 \geq n\tilde{s}^2/c_\alpha, \quad \text{Niveau } 1 - \alpha \,,$$

ausdrückt. Ebenso findet man, daß

$$\mathbf{x} \mapsto [0, n\tilde{s}^2/c_{1-\alpha}]$$

ein solches Konfidenzintervall darstellt. Schließlich ergibt sich analog das zweiseitige Konfidenzintervall

$$n\tilde{s}^2/c_{\alpha/2} \leq \sigma^2 \leq n\tilde{s}^2/c_{1-\alpha/2}, \quad \text{Niveau } 1 - \alpha \,,$$

das natürlich nicht, anders als das entsprechende Konfidenzintervall für μ, symmetrisch in bezug auf die betreffende Schätzung ist.

Tabelle 3 im Anhang gibt die benötigten Quantile für einige Werte von n und α. Ausführlichere Tafelwerke sind [35], [37] und [39]. Für großes n ist G_n näherungsweise die kumulative Normalverteilung mit der Erwartung n und der Varianz $2n$; im allgemeinen gibt die Formel $G_n(x) \approx \Phi(\sqrt{2x} - \sqrt{2n-1})$ eine noch bessere Approximation. Manchmal kann man auch den Zusammenhang zwischen G_n und der Poissonschen Verteilung (Aufgabe VII.11) ausnutzen.

Wir betrachten schließlich einige Testprobleme. Im Problem

$$H_0 : \sigma^2 \leq \sigma_0^2 \text{ gegen } H_1 : \sigma^2 > \sigma_0^2$$

liegt es nahe, H_0 dann und nur dann zu verwerfen, wenn die Schätzung $\tilde{s}^2$ von σ^2 sehr groß ist, d. h. einen Test der Form

$$\tau(\mathbf{x}) = \left\{ \begin{array}{ll} 1, & \text{wenn } \tilde{s}^2 > \gamma \\ 0, & \text{wenn } \tilde{s}^2 \leq \gamma \end{array} \right.$$

zu wählen. Die zugehörige Gütefunktion

$$\beta(\sigma^2) = P_\sigma\{\tilde{S}^2 > \gamma\} = P_\sigma\left\{\frac{n\tilde{S}^2}{\sigma^2} > \frac{n\gamma}{\sigma^2}\right\} = 1 - G_n\left(\frac{n\gamma}{\sigma^2}\right) \tag{4}$$

wächst monoton, und damit können wir ganz analog wie im vorangegangenen Abschnitt schließen. Das Niveau von τ ist also gleich

$$\alpha_\tau = 1 - G_n\left(\frac{n\gamma}{\sigma_0^2}\right) \,,$$

und τ ist unverfälscht. Um zu erreichen, daß τ ein gegebenes Niveau α hat, setzen wir

$$\gamma = c_\alpha \frac{\sigma_0^2}{n} \,.$$

Damit wird nach (4):

$$\beta(\sigma^2) = 1 - G_n(c_\alpha \frac{\sigma_0^2}{\sigma^2}) \,. \tag{5}$$

Wir interessieren uns hierfür insbesondere im Fall $\sigma > \sigma_0$, d.h. wenn H_1 richtig ist, und bestimmen zu gegebenem α' zwischen 0 und 1 diejenigen $\sigma > \sigma_0$, für die H_1 mit mindestens der Wahrscheinlichkeit $1 - \alpha'$ angenommenen wird; ähnlich wie im letzten Abschnitt sagen wir kurz, daß diese σ durch den Test „entdeckt werden". Dies bedeutet $\beta(\sigma^2) \geq 1 - \alpha'$, und das ist nach (5) und wegen der Monotonie von G_n gleichwertig mit

$$\sigma^2 \geq \frac{c_\alpha}{c_{1-\alpha'}} \sigma_0^2 \ .$$

Bei festen α und α' betrachten wir dies nun in Abhängigkeit von n, aber jetzt ohne n in der Bezeichnung überall erscheinen zu lassen. Nach Aufgabe 5 gilt $c_\alpha/c_{1-\alpha'} \to 1$ für $n \to \infty$, und daher wird jedes $\sigma > \sigma_0$ bei hinreichend großem n entdeckt. Daß dies für jedes α' gilt bedeutet, daß $\beta(\sigma^2) \to 1$ für $n \to \infty$, d.h. die Folge dieser Tests mit festem α ist konsistent.

Wenn wir α nicht von vornherein festlegen wollen und den Wert $\tilde{s}^2$ aus den Daten berechnet haben, so ist

$$P_{\sigma_0}\{\tilde{S}^2 \geq \tilde{s}^2\} = 1 - G_n\left(n\frac{\tilde{s}^2}{\sigma_0^2}\right)$$

der p-Wert dieses Ergebnisses.

Das Testproblem

$$H_0 : \sigma^2 \geq \sigma_0^2 \quad \text{gegen} \quad H_1 : \sigma^2 < \sigma_0^2$$

sieht ganz analog aus. Auf dem Niveau α verwenden wir den Test: H_0 wird dann und nur dann verworfen, wenn $\tilde{s}^2 < c_{1-\alpha}\sigma_0^2/n$. Hier wird ein $\sigma^2 < \sigma_0^2$ dann und nur dann mit der Wahrscheinlichkeit $1 - \alpha'$ entdeckt, wenn

$$\sigma^2 \leq \frac{c_{1-\alpha}}{c_{\alpha'}} \sigma_0^2 \ .$$

Das zweiseitige Testproblem

$$H_0 : \sigma^2 = \sigma_0^2 \quad \text{gegen} \quad H_1 : \sigma^2 \neq \sigma_0^2$$

ist praktisch kaum von Bedeutung und hat nur Interesse zur Illustration verschiedener Begriffe. Wir behandeln es in Aufgabe 6.

3. Inferenz über die Erwartung und die Varianz, wenn beide unbekannt sind

Wie bisher seien $X_1, \dots, X_n$ unkorrelierte Zufallsvariable mit derselben Erwartung μ und derselben Varianz σ^2. In der Praxis sind meist beide Parameter unbekannt. Wir werden in diesem Abschnitt eine der Grundideen der Statistik illustrieren, die darin besteht, in der Inferenz über einen Parameter, z.B. μ, einen anderen, ebenfalls unbekannten, z.B. σ^2, durch eine Schätzung zu ersetzen.

Zur Vereinfachung der Bezeichnungen schreiben, wir wie zu Beginn von Abschnitt 1, für die zugrundeliegende gemeinsame Verteilung von $X_1, \ldots, X_n$ kurz P, ohne die Abhängigkeit von den Parametern auszudrücken, und entsprechend verfahren wir mit der Erwartung E.

Als erwartungstreue Schätzung eignet sich nach wie vor das arithmetische Mittel $\bar{X}$, in dem ja σ nicht vorkommt. Die Varianz dieser Schätzung, nämlich (1.1), hängt allerdings von σ^2 ab, und wenn wir, wenigstens näherungsweise, etwas über die Varianz wissen wollen, so müssen wir σ^2 schätzen.

Das Problem der Schätzung von σ^2 haben wir im letzten Abschnitt bei bekanntem μ behandelt. Die Schätzung (2.1) setzt die Kenntnis von μ voraus. Es liegt nahe, darin μ durch seine Schätzung $\bar{X}$ zu ersetzen. Wie wir gleich sehen werden, bekommen wir dann jedoch keine erwartungstreue Schätzung. Wir bemerken zunächst, daß

$$\sum_{i=1}^{n}(X_i - \bar{X})^2 = (X^2). - \frac{1}{n}(X.)^2 = (X^2). - n\bar{X}^2 \, , \tag{1}$$

wobei wir wie in Abschnitt V.1 zur Abkürzung

$$X. = \sum_{i=1}^{n} X_i \, , \qquad (X^2). = \sum_{i=1}^{n} X_i^2$$

gesetzt haben. Diese zur praktischen Berechnung nützliche Gleichung kann man übrigens als Spezialfall der Steinerschen Gleichung (IV.2.7) bekommen, indem man, zu gegebener Realisierung $\mathbf{x}^t = (x_1, \ldots, x_n)$, die Abbildung $i \mapsto x_i$ als Zufallsvariable über dem mit der Gleichverteilung versehenen Raum $\Omega = \{1, \ldots, n\}$ ansieht; in der Tat ist ja $(\bar{x}, \ldots, \bar{x})^t$ die orthogonale Projektion von $\mathbf{x}$ auf die „Diagonale" von $\mathbb{R}^n$. Verwenden wir noch einmal die Steinersche Gleichung, dieses Mal in der allgemeineren Form (VII.4.19), so erhalten wir $E(X_i^2) = \sigma^2 + \mu^2$ und ebenso $E(\bar{X}^2) = \frac{\sigma^2}{n} + \mu^2$, so daß die Erwartung des Ausdrucks (1) gleich $n\sigma^2 + n\mu^2 - \sigma^2 - n\mu^2 = (n-1)\sigma^2$ wird. Folglich ist

$$S^2 = \frac{1}{n-1} \sum_{i=1}^{n}(X_i - \bar{X})^2 \, , \tag{2}$$

und nicht der durch n dividierte Ausdruck (1), eine erwartungstreue Schätzung von σ^2, wie wir es schon im Fall von binären Variablen gesehen hatten (Satz V.1.1).

Im folgenden setzen wir nun wieder voraus, $X_1, \ldots, X_n$ seien unabhängig und jedes X_i habe die Verteilung $N(\mu, \sigma^2)$. Die gemeinsame Verteilung von $X_1, \ldots, X_n$ hat dann im Punkte $\mathbf{x}$ die durch (1.4) gegebene Dichte $\varphi(\mathbf{x}; \mu, \sigma^2)$. In Abschnitt 1 haben wir schon gesehen, daß die Likelihood-Funktion $L(\mu, \sigma) = \varphi(\mathbf{x}; \mu, \sigma^2)$ zu gegebenem Beobachtungsergebnis $\mathbf{x}$ bei festem σ als Funktion von μ ihr Maximum an der von σ unabhängigen Stelle $\hat{\mu} = \bar{x}$ annimmt. Um L als Funktion beider Argumente zu maximieren, genügt es also, die Funktion $\sigma \mapsto L(\hat{\mu},\sigma)$ zu maximieren. Nach (1.4) und (2) gilt nun:

$$L(\hat{\mu},\sigma) = \frac{1}{\sqrt{2\pi}^{\,n}\,\sigma^n}\exp\left(-\frac{1}{2\sigma^2}(n-1)s^2\right).$$

Wegen $L(\hat{\mu},\sigma) \to 0$ für $\sigma \to 0$ und für $\sigma \to \infty$ nimmt die Funktion $\sigma \mapsto L(\hat{\mu},\sigma)$ in der offenen Halbgeraden $]0,+\infty[$ ein Maximum an, wo also ihre Ableitung verschwindet. Eine leichte Rechnung zeigt, daß dies an der Stelle $\sigma = \tilde{s}$ und nur dort geschieht, wobei, wie in Abschnitt 2

$$\tilde{s}^2 = \frac{n-1}{n}s^2$$

ist. Es bildet daher das Paar $(\bar{x},\tilde{s}^2)$ die Maximum-Likelihood-Schätzung von (μ,σ^2). Wir sehen insbesondere, daß das Maximum Likelihood-Verfahren in diesem Fall keine erwartungstreue Schätzung von σ^2 liefert, doch sind natürlich $\tilde{s}^2$ und s^2 bei großem n asymptotisch gleich. Wie bisher schon beim Schätzen wird sich auch die übrige statistische Inferenz über μ und σ lediglich auf die beiden Statistiken $\bar{X}$ und S^2 stützen. Diese bilden im Sinne von Abschnitt V.1, ohne daß wir das weiter präzisieren werden, eine erschöpfende Statistik für das gegenwärtige statistische Modell.

In der Inferenz über μ bei bekanntem σ hatten wir uns auf die Zufallsvariable $(\bar{X}-\mu)/(\sigma/\sqrt{n})$ gestützt. Das jetzt unbekannte σ durch die Schätzung S, d. h. die positive Quadratwurzel von S^2, ersetzend, gelangen wir zu

$$T = \frac{\bar{X}-\mu}{S/\sqrt{n}}\,. \tag{3}$$

Wie in allen Inferenzproblemen interessiert uns die Verteilung der Variablen, mit denen wir arbeiten.

Satz 1. *Es seien $X_1,\ldots,X_n$ unabhängige und nach $N(\mu,\sigma^2)$ verteilte Zufallsvariable. Dann gilt*

a) *$\bar{X}$ und S^2 sind unabhängig.*

b) *$(n-1)S^2/\sigma^2$ ist χ^2_{n-1}-verteilt.*

c) *T folgt der t_{n-1}-Verteilung.*

Beweis. In Satz VII.6.2 nehmen wir für L_1 die Diagonale $D = \{\mathbf{x} : x_1 = \ldots = x_n\}$ von $\mathbb{R}^n$ und setzen $L_2 = D^\perp$. Der Zufallsvektor $\mathbf{X}^*$ mit den Komponenten $(X_i - \mu)/\sigma$ ist standardnormalverteilt, und $\mathrm{Pr}_{L_1}\mathbf{X}^*$ hat lauter gleiche Komponenten $(\bar{X}-\mu)/\sigma$. Weiter ist

$$|\mathrm{Pr}_{L_2}\mathbf{X}^*|^2 = |\mathbf{X}^* - \mathrm{Pr}_{L_1}\mathbf{X}^*|^2 = (n-1)S^2/\sigma^2\,,$$

woraus die Behauptungen a) und b) folgen. Die letzte ergibt sich aus der Definition VII.5.3 der t-Verteilungen. $\qquad\qquad\square$

Zum leichteren Verständnis des Beweises möge sich der Leser klarmachen, daß man hier als erste Zeile der im Beweis des Satzes VII.6.2 verwendeten Matrix $\mathcal{A}$ die Folge $(1/\sqrt{n},\ldots,1/\sqrt{n})$ wählen kann.

Es sei H_{n-1} die kumulative Verteilungsfunktion der t_{n-1}-Verteilung. Wir bezeichnen das $(1-\alpha)$-Quantil von H_{n-1} durch $v_\alpha = t_{n-1;\alpha}$. Wegen der Symmetrie der t_{n-1}-Verteilung in bezug auf 0 und nach Satz 1, c) ist $P\{|T| \leq v_{\alpha/2}\} = 1-\alpha$, d. h. nach (3):

$$P\left\{ \bar{X} - v_{\alpha/2}\frac{S}{\sqrt{n}} \leq \mu \leq \bar{X} + v_{\alpha/2}\frac{S}{\sqrt{n}} \right\} = 1-\alpha\ .$$

Es stellt also

$$\left[\bar{X} - v_{\alpha/2}\frac{S}{\sqrt{n}}\ ,\ \bar{X} + v_{\alpha/2}\frac{S}{\sqrt{n}} \right] \tag{4}$$

in Analogie zu (1.6) ein Konfidenzintervall für μ zum Niveau $1 - \alpha$ dar. Entsprechend erhalten wir einseitige Konfidenzintervalle.

Tabelle 3 im Anhang gibt v_α für einige Werte von n und α an. Für $n \to \infty$ konvergiert H_n nach Aufgabe VII.8(a) gegen Φ, was auch nach der Definition VII.5.3 der t_n-Verteilung ganz plausibel ist: der Nenner von (VII.5.26) ist ja gerade die in Abschnitt 2 betrachtete Schätzung der Varianz des Zählers, die gleich 1 ist, und wenn wir diese Schätzung durch 1 ersetzen, so haben wir eine Zufallsvariable mit der Verteilung $N(0,1)$. Es konvergiert daher $v_\alpha = t_{n-1;\alpha}$ für $n \to \infty$ gegen das $(1 - \alpha)$-Quantil u_α der Standard-Normalverteilung, das wir in der letzten Zeile der Tafel 3 im Anhang wiederfinden. Bei großem n verwendet man also die Tafel 2, der $N(0,1)$-Verteilung, im Anhang.

Beispiel 1. In der Physik, Astronomie, Geodäsie usw. wertet man Meßergebnisse $x_1,\ldots,x_n$ für eine Größe μ oft in der Form

$$\mu = \bar{x} \pm \frac{1}{\sqrt{n}}s \tag{5}$$

aus. Wollte man dies als Konfidenzintervall interpretieren, so entspräche es bei normalverteilten Meßvariablen dem Intervall (4) mit $v_{\alpha/2} = 1$. Zum Beispiel ergibt sich dann für $n = 10$, daß $1 - \alpha = 0{,}66$, und für großes n, wenn wir die t_{n-1}-Verteilung durch die Standard-Normalverteilung ersetzen, $1 - \alpha \approx 0{,}68$. Dieses Niveau ist natürlich zu niedrig, um (5) als einigermaßen zuverlässiges Konfidenzintervall für μ anzusehen. Um ein Konfidenzintervall zu gegebenem Niveau $1 - \alpha$ zu erhalten, brauchen wir nur den in (5) angegebenen Term $s/\sqrt{n}$ mit $v_{\alpha/2}$ zu multiplizieren, falls wir n kennen; bei großem, wenn auch unbekanntem n benutzen wir statt $v_{\alpha/2}$ das entsprechende Quantil $u_{\alpha/2}$ von $N(0,1)$.

Wir wenden uns nun einem Testproblem über μ zu, nämlich $H_0 : \mu \leq \mu_0$ gegen $H_1 : \mu > \mu_0$. Auch hier gehen wir von der Idee aus, H_0 zu verwerfen, wenn die Schätzung $\bar{X}$ von μ „sehr viel größer" als μ_0 ist, und der entsprechende Test bei bekanntem σ legt die folgende Form eines Tests τ nahe: H_1 werde dann und nur dann angenommen, wenn

$$\bar{x} > \mu_0 + v_\alpha \frac{s}{\sqrt{n}} \ . \tag{6}$$

Seine Gütefunktion ist gleich

$$\beta(\mu) = P\left\{ \bar{X} > \mu_0 + v_\alpha \frac{S}{\sqrt{n}} \right\} = P\left\{ T > \frac{\mu_0 - \mu}{S/\sqrt{n}} + v_\alpha \right\} ,$$

wobei die durch (3) definierte Zufallsvariable T die von μ und σ unabhängige t_{n-1}-Verteilung hat. Daher gilt $\beta(\mu_0) = P\{T > v_\alpha\} = \alpha$, aus $\mu \leq \mu_0$ folgt $\beta(\mu) \leq \alpha$, und $\mu \geq \mu_0$ zieht $\beta(\mu) \geq \alpha$ nach sich, d. h. τ hat das Niveau α und ist unverfälscht.

Die Berechnung von β für beliebiges μ und σ ist jedoch komplizierter als in Abschnitt 1, weil ja die Verteilung von S und damit die gemeinsame Verteilung von T und S nach Satz 1 noch von σ abhängen. Bei großem n kann man sich nachträglich ein ungefähres Bild vom Verlauf von β machen, indem man in (1.10) die Standardabweichung σ durch ihren Schätzwert s ersetzt.

Der Form des Tests (6) entspricht der Begriff des p-Wertes des durch $\bar{x}$ und s beschriebenen Versuchsergebnisses. Mit

$$T = \frac{\bar{X} - \mu_0}{S/\sqrt{n}} \quad \text{und} \quad t = \frac{\bar{x} - \mu_0}{s/\sqrt{n}}$$

ist dieser gleich

$$P_0\{T \geq t\} = 1 - H_{n-1}(t) \ ,$$

wobei P_0 die zugrundeliegende Verteilung für $\mu = \mu_0$ und irgendein σ ist. Im zweiseitigen Problem $H_0 : \mu = \mu_0$ gegen $H_1 : \mu \neq \mu_0$ verwenden wir analog zu (6) auf dem Niveau α die Entscheidungsregel: H_0 werde dann und nur dann verworfen, wenn

$$|\bar{x} - \mu_0| > v_{\alpha/2} \frac{s}{\sqrt{n}} \ . \tag{7}$$

Der Beweis ihrer Unverfälschtheit bildet den Gegenstand der Aufgabe 7.

Die durch (6) und (7) definierten Tests heißen t-Tests.

Die Konstruktion von Konfidenzintervallen für σ^2 und das Testen von Hypothesen über σ^2 erfordern kaum neue Überlegungen. Nach Satz 1, b) hat ja $(n-1)S/\sigma^2$ eine χ^2_{n-1}-Verteilung, und damit können wir ebenso wie im Abschnitt 2 verfahren, indem wir überall $n\tilde{S}^2$ durch $(n-1)S^2$ und $c_\alpha = \chi^2_{n,1-\alpha}$ durch das $(1-\alpha)$-Quantil $c'_\alpha = \chi^2_{n-1,1-\alpha}$ der χ^2_{n-1}-Verteilung ersetzen. So haben wir z.B. auf dem Niveau $1 - \alpha$ die einseitigen Konfidenzintervalle

$$(n-1) \frac{s^2}{c'_\alpha} \leq \sigma^2$$

und

$$0 \le \sigma^2 \le (n-1)\frac{s^2}{c'_{1-\alpha}} \,,$$

und beide zusammen ergeben ein zweiseitiges Konfidenzintervall auf dem Niveau $1 - 2\alpha$.

Entsprechend wird die Hypothese $H_0 : \sigma^2 \le \sigma_0^2$ zugunsten von $H_1 : \sigma^2 > \sigma_0^2$ dann und nur dann verworfen, wenn $s^2 > c'_\alpha \sigma_0^2/(n-1)$ ist, und sinngemäß für die zweiseitige Nullhypothese $\sigma^2 = \sigma_0^2$ gegen $\sigma^2 \ne \sigma_0^2$, bei der wir H_0 dann und nur dann ablehnen, wenn $s^2 > c'_{\alpha/2}\sigma_0^2/(n-1)$ oder $s^2 < c'_{1-\alpha/2}\sigma_0^2/(n-1)$ ist. Wie in Abschnitt 2 ergibt sich, daß diese Tests unverfälscht sind und daß z.B. der erste die Gütefunktion

$$\beta(\sigma^2) = 1 - H_{n-1}\left(c'_\alpha \frac{\sigma_0^2}{\sigma^2}\right)$$

hat. Auch die übrige Diskussion von Abschnitt 2 überträgt sich direkt auf die gegenwärtige Situation.

In der Wirklichkeit sind die ursprünglich beobachteten Zufallsvariablen X_i sehr oft nicht normal verteilt. Wenn wir jedoch das gegenwärtige Kapitel noch einmal durchgehen, so sehen wir, daß wir in manchen Verfahren gar nicht von der Normalität dieser Verteilungen Gebrauch gemacht haben, sondern nur von der gewisser Statistiken. Zum Beispiel haben wir in Abschnitt 1 nur benutzt, daß $(\bar{X} - \mu)\sqrt{n}/\sigma$ der Standardnormalverteilung folgt, und das ist nach dem zentralen Grenzwertsatz VI.2.3 asymptotisch der Fall, wenn die X_i unabhängig und identisch verteilt sind mit existierender Varianz und wenn n „hinreichend groß" ist. Wir können nicht darauf eingehen, was das quantitativ bedeutet; in der Praxis wird manchmal schon $n = 20$ als groß genug angesehen. In Abschnitt VI.2 haben wir bereits, auf Satz VI.2.2 gestützt, den Spezialfall binärer Variablen X_i, wo $X. = n\bar{X}$ binomial verteilt ist, auf diese Weise behandelt. Ähnliches gilt für die Inferenz über μ bei unbekanntem σ im gegenwärtigen Abschnitt: unter gewissen Voraussetzung folgt auch dann T asymptotisch der Verteilung $N(0,1)$ (siehe [8]).

Die obigen inferentiellen Verfahren über σ sollten dagegen nicht benutzt werden, wenn nicht sicher ist, daß die X_i praktisch normal verteilt sind.

4. Aufgaben

1. Es seien $X_1, \ldots, X_n$ paarweise unkorrelierte Zufallsvariable mit derselben Erwartung μ und den Varianzen $V X_i = \sigma_i^2$. Man beweise, daß unter allen erwartungstreuen Schätzungen von μ von der Form $Z = \alpha_1 X_1 + \cdots + \alpha_n X_n$ diejenige mit $\alpha_i = \sigma_i^{-2}/(\sigma_1^{-2} + \cdots + \sigma_n^{-2})$ die kleinste Varianz hat. Man wende dies auf $X_1 = (Y'_1 + \cdots + Y'_{k'})/k'$ und $X_2 = (Y''_1 + \cdots + Y''_{k''})/k''$ mit paarweise unkorrelierten Zufallsvariablen $Y'_1, \ldots, Y'_{k'}, Y''_1, \ldots, Y''_{k''}$ gleicher Erwartung und gleicher Varianz an.

2. Bei der Messung der Deklinationskoordinate μ eines Lichtpunktes am Nachthimmel mögen sich Werte der Form $34° y'_i$ ergeben haben, wobei die y_i, d. h. die

Minuten, die folgenden sind: 38; 25; 31; 45; 35; 17; 38; 03; 16; 29; 37; 40; 31; 20; 38; 39. Es sei angenommen, daß diese Werte Realisierungen von unabhängigen und normalverteilten Zufallsvariablen gleicher Erwartung μ und gleicher Varianz σ^2 sind.

(a) Man konstruiere zweiseitige Konfidenzintervalle für μ und für σ^2 zum Niveau $1 - \alpha = 0,95$.

(b) Auf dem Niveau $\alpha = 0,025$ teste man die Nullhypothese $H_0 : \mu \leq 34°20'$ gegen die Alternative $H_1 : \mu > 34°20'$.

(c) Auf demselben Niveau $0,025$ teste man $H_0 : \sigma \leq 10'$ gegen $H_1 : \sigma > 10'$.

(d) Man bearbeite (a), (b) und (c) mit jeweils bekanntem „Störungsparameter" $\mu = 34°30'$ bzw. $\sigma = 11'$ und vergleiche die Werte der entsprechenden Statistiken.

3. Die folgenden Daten sind mit Hilfe einer Normalverteilung simuliert worden, deren Erwartung und Varianz nicht verraten werden: 106; 65; 16; 83; 61; 32; 55; 1; 34; 32; 35; 72; 34; 154; 95; 125; 114; 139; 99; 17; 127; 52; 58; 118; 46.

(a) Man schätze μ und σ und berechne ein zweiseitiges Konfidenzintervall auf dem Niveau $0,99$.

(b) Man teste die Hypothese $H_0 : \mu \leq 50$ gegen die Alternative $H_1 : \mu > 50$ auf dem Niveau $0,025$.

(c) Die wahre Verteilung der in (b) benutzten Statistik durch die Standardnormalverteilung ersetzend berechne man näherungsweise den p-Wert der obigen Daten für dieselben Hypothesen.

4. Es sollen ein altes und ein neues blutdrucksenkendes Mittel A und B miteinander verglichen werden. Die Einführung von B in die Praxis lohnt sich jedoch nur dann, wenn die von B erzielte Senkung des systolischen Blutdrucks im Mittel um mindestens 15 mm Quecksilber größer ist als die durch A bewirkte. In einem geplanten Versuch sollen n unabhängig voneinander gewählte Paare aus je zwei sich möglichst ähnelnden Personen gebildet werden, von denen die eine mit A und die andere mit B behandelt wird. Auf dem Niveau $0,01$ soll die Überlegenheit von B mit mindestens der Wahrscheinlichkeit $0,8$ bestätigt werden können, wenn sie das oben genannte Ausmaß hat. Aus Erfahrung weiß man, das die Standardabweichung des systolischen Blutdrucks bei der zufälligen Auswahl irgendeiner Person, ob behandelt oder nicht, nicht größer als 70 mm ist. Wieviele Paare von Versuchspersonen braucht man? Anleitung: Es sei Y_i der Blutdruck der mit A und Z_i der der mit B behandelten Person des i-ten Paars und $X_i = Z_i - Y_i$. In der Abschätzung der Varianz von X_i beachte man, daß Y_i und Z_i nicht voneinander unabhängig zu sein brauchen.

5. Man beweise, daß für $0 < \alpha < 1/2$ gilt $\lim_{n\to\infty} \chi^2_{n,1-\alpha}/\chi^2_{n,\alpha} = 1$. Anleitung: Für jedes n sei Z_n eine χ^2_n-verteilte Zufallsvariable. Nach der Tschebyscheffschen Ungleichung ist $P\{|Z_n - n| > n^\gamma\} \leq 2n^{1-2\gamma}$ für jedes γ mit $1/2 < \gamma < 1$. Bei hinreichend großem n wird die rechte Seite kleiner als α und damit $\chi^2_{n,1-\alpha} < n + n^\gamma$ und $\chi^2_{n,\alpha} > n - n^\gamma$.

6. Wir verwenden die Bezeichnungen von Abschnitt 2 und betrachten die Hypothese $H_0 : \sigma = \sigma_0$ gegen $H_1 : \sigma \neq \sigma_0$. Es seien δ_1 und δ_2 zwei Zahlen derart, daß $G_n(\delta_1) + 1 - G_n(\delta_2) = \alpha$ und $\log \delta_2 - \log \delta_1 = \frac{1}{n}(\delta_2 - \delta_1)$. Wir setzen $\gamma_1 = \delta_1 \sigma_0^2/n$

und $\gamma_2 = \delta_2 \sigma_0^2 / n$ und nehmen H_1 dann und nur dann an, wenn $\tilde{S}^2 \notin [\gamma_1, \gamma_2]$. Man zeige, daß dieser Test unverfälscht ist. Anleitung: Man überlege sich, daß $x \mapsto G_n(\delta_1 x) + 1 - G_n(\delta_2 x)$ an der Stelle $x = 1$ ein Minimum haben muß, damit der Test unverfälscht ist.

7. Man beweise, daß der Test (3.7) unverfälscht ist.

Kapitel IX

Nichtparametrische Statistik

Wir haben bisher vor allem drei statistische Modelle behandelt. Im ersten folgte die verwendete Statistik $X. = X_1 + \cdots + X_n$ einer hypergeometrischen Verteilung $r \mapsto h(r; n, R, N)$, $r = 0, \ldots, n$, mit den drei Parametern n, R und N. Im zweiten waren die X_i unabhängig, und jedes hatte die Bernoullische Verteilung mit dem Parameter p, also $X.$ die Binomialverteilung $k \mapsto b(k; n, p)$. Im dritten Modell waren die X_i unabhängig nach $N(\mu, \sigma^2)$ verteilte Variable mit demgemäß zwei Parametern μ und σ^2. In jedem Fall hatten wir es mit einer parametrischen Familie von Verteilungen zu tun.

Die beiden ersten Modelle sind in natürlicher Weise durch die vorliegende Situation bestimmt. In beiden ist X_i notwendigerweise binär, weil X_i ein Merkmal mit zwei möglichen Ausprägungen, z.B. „rot" oder „schwarz", beschreibt. Im ersten Modell stellt X_i das Ergebnis des i-ten Ziehens einer Einheit aus der zugrundegelegten endlichen Bevölkerung $\mathcal{U} = \{1, \ldots, N\}$ dar, wenn wir dies jeweils gemäß der Gleichverteilung in der Menge der vorher noch nicht gezogenen Einheiten aus $\mathcal{U}$ tun. Im zweiten Modell sind die X_i unabhängig und identisch verteilt, was dem Ziehen aus einer „unendlichen Population" $\mathcal{U}$ entspricht. Im dritten Modell dagegen erscheint die Annahme der Normalität im allgemeinen willkürlich; oft ist sie auch näherungsweise nicht erfüllt.

Wenn wir, wie im letzten Fall, des Modells nicht sicher sind, so erheben sich drei Fragen: Gibt es Methoden, um zu verifizieren, daß das Modell angemessen ist? Wie verhalten sich die im Rahmen eines bestimmten Modells gerechtfertigten Verfahren, wenn das Modell nicht stimmt? Gibt es Methoden, die in gewisser Weise nicht vom Modell abhängen oder doch jedenfalls für sehr viel umfassendere Modelle, d. h. größere Mengen von Verteilungen als die üblichen parametrischen Modelle, sinnvoll sind?

Die erste Frage verallgemeinert ein Problem, das wir in Abschnitt V.2 behandelt haben. Dort nahmen die X_i nur endlich viele Werte an, und wir hatten einen Test entwickelt für die Nullhypothese, daß ihre Verteilung gleich einer gegebenen, bekannten, sei. Das Problem der Verifikation und damit auch der Wahl des Modells erfordert dagegen einen Test der Hypothese, daß die wirkliche Verteilung der X_i einer gegebenen Menge angehöre, daß z.B. ein μ und ein σ existieren, so daß alle X_i gemäß $N(\mu, \sigma^2)$ verteilt sind. Dieses Problem liegt außerhalb des Rahmens dieses Buchs, aber wir werden darauf im Abschnitt 2 ganz kurz zurückkommen.

Die zweite Frage läßt sich präzisieren in Form der Definition der sogenannten *Robustheit* eines auf einer Statistik Z basierten Verfahrens, z.B. einer Schätzung. Die Grundidee ist die einer Stetigkeitseigenschaft, daß nämlich eine kleine Änderung der gemeinsamen Verteilung der X_i die Verteilung von Z nur wenig beeinflussen sollte. Auch hierauf werden wir nicht eingehen und verweisen stattdessen auf [14].

Die dritte Frage ist der Gegenstand dieses Kapitels.

1. Ordnungs- und Rangstatistik

Wir gehen aus von einer Folge von Daten $\mathbf{x} = (x_1, \ldots, x_n)$, die wir wie immer als Realisierungen von Zufallsvariablen $X_1, \ldots, X_n$ auffassen. In den drei eben zitierten statistischen Modellen waren nicht nur die X_i identisch verteilt, sondern es war auch ihre gemeinsame Verteilung invariant gegenüber einer Permutation ζ der Indizes $1, \ldots, n$, d. h. $X_1, \ldots, X_n$ und $X_{\zeta(1)}, \ldots, X_{\zeta(n)}$ hatten dieselbe gemeinsame Verteilung. Dies bedeutet, daß die Reihenfolge, in der wir die Daten erhalten, keine Rolle spielt; es drückt die Vorstellung aus, daß, wie man sagt, alle Daten aus ein und derselben Population stammen. Im Abschnitt II.5 über den exakten Test hatten wir aber schon ein Beispiel eines sogenannten *Zweistichprobenproblems* betrachtet, wo man zwei verschiedene Populationen vergleichen will. Dort hatten wir einerseits Zufallsvariable $X_1, \ldots, X_n$, deren jede der Bernoullischen Verteilung mit einem Parameter p folgt, und andererseits Variable $X_{n+1}, \ldots, X_{n+n'}$, deren jede analog mit einem Parameter p' verteilt ist. Die gemeinsame Verteilung von $X_1, \ldots, X_n, X_{n+1}, \ldots, X_{n+n'}$ ist dann sicherlich nicht invariant gegenüber Permutationen der Indizes außer im Fall $p = p'$.

Wir werden nun als Vorbereitung auf „nichtparametrische Methoden" die Idee präzisieren, daß man die in irgendwelchen Daten enthaltene Information in zwei Bestandteile zerlegen kann: der eine ist die in den numerischen Werten der x_i enthaltene Information, unabhängig von der durch ihre Indizierung gegebenen Reihenfolge, und der andere ist gerade die durch die Reihenfolge der x_i vermittelte Information. Wir werden hierzu die „Ordnungsstatistik" und die „Rangstatistik" der Folge $\mathbf{x} = (x_1, \ldots, x_n)$ definieren.

Die *Ordnungsstatistik* hatten wir schon in Aufgabe I.11 kennen gelernt. Wir definieren sie als die auf $\mathbb{R}$ erklärte Funktion

$$\mathcal{O}_\mathbf{x}(\xi) = \#\{i : x_i = \xi\}\,.$$

Es gibt also $\mathcal{O}_\mathbf{x}(\xi)$ die Vielfachheit an, mit der die Zahl ξ in der Folge $\mathbf{x}$ vorkommt; natürlich ist diese gleich 0, wenn ξ gar nicht unter diesen Werten auftritt. Wir bemerken, daß höhere Vielfachheiten als 1, sogenannte *Bindungen*, in der Praxis selbst bei im Prinzip kontinuierlichen Zufallsvariablen häufig vorkommen, weil man ja immer abrundet und daher im Grunde mit diskreten Variablen arbeitet. Offensichtlich ist $\mathcal{O}_\mathbf{x} = \mathcal{O}_\mathbf{y}$ dann und nur dann, wenn $\mathbf{y}$ eine Permutation von $\mathbf{x}$ ist, d. h. wenn es eine Permutation ζ von $\{1, \ldots, n\}$ so gibt, daß $y_i = x_{\zeta(i)}$ wird für $i = 1, \ldots, n$.

Nach dieser Definition besteht $\mathcal{O}_\mathbf{x}$, etwas vager ausgedrückt, aus den Werten von $\mathbf{x}$ mitsamt deren Vielfachheiten. Wir können uns die Tatsache, daß in $\mathbb{R}$ eine natürliche Ordnung existiert, zunutze machen, um diese Werte einschließlich ihrer Vielfachheiten der Größe nach anzuordnen und zu schreiben:

$$\mathcal{O}_\mathbf{x} : x_{(1)} \leq x_{(2)} \leq \cdots \leq x_{(n)}\,, \tag{1}$$

wobei hier jeder Wert ebenso oft erscheint wie er in $\mathbf{x}$ vorkommt. Ist z.B. $\mathbf{x} = (5, 8, 7, 3, 7)$, so wird $\mathcal{O}_\mathbf{x} : 3, 5, 7, 7, 8$, d. h. $x_{(1)} = 3, x_{(2)} = 5, x_{(3)} = x_{(4)} =$

$7, x_{(5)} = 8$. Daher stammt auch das Wort „Ordnungsstatistik", obwohl der Begriff zunächst nichts mit irgendeiner Ordnung zu tun hat.

Der Begriff der Rangstatistik ist dagegen an die Anordnung der Werte ihrer Größe nach gebunden. Wenn ein Wert x_i in $\mathbf{x}$ nur einmal vorkommt, d. h. die Vielfachheit 1 hat, so definieren wir als seinen *Rang* die Nummer seines Platzes in der Folge (1), von unten anfangend, und schreiben dafür r_i. Demnach gilt

$$x_i = x_{(r_i)}, \tag{2}$$

und $x_i < x_j$ ist gleichbedeutend mit $r_i < r_j$. In unserem Beispiel ist also $r_1 = 2$, $r_2 = 5$, $r_4 = 1$. Kommt x_i dagegen mehrere Male vor, so legen wir die entsprechenden Ränge irgendwie als voneinander verschiedene mögliche Platznummern fest, d. h. so, daß (2) richtig bleibt. Im Beispiel wäre das $r_3 = 3$, $r_5 = 4$ oder $r_3 = 4$, $r_5 = 3$. Definitionsgemäß ist also in jedem Fall $i \mapsto r_i$ eine Permutation von $\{1, \ldots, n\}$. Die Folge $\mathcal{R}_\mathbf{x} = (r_1, \ldots, r_n)$ heißt eine *Rangstatistik* zu $\mathbf{x}$. Aus (2) folgt, daß $\mathcal{O}_\mathbf{x}$ und $\mathcal{R}_\mathbf{x}$ zusammen die ursprüngliche Datenfolge $\mathbf{x}$ völlig bestimmen, gleichgültig wie wir $\mathcal{R}_\mathbf{x}$ im Falle von Bindungen festlegen.

Beispiel 1. Ordnet $\mathcal{O}_\mathbf{x}$ den reellen Zahlen -3, 2, 5, 9 die natürliche Zahl 1 zu, den reellen Zahlen 3 und 8 die Zahl 2 und allen anderen 0, und ist $\mathcal{R}_\mathbf{x} = (3, 4, 1, 8, 2, 7, 5, 6)$, so ist die Beobachtungsfolge aus $(x_{(1)}, \ldots, (x_{(8)}) = (-3, 2, 3, 3, 5, 8, 8, 9)$ leicht rekonstruierbar: $\mathbf{x} = (3, 3, -3, 9, 2, 8, 5, 8)$.

2. Permutationsinvariante Verfahren

Wir gehen wieder von den Daten aus, unabhängig von einem statistischen Modell. Es seien $\mathbf{x} = (x_1, \ldots, x_n)$ ein Datenvektor und $\mathcal{O}_\mathbf{x}$ seine Ordnungsstatistik. Wir definieren auf $\mathbb{R}$ die zugehörige *empirische Verteilungsfunktion*

$$F_\mathbf{x}(\xi) = \frac{1}{n} \#\{i : x_i \le \xi\}. \tag{1}$$

Dies ist eine monoton wachsende, rechtsseitig stetige Treppenfunktion mit $F_\mathbf{x}(\xi) = 0$ für $\xi < \min_i x_i$ und $F_\mathbf{x}(\xi) = 1$ für $\xi \ge \max_i x_i$, die an der Stelle x_i einen Sprung der Größe $n^{-1}\mathcal{O}_\mathbf{x}(x_i)$ macht, wobei $\mathcal{O}_\mathbf{x}(x_i)$ die Vielfachheit von x_i in $\mathbf{x}$ bedeutet. Daher hängt $F_\mathbf{x}$ nur von der Ordnungsstatistik $\mathcal{O}_\mathbf{x}$ ab und ist infolgedessen invariant gegenüber Permutationen der x_i. Umgekehrt kann man aus $F_\mathbf{x}$ wieder $\mathcal{O}_\mathbf{x}$ herleiten, da ja die Werte $x_{(i)}$ die Sprungstellen von $F_\mathbf{x}$ sind und die Höhe der Sprünge deren Vielfachheiten bestimmt. Offensichtlich ist $F_\mathbf{x}$ eine spezielle kumulative Verteilungsfunktion im Sinne der Definition (VII.1.14), nämlich die einer Zufallsvariablen, die den Wert x_i mit der Wahrscheinlichkeit $n^{-1}\mathcal{O}_\mathbf{x}(x_i)$ annimmt.

Wir bemerken, daß die meisten Statistiken, die wir bisher betrachtet haben, wie $x_\cdot, \bar{x}, s^2$, nur von $\mathcal{O}(\mathbf{x})$, d. h. nur von $F_\mathbf{x}$, abhängen und damit invariant gegenüber Permutationen der x_i sind. Wir sehen uns nun einige weitere permutationsinvariante Größen und Verfahren an.

Ist $-\infty \leq a < b \leq +\infty$, so gilt nach (1):

$$F_{\mathbf{X}}(b) - F_{\mathbf{X}}(a) = \frac{1}{n} \# \{i : a < x_i \leq b\}\,.$$

Wir nehmen Intervalle $J_l =]a_{l-1}, a_l]$, $l = 1, \ldots, m$, derselben Länge c her, die zusammen alle Werte x_i enthalten, d. h. $a_0 < \min_i x_i$ und $a_m \geq \max_i x_i$, und nennen die Folge der Zahlen

$$F_{\mathbf{X}}(a_l) - F_{\mathbf{X}}(a_{l-1}) = \frac{1}{n} \# \{i : a_{l-1} < x_i \leq a_l\}, \quad l = 1, \ldots, m\,, \tag{2}$$

ein *empirisches Histogramm* von $\mathbf{x}$. Wir können es durch eine Funktion darstellen, die im Intervall J_l den durch c dividierten Wert (2) annimmt und die man ebenfalls als ein zu diesen Intervallen gehöriges empirisches Histogramm von $\mathbf{x}$ bezeichnet. Es gibt ein anschauliches Bild der Häufigkeitsverteilung der Werte x_i, hängt aber natürlich von den J_l ab, die diesem Zweck entsprechend gewählt werden sollten: zu kleine J_l führen dazu, daß die meisten von ihnen nur sehr wenige x_i enthalten und das Bild sehr unübersichtlich wird, während zu große J_l keine wesentliche Information mehr über die Lage der x_i geben. Das in Abschnitt V.2 aufgetretene empirische Histogramm ist ein Spezialfall des hier definierten; dort war jedes der x_i eine der Zahlen $0, \ldots, 9$ und die Wahl der Intervalle in natürlicher Weise festgelegt.

Eine andere Methode, gewisse Aspekte der Datenfolge $\mathbf{x}$ zu beschreiben, besteht in der Angabe *empirischer Quantile*. Diese ergeben sich einfach als Spezialfälle der in Abschnitt VII.1 für jede Verteilungsfunktion definierten Quantile. Im vorliegenden Fall einer empirischen Verteilungsfunktion können wir sie folgendermaßen charakterisieren:

Es sei $0 \leq \alpha \leq 1$. Nimmt $F_{\mathbf{X}}$ den Wert α nicht an, so ist das α-*Quantil* von $\mathbf{x}$ oder von $F_{\mathbf{X}}$ diejenige Zahl q_α, für die $F_{\mathbf{X}}(q_\alpha-) < \alpha < F_{\mathbf{X}}(q_\alpha)$ ist. Anschaulich gesprochen liegt dann höchstens der Bruchteil α aller Daten links von q_α und höchstens der Bruchteil $1 - \alpha$ rechts von q_α; der Rest der Daten ist gleich q_α. Im Fall $\alpha = 0,5$, wo man $q_{0,5}$ den (empirischen) *Median* von $\mathbf{x}$ nennt, finden wir höchstens die Hälfte der Daten links und höchstens die Hälfte rechts von $q_{0,5}$. Zum Beispiel wird q der Median von $\mathbf{x}$, wenn $n = 2k+1$ ungerade ist und sowohl links als auch rechts von q genau k Daten liegen. Im allgemeinen bestimmt man q_α am praktischsten in der Gestalt

$$q_\alpha = x_{([n\alpha]+1)}\,,$$

das heißt man läßt in der Ordnungsstatistik (1) die ersten $[n\alpha]$ Daten weg; das folgende Datum ist gleich q_α. Dies gilt auch beim Vorliegen von Bindungen.

Nimmt dagegen $F_{\mathbf{X}}$ den Wert α an, d. h. ist $n\alpha$ ganz, so ist jeder die Menge der α-Quantile das abgeschlossene Intervall $[x_{(n\alpha)}, x_{(n\alpha+1)}]$ oder, im Fall $\alpha = 0$ oder $\alpha = 1$, die Halbgerade $]-\infty, x_{(1)}]$ bzw. $[x_{(n)}, +\infty[$. Im Fall $\alpha = 0,5$ spricht man wieder von einem Median.

Man erklärt *Quartile* durch $\alpha = 1/4, 1/2, 3/4$, und der Abstand zwischen dem größten 1/4-Quartil und dem kleinsten 3/4-Quartil heißt der *Interquartilbereich*. Seine Länge gibt einen Eindruck von der Schwankung der Daten.

Ein Median spielt, ähnlich wie $\bar{x}$, die Rolle eines „zentralen" Parameters. Er hat den Vorteil, daß er weniger von extremen Werten einiger Daten beeinflußt wird als $\bar{x}$. Hält man z.B. alle Daten mit Ausnahme von x_1 fest und läßt x_1 gegen $+\infty$ konvergieren, so ändert sich der Median für hinreichend großes x_1 nicht mehr, während $\bar{x}$ auch gegen $+\infty$ strebt. In analoger Weise ersetzt oft der Interquartilbereich die empirische Varianz s^2.

Wir kehren nun zu statistischen Modellen zurück, und zwar betrachten wir in diesem Abschnitt das folgende: $X_1, \ldots, X_n$ sind unabhängig und haben dieselbe Verteilung Q, über die wir zunächst nichts voraussetzen. Dann ist die gemeinsame Verteilung von $X_1, \ldots, X_n$, nämlich $Q^{n\otimes}$, invariant gegenüber Permutationen dieser Variablen. Nach Abschnitt V.1 stellt bei festem ξ die mit den Realisierungen x_i von X_i gebildete empirische Verteilungsfunktion an der Stelle ξ, d.h. $F_{\mathbf{X}}(\xi)$, eine in vieler Hinsicht vernünftige Schätzung der kumulativen Verteilungsfunktion $F(\xi) = Q] - \infty, \xi] = P\{X_i \leq \xi\}$ dar. Eine weiterführende Theorie [12], auf die wir hier nicht eingehen können, zeigt, daß dies sogar in gewisser Weise gleichmäßig in bezug auf $\xi \in \mathbb{R}$ gilt. Es ist daher nicht überraschend, daß gewisse Parameter von F wie EX oder VX durch Statistiken geschätzt werden, die ihre „empirischen" Gegenstücke sind wie $\bar{x}$ bzw. $\frac{n-1}{n}s^2$; diese Gegenstücke sind einfach die betreffenden mit $F_{\mathbf{X}}$ anstelle von F berechneten Größen. In Abschnitt V.1 und Kap. VIII haben wir jedoch beim Studium der Eigenschaften der Verfahren, die sich auf diesen beiden Statistiken aufbauen, nur sehr spezielle Verteilungen Q zugelassen. Dagegen werden wir jetzt, wie schon gesagt, nichts oder nur sehr wenig über Q voraussetzen.

Als erstes nehmen wir an, daß Q eine stetige Verteilungsdichte f habe, und betrachten wieder Intervalle J_l wie in der Definition eines empirischen Histogramms. Es sei $\mathbf{x}$ ein Datenvektor. Das zugehörige empirische Histogramm $f_{\mathbf{X}}$ ist eine in J_l konstante Funktion, und $F_{\mathbf{X}}(a_l) - F_{\mathbf{X}}(a_{l-1})$ ist die Fläche des Rechtecks mit der Basis J_l und der Höhe $f_{\mathbf{X}}(\xi)$, wenn $\xi \in J_l$. Andererseits gilt

$$F(a_l) - F(a_{l-1}) = \int_{a_{l-1}}^{a_l} f(\xi)d\xi \ .$$

Wir können daher erwarten, daß die Funktion $f_{\mathbf{X}}$ im allgemeinen nicht zu sehr von f entfernt sein wird, wenn einerseits die Länge c der Intervalle J_l klein ist, aber andererseits doch in den meisten J_l viele x_i liegen. Das ist natürlich vage, und wir können es hier nicht präzisieren. Es ist aber meistens nützlich, sich vor einer strengen Analyse der Daten anhand eines empirischen Histogramms ein ungefähres Bild vom Verlauf von f zu machen. Zum Beispiel wird man keine statistischen Verfahren anwenden, die wesentlich darauf beruhen, daß Q normal ist, wenn $f_{\mathbf{X}}$ ganz und gar nicht wie die Dichte einer Normalverteilung aussieht.

Ganz analoge Überlegungen betreffen eine auf einer endlichen Menge konzentrierte Verteilung Q, d.h. kategorielle Daten. Im Beispiel V.2.1 haben wir schon das Histogramm von Q mit dem empirischen Histogramm einer speziellen Realisierung verglichen.

Wir kehren zu einer beliebigen Verteilung zurück und interessieren uns für die statistische Inferenz über Quantile von F auf der Grundlage der Beobachtung von $F_{\mathbf{X}}$, d. h. von $\mathcal{O}_{\mathbf{X}}$, wobei der Datenvektor $\mathbf{x}$ wieder die beobachtete Realisierung von $X_1,\ldots,X_n$ ist. Der Einfachheit halber beschränken wir uns auf Mediane. Es sei m ein Median von F und F stetig an der Stelle m. Diese beiden Bedingungen zusammen sind, wie man sich leicht überlegt, gleichbedeutend mit

$$P\{X_i \leq m\} = P\{X_i \geq m\} = \frac{1}{2}\,. \tag{3}$$

Wir setzen im folgenden voraus, daß dies der Fall sei, d h. wir definieren unser Modell als System aller Verteilungen $Q^{n\otimes}$, bei denen die kumulative Verteilungsfunktion F von Q an der Stelle eines Medians von F stetig ist.

Wenn der Median von F eindeutig ist, so leuchtet es aufgrund der vorangegangenen Diskussion der empirischen Verteilungsfunktion ein, daß man als Schätzung von m einen empirischen Median verwenden kann. Ist der Median von F nicht eindeutig, so stellt das Innere I von $F^{-1}(\frac{1}{2})$ ein Intervall dar, das mit der Wahrscheinlichkeit 1 keine Daten enthält, d. h. $P\{X_i \in I\} = 0$, $i = 1,\ldots,n$, und das Problem der Schätzung des Medians hat keinen Sinn mehr. Es ist jedoch immer noch möglich, sinnvolle Konfidenzintervalle für m anzugeben, was wir jetzt tun werden, zumal ja Konfidenzintervalle ohnehin mehr aussagen und nützlicher sind als reine Schätzungen ohne Aussagen über Fehler.

Wir betrachten die Zufallsvariable

$$S_- = \#\{i : X_i \leq m\}\,.$$

Da die Ereignisse $\{X_i \leq m\}, i = 1,\ldots,n$, unabhängig sind und nach (3) die Wahrscheinlichkeit $1/2$ haben, folgt S_- der Bernoullischen Verteilung mit den Parametern n und $1/2$. Man beachte, daß S_- keine Statistik ist, d. h. nicht aus den Daten berechnet werden kann, weil ja m gerade unbekannt ist.

Es ist plausibel, daß man ein zweckmäßiges Konfidenzintervall für m in der folgenden Gestalt konstruieren kann:

$$x_{(d)} \leq m \leq x_{(n-d+1)}\,, \quad 0 < d < \frac{n}{2} + 1\,. \tag{4}$$

Dabei streichen wir also von links und rechts her die ersten $d-1$ Daten weg und behaupten, daß m zwischen den restlichen Daten liegt, genauer gesagt, im kleinsten, die restlichen Daten enthaltenden, abgeschlossenen Intervall. Das Niveau dieses Konfidenzintervalls ist die Wahrscheinlichkeit, daß (4) in Abhängigkeit von $X_1,\ldots,X_n$ richtig ist. Wir berechnen die Wahrscheinlichkeit, daß (4) nicht gilt, d. h. $P\{m < X_{(d)}\} + P\{m > X_{(n-d+1)}\}$. Nun ist $m < X_{(d)}$ gleichwertig mit $S_- < d$, und daher gilt

$$P\{m < X_{(d)}\} = \sum_{k=0}^{d-1} b\big(k; n, \frac{1}{2}\big) = B\big(d-1; n, \frac{1}{2}\big)\,.$$

Wegen der Symmetrie der hier auftretenden Binomialverteilung in bezug auf die Stelle $n/2$ erhalten wir für $P\{m > X_{(n-d+1)}\}$ denselben Wert. Folglich hat unser Konfidenzintervall das Niveau

$$1 - 2B\left(d - 1; n, \frac{1}{2}\right) .$$

Je größer d ist, desto kleiner ist dieses Intervall, d. h. desto präziser wird die durch (4) ausgedrückte Behauptung, aber desto kleiner wird natürlich auch ihr Konfidenzniveau. Wollen wir zu gegebenem α ein Konfidenzintervall auf dem Niveau $1 - \alpha$ erhalten, so werden wir also d als die größte Zahl wählen derart, daß noch $B(d - 1; n, 1/2) \leq \alpha/2$. Wegen $B(0; n, 1/2) = b(0; n, 1/2) = 1/2^n$ gibt es dann und nur dann solche d, wenn $\alpha \geq 1/2^{n-1}$; im entgegengesetzten Fall existiert auf diesem Niveau kein Konfidenzintervall der Form (4).

Man beachte, daß (4) das abgeschlossene Intervall zwischen dem kleinsten d/n-Quantil und dem größten $(n - d + 1)/n$-Quantil ist. Wenn z.B. n durch 4 teilbar ist und $d = n/4 + 1$, so erhalten wir ein Konfidenzintervall, dessen Länge gleich dem Interquartilbereich ist; sein Niveau hängt natürlich noch von n ab (siehe Aufgabe 1).

Einseitige Konfidenzintervalle für m sehen ganz analog aus: wir ersetzen $\alpha/2$ durch α.

Wir betrachten nun ein Testproblem, und zwar zur Abwechslung ein einseitiges: $H_0 : m = m_0$ gegen $H_1 : m > m_0$ mit bekanntem m_0. Wie wir uns schon in Aufgabe II.3 in allgemeinerer Form überlegt haben, ergibt der einseitige Konfidenzbereich $x_{(d)} \leq m$ einen auch intuitiv einleuchtenden Test, nämlich den, der H_0 dann und nur dann zugunsten von H_1 verwirft, wenn m_0 nicht in diesem Bereich liegt, d. h. wenn

$$m_0 < x_{(d)} \tag{5}$$

ist. Wir können direkt zu diesem Test gelangen, indem wir von der Statistik

$$S_+ = \#\{i : X_i > m_0\}$$

ausgehen. Unter H_0, d. h. für jede Verteilung Q_0, die H_0 erfüllt, hat S_+ die Binomialverteilung mit den Parametern n und $1/2$, also die Erwartung $E_0 S_+ = n/2$. Wir werden daher geneigt sein, H_1 anzunehmen, wenn sehr viel mehr als $n/2$ Daten rechts von m_0 liegen, d. h. wenn S_+ „groß" ist, was wir in der Form $S_+ > d'$ ausdrücken: dies ist unser Test τ. Wegen

$$P_0\{S_+ > d'\} = 1 - B\left(d'; n, \frac{1}{2}\right) \tag{6}$$

wählen wir dabei d' zu gegebenem Niveau α als die kleinste ganze Zahl, für die (6) noch kleiner oder gleich α ist. Unter H_0 gilt aber $S_+ + S_- = n$ mit der Wahrscheinlichkeit 1, d. h. $P_0\{S_+ > d'\} = P_0\{S_- < n - d'\}$, so daß die Konstruktion von d ergibt $d = n - d'$. Ferner ist $S_+ > d'$ mit der Wahrscheinlichkeit 1 gleichwertig mit $S_- < d$, und daher ist $\tau = 1$ tatsächlich äquivalent zu (5). Wegen $S_+ = \#\{i : \operatorname{sgn}(X_i - m_0) = 1\}$ heißt er der *Vorzeichentest*.

Die Gütefunktion β des Tests τ ist eine Funktion der Verteilung Q : es bedeutet $\beta(Q)$ die Wahrscheinlichkeit, H_1 anzunehmen, wenn $P = Q^{n\otimes}$ die wahre Verteilung ist, d. h.

$$\beta(Q) = P\{S_+ > d'\}\,.$$

Dies hängt nicht nur vom Median m von Q ab, doch haben wir eben gesehen, daß $\beta(Q_0)$ für alle H_0 erfüllenden Verteilungen Q_0 denselben Wert (6) hat. Wir zeigen, daß wir τ auch als Test zur Nullhypothese $H_0' : m \leq m_0$ ansehen können und daß er unverfälscht ist. Das erste bedeutet, daß β der Ungleichung $\beta(Q) \leq \beta(Q_0)$ für alle Q genügt, deren Median $m \leq m_0$ erfüllt, und das zweite heißt, daß $\beta(Q) \geq \beta(Q_0)$ gilt, sobald $m \geq m_0$ ist. Zum Beweis setzen wir $S_+^m = \#\{i : X_i > m\}$. Ist m ein Median von Q, so folgt S_+^m ebenfalls der Binomialverteilung mit den Parametern n und $1/2$, so daß nach Definition von d' gilt

$$P\{S_+^m > d'\} = 1 - B\big(d'; n, \tfrac{1}{2}\big) = \beta(Q_0)\,.$$

Im Fall $m < m_0$ wird $S_+ \leq S_+^m$ und daher $\beta(Q) = P\{S_+ > d'\} \leq P\{S_+^m > d'\} = \beta(Q_0)$, und ebenso beweist man die zweite Behauptung.

Auch hier wieder ist oft der p-Wert eines Beobachtungsergebnisses s_+ nützlicher als die Konstruktion eines Test zu gegebenem Niveau: er ist gleich

$$P_0\{S_+ \geq s_+\} = 1 - B\big(s_+ - 1; n, \tfrac{1}{2}\big)\,.$$

Bei großem n ersetzen wir die Binomialverteilung durch die Normalverteilung mit der Erwartung $n/2$ und der Varianz $n/4$. In der Konstruktion des zweiseitigen Konfidenzintervalls würden wir dann zu gegebenem α wegen $B(d - 1; n, 1/2) \leq \alpha/2$ und $B(d; n, 1/2) > \alpha/2$ unter Beachtung der Aufgabe VI.1 die Lösung der Gleichung

$$\Phi\left(\frac{d - \frac{1}{2} - \frac{n}{2}}{\sqrt{\frac{n}{4}}}\right) = \frac{\alpha}{2} \tag{7}$$

suchen, was

$$\tilde{d} = \frac{1}{2}(n + 1 - u_{\alpha/2}\sqrt{n}) \tag{8}$$

ergibt, und dann $\tilde{d}$ auf eine ganze Zahl d abrunden. Analog verfahren wir mit Tests.

3. Rangmethoden: ein Zweistichprobenproblem

Im Beispiel I.1.4 hatten wir zwei Populationen von Patienten betrachtet, die sich durch die ihnen auferlegte Behandlung unterschieden. Das Ziel war, diese beiden Populationen im Hinblick auf die Überlebenszeit ihrer Mitglieder zu vergleichen, wobei uns aber nur zwei Möglichkeiten interessierten, die wir für jede an dem Experiment teilnehmende Person durch eine binäre Zufallsvariable beschreiben konnten: diese Variable nimmt den Wert 1 an, wenn die betreffende

Person nach 5 Jahren noch am Leben ist und 0 sonst. Für die 5 nach der neuen Methode behandelten Patienten haben wir also Zufallsvariable $X_1, \ldots, X_5$ und analog Variable $Y_1, \ldots, Y_5$ für die der traditionellen Therapie unterworfenen. Im Abschnitt II.5 haben wir die gemeinsame Verteilung von $X_1, \ldots, X_5$ mit der von $Y_1, \ldots, Y_5$ mit Hilfe des exakten Tests verglichen. In ähnlicher Weise gibt es zu den auf das Binomialmodell gestützten Verfahren in Abschnitt V.1 Analoga für das Zweistichprobenproblem, die uns aber methodisch kaum etwas Neues bringen würden.

Wir werden nun zwei Populationen im Hinblick auf kontinuierliche Zufallsvariable vergleichen, und zwar mittels eines sehr allgemeinen Modells und ein daran angepaßtes Verfahren.

Es seien $X_1, \ldots, X_n$ Zufallsvariable mit derselben Verteilung, deren kumulative Verteilungsfunktion F heiße, und entsprechend $Y_1, \ldots, Y_m$ Zufallsvariable mit derselben Verteilungsfunktion G. Dabei seien $X_1, \ldots, X_n, Y_1, \ldots, Y_m$ unabhängig. Die beiden Gruppen von Variablen können z.B. die Werte einer bestimmten Größe in je einer aus zwei „großen" Populationen gezogenen Stichprobe darstellen oder auch andere Meßergebnisse beschreiben wie in den beiden folgenden Beispielen.

Beispiel 1. Eine Wochenzeitschrift B behauptet, ihre Abonnenten hätten im allgemeinen ein höheres Einkommen als die einer Konkurrenzzeitschrift A. Es seien $X_1, \ldots, X_n$ die Jahreseinkommen von n ausgewählten Abonnenten von A und $Y_1, \ldots, Y_m$ die von m Abonnenten von B.

Hier ist das eigentlich schwierige Problem das der Auswahl dieser Stichproben derart, daß die vorher genannten Voraussetzungen erfüllt sind und die Verteilungen F und G wirklich die Einkommensverteilung in der Gesamtheit der Abonnenten von A bzw. B beschreiben.

Beispiel 2. Um zu untersuchen, ob Raucher im allgemeinen eine kleinere Atemkapazität der Lunge haben als Nichtraucher, werde diese Kapazität bei n Rauchern und m Nichtrauchern gemessen mit den Meßergebnissen $X_1, \ldots, X_n$ bzw. $Y_1, \ldots, Y_m$. Auch hier wieder ist die korrekte Auswahl der Versuchspersonen die Hauptsache.

Wir müssen nun die Redeweise „im allgemeinen" aus diesen Beispielen interpretieren, und wir interessieren uns daher für die Hypothese H_1, die anschaulich gesprochen ausdrücken soll, daß eine nach G verteilte Zufallsvariable Y im allgemeinen größer ist als eine nach F verteilte Variable X. Wir präzisieren dies in der Form $P\{Y > \xi\} \geq P\{X > \xi\}$ für alle ξ, was offensichtlich dieser anschaulichen Vorstellung entspricht. Diese Bedingung ist gleichwertig mit $G(\xi) \leq F(\xi)$ für alle ξ; wenn sie erfüllt ist, so sagen wir, Y sei *stochastisch größer* als X. Unsere Hypothese H_1 lautet nun: Y ist stochastisch größer als X und $G \neq F$, d. h. $G(\xi) < F(\xi)$ für mindestens ein ξ. Die Nullhypothese H_0 ist $G = F$. Unter H_0 ist die gemeinsame Verteilung von $X_1, \ldots, X_n, Y_1, \ldots, Y_m$ invariant gegenüber Permutationen aller Variablen, nicht dagegen unter H_1, wo sie nur invariant bleibt gegenüber Permutationen der X_i unter sich und der Y_k unter sich.

Unter H_0 wird man erwarten, daß die X_i und Y_k gut durchmischt auf der reellen Geraden liegen, während unter H_1 die Y_k mehr eine Tendenz nach rechts, d. h. zu großen Werten, und die X_i eher eine Tendenz nach links haben sollten. Um diese Idee zu einem Test auszubauen, betrachten wir zu gegebener Realisierung die Ränge der x_i und y_k in der gesamten Folge $x_1, \ldots, x_n, y_1, \ldots, y_m$. Zur Vereinfachung nehmen wir zunächst an, es lägen keine Bindungen vor. Wir wollen die Summe W_x der Ränge der x_i in der gesamten Folge mit der Summe W_y der Ränge der y_k darin vergleichen. Im Prinzip müßten wir also zuerst alle Daten zusammen der Größe nach aufschreiben, z.B. $x_2, x_5, y_3, x_4, x_1, y_5, y_1, \ldots$, um die Ränge $r_1, \ldots, r_n$ von $x_1, \ldots, x_n$ und die Ränge $r_{n+1}, \ldots, r_{n+m}$ von $y_1, \ldots, y_m$ zu bekommen. Da uns aber nur die Summen $W_x = r_1 + \cdots + r_n$ und $W_y = r_{n+1} + \cdots + r_{n+m}$ interessieren, können wir die Indizes weglassen und nur die Unterscheidung zwischen den x und den y beibehalten, wodurch wir zu einer Folge von Symbolen x und y der Gestalt $xxyxxyy\ldots$ gelangen, und suggestiver $W_x = \sum_x r(x)$ und $W_y = \sum_y r(y)$ schreiben. Die Summe *aller* Ränge ist die Summe der Zahlen $1, \ldots, n+m$, d. h.

$$W_x + W_y = \frac{1}{2}(n+m)(n+m+1)\,,$$

was zur Kontrolle dienen kann. Für die Datenfolgen $\mathbf{x} = (5, 1, 9, 4, 2)$ und $\mathbf{y} = (7, 10, 3, 8, 6)$ ergibt sich z.B. die Folge der Symbole $xxyxxyyyxy$: der kleinste Wert der Daten ist ein x, ebenso der zweitkleinste, der drittkleinste dagegen ein y usw. Hieraus lesen wir $W_x = 1 + 2 + 4 + 5 + 9 = 21$ und $W_y = 34$ ab. Die Idee des Tests, den wir definieren werden, ist nun, H_1 anzunehmen, wenn W_y sehr groß ausfällt, was natürlich präzisiert werden muß.

Zunächst werden wir eine einfachere Methode zum Bestimmen der Rangsummen beschreiben. Es seien

$$U_x = \#\{(i, k) : x_i > y_k\} \quad \text{und} \quad U_y = \#\{(i, k) : x_i < y_k\} \tag{1}$$

die Anzahlen der sogenannten „Transpositionen", wo also ein x ein y übersteigt bzw. umgekehrt. Offensichtlich gilt

$$U_x + U_y = nm\,. \tag{2}$$

Wir können U_x leicht mit W_x in Beziehung setzen. Nach geeigneter Permutation der x hat das kleinste x den Rang r_1, das zweitkleinste den Rang r_2 usw. Dann ist die Anzahl der y, die kleiner als das kleinste x sind, gleich $r_1 - 1$, vor dem zweitkleinsten x liegen $r_2 - 2$ der y, usw. Daher wird $U_x = r_1 - 1 + r_2 - 2 + \cdots + r_n - n$ und entsprechend für U_y, also

$$U_x = W_x - \frac{1}{2}n(n+1), \quad U_y = W_y - \frac{1}{2}m(m+1)\,. \tag{3}$$

Als nächstes interessieren wir uns für die Verteilung der Statistiken U_x und U_y unter der Nullhypothese. Um zum Ausdruck zu bringen, daß wir diese Größen jetzt als Zufallsvariable ansehen, d. h. als Funktionen der X_i und Y_i und damit des Beobachtungsergebnisses, schreiben wir U_X und U_Y. Unter H_0 haben U_X und U_Y wegen der Permutationsinvarianz der gemeinsamen Verteilung der X_i und Y_k dieselbe Verteilung, und aus (2) folgt daher

$$E_0 U_X = E_0 U_Y = \frac{nm}{2}\,.\tag{4}$$

In unserem Zahlenbeispiel haben wir also $E_0 U_X = E_0 U_Y = 12,5$, während die beobachteten Werte nach (3) gleich $U_X = 6$ und $U_Y = 19$ sind, was wir noch leichter direkt aus der Definition (1) dieser beiden Statistiken hätten bekommen können.

Wir berechnen die Wahrscheinlichkeiten $P_0\{U_X = u\}$ für $u = 0, 1, \ldots, nm$. Der Wert U_x hängt nach (3) nur von der Folge $r_1, \ldots, r_{n+m}$ ab. Bezeichnen wir mit R_j für $j = 1, \ldots, n + m$ den Rang des i-ten Elements der Folge $X_1, \ldots, X_n, Y_1, \ldots, Y_m$, d.h. seinen als Zufallsvariable betrachteten Rang, so haben die $(n + m)!$ Ereignisse

$$\{R_1 = r_1, \ldots, R_{n+m} = r_{n+m}\}\,,$$

wobei $(r_1, \ldots, r_{n+m})$ alle Permutationen von $(1, \ldots, n + m)$ durchläuft, wegen der Permutationsinvarianz der Verteilung von $X_1, \ldots, X_n, Y_1, \ldots, Y_m$ unter H_0 alle dieselbe Wahrscheinlichkeit, nämlich $1/(n + m)!$. Es sei a_u die Anzahl der Permutationen $(r_1, \ldots, r_{n+m})$ von $(1, \ldots, n + m)$, für die $U_x = u$ ist. Dann gilt also

$$P_0\{U_X = u\} = \frac{a_u}{(n + m)!}\,.\tag{5}$$

Die gesuchte Verteilung zu finden, läuft daher auf ein reines Abzählproblem hinaus, und auf diese Weise sind die Tafeln der Verteilung von U_X entstanden, z.B. [37]. In unserem Zahlenbeispiel findet man so

$$P_0\{U_X \leq 6\} = P_0\{U_Y \geq 19\} = 0,111\,.$$

Dies ist der p-Wert des beobachteten Ergebnisses, der einem Test von der folgenden Form entspricht: H_1 wird dann und nur dann angenommen, wenn $U_Y > \gamma$ mit festem γ. Ein solcher Test wird nach Mann, Whitney und Wilcoxon benannt. Wir können demnach H_1 auf dem Niveau 0,111 annehmen, aber z.B. keineswegs auf dem Niveau 0,05.

Die vorangegangene Argumentation zeigt uns auch, wie man Bindungen behandeln kann. Das einzige, was wir über U_X zu wissen brauchten, war ja (6). Wenn nun in der beobachteten Folge $(x_1, \ldots, x_n, y_1, \ldots, y_m) = (z_1, \ldots, z_{n+m})$ z.B. für die voneinander verschiedenen Indizes $j_1, \ldots, j_l$ die Werte $z_{j_1}, \ldots, z_{j_l}$ zusammenfallen, so bestimmen wir ihre Ränge $r_{j_1}, \ldots, r_{j_l}$ im Einklang mit der Definition der Rangstatistik $\mathcal{R}(\mathbf{x})$, indem wir unter den $l!$ möglichen Permutationen $r_{j_1}, \ldots, r_{j_l}$ eine bestimmte durch einen Zufallsmechanismus auswählen, der jede von ihnen mit derselben Wahrscheinlichkeit $1/l!$ liefert. Damit definieren wir dann W_x und anschließend U_x mit Hilfe von (3). Wie der Beweis von (3) zeigt, bleibt die ursprüngliche Definition (1) von U_x auch dann noch richtig, wenn wir nur darin die Ungleichung $x_i > y_k$ durch $r_i > r_{n+k}$ ersetzen, was ja in Abwesenheit von Bindungen mit $x_i > y_k$ gleichwertig ist.

Wir werden Zufallsmechanismen dieser Art im letzten Kapitel angeben. Um die Entscheidung über die Annahme oder Nichtannahme von H_1 zu treffen, lassen wir also nach der Beobachtung noch einen ad hoc konstruierten Zufallsmechanismus wirken. Es wäre einfach, formal einen Wahrscheinlichkeitsraum zu konstruieren, der diesen kombinierten Entscheidungsprozeß beschreibt, aber wesentlich ist nur, daß wieder unter H_0 alle Permutationen $(r_1, \ldots, r_{n+m})$ gleich wahrscheinlich sind und daß daher (5) nach wie vor gilt.

Die Verteilung (5) hängt von den beiden Parametern n und m ab. Bei großem n oder m reichen die vorhandenen Tafeln nicht aus, und auch Rechenprogramme helfen nicht immer weiter. Wir stellen daher wieder die Frage nach dem asymptotischen Verhalten dieser Verteilung und berechnen zunächst ihre Varianz. Zur Vereinfachung der Bezeichnungen setzen wir $R_{n+k} = S_k$ und definieren für $i = 1, \ldots, n$ und $k = 1, \ldots, m$ die Zufallsvariable

$$T_{ik} = \left\{ \begin{array}{ll} 1, & \text{wenn } R_i > S_k \,, \\ 0, & \text{wenn } R_i < S_k \,, \end{array} \right.$$

d. h. die Indikatorvariable des Ereignisses $\{R_i > S_k\}$, denn $R_i = S_k$ kommt ja nicht vor. Wie wir eben festgestellt haben, gilt

$$U_X = \sum_{i,k} T_{ik} \tag{6}$$

und daher nach (VII.4.21)

$$VX = \sum_{i,k,i',k'} \text{cov}(T_{ik}, T_{i'k'}) \,. \tag{7}$$

Wir berechnen unter H_0 die einzelnen Kovarianzen, die hier auftreten, und machen dabei wiederholt von der Permutationsinvarianz der gemeinsamen Verteilung von $R_1, \ldots, R_n, S_1, \ldots, S_m$ unter H_0 Gebrauch. Aus ihr folgt zunächst $P_0\{T_{ik} = 1\} = 1/2$ und damit

$$E_0 T_{ik} = \frac{1}{2} \,,$$

was übrigens wegen (6) einen neuen Beweis von (4) ergibt. Wir unterscheiden vier durch die Indizes i, k, i', k' definierte Fälle. Im Fall $i = i'$ und $k = k'$ ist $\text{cov}_0(T_{ik}, T_{i'k'})$ die Varianz der Indikatorvariablen T_{ik}, d. h. gleich $1/4$, und die Terme dieser Form in (7) liefern den Beitrag $nm/4$. Ist $i = i'$ und $k \neq k'$, so wird

$$\text{cov}_0(T_{ik}, T_{i'k'}) = E_0\big((T_{ik} - \frac{1}{2})(T_{i'k'} - \frac{1}{2})\big) \,. \tag{8}$$

Wir schreiben die durch die 6 möglichen Konstellationen von R_i, S_k und $S_{k'}$ definierten Ereignisse auf, die alle die Wahrscheinlichkeit $1/6$ haben: $R_i < S_k <$

$S_{k'}$; $R_i < S_{k'} < S_k$; $S_k < R_i < S_{k'}$; $S_{k'} < R_i < S_k$; $S_k < S_{k'} < R_i$; $S_{k'} < S_k < R_i$. Der Wert der Zufallsvariablen $(T_{ik}-1/2)(T_{ik'}-1/2)$ bei diesen Ereignissen ist der Reihe nach gleich $1/4$; $1/4$; $-1/4$; $-1/4$; $1/4$; $1/4$, so daß wir für (8) den Wert $1/12$ erhalten und daher für alle Terme dieser Gestalt zusammen den Beitrag $nm(m - 1)/12$. Entsprechend ergeben die Terme mit $i \neq i'$ und $k = k'$ den Beitrag $nm(n - 1)/12$. Ist schließlich $i \neq i'$ und $k \neq k'$, so bekommen wir in derselben Weise durch ein einfaches Symmetrieargument $\mathrm{cov}_0(T_{ik}, T_{i'k'}) = 0$, was man übrigens in Abwesenheit von Bindungen auch aus der Unabhängigkeit von T_{ik} und $T_{i'k'}$ herleiten kann. Damit erhalten wir schließlich

$$V_0 U_X = V_0 U_Y = \frac{1}{12} nm(n + m + 1) \,. \tag{9}$$

Es läßt sich nun zeigen [26], daß die Verteilung von U_X unter H_0 asymptotisch normal ist, d. h. nach (4) und (9), daß die kumulative Verteilungsfunktion von

$$\frac{U_X - \frac{nm}{2}}{\sqrt{\frac{1}{12} nm(n + m + 1)}}$$

gegen Φ konvergiert, wenn n und m gegen ∞ streben. Das ist wieder ein Grenzwertsatz vom Typ des zentralen Grenzwertsatzes VI.2.3, obwohl die Glieder der Summe (6) nicht alle unabhängig sind. Es sind jedoch in gewissem Sinne die meisten Terme voneinander unabhängig, und so lassen sich verwandte Beweismethoden anwenden.

Aus Platzgründen werden wir nicht beweisen, daß der Mann-Whitney-Wilcoxonsche Test unverfälscht ist, d. h. daß $P\{U_Y \geq \gamma\} \geq P_0\{U_Y \geq \gamma\}$ für jedes γ gilt, wenn die Verteilung P die Hypothese H_1 erfüllt, [26]. Wir wollen stattdessen zum Schluß ein häufig gebrauchtes Teilmodell des bisher verwendeten Modells erwähnen, nämlich das sogenannte *Translationsmodell*. Es besteht aus den gemeinsamen Verteilungen unabhängiger Variablen $X_1, \ldots, X_n, Y_1, \ldots, Y_m$, wobei jedes X_i dieselbe Verteilungsfunktion F hat und eine Zahl ϑ existiert, so daß jedes Y_k dieselbe Verteilung wie jedes $X_i + \vartheta$ besitzt, d. h. die Verteilungsfunktion $G(\xi) = F(\xi - \vartheta)$. Im Fall $\vartheta = 0$ ist H_0 erfüllt, im Fall $\vartheta > 0$ dagegen H_1, denn dann gilt $G \neq F$ und $G(\xi) = F(\xi - \vartheta) \leq F(\xi)$ für alle ξ. Folglich ist der Test auch unverfälscht auf demselben Niveau für die Alternativhypothese $\vartheta > 0$ zur Nullhypothese $\vartheta = 0$.

4. Aufgaben

1. Es sei $n = 4(d - 1)$ mit ganzem $d > 0$. Man gebe das Niveau des Konfidenzbereichs (2.4) in allgemeiner Form an, berechne es sodann numerisch und zwar exakt in den Fällen $d = 3$ und 4 und mit Hilfe der normalen Approximation in den Fällen $d = 4$ und 5, und untersuche sein Verhalten für $d \to \infty$. Schließlich vergleiche man diese Konfidenzintervalle für $n \to \infty$ mit den durch (2.7) gegebenen, in denen das Niveau konstant bleibt.

2. Wir analysieren noch einmal die Daten der Aufgabe VIII.3, ohne aber die Kenntnis darüber vorauszusetzen, daß sie einer Normalverteilung entstammen.

(a) Man zeichne ein zweckmäßiges empirisches Histogramm.

(b) Man bestimme die empirischen Mediane und Quartile.

(c) Auf dem Niveau 0,99 konstruiere man ein Konfidenzintervall für den Median.

(d) Auf dem Niveau 0,025 teste man die Hypothese H_0, der Median sei ≤ 50, gegen die entsprechende Alternative.

(e) Man vergleiche die in (b) gefundenen Werte mit denen einer Normalverteilung, deren Erwartung und Varianz gleich den in Aufgabe VIII.3 geschätzten Parametern sind.

(f) Man vergleiche die Resultate von (c) und (d) mit denen der Teile (a) und (b) der Aufgabe VIII.3. Bemerkung: Ist keine Tafel für die benötigte Binomialverteilung vorhanden, so ersetze man diese Verteilung durch ihre normale Approximation.

3. Man berechne die Wahrscheinlichkeiten (3.5) im Fall $n = 2$, $m = 3$ für alle $n = 0, \ldots, 6$. Was ist der p-Wert der Ergebnisse $xxyyy$ und $xyxyy$ in bezug auf den Mann-Whitney-Wilcoxonschen Test?

4. Aus zwei Populationen wurden die folgenden Daten gewonnen:
$$x_i:\ 11;\ 33;\ 22;\ 42;\ 16;\ 34;\ 3;\ 28;\ 43;\ 52;\ 23;$$
$$y_k:\ 33;\ 41;\ 55;\ 50;\ 20;\ 51;\ 42;\ 63;\ 37;\ 21;\ 38;\ 27.$$

(a) In beiden Datenreihen bestimme man alle empirischen Mediane.

(b) Man zeichne die empirischen Verteilungsfunktionen der x_i und der $y_k - \vartheta$, wobei ϑ so gewählt werde, daß beide der Anschauung nach möglichst dicht aneinander liegen, und vergleiche ϑ mit der Differenz je eines Medians der x und der y.

(c) Unter der Nullhypothese gleicher Verteilungen berechne man die Erwartung von U_X.

(d) Man entscheide, ob die Alternative H_1, die Verteilungen seien verschieden und Y sei stochastisch größer als X, mittels der Normalapproximation des Mann-Whitney-Wilcoxonschen Tests auf dem Niveau 0,05 angenommen werden kann, und dies für alle möglichen Festlegungen der Ränge im Fall von Bindungen.

(e) Eine Tafel der exakten Verteilung von U_X unter H_0 ergibt, daß man H_1 auf dem Niveau 0,05 dann und nur dann annehmen kann, wenn $U_X \leq 38$. Man nehme jetzt (d) in „exakter" Form wieder auf.

5. Wir vergleichen zwei Medikamente A und B im Hinblick auf ihren Einfluß auf die Blutgerinnungsdauer. 13 Versuchspersonen sollen alle sowohl mit A also auch mit B behandelt werden. Um eventuelle Wechselwirkungen zu reduzieren, lassen wir zwischen beiden Behandlungen eine geraume Zeit verfließen, und um den Einfluß der Reihenfolge, in der A und B gegeben werden, auszuschalten, teilen wir die Versuchspersonen „rein zufällig" in zwei Gruppen von 6 bzw. 7 Mitgliedern auf, von denen die ersten zuerst A und dann B bekommen, während es bei den zweiten umgekehrt gemacht wird. Es seien X_i die nach der Einnahme von A gemessene Zeit bis zur Blutgerinnung (in Sekunden) und Y_i die nach B gefundene, x_i und y_i deren Realisierungen:

i	1	2	3	4	5	6	7	8	9	10	11	12	13
x_i	136	91	107	110	127	98	97	89	100	143	120	96	86
y_i	99	78	86	86	92	121	72	93	84	102	62	95	90

(a) Man formuliere sinnvolle Hypothesen.

(b) Mit Hilfe des auf die $Z_i = X_i - Y_i$ angewandten Vorzeichentests berechne man den p-Wert für die passende Hypothesen.

(c) Ebenso mit Hilfe des auf die Z_i angewandten t-Tests; was setzen wir dabei voraus?

(d) Gibt es gute Gründe zu vermuten, daß diese Voraussetzung nicht erfüllt ist?

Anleitung:
Zu (a): Aufgrund der Konstruktion des Experiments haben (X_i, Y_i) und (Y_i, X_i) dieselbe Verteilung, wenn zwischen A und B kein Unterschied in der Wirkung besteht.

Zu (c): Man zeichne die Realisierungen z_i von Z_i auf der reellen Zahlengeraden und vergleiche ihre empirischen α-Quantile für $\alpha = 1/4, 1/2, 3/4$ mit den entsprechenden Quantilen der Verteilung $N(\bar{z}, s_z^2)$, wobei s_z^2 die empirische Varianz der z_i ist.

Kapitel X

Regressions- und Varianzanalyse

Die beiden Populationen, die wir uns im vorigen Abschnitt anschaulich im Hintergrund des Zweistichprobenproblems vorgestellt haben, lassen sich durch eine binäre Variable X beschreiben (die nicht mit den dort behandelten X_i verwechselt werden darf): X nimmt den Wert 1 in der ersten und den Wert 2 in der zweiten Population an. Dabei ist X also a priori keine Zufallsvariable. Eine erste natürliche Verallgemeinerung würde m Populationen betreffen. Hier definiert $X = j$ die j-te Population; man sagt auch, die j-te Population bestünde aus allen Elementen, für die sich X auf dem „Niveau" j befindet. Das allgemeine Regressionsproblem ist nun das der Untersuchung einer Zufallsvariablen Y, die in gewisser Weise von Variablen $X_1, \ldots, X_l$ abhängt, deren jede verschiedene Niveaus, d. h. Werte, annehmen kann.

Beispiel. Die zugrunde liegende Population besteht aus Personen, X_1 ist das Alter, X_2 der diastolische Blutdruck, X_3 der β-Cholesterinspiegel, X_4 mißt die sportlichen Aktivitäten, X_5 den täglichen Tabakkonsum, X_6 den von Schweinshaxen usw.; Y ist die Zeit vom Augenblick der Messung dieser Variablen bis zur ersten kardio-vaskulären Komplikation.

Mit Beispielen solcher Art im Auge nennt man die X_k *prognostische* Variable und Y heißt die *Ergebnisvariable*. Im Fall $l = 1$ spricht man von *einfacher* und im Fall $l > 1$ von *multipler* Regression. Wir werden uns auf den Fall von *linearen* Regressionen beschränken, der dadurch definiert ist, daß der Erwartungswert EY eine lineare oder affine Funktion der Werte von $X_1, \ldots, X_l$ ist. Die Varianzanalyse ist formal gesehen ein Teil der Regressionsanalyse, aber im Hinblick auf die Anwendungen werden wir sie getrennt behandeln.

1. Regressionsanalyse

Wir stellen uns vor, wir wollten
die Abhängigkeit der Länge eines
Stabs von seiner Temperatur messen. Dazu könnten wir ihn auf verschiedene Temperaturen $x_1, \ldots, x_n$
bringen, die entsprechenden Längen
$y_1, \ldots, y_n$ messen und das Ergebnis in einem Schaubild auftragen,
das etwa wie das nebenstehende aussehen würde. Wohl kaum jemand
würde auf die Idee kommen, die
Punkte (x_i, y_i), $i = 1, \ldots, n$, in diesem Diagramm durch einen Poly-
gonzug zu verbinden und diesen nun
als *die* Abhängigkeit der Stablänge
von der Temperatur anzusehen.

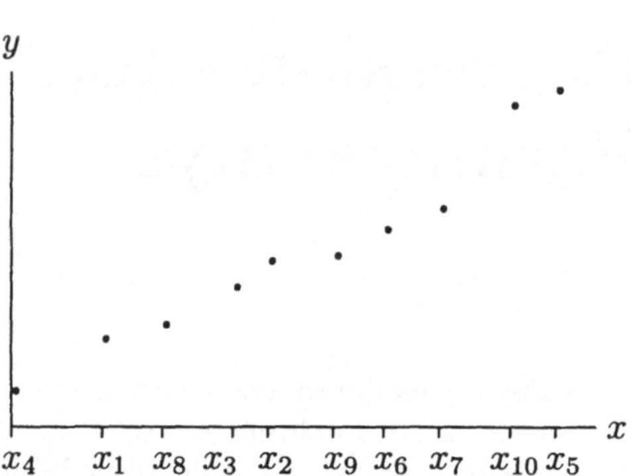

Abb. 1. Abhängigkeit der Länge eines
Stabes von der Temperatur

Angesichts der Form der Menge dieser Punkte liegt es jedoch nahe, in einem
nicht zu weit über die gewählten x_i hinausgehenden Temperaturbereich eine
lineare Abhängigkeit der Form

$$y = a + bx \tag{1}$$

anzunehmen und die Abweichungen der gefundenen Punkte von dieser Geraden
als vom Zufall bedingt anzusehen. Man betrachtet also y_i als Realisierung einer
Zufallsvariablen Y_i mit dem Erwartungswert

$$EY_i = a + bx_i , \quad i = 1, \ldots, n . \tag{2}$$

Die „ungefähre" Lage der Geraden (1) kann man erhalten, indem man eine
Gerade „mitten durch" die Ergebnispunkte zieht. Jedoch ist klar, daß verschiedene Personen verschiedener Meinung darüber sein werden, welche Gerade die
Meßreihe am besten approximiert, ganz zu schweigen davon, daß damit nichts
über die Genauigkeit dieser Approximation ausgesagt ist.

Ein objektives Kriterium zur Definition der am besten approximierenden
Geraden wird durch die *Methode der kleinsten Quadrate* gegeben: die Parameter
a und b sind so zu bestimmen, daß der Ausdruck

$$\sum_{i=1}^{n} (y_i - a - bx_i)^2 \tag{3}$$

sein Minimum annimmt.

Offensichtlich ist (3) die Summe der Quadrate der vertikalen Abstände der
Punkte (x_i, y_i) von der Geraden (1). Nullsetzen der partiellen Ableitungen von

(3) nach a und b führt zu den sogenannten *Normalgleichungen*

$$\sum_{i=1}^{n}(y_i - a - bx_i) = 0 \,, \qquad \sum_{i=1}^{n} x_i(y_i - a - bx_i) = 0 \,. \qquad (4)$$

Wir bekommen dieselben Gleichungen, wenn wir uns überlegen, daß unser Problem darauf hinausläuft, in der von den Vektoren $(1,\ldots,1)^t$ und $(x_1,\ldots,x_n)^t$ in $\mathbb{R}^n$ aufgespannten Ebene den dem Vektor $(y_1,\ldots,y_n)^t$ nächstgelegenen Punkt zu suchen. Bekanntlich ist er die orthogonale Projektion von $(y_1,\ldots,y_n)^t$ auf diese Ebene, also derjenige ihrer Punkte, dessen Differenz mit $(y_1,\ldots,y_n)^t$ auf $(1,\ldots,1)^t$ und auf $(x_1,\ldots,x_n)^t$ senkrecht steht, und das gibt gerade die Normalgleichungen (4).

Setzen wir wie früher

$$x. = \sum_{i=1}^{n} x_i \,, \qquad \bar{x} = \frac{x.}{n} \,, \qquad (x^2). = \sum_{i=1}^{n} x_i^2 \,,$$

entsprechend mit y, und

$$(xy). = \sum_{i=1}^{n} x_i y_i \,,$$

so erhalten wir aus (4) das Gleichungssystem

$$na + x.b = y. \,, \qquad x.a + (x^2).b = (xy).$$

mit den Lösungen

$$\hat{b} = \frac{n(xy). - x.y.}{n(x^2). - (x.)^2} \,, \qquad \hat{a} = \bar{y} - \hat{b}\bar{x} = \frac{(x^2).y. - (xy).x.}{n(x^2). - (x.)^2}. \qquad (5)$$

Man beachte, daß wegen (VIII.3.1) die Nenner von 0 verschieden sind, wenn wenigstens zwei verschiedene x_i vorkommen, was wir im folgenden immer annehmen wollen; sonst darf man ja nicht erwarten, etwas über die Abhängigkeit der Länge des Stabs von seiner Temperatur aussagen zu können.

Aus der geometrischen Interpretation von (4) folgt, daß (3) für $(\hat{a},\hat{b})$ tatsächlich minimal wird.

Die Gerade

$$y = \hat{a} + \hat{b}x \qquad (6)$$

heißt die *Regressionsgerade* zur obigen Meßreihe. Sie ist eine Schätzung der durch (2) ausgedrückten *Regression von Y auf X*. Da man die Temperaturen x_i mehr oder weniger frei wählen kann, so nennt man die prognostische Variable X auch die *unabhängige Variable* und die Ergebnisvariable Y die *abhängige Variable*.

Bevor wir die Eigenschaften der linearen Regression (5) und (6) weiter untersuchen, werden wir das allgemeine Modell der multilinearen, d.h. multiplen linearen, Regression definieren. Für jedes $i = 1,\ldots,n$ seien reelle Zahlen $x_{i1},\ldots,x_{im}$ mit $m \leq n$ gegeben, die im folgenden fest bleiben. Sie stellen

Charakteristiken eines i-ten Experiments dar, in dem sie gewählt oder gemessen werden, und sind daher bekannt. Wir können $x_{1k},\ldots,x_{nk}$ als die Werte einer prognostischen Variablen X_k in den n Experimenten ansehen wie etwa der Temperatur im vorangegangenen Beispiel. Wir brauchen dies nicht als mathematischen Begriff zu definieren, da ja nur die gegebenen Werte x_{ik} ins Spiel kommen; jedenfalls ist X_k nicht notwendig eine Zufallsvariable. Ferner haben wir Zufallsvariable $Y_1,\ldots,Y_n$, die wir als die entsprechenden Werte einer Ergebnisvariablen in den n Experimenten ansehen. Wir setzen voraus, daß $Y_1,\ldots,Y_n$ paarweise unkorreliert sind mit gleicher Varianz σ^2 und daß ihre Erwartungswerte $\mu_i = EY_i$ sich in der Form

$$\mu_i = c_1 x_{i1} + \cdots + c_m x_{im}, \quad i = 1,\ldots,n, \tag{7}$$

mit gewissen unbekannten Parametern $c_1,\ldots,c_m$ schreiben lassen. Dies ist das sogenannte *lineare Modell*. Die Gleichung (7) ist äquivalent mit

$$Y_i = c_1 x_{i1} + \cdots + c_m x_{im} + \varepsilon_i,$$

wobei die Zufallsvariable ε_i, der „Fehler", den Erwartungswert 0 hat. Das Modell (2) erhalten wir als Spezialfall für $m = 2$, $x_{i1} = 1$, $x_{i2} = x_i$, $c_1 = a$ und $c_2 = b$; de facto haben wir also hier nur eine prognostische Variable $X = X_2$, d.h. es ist $l = 1$, denn X_1 ist ja die Konstante 1.

Unser erstes Problem ist, den Vektor

$$\mathbf{c} = (c_1,\ldots,c_m)^t$$

und σ^2 aus Realisierungen $y_1,\ldots,y_n$ von $Y_1,\ldots,Y_n$ zu schätzen. Wir sehen uns dieses Problem zunächst wieder mit den Augen des Geometers an und führen einige Bezeichnungen ein. Wie schon früher werde die Erwartung eines Zufallsvektors „komponentenweise" definiert. Es sei

$$\mathcal{X} = \begin{pmatrix} x_{11} & x_{12} & \cdots & x_{1m} \\ x_{21} & x_{22} & \cdots & x_{2m} \\ \vdots & \vdots & \ddots & \vdots \\ x_{n1} & x_{n2} & \cdots & x_{nm} \end{pmatrix}$$

die Matrix, deren k-te Spalte $\mathbf{x}_k = (x_{1k},\ldots,x_{nk})^t$ aus den Werten der prognostischen Variablen X_k besteht. Weiter sei $\mathbf{y} = (y_1,\ldots,y_n)^t$ der Vektor der Werte von Y. Die Annahme (7) läuft dann darauf hinaus vorauszusetzen, daß der Vektor $\boldsymbol{\mu} = E\mathbf{Y} = (\mu_1,\ldots,\mu_n)^t$ der Erwartung von $\mathbf{Y} = (Y_1,\ldots,Y_n)^t$ in dem von $\mathbf{x}_1,\ldots,\mathbf{x}_m$ aufgespannten linearen Unterraum M von $\mathbb{R}^n$ liegt.

Wie im Fall des Modells (2) bilden wir die Projektion

$$\hat{\mathbf{y}} = (\hat{y}_1,\ldots,\hat{y}_n)^t = \mathrm{Pr}_M \mathbf{y} \tag{8}$$

von $\mathbf{y}$ auf M. Das ist derjenige Punkt $\mathbf{z} \in M$, für den das Quadrat $|\mathbf{y} - \mathbf{z}|^2$ des Abstandes zwischen $\mathbf{y}$ und $\mathbf{z}$ minimal wird. In diesem Sinne haben wir $\hat{\mathbf{y}}$

wieder nach der Methode der kleinsten Quadrate erhalten. Man bezeichnet $\hat{y}_i$ als den *vorausgesagten* oder auch als den an das Modell *angepaßten* Wert im Gegensatz zum beobachteten Wert y_i von Y_i; es hängt daher $\hat{y}_i$ vom gesamten Beobachtungsergebnis $y_1, \ldots, y_n$ ab. Die Differenzen $y_i - \hat{y}_i$ heißen die *Residuen*. Definitionsgemäß ist $\mathbf{y} = \hat{\mathbf{y}} + (\mathbf{y} - \hat{\mathbf{y}})$ die orthogonale Zerlegung von $\mathbf{y}$ in einen Vektor aus M und einen auf M senkrecht stehenden Vektor, dessen Länge also der Abstand zwischen $\mathbf{y}$ und M ist.

Betrachten wir dies alles in Abhängigkeit vom Beobachtungsergebnis, so haben wir Zufallsvariable $\hat{Y}_i$, die die Komponenten des Zufallsvektors $\hat{\mathbf{Y}} = \mathrm{Pr}_M \mathbf{Y}$ sind. Da Pr_M linear ist, d.h. die $\hat{Y}_i$ lineare Funktionen der Y_j sind, so ergibt sich aus der Linearität des Funktionals „Erwartung" und aus $\boldsymbol{\mu} \in M$, daß $E\hat{\mathbf{Y}} = E\mathrm{Pr}_M \mathbf{Y} = \mathrm{Pr}_M E\mathbf{Y} = \mathrm{Pr}_M \boldsymbol{\mu} = \boldsymbol{\mu}$. Dies bedeutet, daß $\hat{\mathbf{Y}}$ eine erwartungstreue Schätzung von $E\mathbf{Y}$ bildet, d.h. $\hat{Y}_i$ ist erwartungstreu als Schätzung von μ_i für $i = 1, \ldots, n$.

Wir stellen nun die Vektoren aus M mit Hilfe der Vektoren $\mathbf{x}_k$ dar, wie es dem ursprünglichen Problem und den Bedürfnissen des Rechnens entspricht. Dazu setzen wir voraus, daß diese Vektoren linear unabhängig sind, was bedeutet, daß $\mathcal{X}$ den Rang m hat. Die Gleichungen (7) schreiben sich in vektorieller Form

$$EY = \mathcal{X}\mathbf{c} , \tag{9}$$

wobei $\mathbf{c}$ jetzt eindeutig ist, so daß das Problem seiner Schätzung einen Sinn hat. Wir definieren den Vektor $\hat{\mathbf{c}} = (\hat{c}_1, \ldots, \hat{c}_m)^t$ als den der Koordinaten der durch (8) definierten Schätzung $\hat{\mathbf{y}}$ in bezug auf dieselbe Basis $\mathbf{x}_1, \ldots, \mathbf{x}_m$, d.h. durch

$$\hat{\mathbf{y}} = \mathcal{X}\hat{\mathbf{c}} . \tag{10}$$

Die Berechnung von $\hat{\mathbf{c}}$ läuft also einfach auf das geometrische Problem der Bestimmung der Koordinaten einer Projektion auf M in bezug auf irgendeine Basis von M hinaus. Wir können die Bedingung, daß $\mathbf{y} - \hat{\mathbf{y}}$ auf M senkrecht steht, in der Form $\mathbf{x}_k^t(\mathbf{y} - \hat{\mathbf{y}}) = 0$, $k = 1, \ldots, m$, ausdrücken, was nach (10) gleichwertig ist mit

$$\mathbf{x}_k^t \mathbf{y} = \mathbf{x}_k^t \mathcal{X}\hat{\mathbf{c}} , \quad k = 1, \ldots, m, \tag{11}$$

oder kurz

$$\mathcal{X}^t \mathbf{y} = \mathcal{X}^t \mathcal{X}\hat{\mathbf{c}} . \tag{12}$$

Die Gleichungen (11) heißen wieder die *Normalgleichungen*, und wie oben bekommen wir sie auch dadurch, daß wir die partiellen Ableitungen der Abstandsfunktion $\mathbf{c} \mapsto |\mathbf{y} - \mathcal{X}\mathbf{c}|^2$ nach $c_1, \ldots, c_m$ gleich Null setzen.

Um (12) nach $\mathbf{c}$ aufzulösen, bemerken wir, daß die $(m \times m)$-Matrix $\mathcal{X}^t\mathcal{X}$ den Rang m hat. Aus $\mathbf{a} \in \mathbb{R}^m$ und $\mathcal{X}^t\mathcal{X}\mathbf{a} = 0$ folgt nämlich $|\mathcal{X}\mathbf{a}|^2 = \mathbf{a}^t\mathcal{X}^t\mathcal{X}\mathbf{a} = 0$, also $\mathcal{X}\mathbf{a} = 0$ und folglich, da $\mathcal{X}$ den Rang m hat, $\mathbf{a} = 0$. Damit bekommen wir:

$$\hat{\mathbf{c}} = (\mathcal{X}^t\mathcal{X})^{-1}\mathcal{X}^t\mathbf{y}. \tag{13}$$

Dies sind die *Fundamentalgleichungen der Regression*. Es ist ein leichtes zu verifizieren, daß die Gleichungen (5) einen Spezialfall davon bilden (Aufgabe 1).

Aus (9) folgen ebenso die entsprechenden Gleichungen

$$\mathbf{c} = (\mathcal{X}^t\mathcal{X})^{-1}\mathcal{X}^t\boldsymbol{\mu} \ . \tag{14}$$

Sehen wir $\hat{\mathbf{c}}$ in (13) als Zufallsvektor, nämlich als Funktion des Zufallsvektors $\mathbf{Y}$, an und schreiben demensprechend $\hat{\mathbf{C}}$, so ergibt sich aus (14) wegen der Linearität der Erwartung, daß $E\hat{\mathbf{C}} = \mathbf{c}$, d. h. $\hat{C}_k$ ist eine erwartungstreue Schätzung von c_k für $k = 1,\ldots,m$.

Die so konstruierten Schätzungen der Parameter $c_1,\ldots,c_m$ oder, was auf dasselbe hinausläuft, der Erwartungen $\mu_1,\ldots,\mu_n$, sind Funktionen der „vorausgesagten Werte" $\hat{y}_i$. Wir zeigen nun, daß wir im Fall $m < n$ mit Hilfe der Residuen $y_i - \hat{y}_i$ eine erwartungstreue Schätzung von σ^2 definieren können, nämlich

$$s^2 = \frac{1}{n-m}|\mathbf{y} - \hat{\mathbf{y}}|^2. \tag{15}$$

Diese hängt also nur vom Abstand zwischen $\mathbf{y}$ und M ab. Bei bekannten Erwartungen μ_i wäre natürlich, wie wir in Abschnitt VIII.2 gesehen haben, $n^{-1}|\mathbf{y}-\boldsymbol{\mu}|^2$ erwartungstreu als Schätzung von σ^2. Die Schätzung (15) ergibt sich daraus, indem man $\boldsymbol{\mu}$ durch seine Schätzung $\hat{\mathbf{y}}$ ersetzt und n durch $n-m$. In den meisten Anwendungen ist die Anzahl m der Parameter klein gegenüber der Zahl n der Beobachtungen, so daß $(n-m)/n$ nahe bei 1 liegt.

Zum Beweis der Erwartungstreue von (15) bezeichnen wir mit $\mathcal{Z}$ die Matrix $(z_{ik})_{i,k=1,\ldots,n}$ der Projektion Pr_M von $\mathbb{R}^n$ auf M, also nach (10) und (13):

$$\mathcal{Z} = \mathcal{X}(\mathcal{X}^t\mathcal{X})^{-1}\mathcal{X}^t \ .$$

Dann gilt

$$\mathcal{Z}^t = \mathcal{Z} \ , \qquad \mathcal{Z}^2 = \mathcal{Z} \ , \qquad \sum_{i=1}^{n} z_{ii} = \mathrm{Spur}\mathcal{Z} = m$$

und

$$\hat{\mathbf{Y}} = \mathcal{Z}\mathbf{Y} \ . \tag{16}$$

Ferner ist

$$E(\mathbf{Y}^t\mathcal{Z}\mathbf{Y}) = \sum_{i,k=1}^{n} z_{ik}E(Y_iY_k) \ ,$$

und wegen $E\mathbf{Y} \in M$ haben wir $\mathcal{Z}E\mathbf{Y} = E\mathbf{Y}$ und damit

$$\sum_{i=1}^{n}(EY_i)^2 = E\mathbf{Y}^tE\mathbf{Y} = E\mathbf{Y}^t\mathcal{Z}E\mathbf{Y} = \sum_{i,k=1}^{n} z_{ik}EY_iEY_k \ .$$

Da die Y_i paarweise unkorreliert sind, so ist $E(Y_iY_k) = EY_iEY_k$ für $i \neq k$, und nach der Steinerschen Gleichung (IV.2.7) gilt $E(Y_i^2) = \sigma^2 + (EY_i)^2$ für jedes i. Dies alles zusammen impliziert schließlich für die durch (15) definierte Zufallsvariable S^2:

$$\begin{aligned}
E((n-m)S^2) &= E((\mathbf{Y} - \mathcal{Z}\mathbf{Y})^t(\mathbf{Y} - \mathcal{Z}\mathbf{Y})) \\
&= E(\mathbf{Y}^t\mathbf{Y}) + E(\mathbf{Y}^t\mathcal{Z}^t\mathcal{Z}\mathbf{Y}) - 2E(\mathbf{Y}^t\mathcal{Z}\mathbf{Y}) \\
&= E(\mathbf{Y}^t\mathbf{Y}) - E(\mathbf{Y}^t\mathcal{Z}\mathbf{Y}) = \sum_{i=1}^{n} E(Y_i^2) - \sum_{i,k=1}^{n} z_{ik} E(Y_i Y_k) \\
&= n\sigma^2 + \sum_{i=1}^{n}(EY_i)^2 - \sum_{i=1}^{n} z_{ii} E(Y_i^2) - \sum_{i \neq k} z_{ik} EY_i EY_k \\
&= n\sigma^2 + \sum_{i=1}^{n}(EY_i)^2 - \sum_{i=1}^{n} z_{ii}\sigma^2 - \sum_{i,k=1}^{n} z_{ik} EY_i EY_k = (n-m)\sigma^2 \ ,
\end{aligned}$$

also in der Tat $E(S^2) = \sigma^2$.

Wir bemerken, daß wir $\sigma^2\mathcal{Z}$ als Kovarianzmatrix des Zufallsvektors $\hat{\mathbf{Y}}$ interpretieren können, denn da die Kovarianzmatrix von $\mathbf{Y}$ voraussetzungsgemäß das σ^2-fache der Einheitsmatrix ist, wird die von $\hat{\mathbf{Y}}$ nach (VII.6.2) und (16) gleich

$$\mathrm{cov}\,\hat{\mathbf{Y}} = \mathcal{Z}(\mathrm{cov}\,\mathbf{Y})\mathcal{Z}^t \ ,$$

also

$$\mathrm{cov}\,\hat{\mathbf{Y}} = \sigma^2\mathcal{Z} \ . \tag{17}$$

Ebenso bekommen wir aus (13) die Kovarianzmatrix von $\hat{\mathbf{C}}$, nämlich

$$\mathrm{cov}\,\hat{\mathbf{C}} = \sigma^2(\mathcal{X}^t\mathcal{X})^{-1} \ . \tag{18}$$

Wir fassen unsere Ergebnisse zusammen:

Satz 1. *Im Modell (7), d. h. (9), mit unkorrelierten Zufallsvariablen Y_i gleicher Varianz σ^2 und Rang $\mathcal{X} = m$ ist (8), d. h. (16), eine erwartungstreue Schätzung von $\boldsymbol{\mu}$ mit der Kovarianzmatrix (17) und (13) eine erwartungstreue Schätzung von $\mathbf{c}$ mit der Kovarianzmatrix (18). Im Fall $m < n$ stellt (15) eine erwartungstreue Schätzung von σ^2 dar.*

Hiernach können wir insbesondere die Varianzen der Schätzungen $\hat{Y}_i$ und $\hat{C}_k$ durch $\mathcal{X}$ und σ^2 ausdrücken und eventuell noch wie in Abschnitt VIII.3 das unbekannte σ^2 durch s^2 ersetzen, aber sonst sagt dieser Satz nichts weiter über die Güte der Schätzungen aus. Wenn wir jedoch darüber hinaus voraussetzen, daß $\mathbf{Y}$ normalverteilt ist, so können wir ihre Verteilungen finden:

Satz 2. *Im Modell (7) seien $Y_1, \ldots, Y_n$ unabhängig, und Y_i sei nach $N(\mu_i, \sigma^2)$ verteilt. Dann gilt:*

a) *$\hat{\mathbf{Y}}$ folgt der Normalverteilung $N(\boldsymbol{\mu}, \sigma^2\mathcal{Z})$;*

b) *$\hat{\mathbf{C}}$ folgt der Normalverteilung $N(\mathbf{c}, \sigma^2(\mathcal{X}^t\mathcal{X})^{-1})$;*

c) $(n-m)S^2/\sigma^2$ ist χ^2_{n-m}-verteilt;

d) $|\hat{\mathbf{Y}} - \boldsymbol{\mu}|^2/\sigma^2$ ist χ^2_m-verteilt;

e) S^2 und $|\hat{\mathbf{Y}}|^2$ sind unabhängig.

Beweis. a) und b) folgen aus Satz VII.6.1, (13) und (16)–(18).

Die Aussagen c)–e) leiten wir, genauso wie den Satz VIII.3.1, aus dem Satz VII.6.2 ab, indem wir $L_1 = M, L_2 = M^\perp$ und $\mathbf{X} = \mathbf{Y}^* = (\mathbf{Y} - \boldsymbol{\mu})/\sigma$ setzen. Dann ist nämlich $\mathbf{W}_1 = \mathrm{Pr}_{L_1}\mathbf{Y}^* = (\hat{\mathbf{Y}} - \boldsymbol{\mu})/\sigma$ und $\mathbf{W}_2 = \mathrm{Pr}_{L_2}\mathbf{Y}^* = (\mathbf{Y} - \hat{\mathbf{Y}})/\sigma$, was die Unabhängigkeit von $\mathbf{W}_1$ und $\mathbf{W}_2$ und damit die von $\hat{\mathbf{Y}}$ und $\mathbf{Y} - \hat{\mathbf{Y}}$ ergibt, was e) nach sich zieht. Weiter ist $|\mathbf{W}_1|^2 = |\hat{\mathbf{Y}} - \boldsymbol{\mu}|^2/\sigma^2$ und $|\mathbf{W}_2|^2 = (n-m)S^2/\sigma^2$, und daraus folgen nun c) und d). $\qquad\square$

Die Definition VII.5.2 gibt uns noch das

Korollar. *Die Zufallsvariable*

$$\frac{|\hat{\mathbf{Y}} - \boldsymbol{\mu}|^2/m}{S^2}$$

ist $F_{m,\,n-m}$-verteilt.

Bezeichnen wir mit $f_\alpha = F_{m,n-m;1-\alpha}$ das $(1-\alpha)$-Quantil der $F_{m,\,n-m}$-Verteilung, so folgt aus diesem Korollar, daß

$$\mathbf{y} \mapsto \left\{ \boldsymbol{\mu} \in M : \frac{|\hat{\mathbf{y}} - \boldsymbol{\mu}|^2/m}{s^2} < f_\alpha \right\} \tag{19}$$

einen Konfidenzbereich für $\boldsymbol{\mu}$ und

$$\mathbf{y} \mapsto \left\{ \mathbf{c} : \frac{|\mathcal{X}(\hat{\mathbf{c}} - \mathbf{c})|^2/m}{s^2} < f_\alpha \right\} \tag{20}$$

einen Konfidenzbereich für $\mathbf{c}$ zum Niveau $1 - \alpha$ bildet. Der Bereich (19) ist der Durchschnitt von M mit einer n-dimensionalen Kugel mit dem Mittelpunkt $\hat{\mathbf{y}}$, und (20) ist ein m-dimensionales Ellipsoid mit dem Mittelpunkt $\hat{\mathbf{c}}$.

Ebenso erhalten wir aus dem Korollar den p-Wert der Beobachtung $\mathbf{y}$ für die Hypothese $H_0 : \mathbf{c} = \mathbf{c}_0$ gegen die Alternative $H_1 : \mathbf{c} \neq \mathbf{c}_0$ mit bekanntem $\mathbf{c}_0$, nämlich

$$P\left\{ F \geq \frac{|\mathcal{X}(\hat{\mathbf{c}} - \mathbf{c}_0)|^2/m}{s^2} \right\},$$

wobei F irgendeine Zufallsvariable sei, die der $F_{m,\,n-m}$-Verteilung folgt. Wenn wir den rechts in der geschweiften Klammer stehenden Ausdruck, von $\mathbf{y}$ ausgehend, berechnet haben, so finden wir also den p-Wert in einer Tafel dieser Verteilung.

Setzen wir $\boldsymbol{\mu}_0 = \mathcal{X}\mathbf{c}_0$, so bekommt H_0 die Form $\boldsymbol{\mu} = \boldsymbol{\mu}_0$, und wir können uns auf den Fall $\boldsymbol{\mu}_0 = 0$ beschränken, indem wir $\mathbf{Y} - \boldsymbol{\mu}_0$ anstelle von $\mathbf{Y}$ betrachten.

In diesem Fall sehen wir die H_0 definierende Menge $\{0\}$ als einen nulldimensionalen linearen Unterraum von M an und gelangen durch Verallgemeinerung zur Definition der allgemeinen *linearen Hypothese*, nämlich $H_0 : \mu \in L$, $H_1 : \mu \notin L$, wobei L ein bekannter echter linearer Unterraum von M ist. Es sei d seine Dimension. Jetzt sieht die Teststatistik

$$\frac{n-m}{m-d} \frac{|\hat{\mathbf{Y}} - \mathrm{Pr}_L \mathbf{Y}|^2}{|\mathbf{Y} - \hat{\mathbf{Y}}|^2} = \frac{|\hat{\mathbf{Y}} - \mathrm{Pr}_L \mathbf{Y}|^2/(m-d)}{S^2} \tag{21}$$

erfolgversprechend aus: unter H_0 gilt ja $\mu - \mathrm{Pr}_L\mu = 0$, unter H_1 dagegen $\mu - \mathrm{Pr}_L\mu \neq 0$, so daß man wegen $E(\hat{\mathbf{Y}} - \mathrm{Pr}_L\mathbf{Y}) = \mu - \mathrm{Pr}_L\mu$ unter H_1 vergleichsweise größere Werte von (21) erwarten kann als unter H_0. Um aus dieser intuitiven Überlegung einen Test abzuleiten, verwenden wir den

Satz 3. *In der eben beschriebenen Situation gilt:*

a) *S^2 und $|\hat{\mathbf{Y}} - \mathrm{Pr}_L \mathbf{Y}|^2$ sind unabhängig;*

b) *Unter H_0 folgt $|\hat{\mathbf{Y}} - \mathrm{Pr}_L \mathbf{Y}|^2$ der χ^2_{m-d}-Verteilung.*

Beweis. Auch dies folgt direkt aus dem Satz VII.6.2. Wir setzen $\mathbf{X} = \mathbf{Y}^* = (\mathbf{Y} - \mu)/\sigma$, $L_1 = L$, $L_2 = M \cap L^\perp$, $L_3 = M^\perp$ und $\mathbf{W}_r = \mathrm{Pr}_{L_r} \mathbf{Y}^*$, $r = 1, 2, 3$. Dann wird

$$\mathbf{W}_1 = (\mathrm{Pr}_L \mathbf{Y} - \mathrm{Pr}_L\mu)/\sigma, \quad \mathbf{W}_2 = (\hat{\mathbf{Y}} - \mathrm{Pr}_L\mathbf{Y} + \mathrm{Pr}_L\mu - \mu)/\sigma, \quad \mathbf{W}_3 = (\mathbf{Y} - \hat{\mathbf{Y}})/\sigma,$$

und die Unabhängigkeit von $\mathbf{W}_1$, $\mathbf{W}_2$ und $\mathbf{W}_3$ ergibt die von $\mathrm{Pr}_L\mathbf{Y}$, $\hat{\mathbf{Y}} - \mathrm{Pr}_L\mathbf{Y}$ und $\mathbf{Y} - \hat{\mathbf{Y}}$. Dies impliziert a). Unter H_0 ist weiter $\mathbf{W}_2 = (\hat{\mathbf{Y}} - \mathrm{Pr}\mathbf{Y})/\sigma$, und damit ist auch b) bewiesen. $\qquad\square$

Korollar. *Unter H_0 folgt die Statistik (21) der Verteilung $F_{m-d,\,n-m}$.*

Damit können wir zur Konstruktion von Tests oder zur Berechnung eines p-Wertes wie bisher verfahren.

Wir schließen diesen Abschnitt, indem wir noch einmal zurückblicken und uns Gedanken über die Bedeutung und Anwendbarkeit der verschiedenen Methoden machen.

Bisher hatten wir die Matrix $\mathcal{X}$ festgehalten. Wir hatten ihre Zeilen ja als die Werte von m prognostischen Variablen $X_1, \ldots, X_m$ in n Versuchen oder Beobachtungen interpretiert und daraus sind aus den beobachteten Realisierungen y_i die geschätzten Werte $\hat{c}_k$ für die Parameter c_k abgeleitet. Schließlich sind wir durch Einsetzen der $\hat{c}_k$ auf der rechten Seite von (7) zu den vorausgesagten Werten $\hat{y}_1, \ldots, \hat{y}_n$ von $Y_1, \ldots, Y_n$ gelangt, deren jeder dadurch von sämtlichen y_i abhängt. Nun können wir aber den Ausdruck

$$\hat{y}_0 = \hat{c}_1 x_{01} + \cdots + \hat{c}_m x_{0m} \tag{22}$$

auch mit irgendwelchen anderen Werten $x_{01}, \ldots, x_{0m}$ bilden, die wir nicht notwendig beobachtet oder gemessen haben. Wir würden dann $\hat{y}_0$ als den aufgrund

der n Beobachtungen vorausgesagten Wert von Y ansehen, wenn die prognostische Variable X_k den Wert x_{0k} hat, $k = 1, \ldots, m$. Im Beispiel der Länge des
Stabs in Abhängigkeit von der Temperatur wäre also

$$\hat{y}_0 = \hat{a} + \hat{b}x_0$$

seine vorausgesagte Länge bei der Temperatur x_0, nachdem wir vorher seine
Längen $y_1, \ldots, y_n$ bei den Temperaturen $x_1, \ldots, x_n$ gemessen haben. Die Qualität dieser Voraussage hängt von zwei Dingen ab: erstens davon, wie gut das zugrunde gelegte lineare Modell (2) mit geeigneten a und b „stimmt", und zweitens
von der Genauigkeit der Schätzungen $\hat{a}$ und $\hat{b}$, die sich auf die vorausgegangenen
Beobachtungen stützen.

Wir werden die beiden eben aufgeworfenen Fragen kurz im Rahmen des allgemeinen Modells (7) diskutieren. Über die geschätzten Varianzen der Schätzungen
$\hat{C}_k$ haben wir oben schon gesprochen. Die üblichen Rechenprogramme liefern
diese Schätzungen der Varianzen zusammen mit den Schätzwerten $\hat{c}_k$ und s^2.
Mit Hilfe von Satz 2,b) können wir daraus sofort näherungsweise Konfidenzintervalle für die $\hat{c}_k$ in numerischer Form ableiten.

Die Frage, inwieweit das Modell das zugrunde liegende Phänomen korrekt
beschreibt, ist komplexer. Wir werden sie nur von einem Standpunkt aus behandeln, der uns auch gleich in den nächsten Abschnitt hinüberleiten wird. Wir
tun es außerdem nur in dem Spezialfall, wo M die Diagonale D, d. h. die von
$(1, \ldots, 1)^t$ erzeugte Gerade, enthält. Ohne Einschränkung der Allgemeinheit
können wir dann voraussetzen, daß $x_{i1} = 1$ für $i = 1, \ldots, n$ gilt, was insbesondere auf das Modell (2) zutrifft.

Wie wir uns schon früher überlegt haben, ist $\bar{\mathbf{y}} = (\bar{y}, \ldots, \bar{y})^t$ die orthogonale
Projektion $\mathrm{Pr}_D\mathbf{y}$ von $\mathbf{y}$ auf D. Wir haben die Summe $\sum_{i=1}^n (y_i - \bar{y})^2 = (y^2)$. $-$
$n\bar{y}^2$, die z.B. in (VIII.3.1) aufgetreten war, immer als ein Maß für die Schwankung
der Daten y_i angesehen. Wegen $D \subseteq M$, $\hat{\mathbf{y}} = \mathrm{Pr}_M\mathbf{y}$ und $\bar{\mathbf{y}} = \mathrm{Pr}_D\mathbf{y}$ ist nun
$\mathbf{y} - \bar{\mathbf{y}} = (\mathbf{y} - \hat{\mathbf{y}}) + (\hat{\mathbf{y}} - \bar{\mathbf{y}})$ eine orthogonale Zerlegung, woraus folgt

$$\sum_{i=1}^n (y_i - \bar{y})^2 = \sum_{i=1}^n (y_i - \hat{y}_i)^2 + \sum_{i=1}^n (\hat{y}_i - \bar{y})^2 \ . \tag{23}$$

In der letzten Summe gilt $\bar{y} = \bar{\hat{y}}_i$, was ja nichts anderes als $\mathrm{Pr}_D = \mathrm{Pr}_D\mathrm{Pr}_M$
aussagt, und daher beschreibt diese Summe entsprechend die Schwankung der
$\hat{y}_i$. Nun ist aber $\hat{\mathbf{y}} \in M$ und zwar, nach (10),

$$\hat{y}_i = \hat{c}_1 + \hat{c}_2 x_{i2} + \cdots + \hat{c}_m x_{im} \ ,$$

so daß die Schwankung zwischen den $\hat{y}_i$ auf diese Weise völlig durch die x_{ik}, d. h.
durch die Verschiedenheit zwischen den entsprechenden Vektoren $(x_{i2}, \ldots, x_{im})$,
$i = 1, \ldots, n$, bestimmt ist. Wir nennen daher $\sum_{i=1}^n (\hat{y}_i - \bar{y})^2 = |\hat{\mathbf{y}} - \bar{\mathbf{y}}|^2$ den *durch
das Modell erklärten Anteil der Schwankung* der Daten y_i. Dagegen erklärt
sich der „residuelle" Anteil $\sum_{i=1}^n (y_i - \hat{y}_i)^2 = |\mathbf{y} - \hat{\mathbf{y}}|^2$ durch Abweichungen

vom Modell und durch Zufallsschwankungen; wir erinnern daran, daß wir $s^2 = (n - m)^{-1}|\mathbf{y} - \hat{\mathbf{y}}|^2$ als Schätzung von σ^2 verwendet haben. Der Bruchteil

$$R^2 = \frac{|\hat{\mathbf{y}} - \bar{\mathbf{y}}|^2}{|\mathbf{y} - \bar{\mathbf{y}}|^2} \tag{24}$$

der durch das Modell erklärten Schwankung innerhalb der gesamten Schwankung (23) heißt der *Koeffizient der Determiniertheit* . Je näher er an 1 liegt, desto besser „paßt" das Modell. Ist er klein, so kann man nicht erwarten, daß die mit Hilfe des Modells konstruierten Schätzwerte $\hat{y}_i$ und $\hat{c}_k$ sehr „zuverlässig" sind; in der Tat werden die wie oben bestimmten Konfidenzintervalle dann automatisch groß werden. Eine Schätzung ohne zugehöriges Konfidenzintervall hat zwar einen theoretischen aber selten einen praktischen Wert!

Natürlich betrifft dieses Kriterium für die Güte des Modells nur seine Anpassung an die tatsächlich beobachteten Werte y_i. Ein zu beliebigen $x_{01}, \ldots, x_{0m}$ vorausgesagter Wert (22) von Y kann dagegen auch bei nahe an 1 liegendem R^2 völlig absurd sein, insbesondere dann, wenn der Vektor $(x_{01}, \ldots, x_{0m})$ von den für die Schätzungen benutzten $(x_{i1}, \ldots, x_{im})$, $i = 1, \ldots, n$, weit entfernt ist. Es ist z.B. nicht zu empfehlen, die Länge unseres Stabes bei der Temperatur von $10.000°$ mit einem Regressionsmodell vorauszusagen! Ein lineares Modell der Form

$$EY = c_1 x_{01} + \cdots + c_m x_{0m}$$

trifft in der Tat selten auf alle $(x_{01}, \ldots, x_{0m})$ zu.

Wir kommen schließlich noch einmal auf das Modell (2) zurück. Wir betrachten jetzt die empirischen Varianzen s_x^2 und s_y^2 beider Datenfolgen $\mathbf{x}$ und $\mathbf{y}$, definiert durch $(n - 1)s_x^2 = (x^2). - \frac{1}{n}(x.)^2$ und entsprechend für s_y^2, ferner die *empirische Kovarianz*

$$s_{xy} = \frac{1}{n-1}\left((xy). - \frac{1}{n}x.y.\right) = \frac{1}{n-1}\sum_{i=1}^{n}(x_i - \bar{x})(y_i - \bar{y}) \tag{25}$$

und den *empirischen Korrelationskoeffizienten*

$$r_{ry} = \frac{s_{xy}}{s_x s_y} . \tag{26}$$

Das sind also wieder Beispiele des in Abschnitt IX.2 erwähnten Prinzips der empirischen Gegenstücke zu gewissen Charakteristiken von Verteilungen, die aber zugleich auch Spezialfälle dieser Charakteristiken darstellen: r_{xy} ist der Korrelationskoeffizient zwischen den Zufallsvariablen $i \mapsto x_i$ und $i \mapsto y_i$ auf der mit der Gleichverteilung versehenen Menge $\Omega = \{1, \ldots, n\}$. Infolgedessen können wir ihn wie in Abschnitt IV.2 interpretieren: $|r_{xy}|$ ist ein Maß für eine teilweise lineare Abhängigkeit der Folgen $x_i - \bar{x}$ und $y_i - \bar{y}$, und insbesondere gilt $|r_{xy}| = 1$ dann und nur dann, wenn alle Punkte (x_i, y_i) auf einer Geraden liegen.

Die Gleichung (5) für $\hat{b}$ läßt sich nun in der Form

$$\hat{b} = r_{xy} \frac{s_y}{s_x} \tag{27}$$

schreiben. Aus (5) und (23)–(26) folgt, daß $R^2 = r_{xy}^2$ ist, was auch wieder plausibel erscheint: die Schwankungen der Daten y_i werden umso besser mit Hilfe des linearen Modells durch die Schwankungen der Daten x_i erklärt, je größer die lineare Abhängigkeit zwischen den $x_i - \bar{x}$ und den $y_i - \bar{y}$ ist, d. h. je besser die Menge der (x_i, y_i) durch eine Gerade approximiert werden kann.

Oft sind auch die Daten x_i im Grunde Realisierungen von Zufallsvariablen, z.B. wenn zufällige Meßfehler vorliegen. Dann ist der Ausgangspunkt der statistischen Analyse eine „Datenwolke", d. h. eine Menge von Realisierungen zufälliger Vektoren (X_i, Y_i) in der Ebene. Diese Situation können wir allerdings hier nicht behandeln, und wir verweisen dafür auf [27].

2. Varianzanalyse

Wir gehen aus von einem sehr einfachen Spezialfall des allgemeinen Modells (1.7) der Regressionsanalyse, nämlich $m = 1$ und $x_{i1} = 1$ für $i = 1, \ldots, n$, und schreiben $c = c_1$. Der Raum M ist dann die Diagonale $D = \{\mathbf{y} : y_1 = \cdots = y_n\}$. Nach den Annahmen des Regressionsmodells sind die Zufallsvariablen $Y_1, \ldots, Y_n$ unkorreliert mit derselben Varianz σ^2 und derselben Erwartung $\mu_i = c$. Wir befinden uns also jetzt im Umkreis des „Einstichprobenproblems" des Abschnitts VIII.3. Wie wir wissen, ist die durch (1.8) erklärte Schätzung, d. h. die Projektion von $\mathbf{y}$ auf D, durch $\hat{y}_i = \bar{y}$, $i = 1, \ldots, n$, gegeben, und damit finden wir die übliche Schätzung $\hat{c} = \bar{y}$ wieder. Ebenso sehen wir, daß die durch (1.15) erklärte Schätzung s^2 von σ^2 gleich der durch (VIII.3.3) gegebenen ist. Bei normal verteilten Variablen schließlich ist der Satz VIII.3.1, a) und b) offensichtlich ein Spezialfall des Satzes 1.2, und wir können den Teil c) jenes Satzes, wie wir im Beweis des Satzes VII.5.4 gesehen haben, aus dem Korollar zu Satz 1.2 ableiten. In der Tat ist $T = \bar{Y}\sqrt{n}/S$, dies hat also eine t_{n-1}-Verteilung, und T^2 folgt einer $F_{1,\,n-1}$-Verteilung. Damit ist auch der zweiseitige, auf die Statistik $|T|$ gestützte t-Test der Hypothese $H_0 : \mu = 0$ gegen die Alternative $H_1 : \mu \neq 0$ identisch mit dem im vorigen Abschnitt betrachteten auf T^2 basierenden Test.

In derselben Weise können wir im Rahmen der Regressionsanalyse ein Zweistichprobenproblem formulieren und behandeln. Um Weitschweifigkeiten zu vermeiden, beschränken wir uns von vornherein auf normalverteilte Zufallsvariable. Dementsprechend gehen wir aus von Variablen $Y_{11}, \ldots, Y_{1n_1}$, die gemäß $N(c_1, \sigma^2)$ verteilt sind, und Variablen $Y_{21}, \ldots, Y_{2n_2}$, die der Verteilung $N(c_2, \sigma^2)$ folgen. Dabei seien alle diese Zufallsvariablen unabhängig. Das Problem ist vor allem das des Vergleichs der beiden Erwartungen c_1 und c_2. Wir interessieren uns also insbesondere für die Nullhypothese $H_0 : c_1 = c_2$ gegen die Alternative $H_1 : c_1 \neq c_2$.

Wir setzen $n = n_1 + n_2$ und $\mathbf{Y} = (Y_{11}, \ldots, Y_{1n_1}, Y_{21}, \ldots, Y_{2n_2})^t$. Dann können wir die eben gemachten Voraussetzungen über die Erwartungen in der

Form (1.7), d.h. (1.9), schreiben, wenn wir die Matrix

$$\mathcal{X} = \begin{pmatrix} 1 & 1 & \dots & 1 & 0 & 0 & \dots & 0 \\ 0 & 0 & \dots & 0 & 1 & 1 & \dots & 1 \end{pmatrix}^t \tag{1}$$

mit n_1 Einsen und n_2 Nullen in der ersten Spalte sowie $\mathbf{c} = (c_1, c_2)^t$ verwenden.

Es ist klar, daß

$$\bar{Y}_{j\cdot} = \frac{1}{n_j} \sum_{i=1}^{n_j} Y_{ji} \tag{2}$$

für $j = 1, 2$ eine erwartungstreue Schätzung von c_j darstellt. Dies ergibt sich auch aus (1.8) und Satz 1.1; denn die Projektion von $\mathbf{y} = (y_{11}, \dots, y_{1n_1}, y_{21}, \dots, y_{2n_2})^t$ auf den von den beiden Spalten von $\mathcal{X}$ aufgespannten linearen Raum M ist ja gleich $\hat{\mathbf{y}} = (\bar{y}_{1\cdot}, \dots, \bar{y}_{1\cdot}, \bar{y}_{2\cdot}, \dots, \bar{y}_{2\cdot})^t$ mit n_1-mal der Komponente $\bar{y}_{1\cdot}$ und n_2-mal der Komponente $\bar{y}_{2\cdot}$. Setzen wir weiter

$$y_{\cdot\cdot} = \sum_{i=1}^{n_1} y_{1i} + \sum_{i=1}^{n_2} y_{2i} \tag{3}$$

und

$$\bar{y} = \frac{1}{n} y_{\cdot\cdot} = \frac{1}{n}(n_1 \bar{y}_{1\cdot} + n_2 \bar{y}_{2\cdot}), \tag{4}$$

so erhalten wir in Gestalt von $\bar{\mathbf{y}} = \mathrm{Pr}_D \mathbf{y} = (\bar{y}, \dots, \bar{y})^t$ mit n Komponenten die Projektion von $\mathbf{y}$ und damit auch von $\hat{\mathbf{y}}$ auf die Diagonale D. Als Zufallsvariable hat (4) die Erwartung

$$c = E\bar{Y} = \frac{1}{n}(n_1 c_1 + n_2 c_2). \tag{5}$$

Nach Satz 1.1 bildet

$$s^2 = \frac{1}{n-2}|\mathbf{y} - \hat{\mathbf{y}}|^2 = \frac{1}{n-2}\Big(\sum_{i=1}^{n_1}(y_{1i} - \bar{y}_{1\cdot})^2 + \sum_{i=1}^{n_2}(y_{2i} - \bar{y}_{2\cdot})^2\Big), \tag{6}$$

als Zufallsvariable aufgefaßt, eine erwartungstreue Schätzung von σ^2, d.h.

$$E(|\mathbf{Y} - \hat{\mathbf{Y}}|^2) = (n-2)\sigma^2. \tag{7}$$

Wir betrachten weiter den Vektor $\hat{\mathbf{y}} - \bar{\mathbf{y}}$. Er ist die Projektion von $\mathbf{y}$ auf das orthogonale Komplement $M \cap D^\perp$ von D in M, so daß wir die orthogonale Zerlegung

$$\mathbf{y} = (\mathbf{y} - \hat{\mathbf{y}}) + (\hat{\mathbf{y}} - \bar{\mathbf{y}}) + \bar{\mathbf{y}}$$

haben, aus der

$$|\mathbf{y}|^2 = |\mathbf{y} - \hat{\mathbf{y}}|^2 + |\hat{\mathbf{y}} - \bar{\mathbf{y}}|^2 + |\bar{\mathbf{y}}|^2 \tag{8}$$

folgt. Nun ist $|\bar{\mathbf{y}}|^2 = n\bar{y}^2$ und daher nach der Steinerschen Gleichung und (5):

$$E(|\bar{\mathbf{Y}}|^2) = nE(\bar{Y}^2) = n(V\bar{Y} + (E\bar{Y})^2),$$

d. h.

$$E(|\bar{\mathbf{Y}}|^2) = \sigma^2 + nc^2 \,. \tag{9}$$

Analog ergibt sich

$$E(|\mathbf{Y}|^2) = \sum_{i=1}^{n_1} E(Y_{1i})^2 + \sum_{i=1}^{n_2} E(Y_{2i}^2)$$

und $E(Y_{ji}^2) = \sigma^2 + c_j^2$, also

$$E(|\mathbf{Y}|^2) = n\sigma^2 + n_1 c_1^2 + n_2 c_2^2 \,. \tag{10}$$

Aus (8), (7), (9) und (10) resultiert

$$E(|\hat{\mathbf{Y}} - \bar{\mathbf{Y}}|^2) = \sigma^2 + n_1 c_1^2 + n_2 c_2^2 - nc^2 = \sigma^2 + n_1(c_1 - c)^2 + n_2(c_2 - c)^2 \,. \tag{11}$$

Die Nullhypothese H_0 ist gleichwertig mit $c_1 = c$ und auch mit $c_2 = c$. Falls sie richtig ist, haben daher $|\hat{\mathbf{Y}} - \bar{\mathbf{Y}}|^2$ und $(n-2)^{-1}|\mathbf{Y} - \hat{\mathbf{Y}}|^2$ nach (7) und (11) dieselbe Erwartung, während unter H_1 die erste Variable eine größere Erwartung hat. Wir werden daher auf die Teststatistik

$$(n-2)\frac{|\hat{\mathbf{Y}} - \bar{\mathbf{Y}}|^2}{|\mathbf{Y} - \hat{\mathbf{Y}}|^2} \tag{12}$$

geführt, die ein Spezialfall der Statistik (1.21) ist, nämlich $m = 2$, $d = 1$, $\mathcal{X}$ durch (1) gegeben, und $L = D$. Dort hatten wir einen Test in ähnlicher Weise motiviert: wir werden H_1 annehmen, wenn (12) „groß" ist. Wie an jener Stelle bemerkt, ist (12) unter H_0 gemäß $F_{1,n-2}$ verteilt, so daß wir den p-Wert zu einem beobachteten Wert von (12) aus einer entsprechenden Tafel entnehmen können. Wir werden nun noch etwas die statistischen Ideen erläutern, die hinter diesem Test stehen.

Wir haben diese Ideen schon im Zusammenhang mit der in (1.24) eingeführten Größe R^2 diskutiert. In der Zerlegung (8) der „Summe der Quadrate" der Daten finden wir drei Anteile. Der durch (6) gegebene, nämlich die Summe der Residuen $|\mathbf{y} - \hat{\mathbf{y}}|^2$, stellt die Schwankungen der Daten *innerhalb* der beiden Meßreihen y_{1i} und y_{2i} für c_1 bzw. c_2 dar. Der Anteil

$$|\hat{\mathbf{y}} - \bar{\mathbf{y}}|^2 = n_1(\bar{y}_{1\cdot} - \bar{y})^2 + n_2(\bar{y}_{2\cdot} - \bar{y})^2 \tag{13}$$

bildet wegen (4) ein Maß für die Schwankung *zwischen* den Meßreihen, d. h. zwischen $\bar{y}_{1\cdot}$ und $\bar{y}_{2\cdot}$; übrigens zeigt eine leichte Rechnung, daß wir ihn auch in der folgenden Form schreiben können:

$$|\hat{\mathbf{y}} - \bar{\mathbf{y}}|^2 = \frac{n_1 n_2}{n_1 + n_2}(\bar{y}_{1\cdot} - \bar{y}_{2\cdot})^2 \,. \tag{14}$$

Schließlich entspricht $|\bar{\mathbf{y}}|^2 = n\bar{y}^2$ dem Mittel aller Daten. Bringen wir diesen letzten Term in (8) auf die linke Seite, so sehen wir, daß (8) ein Spezialfall von

(1.23) ist. Es ist diese Idee der orthogonalen Zerlegung der Schwankungen nach verschiedenen „Faktoren", die am Anfang der Varianzanalyse gestanden und ihr den Namen gegeben hat. Wir werden uns noch in anderen Problemen daran orientieren.

Zunächst bleiben wir jedoch beim Zweistichprobenproblem. Ähnlich wie im Einstichprobenproblem läßt sich anstelle von (12) die Wurzel daraus als Teststatistik verwenden. Nach (6) und (14) ist (12) für beobachtete Werte y_{ji} das Quadrat von

$$t = \frac{\bar{y}_{1\cdot} - \bar{y}_{2\cdot}}{s\sqrt{\frac{1}{n_1} + \frac{1}{n_2}}} \tag{15}$$

mit

$$(n - 2)s^2 = (n_1 - 1)s_1^2 + (n_2 - 1)s_2^2 \,, \tag{16}$$

wobei

$$s_j^2 = \frac{1}{n_j - 1} \sum_{i=1}^{n_j} (y_{ji} - \bar{y}_{j\cdot})^2 \,, \quad j = 1, 2 \,. \tag{17}$$

Wie beim Einstichprobenproblem oder auch direkt aus Satz VII.6.2 ergibt sich, daß t unter H_0 die t_{n-2}-Verteilung hat. Daraus erhalten wir wie üblich unmittelbar Konfidenzbereiche für $c_1 - c_2$, Tests und zugehörige p-Werte der Nullhypothese H_0 gegen eine einseitige Alternative $H_1 : c_1 < c_2$ oder $H_1 : c_1 > c_2$, und einen Test von H_0 gegen die zweiseitige Alternative $H_1 : c_1 \neq c_1$, der mit dem auf (12) gestützten identisch ist. Diese Tests heißen t-*Tests* für das Zweistichprobenproblem.

Die Statistik t entsteht einfach dadurch, daß man zunächst die Zufallsvariable $\bar{Y}_{1\cdot} - \bar{Y}_{2\cdot}$, die ja unter H_0 die Erwartung 0 hat, standardisiert, d. h. durch ihre Standardabweichung $\sqrt{(1/n_1 + 1/n_2)}\sigma$ dividiert, und dann σ durch eine Schätzung ersetzt. Die dazu verwendete durch (16) und (17) definierte Schätzung s^2 von σ^2, die wir schon in (6) gefunden hatten, ist das gewogene Mittel der Schätzungen s_1^2 und s_2^2, von denen die erste sich auf die Daten y_{1i} der ersten Stichprobe und die zweite sich auf die zweite Stichprobe stützt, und zwar mit Gewichtsfaktoren, die proportional zu $n_1 - 1$ und $n_2 - 1$ sind und damit bei großen Stichprobenumfängen nahezu proportional zu diesen.

Wenn die Varianz eines jeden Y_{1i} nicht mehr notwendig gleich der Varianz eines jeden Y_{2i} ist, so führt dieselbe Überlegung auf die Statistik

$$z = \frac{\bar{y}_{1\cdot} - \bar{y}_{2\cdot}}{\sqrt{\frac{s_1^2}{n_1} + \frac{s_2^2}{n_2}}} \,, \tag{18}$$

deren Verteilung unter H_0 wir allerdings nicht berechnen können. Wir benutzen sie daher nur, wenn n_1 und n_2 groß sind, und brauchen dann nicht einmal vorauszusetzen, daß die Y_{ji} normalverteilt sind. Wir nehmen nur an, daß sie unabhängig sind, daß die Y_{1i} identisch verteilt sind mit existierender Varianz σ_1^2, und ebenso die Y_{2i} mit der Varianz σ_2^2. Nach dem zentralen Grenzwertsatz haben dann nämlich $\bar{Y}_{1\cdot}$ und $\bar{Y}_{2\cdot}$ asymptotisch eine Normalverteilung, also nach

Korollar 3 zu Satz VII.6.1 auch ihre Differenz, und wie bei der t-Statistik im Einstichprobenproblem (Abschnitt VIII.3) ist es auch hier plausibel, daß wir asymptotisch die Verteilung $N(0,1)$ bekommen, wenn wir diese Differenz noch durch ihre geschätzte Standardabweichung dividieren. Wenn wir wissen, daß $\sigma_1 = \sigma_2$, so trifft dieselbe Überlegung auf die t-Statistik (15) zu: auch sie folgt unter sonst denselben Voraussetzungen asymptotisch der Verteilung $N(0,1)$.

Es ist nun klar, wie wir das m-Stichprobenproblem im Rahmen der Varianzanalyse zu behandeln haben. Für $j = 1, \ldots, m$ seien Zufallsvariable Y_{ji}, $i = 1, \ldots, n_j$, mit $n_j > 1$ gegeben, die nach $N(c_j, \sigma^2)$ verteilt sind, und alle Y_{ji} seien unabhängig: das ist unser Modell. Von den verschiedenen möglichen linearen Nullhypothesen, die die c_j betreffen, wollen wir nur die einfachste und wichtigste behandeln, nämlich $H_0 : c_1 = \cdots = c_m$ gegen die Alternative, daß mindestens zwei der c_j voneinander verschieden sind. Es sei $n = n_1 + \cdots + n_m$, ferner $\bar{y}_{j\cdot}$ für $j = 1, \ldots, m$ durch (2) definiert, und

$$\bar{y} = \tfrac{1}{n}y_{\cdot\cdot} = \tfrac{1}{n}\sum_{j=1}^{m} n_j \bar{y}_{j\cdot} \,, \qquad s_j^2 = \tfrac{1}{n_j-1}\sum_{i=1}^{n_j}(y_{ji} - \bar{y}_{j\cdot})^2 \,,$$

$$s^2 = \tfrac{1}{n-m}\sum_{j=1}^{m}(n_j - 1)s_j^2 \,, \qquad q^2 = \tfrac{1}{m-1}\sum_{j=1}^{m} n_j(\bar{y}_{j\cdot} - \bar{y})^2 \,.$$

Dann haben die entsprechenden Zufallsvariablen in Verallgemeinerung von (7) und (11) die Erwartungen

$$ES^2 = \sigma^2 \,, \qquad EQ^2 = \sigma^2 + \frac{1}{m-1}\sum_{j=1}^{m} n_j(c_j - c)^2 \,,$$

so daß H_0 mit $ES^2 = EQ^2$ und H_1 mit $ES^2 < EQ^2$ gleichwertig ist. Unter H_0 folgt die Zufallsvariable

$$\frac{Q^2}{S^2} \tag{19}$$

der Verteilung $F_{m-1,\,n-m}$. Wir nehmen H_1 auf dem Niveau α an, wenn die Statistik (19) das $(1 - \alpha)$-Quantil dieser Verteilung übersteigt, und erhalten sinngemäß p-Werte eines Versuchsergebnisses. Ein Test dieser Form heißt ein *F-Test*.

Die statistische Analyse des Problems sollte sich aber damit nicht begnügen. Wir sollten z.B. zuerst die Schätzwerte $\bar{y}_{j\cdot}$ der c_j registrieren und ansehen und anhand der $\bar{y}_{j\cdot}$ und der s_j Konfidenzintervalle für die c_j berechnen. Tun wir das für jedes $j = 1, \ldots, m$ auf dem Niveau $1 - \alpha$, so sind diese m Konfidenzintervalle wegen der Unabhängigkeit der $\bar{Y}_{j\cdot}$ alle zusammen gleichzeitig richtig mit mindestens der Wahrscheinlichkeit $(1 - \alpha)^m$. Wollen wir insgesamt ein gegebenes Niveau α' erreichen, so müssen wir also mit $\alpha = 1 - (1 - \alpha')^{1/m}$ anfangen.

Beispiel 1. Am Anfang der Varianzanalyse standen vor allem Versuche in der Agronomie. Ein typisches Problem sieht in sehr vereinfachter Form so aus: wir möchten wissen, ob m Düngemittel $D_1, \ldots, D_m$ für Hopfen gleichwertig sind oder nicht. Dazu wählen wir n gleichgroße Parzellen gleicher Qualität eines

Ackerbodens aus, was übrigens in der Praxis gar nicht so einfach ist, und düngen n_j Parzellen mit dem Dünger D_j, wobei $n_1 + \cdots + n_m = n$. Es sei y_{ji} der Ertrag der i-ten mit D_j behandelten Parzelle. Dann stellt c_j den erwarteten Ertrag einer so gedüngten Parzelle der gegebenen Größe dar, und die Gleichwertigkeit der Dünger drückt sich durch $H_0 : c_1 = \cdots = c_m$ aus.

Wir können dieses Problem so ansehen: gegeben ist ein „Faktor", nämlich die Düngung, der verschiedene „Niveaus" $D_1, \ldots, D_m$ annehmen kann. Daß dieser Faktor einen Einfluß auf den Ertrag hat, ist die Hypothese H_1. Solche Mehrstichprobenprobleme sind Gegenstand der sogenannten *einfachen Varianzanalyse* Oft interessieren uns jedoch gleichzeitig mehrere Faktoren, z.B. „Düngung" und „Bodenbeschaffenheit". Mit zwei Faktoren gelangen wir so zur *doppelten Varianzanalyse* , die wir jetzt kurz beschreiben wollen.

Will man den Einfluß beider Faktoren studieren, so wird man natürlicherweise zunächst daran denken, jedes zu untersuchende Düngemittel mit jeder Bodenart zu kombinieren und für jede dieser Kombinationen eine hinreichend große Anzahl von Versuchen zu machen wie eben beim m-Stichprobenproblem. Nun liegen aber, selbst wenn wir für jede solche Kombination nur einen Versuch machen, zu jedem Düngemittel immerhin ebensoviele Versuche vor, wie es Bodenarten gibt, und zu jeder Bodenart soviele Versuche, wie Düngemittel da sind. Es fragt sich daher, ob wir nicht unter gewissen Voraussetzungen mit nur einem Versuch pro Kombination eines Niveaus des ersten Faktors mit einem Niveau des zweiten auskommen können. Wir werden sehen, daß das in der Tat der Fall ist, wenn zwischen den beiden Faktoren keine Wechselwirkungen bestehen in einem Sinne, den wir präzisieren werden.

Im Gegensatz zum bisherigen Vorgehen werden wir das Verfahren zur Abwechslung erst einmal beschreiben und statistisch interpretieren und es erst danach in den geometrischen Rahmen der Regressionstheorie stellen und damit auch die diversen Behauptungen über die auftretenden Verteilungen beweisen.

Es sei m_1 die Anzahl der Niveaus des ersten Faktors, m_2 die des zweiten, also $n = m_1 m_2$ die aller möglichen Kombinationen von beiden, und Y_{jk}, $j = 1, \ldots, m_1$; $k = 1, \ldots, m_2$, seien die entsprechenden Beobachtungsergebnisse oder Versuchsausgänge, als Zufallsvariable aufgefaßt. Wir setzen woraus, daß alle Y_{jk} unabhängig sind und daß Y_{jk} die Verteilung $N(\mu_{jk}, \sigma^2)$ hat. Wir definieren

$$\bar{\mu}_{j\cdot} = \frac{1}{m_2} \sum_{k=1}^{m_2} \mu_{jk} , \qquad \bar{\mu}_{\cdot k} = \frac{1}{m_1} \sum_{j=1}^{m_1} \mu_{jk} , \qquad \bar{\mu}_{\cdot\cdot} = \frac{1}{n} \sum_{j=1}^{m_1} \sum_{k=1}^{m_2} \mu_{jk} .$$

Dies gibt uns eine Zerlegung der Matrix (μ_{jk}):

$$\mu_{jk} = (\bar{\mu}_{j\cdot} - \bar{\mu}_{\cdot\cdot}) + (\bar{\mu}_{\cdot k} - \bar{\mu}_{\cdot\cdot}) + (\mu_{jk} - \bar{\mu}_{j\cdot} - \bar{\mu}_{\cdot k} + \bar{\mu}_{\cdot\cdot}) + \bar{\mu}_{\cdot\cdot} , \qquad (20)$$

die wir folgendermaßen interpretieren: $\bar{\mu}_{j\cdot} - \bar{\mu}_{\cdot\cdot}$ ist der j-te *Zeileneffekt*, d.h. der Effekt des ersten Faktors, wenn er sich auf dem Niveau j befindet; entsprechend ist $\bar{\mu}_{\cdot k} - \bar{\mu}_{\cdot\cdot}$ der k-te *Spalteneffekt*; $\mu_{jk} - \bar{\mu}_{j\cdot} - \bar{\mu}_{\cdot k} + \bar{\mu}_{\cdot\cdot}$ ist der Effekt, den die beiden Faktoren in *Wechselwirkung* miteinander ausüben, wenn der erste das Niveau j und der zweite das Niveau k hat; $\bar{\mu}_{..}$ ist durch die Wahl des Koordinatenursprungs für die Messungen bestimmt.

Wir betrachten drei Hypothesen:

H_0': Es gibt keine Zeileneffekte, d. h. für jedes j gilt $\bar{\mu}_{j\cdot} = \bar{\mu}_{..}$.

H_0'': Es gibt keine Spalteneffekte, d. h. für jedes k gilt $\bar{\mu}_{\cdot k} = \bar{\mu}_{..}$.

Offensichtlich ist H_0' gleichwertig mit $\bar{\mu}_{1\cdot} = \cdots = \bar{\mu}_{m_1\cdot}$ und analog für H_0'' .

H_0: Es gibt keine Wechselwirkung, d. h. für alle j und k ist $\mu_{jk} = \bar{\mu}_{j\cdot} + \bar{\mu}_{\cdot k} - \bar{\mu}_{..}$.

Wegen (20) sagt man in diesem Fall auch, daß sich die Zeileneffekte *additiv* mit den Spalteneffekten zusammensetzen.

Zu beobachteten Realisierungen y_{jk} setzen wir analog:

$$\bar{y}_{j\cdot} = \frac{1}{m_2} \sum_{k=1}^{m_2} y_{jk} \, , \qquad \bar{y}_{\cdot k} = \frac{1}{m_1} \sum_{j=1}^{m_1} y_{jk} \, , \qquad \bar{y}_{..} = \frac{1}{n} \sum_{j=1}^{m_1} \sum_{k=1}^{m_2} y_{jk} \, ,$$

$$q_1^2 = \frac{m_2}{m_1-1} \sum_{j=1}^{m_1} (\bar{y}_{j\cdot} - \bar{y}_{..})^2 \, , \quad q_2^2 = \frac{m_1}{m_2-1} \sum_{k=1}^{m_2} (\bar{y}_{\cdot k} - \bar{y}_{..})^2 \, , \quad q_3^2 = n\bar{y}_{..}^2 \, ,$$

$$s^2 = \frac{1}{(m_1-1)(m_2-1)} \sum_{j=1}^{m_1} \sum_{k=1}^{m_2} (y_{jk} - \bar{y}_{j\cdot} - \bar{y}_{\cdot k} + \bar{y}_{..})^2 \, .$$

Wir interpretieren die Statistik q_1^2 als ein Maß für die Schwankung *zwischen den Zeilen* der Matrix (y_{jk}) , d. h. für die Schwankungen innerhalb der Folge $j \mapsto \bar{y}_{j\cdot}$, und analog ist q_2^2 ein Maß für die Schwankung *zwischen den Spalten* dieser Matrix. Die Statistik s^2 beschreibt die nach Abzug dieser Schwankungen noch übrig bleibende Variation der Daten y_{jk} , und q_3^2/n ist einfach das Quadrat der erwartungstreuen Schätzung $\bar{y}_{..}$ von $\bar{\mu}_{..}$.

Die entsprechenden Zufallsvariablen Q_1^2, Q_2^2, Q_3^2 und S^2 sind unabhängig. Unter der Hypothese H_0' hat $(m_1 - 1)Q_1^2/\sigma^2$ eine $\chi^2_{m_1-1}$-Verteilung, unter H_0'' hat $(m_2 - 1)Q_2^2/\sigma^2$ eine $\chi^2_{m_2-1}$-Verteilung, und unter H_0 ist $(m_1 - 1)(m_2 - 1)$ S^2/σ^2 nach $\chi^2_{(m_1-1)(m_2-1)}$ verteilt. Unter H_0 und H_0' folgt daher Q_1^2/S^2 einer $F_{m_1-1,\,(m_1-1)(m_2-1)}$-Verteilung, und unter H_0 und H_0'' ist Q_2^2/S^2 gemäß $F_{m_2-1,\,(m_1-1)(m_2-1)}$ verteilt. Daraus können wir wie bisher Tests für die Hypothesen H_0' bzw. H_0'' gegen die entsprechenden Alternativen ableiten, wenn wir die Richtigkeit von H_0 , d. h. die Abwesenheit von Wechselwirkungen, voraussetzen. Diese Hypothese H_0 selbst läßt sich dagegen nicht testen, solange wir nur eine Beobachtung für jedes Kombination j, k haben. Das ist plausibel, denn nach der Definition der Wechselwirkungen würde ein solcher Test die Schätzung sämtlicher μ_{jk} einschließlich der Schätzung der Varianzen aller dieser Schätzungen voraussetzen, was natürlich aus nur einer einzigen Beobachtung pro Kombination j, k unmöglich ist.

Wir betrachten daher jetzt die Situation, in der für jedes j und k mehrere Versuche vorliegen, dargestellt durch Zufallsvariable Y_{jki} mit $i = 1, \ldots, n_{jk}$, wobei $n_{jk} > 1$. Wiederum seien alle Y_{jki} unabhängig, und Y_{jki} habe die Verteilung $N(\mu_{jk}, \sigma^2)$. Damit bleibt die Definition der Hypothesen unverändert. Zu gegebenen Realisierungen setzen wir

$$\bar{y}_{jk\cdot} = \frac{1}{n_{jk}} \sum_{i=1}^{n_{jk}} y_{jki}$$

und leiten hieraus die Größen $\bar{y}_{j\cdot\cdot}$, $\bar{y}_{\cdot k\cdot}$ und $\bar{y}_{\cdots}$ ab, indem wir in den obigen Definitionen die Zahlen y_{jk} durch die $\bar{y}_{jk\cdot}$ ersetzen. Daraus ergeben sich sinngemäß die Statistiken q_1^2, q_2^2 und q_3^2. Die in derselben Weise aus der oben erklärten Statistik s^2 erhaltene Statistik heiße jetzt q_4^2. Dagegen verstehen wir nun unter s^2 die Statistik

$$s^2 = \frac{1}{n - m_1 m_2} \sum_{j=1}^{m_1} \sum_{k=1}^{m_2} \sum_{i=1}^{n_{jk}} (y_{jki} - \bar{y}_{jk\cdot})^2 \,,$$

wobei $n = \sum_{j=1}^{m_1} \sum_{k=1}^{m_2} n_{jk}$ wie immer die Gesamtanzahl der Experimente bedeutet. Dies ist ein Maß für die Schwankung der Daten innerhalb der Versuchsreihen bei festen Niveaus beider Faktoren.

Wiederum sind die Zufallsvariablen $Q_1^2, \ldots, Q_4^2, S^2$ unabhängig. Die Variable $(n - m_1 m_2) S^2 / \sigma^2$ hat die Verteilung $\chi_{n-m_1 m_2}^2$, unter H_0' ist $(m_1 - 1) Q_1^2 / \sigma^2$ nach $\chi_{m_1-1}^2$ verteilt, unter H_0'' folgt $(m_2 - 1) Q_2^2 / \sigma^2$ der Verteilung $\chi_{m_2-1}^2$, und unter H_0 hat $(m_1 - 1)(m_2 - 1) Q_4^2 / \sigma^2$ die Verteilung $\chi_{(m_1-1)(m_2-1)}^2$. Fügen wir der Vollständigkeit halber noch die Hypothese $H_0''' : \bar{\mu}_{\cdots} = 0$ hinzu, so hat Q_3^2 unter ihr die Verteilung χ_1^2, und wir können das folgende Schema für die Teststatistiken mit ihren Verteilungen unter der betreffenden Nullhypothese aufschreiben:

Nullhypothese	Teststatistik	Verteilung unter Nullhypothese
H_0'	Q_1^2 / S^2	$F_{m_1 - 1,\, n - m_1 m_2}$
H_0''	Q_2^2 / S^2	$F_{m_2 - 1,\, n - m_1 m_2}$
H_0'''	Q_3^2 / S^2	$F_{1,\, n - m_1 m_2}$
H_0	Q_4^2 / S^2	$F_{(m_1 - 1)(m_2 - 1),\, n - m_1 m_2}$

Wir verwerfen eine dieser Hypothesen, wenn der Wert der zugehörigen Statistik das $(1 - \alpha)$-Quantil ihrer Verteilung übersteigt.

Es ist nicht schwer, analog zum m-Stichprobenproblem auch die doppelte Varianzanalyse in den geometrischen Rahmen der Regressionsanalyse einzuordnen. Wir werden es im Fall mehrerer Beobachtungen pro Kombination eines Niveaus des ersten Faktors mit einem Niveau des zweiten tun; bei nur einer Beobachtung sieht es ganz analog aus.

Dazu fassen wir die dreifache Folge $\mathbf{y} = (y_{jki})$ mit $j = 1, \ldots, m_1$; $k = 1, \ldots, m_2$; $i = 1, \ldots, n_{jk}$ als einen Vektor in $\mathbb{R}^n$ auf und zerlegen ihn analog zu (20) in der Gestalt

$$
\begin{aligned}
y_{jki} &= (\bar{y}_{j\cdot\cdot} - \bar{y}_{\cdots}) + (\bar{y}_{\cdot k\cdot} - \bar{y}_{\cdots}) + \bar{y}_{\cdots} \\
&\quad + (\bar{y}_{jk\cdot} - \bar{y}_{j\cdot\cdot} - \bar{y}_{\cdot k\cdot} + \bar{y}_{\cdots}) + (y_{jki} - \bar{y}_{jk\cdot}) \qquad (21) \\
&= z_{jki}^{(1)} + \cdots + z_{jki}^{(5)} \,.
\end{aligned}
$$

Die hierdurch definierten Abbildungen $\mathbf{y} \mapsto \mathbf{z}^{(r)}$, $r = 1, \ldots, 5$, von $\mathbb{R}^n$ in sich sind linear; aufgrund ihrer Definitionen, z.B. $z_{jki}^{(1)} = \bar{y}_{j\cdot\cdot} - \bar{y}_{\cdots}$, kann man ihre Matrizen direkt aufschreiben, wenn man die Schreibarbeit nicht scheut, doch brauchen wir es nicht. Es seien $L_1, \ldots, L_5$ die Bildräume bei diesen Abbildungen. Man rechnet unmittelbar nach, daß $\mathbf{z}^{(1)}, \ldots, \mathbf{z}^{(5)}$ für jedes $\mathbf{y}$ paarweise orthogonal sind; folglich sind die Räume $L_1, \ldots, L_5$ paarweise orthogonal, also nach (21):

$$\mathbb{R}^n = L_1 \oplus \cdots \oplus L_5 , \qquad \mathbf{z}^{(r)} = \mathrm{Pr}_{L_r} \mathbf{y} , \quad r = 1, \ldots, 5 . \tag{22}$$

Wir bestimmen die Dimensionen $d_1, \ldots, d_5$ dieser Räume. Der Raum L_1 besteht aus allen Vektoren $\mathbf{z} = (z_{jki})$, für die z_{jki} nur von j abhängt, d. h. gleich $\bar{z}_{j\cdot\cdot}$ ist, und für die außerdem $\bar{z}_{\cdots} = 0$ gilt. Folglich ist $d_1 = m_1 - 1$. Ebenso finden wir $d_2 = m_2 - 1$. Weiter ist offensichtlich L_3 gleich der Diagonalen D in $\mathbb{R}^n$, also $d_3 = 1$. Der Raum L_4 ist die Menge aller $\mathbf{z}$, für die z_{jki} nicht von i abhängt, d. h. gleich $\bar{z}_{jk\cdot}$ ist, und für die die Bedingungen $\bar{z}_{\cdot k \cdot} = 0$ für jedes k und $\bar{z}_{j\cdot\cdot} = 0$ für jedes j erfüllt sind. Dies ergibt $d_4 = (m_1 - 1)(m_2 - 1)$. Schließlich ist $\mathbf{z} \in L_5$ dann und nur dann, wenn $\bar{z}_{jk\cdot} = 0$ für jedes j und k, was $d_5 = n - m_1 m_2$ nach sich zieht. Zur Kontrolle können wir verifizieren, daß in der Tat $d_1 + \cdots + d_5 = n$. Aus (21) resultiert weiter

$$|\mathbf{z}^{(1)}|^2 = (m_1 - 1)q_1^2 , \qquad |\mathbf{z}^{(2)}|^2 = (m_2 - 1)q_2^2 , \qquad |\mathbf{z}^{(3)}|^2 = q_3^2 = n|\bar{y}_{\cdots}|^2 ,$$

$$|\mathbf{z}^{(4)}|^2 = (m_1 - 1)(m_2 - 1)q_4^2 , \qquad |\mathbf{z}^{(5)}|^2 = (n - m_1 m_2)s^2 .$$

Wir setzen nun $M = L_1 \oplus \cdots \oplus L_4$. Die Voraussetzung, daß die Erwartungen $EY_{jki} = \mu_{jk}$ nicht von i abhängen, ist dann mit $EY \in M$ gleichwertig, und das bedeutet gerade, daß wir uns in einem Regressionsmodell der Form (1.7) befinden mit $m = \dim M = m_1 m_2$. Weiter gilt $\hat{\mathbf{y}} = \mathrm{Pr}_M \mathbf{y} = \mathbf{z}^{(1)} + \cdots + \mathbf{z}^{(4)}$ und $\mathbf{y} - \hat{\mathbf{y}} = \mathbf{z}^{(5)}$. Die Statistik s^2 ist daher dieselbe wie die durch (1.15) gegebene. Sodann betrachten wir den Raum $L_1' = M \cap L_1^{\perp} = L_2 \oplus \cdots \oplus L_4$. Definitionsgemäß ist H_0' gleichwertig mit $\bar{\mu}_{j\cdot} = \bar{\mu}_{\cdot\cdot}$ für $j = 1, \ldots, m_1$, d. h. mit $EY \in L_1'$. Demnach ist H_0' eine lineare Hypothese von der Art, wie wir sie mit der Statistik (1.21) getestet haben. Wie dort gezeigt, folgt

$$|\hat{\mathbf{Y}} - \mathrm{Pr}_{L_1'} \mathbf{Y}|^2/\sigma^2 = |\mathrm{Pr}_{L_1} \mathbf{Y}|^2/\sigma^2 = |\mathbf{Z}^{(1)}|^2/\sigma^2 = (m_1 - 1)Q_1^2/\sigma^2$$

unter H_0' der χ_{m_1-1}-Verteilung, also Q_1^2/S^2 in der Tat der $F_{m_1-1,\, n-m_1 m_2}$-Verteilung. Ebenso erhalten wir die entsprechenden Aussagen über die Hypothesen H_0'', H_0''' und H_0.

3. Aufgaben

1. Man berechne die Schätzungen (1.13) in den beiden folgenden Modellen:

   (a) $EY_i = c x_i$, $i = 1, \ldots, n$,

   (b) $EY_i = a + b x_i$, $i = 1, \ldots, n$,

und mache sich klar, daß (a) im Fall $x_i = 1$, $i = 1,\ldots,n$, auf das zu Anfang des Abschnitts 2 erwähnte Einstichprobenproblem hinausläuft und (b) auf die Gleichungen (1.5) führt. Man zeige, daß $\hat{c} = \hat{b}$ gleichwertig ist mit $\hat{a} = 0$.

2. Man zeige, daß die durch (1.24) definierte Statistik R^2 bis auf einen konstanten Faktor einen Spezialfall von (1.21) bildet. Was ist dabei L und was ist d? Man verifiziere, daß die zugehörige Nullhypothese lautet: $Y_1,\ldots,Y_n$ sind identisch verteilt, und man interpretiere den entsprechenden Test im Lichte der zu (1.24) gegebenen Interpretation von R^2.

3. Im Rahmen der allgemeinen Regressionstheorie mit normalverteilten Variablen sei K eine nicht-leere Teilmenge von $\mathbb{R}^m$, H_0 die Nullhypothese $\mathbf{c} \in K$ und H_1 die Hypothese $\mathbf{c} \notin K$. Man zeige, daß der Test, durch den man H_1 dann und nur dann annimmt, wenn $|\mathcal{X}(\hat{\mathbf{c}} - \mathbf{c})|^2/m \geq f_\alpha s^2$ für alle $\mathbf{c} \in K$, höchstens das Niveau α hat (siehe auch Aufgabe II.3).

4. Die folgende Tabelle gibt das Gewicht von Nadia Geraldine Ziezold in ihrem fünften Lebensmonat in g:

	1. Woche	2. Woche	3. Woche	4. Woche
1. Tag	5410	5490	5620	5620
2. Tag	5310	5510	5520	5620
3. Tag	5380	5400	5580	5690
4. Tag	5350	5410	5620	5670
5. Tag	5380	5500	5580	5650
6. Tag	5470	5550	5720	5740
7. Tag	5430	5630	5580	5800

(a) Man bestimme die zugehörige Regressionsgerade und den Koeffizienten der Determiniertheit, R^2.

(b) Unter der Voraussetzung, daß die gemessenen Werte Realisierungen unabhängiger und normalverteilter Zufallsvariablen derselben Varianz sind, berechne man die Konfidenzellipse zum Niveau 0,95 für die Parameter des Regressionsmodells $\mu_t = c_1 + c_2 t$, $t = 1,\ldots,28$; welche F-Verteilung wird hierzu gebraucht?

(c) In einer Elternberatungsbroschüre steht, daß die Steigung der unteren Grenze des „Normalbereichs" für das Gewicht eines Babys im fünften Lebensmonat gleich $21\,\mathrm{g/Tag}$ sei. Die gemessenen Werte liegen nun in der Nähe dieser unteren Grenze. Man teste daher die Hypothese $H_0 : c_2 \geq 21$ gegen $H_1 : c_2 < 21$ auf dem Niveau 0,05. Könnte man aus der Nichtannahme von H_1 schließen, daß Nadias Gewichtszunahme normal war?

Die beiden folgenden Aufgaben beziehen sich auf das allgemeine Regressionsmodell (1.7) ohne die Voraussetzung normalverteilter Beobachtungen und mit einer Matrix $\mathcal{X}$ vom Rang m.

5. Man zeige, daß die Schätzungen $\hat{C}_1,\ldots,\hat{C}_m$ dann und nur dann unkorreliert sind, wenn die Spalten von $\mathcal{X}$ paarweise orthogonal sind.

6. Es sei $x_{i1} = 1$ für $i = 1, \ldots, n$. Neben dem Modell (1.7), d.h. $\mu_i = c_1 + \sum_{j=2}^{m} c_j x_{ij}$, betrachten wir das Modell

$$\mu_i = c_1' + \sum_{j=2}^{m} c_j'(x_{ij} - e_j)$$

mit bekannten Zahlen $e_2, \ldots, e_m$, d.h. der Matrix $\mathcal{X} - \mathcal{E}$, wobei die erste Spalte von $\mathcal{E}$ nur Nullen enthält und die j-te Spalte für $j \geq 2$ aus lauter Elementen e_j besteht. Man zeige, daß

$$\hat{c}_1 = \hat{c}_1' - \sum_{k=2}^{m} \hat{c}_k e_k \quad \text{und} \quad \hat{c}_j = \hat{c}_j' \quad \text{für } j = 2, \ldots, m \,,$$

d.h.

$$(\mathcal{X}^t \mathcal{X})^{-1} \mathcal{X}^t = \mathcal{A}((\mathcal{X} - \mathcal{E})^t (\mathcal{X} - \mathcal{E}))^{-1} (\mathcal{X} - \mathcal{E})^t \,,$$

wobei die $m \times m$-Matrix $\mathcal{A}$ die erste Zeile $(1, -e_2, \ldots, -e_m)$ hat und sonst mit der Einheitsmatrix zusammenfällt. Bemerkung: Dieses Gleichung erlaubt es manchmal, die Matrix $(\mathcal{X}^t \mathcal{X})^{-1} \mathcal{X}^t$ leichter zu berechnen, insbesondere in der sogenannten „optimalen Versuchsplanung", wo es sich darum handelt, die Genauigkeit der Schätzung $\hat{\mathbf{C}}$ zu optimieren; siehe z.B. [1]

7. Für die Daten der Aufgabe 4 mache man den Regressionsansatz

$$\mu_t = c_1 + c_2 t + c_3 t^2 \quad \text{für } t = 1, 2, \ldots, 28 \,.$$

   (a) Man schätze c_1, c_2 und c_3.

   (b) Unter der Voraussetzung, daß die gemessenen Werte Realisierungen unabhängiger und normalverteilter Variablen gleicher Varianz sind, teste man die Hypothese $H_0 : c_3 = 0$ gegen $H_1 : c_3 \neq 0$ auf dem Niveau 0,05.

8. Es sei $n = 6, m = 4$,

$$\mathcal{X} = \begin{pmatrix} 1 & 4 & 1 & 6 \\ 1 & 2 & 2 & 1 \\ 1 & 5 & 11 & 2 \\ 1 & 1 & 3 & 0 \\ 1 & 6 & 1 & 0 \\ 1 & 0 & 6 & 3 \end{pmatrix}$$

und $(y_1, \ldots, y_6) = (775, 1062, 1497, 1223, 1133, 1017)$ eine Realisierung eines $N(\mu, \sigma^2 I)$-verteilten Zufallsvektors, wobei I die 6×6-Einheitsmatrix ist. Man berechne, gegebenenfalls auf Aufgabe 6 gestützt, die Schätzwerte $\hat{\mathbf{c}}$ und s^2 und das Konfidenzellipsoid für $\mathbf{c}$ zum Niveau 0,95; Bemerkung: Wie bei nur 6 Daten und 4 unbekannten Parametern zu erwarten, ist die Präzision der Schätzung von $\mathbf{c}$ sehr gering. Im übrigen können wir hier die geschätzten Werte der Parameter mit den wahren Werten vergleichen, weil die Daten durch Simulation von unabhängigen nach $N(\mu_i, \sigma^2)$ verteilten Variablen mit $\sigma = 100$ und $\mu_i = 1000 + 20 x_{i2} + 30 x_{i3} - 20 x_{i4}$ erzeugt worden sind.

9. Man berechne die empirischen Mittelwerte der beiden Datenreihen der Aufgabe IX.4 und und vergleiche sie mit deren empirischen Medianen. Sodann finde man den p-Wert des durch (2.18) definierten auf z gestützten Tests für die Hypothese $H_0 : c_1 \leq c_2$ gegen $H_1 : c_1 > c_2$, wobei c_1 und c_2 die entsprechenden Erwartungen sind.

10. Zum Vergleich zweier didaktischer Methoden werden 60 Studentinnen und Studenten „rein zufällig" in zwei Gruppen zu $n_1 = 25$ und $n_2 = 35$ Mitgliedern eingeteilt und die erste Gruppe nach der ersten und die zweite nach der zweiten Methode unterrichtet. Ein Test, dessen Ergebnis sich durch eine natürliche Zahl ausdrückt, liefert die folgenden Resultate:

Gruppe 1: 57; 50; 56; 62; 60; 43; 55; 53; 55; 41; 62; 63; 58; 44; 49; 55; 42; 45; 37; 49; 41; 33; 52; 59; 51;

Gruppe 2: 75; 61; 48; 60; 68; 49; 42; 58; 45; 55; 62; 59; 61; 57; 70; 50; 49; 63; 52; 52; 50; 49; 61; 47; 43; 45; 61; 60; 53; 50; 56; 58; 61; 52; 52.

(a) Für jede Gruppe berechne man die empirischen Mediane, Quartile, Mittelwerte und Standardabweichungen und vergleiche den Quotienten der doppelten empirischen Standardabweichung und des empirischen Interquartilbereichs mit dem entsprechenden theoretischen Wert für eine Normalverteilung (siehe Aufgabe VII.4).

(b) Unter der Annahme, daß die Daten in jeder Gruppe näherungsweise Realisierungen von $N(c_1, \sigma_1^2)$- bzw. $N(c_2, \sigma_2^2)$-verteilten unabhängigen Zufallsvariablen sind, berechne man für jede Gruppe i ein Konfidenzintervall für c_i auf dem Niveau 0,99 und ein Konfidenzintervall für σ_i auf dem Niveau 0,9. Was ist die Wahrscheinlichkeit, daß sowohl c_1 als auch c_2 innerhalb des betreffenden so konstruierten Intervalls liegt, wenn die beiden Gruppen, d.h. alle vorkommenden Zufallsvariablen zusammen, unabhängig sind? Gibt es Grund zu der Vermutung, daß $\sigma_1 \neq \sigma_2$?

(c) Unter den eben gemachten Annahmen teste man die Hypothese $H_0 : c_2 \leq c_1$ gegen $H_1 : c_1 < c_2$ auf dem Niveau 0,025 durch den auf die Statistik z (siehe (2.18)) gestützten Test und ebenso, unter der zusätzlichen Voraussetzung $\sigma_1 = \sigma_2$, durch den t-Test.

11. Die folgende Tabelle gibt für $j = 1, 2, 3$ und $i = 1, \ldots, n_j$ die Werte von unabhängigen, $N(\mu_j, \sigma^2)$-verteilten Zufallsvariablen Y_{ji} an:

i	1	2	3	4	5	6	7
y_{1i}	781	655	611	789	596		
y_{2i}	545	786	976	663	789	568	720
y_{3i}	696	660	639	467	650	380	

Man schätze σ^2 und teste $H_0 : \mu_1 = \mu_2 = \mu_3$ gegen die Alternative H_1, daß mindestens zwei der μ_j verschieden sind, auf dem Niveau 0,05.

12. Im „normalen" Regressionsmodell, d.h. unter den Voraussetzungen des Satzes 1.2, berechne man die Maximum Likelihood-Schätzung von $(\boldsymbol{\mu}, \sigma^2)$. Anleitung: Abschnitt VIII.3.

13. Um den Einfluß von Drogen A, B und C auf die Reaktionszeiten von Frauen und Männern zu untersuchen, teilen wir 24 Frauen und 24 Männer in je drei gleich große Gruppen AF, BF, CF bzw. AM, BM, CM ein und geben ihren Mitgliedern die entsprechenden Drogen. Wir messen danach ihre Reaktionszeiten und finden die folgenden, in Hundertstelsekunden ausgedrückten Werte:

	AF	BF	CF	AM	BM	CM
1	89	86	93	105	91	91
2	86	88	100	114	80	95
3	90	90	100	103	72	71
4	80	102	108	95	105	81
5	77	84	90	96	74	82
6	80	83	101	100	97	81
7	74	84	89	97	93	84
8	73	75	104	104	93	79

Man teste auf dem Niveau 0,05 die folgenden Nullhypothesen gegen die entsprechenden Alternativen:

(a) Alle Drogen haben sowohl bei Männern als auch bei Frauen denselben Effekt.

(b) Der Einfluß jeder Droge ist unabhängig vom Geschlecht.

(c) Es gibt keine Wechselwirkung zwischen der Drogenart und dem Geschlecht, z.B. kann es nicht sein, daß C bei Männern stärker wirkt als A aber bei Frauen schwächer.

Kapitel XI

Simulation

Unter Simulation versteht man das Erzeugen von Realisierungen von Zufallselementen mit einer gegebenen Verteilung durch einen geeignet konstruierten Mechanismus. Anders als in der Statistik ist diese Verteilung also bekannt. Simulationen gestatten, das Verhalten von Systemen mit Zufallskomponenten „experimentell" zu untersuchen. In ähnlicher Weise erlauben sie, Eigenschaften statistischer Verfahren anhand künstlich erzeugter Daten zu studieren, was insbesondere dann nützlich ist, wenn diese Eigenschaften der Theorie unzugänglich bleiben. Schließlich sind sie auch Teile der statistischen Praxis, sei es, daß sie zur Konstruktion einer Stichprobe verwendet werden, sei es, daß sie in das Entscheidungsverfahren in Gestalt eines zusätzlichen Zufallsmechanismus eingehen.

1. Simulation einer Zufallsvariablen

Es sei Q eine Wahrscheinlichkeitsverteilung auf $\mathbb{R}$ mit der kumulativen Verteilungsfunktion F und $n \in \mathbb{N}$. Eine Variable mit dieser Verteilung n-mal zu simulieren bedeutet, Zahlen $x_1, \ldots, x_n$ zu konstruieren, die wir als Realisierungen von unabhängigen und nach Q verteilten Zufallsvariablen $X_1, \ldots, X_n$ ansehen können; der Einfachheit halber sprechen wir auch von der Simulation von Q selbst. Nun sind „konstruieren" und „ansehen als" keine rein mathematisch definierten Begriffe und wir werden sie auch gar nicht präzisieren. Wir betrachten stattdessen zunächst zwei Beispiele.

Beispiel 1. Das Werfen einer Münze (Abschnitt I.3) ist eine Simulation der Gleichverteilung auf $\{0, 1\}$, und ein Würfel simuliert eine Gleichverteilung auf $\{1, \ldots, 6\}$. Um die Gleichverteilung auf $\{1, 2, 3\}$ zu simulieren, werfen wir einen Würfel und setzen $x = 1$, wenn er 1 oder 2 zeigt, $x = 2$, wenn 3 oder 4 erscheint, und $x = 3$, wenn 5 oder 6 oben liegt. Wiederholen wir dies n-mal in unabhängiger Weise, so bekommen wir $x_1, \ldots, x_n$.

Beispiel 2. Das Drehen eines Rouletterades simuliert, in Gestalt einer durch 2π dividierten Zufallsrichtung (Abschnitt VII.1), die Gleichverteilung im Einheitsintervall $[0, 1[$. Um die Bernoullische Verteilung mit dem Parameter p zu simulieren, nehmen wir eine Realisierung z dieser Gleichverteilung und setzen $x = 0$, wenn $0 \leq z \leq 1 - p$, und $x = 1$, wenn $1 - p < z < 1$.

Diese beiden Beispiele illustrieren das allgemeine Prinzip, das wir benutzen werden: wir gehen aus von einer Gleichverteilung und transformieren die Werte der zugehörigen Realisierungen in geeigneter Weise.

Realisierungen von Gleichverteilungen erscheinen in der Praxis vor allem in der Form sogenannter *Zufallsziffern*, sei es direkt aus dem Computer, sei es aus einer Tafel. Man versteht darunter eine endliche Folge von Zahlen $d_1, \ldots, d_n$, die Realisierungen von unabhängigen und auf $\{0, 1, \ldots, 9\}$ gleichverteilten Zufallsvariablen sind. Die meisten Tafeln von Zufallsziffern sind mit Hilfe eines Computers erzeugt worden, der dazu gewisse Algorithmen benutzt. Intuitiv leuchtet es ein, daß dies nur näherungsweise Realisierungen wirklich unabhängiger und identisch verteilter Variablen geben kann; man spricht daher von *Pseudozufallsziffern*. Noch in jüngster Zeit haben sich gewisse Paradoxa in der Simulierung komplexer physikalischer Systeme dadurch erklären lassen, daß man Pseudozufallsziffern fälschlich als wahre Zufallsziffern angesehen hatte. Die Tafel 1 im Anhang ist durch *Analogmethoden*, nämlich mit Hilfe von Würfeln, erzeugt worden; natürlich sind auch Würfel nie perfekt.

Fassen wir in dieser Tafel r Spalten zusammen, z.B. die r ersten, so erhalten wir in jeder Zeile eine Realisierung der Gleichverteilung in der Menge $\{0, 1, \ldots, 10^r - 1\}$; mit $r = 7$ wäre die erste von ihnen gleich $159\,359$ und die zweite gleich $4\,275\,929$. Dies sind also *Zufallszahlen*. Nach Division durch 10^r ergeben sich Realisierungen der Gleichverteilung auf der Menge $\{0, 10^{-r}, 2 \cdot 10^{-r}, \ldots, 1 - 10^{-r}\}$ in der Form von Dezimalbrüchen $0, d_1 \ldots d_r$. Bei großem r sehen wir sie als Annäherungen an Realisierungen der Gleichverteilung im Einheitsintervall an. Ist nämlich $[a, b[$ ein Teilintervall von $[0, 1[$, so ist seine Wahrscheinlichkeit vermöge dieser Gleichverteilung gleich $b - a$, und die Wahrscheinlichkeit, daß eine bestimmte wie eben konstruierte Realisierung in $[a, b[$ hineinfällt, ist gleich $k/10^r$, wobei $k = \#\{m \in \mathbb{Z} : m/10^r \in [a, b[\}$. Wegen $(k-1)/10^r \le b - a \le (k+1)/10^r$ gilt aber $|k/10^r - (b - a)| \le 10^{-r}$.

Wir gehen daher im folgenden davon aus, daß wir über Realisierungen $z_1, \ldots, z_n$ von unabhängigen Variablen $Z_1, \ldots, Z_n$ verfügen, deren jede in $[0, 1[$ gleichverteilt ist. Durch geeignete Transformationen der z_i werden wir allgemeinere Verteilungen Q simulieren.

Die Transformation, die wir zunächst verwenden werden, hängt eng mit dem Begriff des Quantils, d. h. einer verallgemeinerten Umkehrfunktion von F, zusammen. Für jedes z mit $0 \le z \le 1$ definieren wir

$$\Xi(z) = \sup\{\xi : F(\xi) < z\}. \tag{1}$$

Dies ist das kleinste z-Quantil von F und insbesondere $\Xi(0) = -\infty$. Damit gilt für jedes $x \in \mathbb{R}$ und jedes $z \in [0, 1]$:

$$\Xi(z) \le x \Leftrightarrow z \le F(x).$$

In der Tat: Ist $\Xi(z) \le x$, so haben wir $\xi \le x$ für jedes ξ, für das $F(\xi) < z$, d. h. $\xi > x$ impliziert $F(\xi) \ge z$, was wegen der rechtsseitigen Stetigkeit von F ergibt $F(x) \ge z$. Ist andererseits $\Xi(z) > x$, so gibt es ein ξ mit $x < \xi$ und $F(\xi) < z$, woraus $F(x) \le F(\xi) < z$ folgt.

Es sei nun Z in $[0,1[$ gleichverteilt. Wir setzen

$$X = \Xi \circ Z \, . \tag{2}$$

Dann ist $P\{X \leq x\} = P\{Z \leq F(x)\} = F(x)$, d.h. X hat die Verteilungsfunktion F. Finden wir also eine Realisierung z von Z, so ist $x = \Xi(z)$ die zugehörige zu konstruierende Realisierung von X.

Wir wenden dieses Prinzip als erstes auf eine diskrete Verteilung an, die auf abzählbar vielen Werten $\xi_1, \xi_2, \ldots$ konzentriert und durch die Zähldichte $p_l = Q\{\xi_l\}$, $l = 1, 2, \ldots$ definiert ist. Für

$$F(\xi_l -) < z \leq F(\xi_l) \tag{3}$$

gilt $\Xi(z) = \xi_l$; wir setzen also $x = \xi_l$ dann und nur dann, wenn (3) richtig ist. Dies läßt sich auch in mehr geometrischer Weise ausdrücken: die Intervalle $J_l =]F(\xi_l -), F(\xi_l)]$ bilden eine Zerlegung des offenen, halboffenen oder abgeschlossenen Einheitsintervalls, und wir definieren $x = \xi_l$ dann und nur dann, wenn z in das Intervall J_l hineinfällt.

Damit wird das Simulieren von Q sehr einfach, wenn wir die Verteilungsfunktion F in geeigneter Form vor uns haben. Die Simulation der Bernoullischen Verteilung in Beispiel 2 war schon ein Spezialfall dieser Methode; eine weitere Anwendung gibt das

Beispiel 3. Die Poissonsche Verteilung zum Parameter $\lambda = 2$ hat die Verteilungsfunktion

k	0	1	2	3	4	5	6	$\ldots$
$F(k)$	0,1353	0,4060	0,6767	0,8571	0,9473	0,9834	0,9955	$\ldots$

Aus den ersten fünf Spalten der Tafel 1 erhalten wir damit die Realisierungen $0; 2; 4; 4; 2; 1; 4; 2; 1; 4; \ldots$.

Beispiel 4. Es sei Q die geometrische Verteilung mit dem Parameter p, d.h. $\xi_k = k$ und $p_k = pq^{k-1}$ für $k = 1, 2, \ldots$. Dann ist $F(k) = 1 - q^k$. Wir wenden die auf (3) beruhende Methode mit der Variablen $1 - Z$ anstelle von Z an, die ja auch in $[0,1[$ gleichverteilt ist. Danach wird $\Xi(z) = k$ dann und nur dann, wenn $1 - q^{k-1} < 1 - z \leq 1 - q^k$, und diese Bedingung ist gleichwertig mit $q^k \leq z < q^{k-1}$, d.h. mit $k \log q \leq \log z < (k-1) \log q$. Demnach ist

$$x = \left\lceil \frac{\log z}{\log q} \right\rceil + 1 \, . \tag{4}$$

Die Spalten 16 bis 20 der Tafel 1 geben uns für $p = 2/3$ die Realisierungen $1; 2; 1; 2; 3; 4; 1; 1; 1; 1; \ldots$.

Ist F stetig und strikt monoton wachsend, so wird $\Xi = F^{-1}$ die Umkehrfunktion von F.

Beispiel 5. Bei der Exponentialverteilung zum Parameter λ ist Ξ leicht zu berechnen, nämlich direkt aus (VII.1.28): $\Xi(u) = \lambda^{-1} \log(1 - u)$. Für $\lambda =$

$0,5$ bekommen wir so aus den Spalten 11 bis 15 der Tafel 1 die Realisierungen $1{,}23; 1{,}77; 1{,}89; 0{,}88; 1{,}02; 2{,}58; 0{,}47; 0{,}60; 4{,}36; 8{,}68; \ldots$.

Beispiel 6. Um die Standardnormalverteilung zu simulieren, transformieren wir z.B. die Spalten 6 bis 10 der Tafel 1 mit Hilfe der Funktion Φ^{-1}, wozu wir allerdings eine detailliertere Tafel von Φ oder Φ^{-1} brauchen, als sie in diesem Buch enthalten ist. Es ergeben sich so die Realisierungen $0{,}24; -0{,}53; -1{,}52; -1{,}39;$ $-2{,}54; 0{,}48; -0{,}03; -0{,}74; -0{,}26; 0{,}15; \ldots$. Um Realisierungen von $N(\mu, \sigma^2)$ zu bekommen, brauchen wir sie nur mit σ zu multiplizieren und μ zu addieren.

Man nennt das durch (2) definierte Verfahren die *Inversionsmethode*. Im Prinzip läßt sie sich immer anwenden, aber bei manchen Verteilungen ist es praktischer, spezielle, an die Struktur dieser Verteilungen angepaßte Verfahren zu benutzen. So könnten wir, auf die Definition einer geometrisch verteilten Zufallsvariablen als eine „Wartezeit" gestützt, anstelle von (4) auch so verfahren: wir nehmen eine Folge von Realisierungen $z_1, z_2, \ldots$ von unabhängigen, in $[0, 1[$ gleichmäßig verteilten Zufallsvariablen her und setzen

$$x = \min\{i : z_i < p\} \, . \tag{5}$$

Gehen wir z.B. mit $p = 0{,}2$ die erste Spalte der Tafel 1 durch, so finden wir die Realisierung 1, und die Spalten 2 bis 10 ergeben analog die Realisierungen 1; 4; 18; 8; 3; 5; 10; 4; 1.

Beispiel 7. Die Binomialverteilung mit den Parametern n und p ist definitionsgemäß die Verteilung einer Summe $X_1 + \cdots + X_n$ von unabhängigen Zufallsvariablen, deren jede der Bernoullischen Verteilung mit dem Parameter p folgt. Simulieren wir jedes X_i wie im Beispiel 2, wobei wir jetzt der einfacheren Bezeichnungen zuliebe wie im vorangegangenen Beispiel mit $1 - Z$ statt mit Z operieren, so erhalten wir mit Hilfe von unabhängigen Realisierungen $z_1, \ldots, z_n$ der Gleichverteilung in $[0, 1[$ den simulierten Wert

$$x = \#\{i \in \{1, \ldots, n\} : z_i < p\} \, . \tag{6}$$

Um m unabhängige Realisierungen dieser Binomialverteilung zu erhalten, benötigen wir also $n \cdot m$ unabhängige Realisierungen der Gleichverteilung in $[0, 1[$. Dafür brauchen wir, anders als bei dem auf (3) basierenden Inversionsverfahren, die Verteilungsfunktion $k \mapsto B(k; n, p)$ nicht zu kennen.

Für $n = 25$ und $p = 0{,}36$ finden wir aus den Spalten 21 und 22 der Tafel 1 die Realisierungen 14 und 9, aus den Spalten 23 und 24 die Realisierungen 4 und 8, und in derselben Weise fortfahrend erhalten wir 11; 6; 12; 8; 3; 8.

Beispiel 8. Nach der Aufgabe IV.6 ist die negative Binomialverteilung mit den Parametern n und p, wobei $0 < p \le 1$, die einer Summe $X_1 + \cdots + X_n$ mit unabhängigen Zufallsvariablen, deren jede der geometrischen Verteilung mit dem Parameter p folgt. Dieselbe Idee wie im vorangegangenen Beispiel ergibt daher nach (4) die folgende, auf n simulierten Werten $z_1, \ldots, z_n$ der Gleichverteilung in $[0, 1[$ fußende Realisierung:

$$x = n + \sum_{i=1}^{n} \left[\frac{\log z_i}{\log q} \right] . \tag{7}$$

Wir kommen nun zur Standardnormalverteilung zurück. Näherungsweise läßt sie sich auch mit Hilfe des zentralen Grenzwertsatzes VI.2.3 simulieren, z.B. nach (VII.4.3) in der Form

$$x = \frac{\sum_{i=1}^{n} z_i - n/2}{\sqrt{n/12}} \tag{8}$$

mit Hilfe von simulierten Werten der Gleichverteilung in $[0, 1[$ und hinreichend großem n. Für viele praktische Zwecke reicht erfahrungsgemäß $n \geq 12$ aus. Es ist besonders vorteilhaft, $n = 12$ zu nehmen, weil dann (8)

$$x = \sum_{i=1}^{12} z_i - 6 \tag{9}$$

wird. So kann man die rechenzeitraubende Wurzeloperation vermeiden.

Statt gleichmäßig in $[0, 1[$ verteilter Variablen lassen sich auch andere verwenden, was allerdings die Genauigkeit beeinflußt, z.B., wenn wir keine Tafel von Zufallszahlen zur Hand haben, Realisierungen $y_1, \ldots, y_n$ von n Würfen einer Münze, deren Ausgänge durch 0 und 1 dargestellt sind. In diesem Fall würden wir nach (IV.2.13) setzen

$$x = \frac{\sum_{i=1}^{n} y_i - n/2}{\sqrt{n/4}} . \tag{10}$$

Alle diese Methoden sind aber nicht nur ungenau, sondern auch nicht sehr praktisch, weil sie viele Realisierungen z_i oder y_i erfordern, um eine einzige der Normalverteilung zu erzeugen. Das folgende, *Polarmethode* genannte Verfahren beruht auf einer Transformation der Gleichverteilung im Einheitsquadrat.

Satz 1. *Es seien Y und Z unabhängig und in $[0, 1[$ gleichverteilt. Dann sind die Zufallsvariablen*

$$X_1 = \sqrt{-2 \log Y} \, \sin(2\pi Z) \quad und \quad X_2 = \sqrt{-2 \log Y} \, \cos(2\pi Z) \tag{11}$$

mit positivem Wurzelvorzeichen unabhängig und nach $N(0,1)$ verteilt.

Beweis. Wir setzen die Abbildung $(y, z) \mapsto (x_1, x_2)$ aus zwei Abbildungen zusammen und wenden jedesmal Satz VII.2.2 an. Zunächst sei

$$r = \sqrt{-2 \log y} \, , \quad \vartheta = 2\pi z \, ; \quad 0 < y < 1 \, , \ 0 < z < 1 \, .$$

Die entsprechenden Zufallsvariablen R und Θ sind unabhängig und haben nach diesem Satz die Dichten $f_R(r) = r\exp(r^2/2)$ und $f_\Theta = 1/2\pi$, also die gemeinsame Dichte

$$f_{R,\Theta}(r,\vartheta) = \frac{1}{2\pi} r \exp\left(-\frac{r^2}{2}\right) \quad \text{für } 0 < r < \infty\,, \ 0 < \vartheta < 2\pi\,.$$

Weiter ist $x_1 = r\sin\vartheta$ und $x_2 = r\cos\vartheta$, und eine leichte Rechnung ergibt, von (VII.2.7) ausgehend, daß

$$f_{X_1,X_2}(x_1,x_2) = \frac{1}{2\pi} \exp\left(-\frac{x_1^2 + x_2^2}{2}\right)\,. \qquad \qquad \square$$

Diese Methode gibt uns also mit Hilfe von $2n$ unabhängigen Realisierungen $y_1,\dots,y_n,z_1,\dots,z_n$ zur Gleichverteilung in $[0,1[$ ebenso viele unabhängige Realisierungen zu $N(0,1)$.

2. Realisierung von Stichproben

Unser Ziel ist, eine Realisierung einer Stichprobe aus einer endlichen Menge $\mathcal{U}$ vom Umfang N so zu konstruieren, daß alle diese Stichproben gleichwahrscheinlich werden. Während man in der Mathematik – wie z.B. im Beweis des Satzes I.4.3 – ohne weiteres sagen kann: „Wir nehmen ohne Beschränkung der Allgemeinheit an, es sei $\mathcal{U} = \{1,\dots,N\}$", so bedeutet diese Annahme in der Praxis, daß die Elemente von $\mathcal{U}$ wirklich aufgezählt worden sind, d. h. daß eine Liste ihrer Elemente vorliegt, in der jedes von ihnen seine Nummer hat. Eine solche Liste, sei es auf Papier, in einem Computer oder auf einem anderen Träger, heißt ein *Stichprobenrahmen*. Wir setzen seine Existenz und Verfügbarkeit voraus, was allerdings eine sehr starke Einschränkung der Allgemeinheit ist: man denke an die Menge $\mathcal{U}$ aller Einwohner der Stadt São Paulo am 1. Januar 1994 um 0:00 Uhr. Im folgenden sei also $\mathcal{U} = \{1,\dots,N\}$.

Wir beginnen mit der Konstruktion einer geordneten Stichprobe ohne Wiederholung $(u_1,\dots,u_n)$. Das ist einfach das Problem der Simulation von n unabhängigen Realisierungen der Gleichverteilung auf $\mathcal{U}$. Wir betrachten zunächst den Fall $n = 1$. Die Inversionsmethode (1.3) nimmt hier die Form

$$u = [Nz] + 1 \tag{1}$$

an. Wollen wir das Multiplizieren von z mit N vermeiden, so können wir auch so vorgehen: Es sei r die kleinste ganze Zahl derart, daß $N \le 10^r$. Wir nehmen r Zufallsziffern $d_1,\dots,d_r$ her, z.B. die der ersten Zeile in r vorher gewählten Spalten der Tafel 1, und bilden dazu wie im vorigen Abschnitt die Zufallszahl $u = d_1 \cdot 10^{r-1} + d_2 \cdot 10^{r-2} + \cdots + d_r$, wobei wir aber $u = 10^r$ setzen, wenn $d_1 = \cdots = d_r = 0$. Ist nun $u \le N$, so sei dieses u die gewählte Zahl aus $\mathcal{U}$. Ist dagegen $u > N$, so wiederholen wir die Prozedur unabhängig vom ersten Mal, z.B. mit Hilfe der zweiten Zeile in denselben Spalten der Tafel, und fahren so fort, bis wir zum ersten Mal eine Zahl $u \leq N$ finden, die dann gewählt wird. So ergibt sich im Fall $N = 3\,271$ mit Hilfe der Spalten 6 bis 9 der Tafel die Zahl $u = 2\,993$.

Dieses Verfahren ist ein Spezialfall der sogenannten *Verwerfungsmethode*. Daß es tatsächlich eine Simulation der Gleichverteilung auf $\{1, \ldots, N\}$ liefert, ist fast evident. Bedeutet nämlich U eine Zufallsvariable, die in $\{1, \ldots, 10^r\}$ gleichverteilt ist, so wählen wir danach eine Zahl $u \in \mathcal{U}$ mit der Wahrscheinlichkeit

$$P\{U = u | U \leq N\} = \frac{P\{U = u, U \leq N\}}{P\{U \leq N\}} = \frac{P\{U = u\}}{P\{U \leq N\}} = \frac{1/10^r}{N/10^r} = \frac{1}{N}.$$

Ist N sehr viel kleiner als 10^r, so können wir das Verfahren natürlich noch modifizieren, um zu häufiges Verwerfen zu vermeiden.

Machen wir dies n-mal in unabhängiger Weise, z.B. indem wir jeweils neue Zeilen der Tafel verwenden und auf r neue Spalten übergehen, wenn wir unten angelangt sind, so erhalten wir eine geordnete Stichprobe mit Wiederholung $(u_1, \ldots, u_n)$. Um eine geordnete Stichprobe ohne Wiederholung zu konstruieren, brauchen wir nur wieder in jedem Schritt das Verwerfungsprinzip zu verwenden, gleichgültig ob wir mit (1) oder der eben beschriebenen Verwerfungsmethode operieren: die Zahl u wird an der i-ten Stelle nicht gewählt, wenn sie schon unter den Zahlen $u_1, \ldots, u_{i-1}$ vorkommt. Durch den Übergang von einer geordneten zu einer ungeordneten Stichprobe (siehe auch Aufgabe I.11) erhalten wir schließlich ungeordnete Stichproben mit oder ohne Wiederholung.

Wenden wir diese Konstruktion im Fall $n = N$ an, so ergibt sich in Gestalt einer geordneten Stichprobe ohne Wiederholung die Realisierung einer *Zufallspermutation*.

Beispiel 1. Es sei $N = 7$. Aus der Zeile 10 der Tafel 1 bekommen wir die Permutation $(1, 5, 4, 7, 3, 2, 6)$.

Im Prinzip könnten wir auch alle $N!$ Permutationen durchnumerieren, d.h. einen ensprechenden Stichprobenrahmen machen, und dann daraus eine auswählen, aber es ist schon $7! = 5\,040$.

In der praktischen Statistik sehen wir uns oft dem Problem gegenüber, eine gegebene Population $\mathcal{U} = \{1, \ldots, N\}$ „rein zufällig" in m Teilmengen $\mathcal{U}_1, \ldots, \mathcal{U}_m$ von Umfängen in gegebenen Verhältnissen $n_1 : n_2 : \ldots : n_m$ zu zerlegen; siehe z.B. Beispiel I.1.4 und die Aufgaben IX.5, X.10 und X.14. Nach Division durch ihren größten gemeinsamen Teiler können wir annehmen, $n_1, \ldots, n_m$ seien teilerfremd. Wir setzen $n = n_1 + \cdots + n_m$. Geht n nicht in N auf, so hat das Problem keine Lösung, aber in der Praxis ist n klein gegen N, und indem wir höchstens $n - 1$ Elemente von $\mathcal{U}$ weglassen, bekommen wir eine Population vom Umfang $n[N/n]$, deren Umfang durch n teilbar ist. Wir setzen voraus, daß dies von vornherein zutrifft.

In diesem Fall können wir $\mathcal{U}$ als Vereinigung von N/n paarweise fremden Teilmengen $\mathcal{V}_l$, $l = 1, \ldots, N/n$ vom Umfang n darstellen. Wir zerlegen jedes $\mathcal{V}_l$ in m Teilmengen $\mathcal{V}_{l1}, \ldots, \mathcal{V}_{lm}$ mit Umfängen $n_1, \ldots, n_m$, indem wir eine

Zufallspermutation von $\mathcal{V}_l$ hernehmen, $\mathcal{V}_{l1}$ als die Menge ihrer ersten n_1 Elemente definieren, $\mathcal{V}_{l2}$ als die der n_2 darauf folgenden, usw. Für verschiedene $\mathcal{V}_l$ tun wir dies in unabhängiger Weise und setzen schließlich $\mathcal{U}_j = \bigcup_{l=1}^{N/n} \mathcal{V}_{lj}$ für $j = 1, \ldots, m$.

Beispiel 2. Es sei $n_1 = 2, n_2 = 3$ und $N = 10$, also $n = 5$ und $N/n = 2$. Wir setzen $\mathcal{V}_1 = \{1, \ldots, 5\}$ und $\mathcal{V}_2 = \{6, \ldots, 10\}$. Die Spalte 31 der Tafel 1 gibt die Zufallspermutation $\{4, 5, 3, 2, 1\}$, die Spalte 32 liefert, wenn wir wieder 10 mit 0 identifizieren, die Zufallspermutation $\{8, 6, 7, 9, 10\}$, also $\mathcal{V}_{11} = \{4, 5\}, \mathcal{V}_{12} = \{3, 2, 1\}, \mathcal{V}_{21} = \{8, 6\}, \mathcal{V}_{22} = \{7, 9, 10\}$ und damit $\mathcal{U}_1 = \{4, 5, 8, 6\}$ und $\mathcal{U}_2 = \{3, 2, 1, 7, 9, 10\}$.

Die wesentliche Idee dieser Konstruktion ist offensichtlich, mit möglichst kleinen Mengen $\mathcal{V}_l$ zu operieren. Vor allem läßt sie sich auch ausführen, wenn die Population $\mathcal{U}$ nicht von vornherein vollständig vorliegt, sondern sich erst nach und nach konstituiert wie z.B. die aller Patienten, die während des Jahres 1995 in einem gegebenen Krankenhaus wegen bestätigtem AIDS erscheinen und einer von m ins Auge gefaßten und zu vergleichenden Therapien unterworfen werden sollen. Hier würde man gleich nach Ankunft der ersten n Patienten die Menge $\mathcal{V}_1$ als Menge eben dieser Patienten definieren und die entsprechende Zufallspermutation konstruieren, ohne auf weitere Patienten zu warten, dann später mit den nächsten n Patienten ebenso verfahren usw.

3. Simulation von Prozessen

In Abschnitt 2 haben wir Stichproben aus endlichen Mengen konstruiert. Die in Abschnitt 1 simulierten Realisierungen $(x_1, \ldots, x_n)$ zu einer stetigen Verteilungsfunktion lassen sich natürlich in trivialer Weise auch als geordnete Stichproben auffassen, nämlich aus $\mathbb{R}$ oder aus einer geeigneten Teilmenge von $\mathbb{R}$, z.B. aus dem Einheitsintervall, wenn es sich um die Gleichverteilung dort handelt. Ebenso können wir Stichproben aus $\mathbb{R}^2$ bekommen.

Beispiel 1. Es seien $u_1, \ldots, u_n, v_1, \ldots, v_n$ simulierte Werte unabhängiger, in $[0, 1]$ gleichmäßig verteilter Zufallsvariablen. Dann sind die Punkte $(u_i, v_i), i = 1, \ldots, n$, unabhängige Realisierungen von n Zufallspunkten, deren jeder im Einheitsquadrat $Q = [0, 1] \times [0, 1]$ gleichverteilt ist.

Solche Stichproben dienen genauso wie Stichproben aus endlichen Mengen u.a. dazu, gewisse Schätzungen zu ermöglichen. Man denke z.B. an eine Ertragsschätzung in der Landwirtschaft, wo die Punkte, in deren näherer Umgebung man den zu erwartenden Ertrag mißt, als Stichprobe in einem Luftbild festgelegt werden; siehe Aufgabe 4. Ähnliche Funktionen haben *Zufallsgeraden*, die wir im folgenden Beispiel simulieren:

Beispiel 2. Es sei $\mathcal{G}$ die Menge aller gerichteten Geraden in der Ebene, die den abgeschlossenen Einheitskreis K schneiden oder berühren. Wir simulieren zunächst eine Zahl $r \in [-1, 1]$ gemäß der Gleichverteilung in diesem Intervall, und sodann, unabhängig davon, eine Zufallsrichtung, d. h. eine Realisierung ϑ einer in $[0, 2\pi[$ gleichverteilten Variablen. Es sei g die Gerade, die mit der Abszisse den Winkel ϑ einschließt und vom Ursprung den Abstand $|r|$ hat, wobei der Ursprung „links" von g liegt, wenn $r > 0$, und „rechts", wenn $r < 0$. Dies ist eine simulierte, K treffende, gerichtete *Zufallsgerade* im Sinne von Abschnitt I.6, die einen *zufälligen Schnitt* von K erzeugt. Wiederholen wir dies unabhängig n-mal, so bekommen wir n zufällige Schnitte.

Beispiele dieser Art führen uns zugleich zur Simulation komplizierterer Zufallsmechanismen, die man auch *Zufallsprozesse* nennt.

Beispiel 3. Wir simulieren die in Beispiel VII.3.1 beschriebenen Telephonanrufe im Zeitraum $[0, t[$ zu einem gegebenen Parameter λ. Hierzu simulieren wir zunächst eine ganze Zahl $n \geq 0$ mit Hilfe der Poissonschen Verteilung zum Parameter λt. Ist $n = 0$, so gibt es keinen Anruf in $[0, t[$. Ist $n > 0$, so erzeugen wir durch einen vom vorher benutzten unabhängigen Mechanismus n unabhängige Realisierungen $x_1, \ldots, x_n$ zur Gleichverteilung in $[0, t[$, gehen zur Ordnungstatistik $x_{(1)} \leq \ldots \leq x_{(n)}$ über und setzen $s_i = x_{(i)}$, $i = 1, \ldots, n$. Es läßt sich zeigen, was wir hier nicht tun werden, daß dies in der Tat auf die Simulation der im genannten Beispiel konstruierten Zeitpunkte $S_1, \ldots, S_Y$ hinausläuft, wobei Y die Anzahl der Anrufe im Intervall $[0, 1[$ ist; siehe [23]. Wir könnten daher $S_1, \ldots, S_Y$ auch dadurch simulieren, daß wir nacheinander unabhängige Realisierungen $t_1, t_2, \ldots$ der Exponentialverteilung zum Parameter λ erzeugen, $s_k = t_1 + \cdots + t_k$ setzen und so lange fortfahren, bis s_k zum letzten Mal vor t liegt, d. h. n so bestimmen, daß $s_n < t$ aber $s_{n+1} \geq t$. Es ist dann n die betreffende Realisierung von Y.

Der vollständige „Prozeß", den wir hier nur im Intervall $[0, t[$ simuliert haben, besteht aus der ganzen Folge $S_1, S_2, \ldots$. Er heißt der *stationäre Poissonsche Prozeß* in $[0, \infty[$, zum Parameter λ.

In analoger Weise läßt sich der *stationäre Poissonsche Prozeß* in der Ebene innerhalb einer beschränkten Menge, z.B. des Einheitsquadrats Q, simulieren, ohne daß wir ihn explizit zu definieren brauchen. Wir bestimmen wieder die Zahl n der in Q zu verteilenden Punkte als Realisierung der Poissonschen Verteilung mit dem Parameter λ und erzeugen dann die Punkte $\mathbf{s}_i = (u_i, v_i)$, $i = 1, \ldots, n$, wie im Beispiel 1 durch einen Mechanismus, der von dem zur Festlegung von n benutzten unabhängig ist.

Nach Beispiel IV.3.7 hat die Anzahl der so in Q gewählten Punkte $\mathbf{s}_i$ sowohl den Erwartungswert als auch die Varianz λ. Die zur Folge $(\mathbf{s}_1, \ldots, \mathbf{s}_n)$ gehörige Ordnungsstatistik, d. h. die Menge der Punkte $\mathbf{s}_i$ mit eventuellen Vielfachheiten (Aufgabe I.11 (c)) ist die simulierte Realisierung innerhalb von Q des stationären Poissonschen Prozesses zum Parameter λ. Man sieht diese Menge manchmal als das Ergebnis einer „rein zufälligen" Verteilung von n Punkten in Q an.

Um ein Gefühl für das Wirken des Zufalls zu bekommen, ist es auch instruktiv, Irrfahrten, wie sie in den Aufgaben III.10 und III.11 aufgetreten sind, zu simulieren. Dies bedeutet, eine Realisierung eines hinreichend großen Abschnitts der Folge der Punkte (n, Z_n) mit $Z_n = X_1 + \cdots + X_n$, $n = 1, 2, \ldots$, zu erzeugen, wobei $X_1, X_2, \ldots$ unabhängige Zufallsvariable mit derselben Bernoullischen Verteilung sind; das ist mit den Methoden von Abschnitt 1 leicht möglich. Im folgenden Beispiel handelt es sich um einen Zufallsprozeß, den wir ebenfalls als einen zeitlichen Ablauf eines Geschehens deuten können, doch sind hier die „Zuwächse" X_j nicht mehr voneinander unabhängig.

Beispiel 4. Wir wollen den Ablauf einer Epidemie einer ansteckenden Krankheit in einer kleinen, geschlossenen Bevölkerung $\mathcal{U}$ modellieren und simulieren mit Hilfe von Gedanken, die schon in Aufgabe I.4 aufgetaucht waren. Wir nehmen an, daß ein geheilter Patient immun geworden ist, d. h. nicht mehr angesteckt werden kann, wie es z.B. bei Masern der Fall ist. Eine noch gesunde und nicht angesteckte Person wird als nicht immun vorausgesetzt und *empfänglich* genannt. Eine Person heißt *krank* während des Zeitraums zwischen ihrer Ansteckung und dem Ende der Periode, in der sie selbst andere anstecken kann, und zur Vereinfachung benutzen wir als Zeiteinheit die Krankheitsdauer, die für alle Personen gleich sein möge. Für $t = 0, 1, \ldots$ sei S_t die Zahl der im Zeitpunkt t empfänglichen Personen und I_t die Zahl der in diesem Augenblick vorhandenen Krankheitsfälle; dies sind also Zufallsvariable. Da die zur Zeit t kranken Personen zur Zeit $t + 1$ bereits geheilt sind, gilt

$$I_{t+1} = S_t - S_{t+1}, \qquad t = 0, 1, \ldots . \tag{1}$$

Für jede zur Zeit t empfängliche Person S und jede zu dieser Zeit kranke Person I sei die Wahrscheinlichkeit, daß S von I während des Zeitraums $[t, t+1[$ angesteckt wird, gleich derselben Zahl p mit $0 < p < 1$, die also weder von der Zeit noch von den Personen abhängt. Wir setzen die Unabhängigkeit der Ansteckungen im folgenden Sinne voraus: eine empfängliche Person wird von den diversen Kranken in unabhängiger Weise angesteckt, und ein Kranker steckt die diversen Empfänglichen unabhängig an.

Wir werden nun die Folge $I_0, I_1, I_2, \ldots$ simulieren, indem wir die Realisierungen $i_0, i_1, i_2, \ldots$ rekursiv erzeugen. Hierzu berechnen wir für jedes t die bedingte Verteilung von I_{t+1} bei gegebenen Werten s_t und i_t von S_t bzw. I_t. Wir setzen $q_t = q^{i_t}$. Wegen der Unabhängigkeit der von verschiedenen Kranken herrührenden Ansteckungen ist dies die Wahrscheinlichkeit, daß eine bestimmte im Augenblick t empfängliche Person S während der Periode $[t, t+1[$ von keinem der i_t zu dieser Zeit kranken Patienten angesteckt wird. Folglich stellt $1 - q_t$ die Wahrscheinlichkeit dar, daß S in diesem Zeitraum angesteckt wird. Da verschiedene empfängliche Personen unabhängig voneinander angesteckt werden, so hat demnach die Anzahl I_t aller in diesem Intervall angesteckten Personen eine Binomialverteilung mit den Parametern s_t und $1 - q_t$, d. h. es ist

$$P\{I_{t+1} = k | S_t = s_t, I_t = i_t\} = \binom{s_t}{k}(1 - q_t)^k q_t^{s_t - k}, \quad k = 0, \ldots, s_t . \tag{2}$$

Man nennt diese mathematische Beschreibung der Epidemie das *binomiale Kettenmodell*.

Wir nehmen an, daß zu Beginn niemand immun war, d. h. $S_0 + I_0 = N = \#\mathcal{U}$. Die Anzahl i_0 der bereits Kranken ist im allgemeinen gegeben und nicht zufällig, doch könnten wir auch sie mittels einer gegeben Verteilung simulieren; in jedem Fall bekommen wir daraus $s_0 = N - i_0$. Sind nun in irgend einem Zeitpunkt t die Zahlen s_t und i_t bekannt, so erhalten wir i_{t+1} durch Simulation der Verteilung (2) und damit s_{t+1} wegen (1) zu $s_{t+1} = s_t - i_{t+1}$.

Bei kleinem N lassen sich einige Schritte dieser Simulation mit den Methoden des Abschnitts 1 und je einer Tafel von Zufallszahlen und von Binomialverteilungen tun. Das eigentliche Interesse der Simulation liegt aber bei diesem Beispiel wie in vielen anderen in der Möglichkeit, solche Simulationen oft zu wiederholen, was nur mit dem Computer geht. Auf diese Weise können wir gewisse Größen wie z.B. die durchschnittliche Patientenzahl zur Zeit t , d. h. EI_t , oder auch die Varianz VI_t schätzen, für die es keine für alle t gültige explizite Formel gibt und die man aus (2) auch nur mühselig rekursiv berechnen kann, anders als bei einer Irrfahrt. Dies ist ein Beispiel für die sogenannte *Monte Carlo-Methode* , worunter man ganz allgemein die Untersuchung der Verteilung eines Zufallselements mit Hilfe von Simulationen versteht. In unserem Beispiel würden wir EI_t mit Hilfe von

$$\frac{1}{n} \sum_{r=1}^{n} i_t^{(r)} \tag{3}$$

schätzen, wobei $i_t^{(r)}$ die Realisierung von I_t bei einer r-ten Simulation ist. Sind diese Simulationen unabhängig, so hat (3) die Varianz $n^{-1}V(I_t)$. In gewissen Problemen dieser Art lassen sich noch Schätzungen mit geringeren Varianzen finden, sei es durch den Gebrauch von modifizierten Variablen anstelle von I_t , sei es, indem man auch abhängige Simulationen verwendet. Ein Beispiel findet sich in Aufgabe 4.

Die Anwendungen der Simulation in der Statistik beruhen auf denselben Prinzipien. Es handelt sich zunächst darum, Eigenschaften der Verteilungen gewisser Statistiken und der auf ihnen beruhenden Verfahren experimentell mit Hilfe von simulierten Daten zu untersuchen. Weiterhin sind Simulationen auch ein Bestandteil mancher statistischer Methoden. Das Festlegen der Ränge im Fall von Bindungen mit Hilfe von Zufallspermutationen in Abschnitt IX.1 war nur ein allereinfachstes Beispiel. Hierher gehören insbesondere alle sogenannten „Resampling-Verfahren". Wir verweisen dazu auf [13] und [18].

Solche Untersuchungen gegebener statistischer Verfahren sind nun aber in den meisten Fällen nur nützlich, wenn man einen Computer verwendet. Auch sind viele neuere statistische Methoden von vornherein auf den Gebrauch des Computers zugeschnitten. Es hätte keinen Sinn, dies nur oberflächlich anzudeuten, und wir sind damit an einem natürlichen Ende dieses Buchs angelangt.

4. Aufgaben

1. Ein Galtonsches Brett ist ein senkrecht aufgehängtes Brett mit n waagrechten
   Reihen von Nägeln gleichen Abstandes l, so daß in der i-ten Reihe i Nägel sitzen
   und die Nägel der $(i-1)$-ten Reihe sich über der Mitte zwischen denen der i-ten
   Reihe befinden. Eine auf den obersten Nagel gelegte Kugel vom Durchmesser
   l durchläuft die Reihen, wobei wir annehmen, daß sie nach dem Fall auf einen
   Nagel unabhängig von dem vorher durchlaufenen Weg mit gleicher Wahrschein-
   lichkeit nach rechts und nach links weiterfällt. Nach dem Durchqueren der n-ten
   Reihe registrieren wir die Lage der Kugel, indem wir sie in einem von $n+1$ dar-
   unter angeordneten Behältern auffangen. Welche Verteilung wird hier simuliert?
   Wie kann man das Brett verbessern, um sicher zu stellen, daß die gemachten
   Annahmen in guter Annäherung erfüllt sind?

2. In den Fällen $n = 2$ und $n = 3$ berechne und zeichne man die Dichte der
   Verteilung der durch (1.8) und (1.10) gegebenen Zufallsvariablen und vergleiche
   sie miteinander und mit der Dichte von $N(0,1)$.

3. Mit Hilfe von (1.11) simuliere man 46 nach $N(0,1)$ verteilte Zufallszahlen (die
   man dann später auch in den Aufgaben 7 und 8 verwenden kann) und vergleiche
   die zugehörige empirische Verteilungsfunktion mit der „wahren" Verteilungsfunktion Φ.

4. Es sei f eine über das Intervall $[0,1[$ integrierbare Funktion. Wir nehmen an,
   f sei unbekannt, doch könnten wir seine Werte in den Punkten einer von uns
   zu konstruierenden Stichprobe gegebenen Umfangs $2n$ messen. Unser Ziel ist,
   $\int_0^1 f(x)dx$ zu schätzen. Wir betrachten drei Methoden zum Erzeugen einer Stichprobe $(x_1, \ldots, x_{2n})$:

   (a) $x_1, \ldots, x_{2n}$ sind unabhängige Realisierungen der Gleichverteilung in $[0,1[$.

   (b) $x_1, \ldots, x_n$ sind unabhängige Realisierungen der Gleichverteilung in $[0,1[$
       und $x_{n+i} = 1 - x_i$, $i = 1, \ldots, n$.

   (c) Wir simulieren eine Zufallszahl x_1 nach der Gleichverteilung in $[0, 1/2n[$
       und setzen $x_i = x_1 + (i-1)/2n$, $i = 1, \ldots, 2n$.

   In allen Fällen benutzen wir die Schätzung

   $$\frac{1}{2n} \sum_{i=1}^{2n} f(x_i)$$

   und bezeichnen diesen Ausdruck, als Zufallsvariable aufgefaßt, durch Z.

   (i) Man zeige, daß $EZ = \int_0^1 f(x)dx$.

   (ii) In den Fällen (a) und (b) gebe man eine allgemeine Formel für die Varianz
        von Z und berechne und vergleiche diese beiden Varianzen, wenn $f(x) = x$.
        Anleitung: (VII.4.21) und (VII.4.28).

   (iii) Für $n = 5$ und $f(x) = x^2$ vergleiche man die Verfahren (a), (b) und (c) und
         insbesondere die zugehörigen Varianzen VZ experimentell mit Hilfe einer
         10maligen Wiederholung der drei Prozeduren.

5. Wir simulieren n unabhängige Geraden wie in Beispiel 3.2. Es sei Z_n die Ecken-
   zahl desjenigen unter den durch diese Geraden bestimmten konvexen Polygonen
   (die „uneigentlich", d. h. im Unendlichen offen, sein können), das den Ursprung
   enthält.

   (a) Man schätze den Erwartungswert EZ_5 und die Varianz VZ_5 mit Hilfe der
       Monte Carlo-Methode, indem man z.B. 50 oder 100 Geraden simuliert.

   (b) Was kann man experimentell über Z_n sagen, wenn $n \to \infty$?

6. Wir betrachten das binomiale Kettenmodell, Beispiel 3.4.

   (a) Man simuliere den Ablauf einer Epidemie im Fall $N = 30$, $i_0 = 1$, $p = 0,2$,
       nach Möglichkeit bis zum Erlöschen der Krankheit, d. h. $i_n = 0$.

   (b) Man zeige, daß die Krankheit mit der Wahrscheinlichkeit 1 erlischt.

   (c) Man zeige, daß mit einer positiven Wahrscheinlichkeit nicht alle Personen
       von $\mathcal{U}$ im Augenblick des Aussterbens der Krankheit schon krank gewesen
       waren.

7. Für $j = 1, 2, 3$ und $k = 1, \ldots, 5$ wähle man Zahlen μ_{jk} und konstruiere in unabhängiger Weise je eine Realisierung y_{jk} einer nach $N(\mu_{jk}, 1)$ verteilten Zufallsvariablen. Auf dem Niveau 0,05 teste man die Nullhypothese der Abwesenheit
   von Zeilen- bzw. Spalteneffekten. Wie müssen die μ_{ik} gewählt sein, damit das
   Problem einen Sinn hat? Man behandle es mit verschiedenen interessant erschei-
   nenden μ_{ik}, um die Abhängigkeit des Ergebnisses von der zugrunde liegenden
   Situation zu illustrieren; die benötigten Statistiken lassen sich selbst auf besseren
   Taschenrechnern leicht programmieren.

8. Man bearbeite Aufgabe 7 mit je 3 unabhängigen Realisierungen für jedes j und
   k.

Tafeln

Tafel 1. Zufallsziffern

Zeile Nr.	Spalte Nr.											
	05	10	15	20	25	30	35	40	45	50	55	60
1	01593	59381	45839	73090	81001	63479	48427	97879	33524	13700	42851	39584
2	42759	29935	58630	13353	00859	12642	76263	12400	34156	92143	45250	12016
3	85748	06471	61165	94840	97252	90539	57935	37707	34791	39178	82812	24493
4	87172	08204	35599	26870	18895	66380	60599	35147	68813	29498	66677	73621
5	43257	00558	39911	04500	18797	36951	45896	90076	60539	39423	17515	88850
6	15262	68564	72479	03060	09756	59197	68111	00785	28995	04390	63533	14503
7	90472	48687	20748	46134	31181	85646	63743	39252	31513	09605	76694	22350
8	52040	22953	25873	86190	16970	58999	77089	46782	60426	87113	16289	72910
9	34927	39827	88707	85025	67860	39247	76513	53295	88614	63085	82890	99445
10	91841	56149	98698	82089	33695	11479	92251	35810	96434	36874	71083	67663
11	29561	26049	28298	08312	49620	02690	79232	61488	58478	44153	15425	69289
12	02022	45960	03347	53947	16646	16100	08867	54835	10705	48757	42373	91451
13	63884	66267	36691	47382	39570	67925	99016	70614	24777	16536	38664	20477
14	98829	12698	64930	09213	13978	72671	02076	65461	66699	16950	54823	12394
15	19143	63918	43470	32819	89734	90642	89419	54967	19836	00200	83348	05829
16	65244	79201	56193	22061	55492	40073	38981	43396	88806	57278	09667	16364
17	03470	77095	27837	98424	76620	03568	93149	35174	87937	13174	36790	51476
18	38103	00867	65315	31734	08576	71838	22995	86710	18722	46195	08887	01984
19	83250	53071	37763	52144	03772	82234	75967	77184	88506	97323	82631	93591
20	72579	79967	00614	84327	63940	68143	97025	57937	23994	35841	17837	39093
21	65190	07965	73769	59875	15859	91071	73348	09236	25794	04919	64869	52490
22	09123	97842	61762	80671	89806	06480	72676	97184	11269	86281	73139	43153
23	68981	68605	77911	71480	91394	87537	96223	55129	94682	81047	81504	99607
24	01399	26141	04642	74716	06468	16084	03747	22069	80470	03340	23527	72419
25	25236	44479	09274	54543	25096	36469	49583	94337	14367	91601	51373	43112
26	10518	47844	06490	54891	38217	28104	32356	93440	14731	22164	20256	79206
27	61349	43890	72026	58904	12446	90437	13298	15723	32105	74011	64345	70924
28	46447	18350	43916	21735	32414	93790	44965	13444	14444	64277	34283	05013
29	56529	75955	92996	64709	40727	65071	24956	90022	53348	63077	18141	21884
30	52832	74659	36933	33417	59423	29108	27943	71890	09577	83027	75179	41295
31	14374	55896	56452	18154	52968	82061	19354	04829	61050	69188	42133	04444
32	16434	88294	89161	88903	58019	15960	31846	52586	57652	10280	59122	14451
33	04985	18138	74279	29888	46419	47652	42033	25836	40777	73643	06041	23553
34	19091	05595	02728	54691	06001	49100	19917	26519	04833	30631	69930	19210
35	36562	75978	41159	27952	97277	46663	98339	46066	01007	04903	17721	07482
36	10809	90822	27243	86123	45084	26024	37520	60775	47463	44548	35297	29689
37	53614	62846	14934	85136	18810	06148	35146	31401	55362	15664	21447	60116
38	84218	35461	60702	67442	02634	51851	47665	34970	34986	06752	60127	84019
39	49065	50355	14082	34214	52574	20577	65683	51009	30992	70467	38023	85587
40	46429	01403	97438	15188	25773	24815	65918	37420	49919	30745	27645	44391
41	79644	48158	55170	74986	32917	87050	42450	66177	47455	40376	07530	42324
42	33548	45540	26711	46472	93375	49708	15945	44082	16259	31822	77421	24239
43	80850	70310	11178	90556	39626	77166	86149	51147	74498	02900	29108	36313
44	42962	91299	82676	98189	26656	56460	98397	89526	77439	35512	66173	73124
45	36302	15119	50818	46061	69133	07170	73115	16886	52785	13785	87634	30445
46	82454	60651	04139	77421	49779	73442	53486	41118	41209	38706	35835	22087
47	20475	73532	61531	46191	27623	82410	08632	47107	93384	13640	31900	72808
48	19574	75554	31877	79233	46449	50054	26645	75456	17374	62459	73517	53395
49	12080	00894	62839	59758	47026	09959	81715	41234	98189	22681	09194	63990
50	43327	20696	52723	86800	70263	20406	76313	04451	97265	29540	00009	19083

Tafel 2. Die kumulative Standard-Normalverteilung

Tabellarisiert sind die Werte $\Phi(z + \Delta z)$.
Für $z < 0$ benutze man $\Phi(z) = 1 - \Phi(-z)$.

z \ Δz	,01	,02	,03	,04	,05	,06	,07	,08	,09	,01
0,0	,5000	,5040	,5080	,5120	,5160	,5199	,5239	,5279	,5319	,5359
0,1	,5398	,5438	,5478	,5517	,5557	,5596	,5636	,5675	,5714	,5753
0,2	,5793	,5832	,5871	,5910	,5948	,5987	,6026	,6064	,6103	,6141
0,3	,6179	,6217	,6255	,6293	,6331	,6368	,6406	,6443	,6480	,6517
0,4	,6554	,6591	,6628	,6664	,6700	,6736	,6772	,6808	,6844	,6879
0,5	,6915	,6950	,6985	,7019	,7054	,7088	,7123	,7157	,7190	,7224
0,6	,7257	,7291	,7324	,7357	,7389	,7422	,7454	,7486	,7517	,7549
0,7	,7580	,7611	,7642	,7673	,7704	,7734	,7764	,7794	,7823	,7852
0,8	,7881	,7910	,7939	,7967	,7995	,8023	,8051	,8078	,8106	,8133
0,9	,8159	,8186	,8212	,8238	,8264	,8289	,8315	,8340	,8365	,8389
1,0	,8413	,8438	,8461	,8485	,8508	,8531	,8554	,8577	,8599	,8621
1,1	,8643	,8665	,8686	,8708	,8729	,8749	,8770	,8790	,8810	,8830
1,2	,8849	,8869	,8888	,8907	,8925	,8944	,8962	,8980	,8997	,9015
1,3	,9032	,9049	,9066	,9082	,9099	,9115	,9131	,9147	,9162	,9177
1,4	,9192	,9207	,9222	,9236	,9251	,9265	,9279	,9292	,9306	,9319
1,5	,9332	,9345	,9357	,9370	,9382	,9394	,9406	,9418	,9429	,9441
1,6	,9452	,9463	,9474	,9484	,9495	,9505	,9515	,9525	,9535	,9545
1,7	,9554	,9564	,9573	,9582	,9591	,9599	,9608	,9616	,9625	,9633
1,8	,9641	,9649	,9656	,9664	,9671	,9678	,9686	,9693	,9699	,9706
1,9	,9713	,9719	,9726	,9732	,9738	,9744	,9750	,9756	,9761	,9767
2,0	,9772	,9778	,9783	,9788	,9793	,9798	,9803	,9808	,9812	,9817
2,1	,9821	,9826	,9830	,9834	,9838	,9842	,9846	,9850	,9854	,9857
2,2	,9861	,9864	,9868	,9871	,9875	,9878	,9881	,9884	,9887	,9890
2,3	,9893	,9896	,9898	,9901	,9904	,9906	,9909	,9911	,9913	,9916
2,4	,9918	,9920	,9922	,9925	,9927	,9929	,9931	,9932	,9934	,9936
2,5	,9938	,9940	,9941	,9943	,9945	,9946	,9948	,9949	,9951	,9952
2,6	,9953	,9955	,9956	,9957	,9959	,9960	,9961	,9962	,9963	,9964
2,7	,9965	,9966	,9967	,9968	,9969	,9970	,9971	,9972	,9973	,9974
2,8	,9974	,9975	,9975	,9977	,9977	,9978	,9979	,9979	,9980	,9981
2,9	,9981	,9982	,9982	,9983	,9984	,9984	,9985	,9985	,9986	,9986
3,0	,9987	,9987	,9987	,9988	,9988	,9989	,9989	,9989	,9990	,9990
3,1	,9990	,9991	,9991	,9991	,9992	,9992	,9992	,9992	,9993	,9993
3,2	,9993	,9993	,9994	,9994	,9994	,9994	,9994	,9995	,9995	,9995
3,3	,9995	,9995	,9995	,9996	,9996	,9996	,9996	,9996	,9996	,9997
3,4	,9997	,9997	,9997	,9997	,9997	,9997	,9997	,9997	,9997	,9998

Tafel 3. Quantile von t-Verteilungen

Tabellarisiert sind für die Freiheitsgrade m die $(1 - \alpha)$-Quantile $t_{m;1-\alpha}$ mit

$$P\{T > t_{m;1-\alpha}\} = \alpha .$$

Im Text ist $v_\alpha = t_{m-1;1-\alpha}$. Für $\alpha > 0{,}5$ beachte man $v_\alpha = -v_{1-\alpha}$.
In der Zeile zu $m = \infty$ stehen die Quantile u_α der $N(0,1)$-Verteilung.

m \ α	0,100	0,050	0,025	0,010	0,005	0,001
1	3,08	6,31	12,71	31,82	63,66	318,31
2	1,89	2,92	4,30	6,96	9,92	22,33
3	1,64	2,35	3,18	4,54	5,84	10,21
4	1,53	2,13	2,78	3,75	4,60	7,17
5	1,48	2,01	2,57	3,36	4,03	5,89
6	1,44	1,94	2,45	3,14	3,71	5,21
7	1,41	1,89	2,36	3,00	3,50	4,79
8	1,40	1,86	2,31	2,90	3,36	4,50
9	1,38	1,83	2,26	2,82	3,25	4,30
10	1,37	1,81	2,23	2,76	3,17	4,14
11	1,36	1,80	2,20	2,72	3,11	4,02
12	1,36	1,78	2,18	2,68	3,05	3,93
13	1,35	1,77	2,16	2,65	3,01	3,85
14	1,34	1,76	2,14	2,62	2,98	3,79
15	1,34	1,75	2,13	2,60	2,95	3,73
16	1,34	1,75	2,12	2,58	2,92	3,69
17	1,33	1,74	2,11	2,57	2,90	3,65
18	1,33	1,73	2,10	2,55	2,88	3,61
19	1,33	1,73	2,09	2,54	2,86	3,58
20	1,33	1,72	2,09	2,53	2,85	3,55
21	1,32	1,72	2,08	2,52	2,83	3,53
22	1,32	1,72	2,07	2,51	2,82	3,51
23	1,32	1,71	2,07	2,50	2,81	3,49
24	1,32	1,71	2,06	2,49	2,80	3,47
25	1,32	1,71	2,06	2,49	2,79	3,45
26	1,32	1,71	2,06	2,48	2,78	3,44
27	1,31	1,70	2,05	2,47	2,77	3,42
28	1,31	1,70	2,05	2,47	2,76	3,41
29	1,31	1,70	2,05	2,46	2,76	3,40
30	1,31	1,70	2,04	2,46	2,75	3,39
40	1,30	1,68	2,02	2,42	2,70	3,31
50	1,30	1,68	2,01	2,40	2,68	3,26
60	1,30	1,67	2,00	2,39	2,66	3,23
100	1,29	1,66	1,99	2,36	2,63	3,17
∞	1,28	1,64	1,96	2,33	2,58	3,09

Tafel 4. Quantile von χ^2-Verteilungen

Tabellarisiert sind für die Freiheitsgrade m die $(1-\alpha)$-Quantile $c_\alpha = \chi^2_{m;1-\alpha}$ mit

$$P\{\chi^2 > c_\alpha\} = \alpha\,.$$

m \ α	0,995	0,990	0,950	0,900	0,500	0,100	0,050	0,010	0,005
1	$0,0^439$	$0,0^316$	$0,0^239$	0,016	0,455	2,71	3,84	6,63	7,9
2	0,010	0,020	0,103	0,211	1,39	4,61	5,99	9,21	10,6
3	0,072	0,115	0,352	0,584	2,37	6,25	7,81	11,3	12,8
4	0,207	0,297	0,711	1,06	3,36	7,78	9,49	13,3	14,9
5	0,412	0,554	1,15	1,61	4,35	9,24	11,1	15,1	16,7
6	0,676	0,872	1,64	2,20	5,35	10,6	12,6	16,8	18,5
7	0,989	1,24	2,17	2,83	6,35	12,0	14,1	18,5	20,3
8	1,34	1,65	2,73	3,49	7,34	13,4	15,5	20,1	22,0
9	1,73	2,09	3,33	4,17	8,34	14,7	16,9	21,7	23,6
10	2,16	2,56	3,94	4,87	9,34	16,0	18,3	23,2	25,2
11	2,60	3,05	4,57	5,58	10,3	17,3	19,7	24,7	26,8
12	3,07	3,57	5,23	6,30	11,3	18,5	21,0	26,2	28,3
13	3,57	4,11	5,89	7,04	12,3	19,8	22,4	27,7	29,8
14	4,07	4,66	6,57	7,79	13,3	21,1	23,7	29,1	31,3
15	4,60	5,23	7,26	8,55	14,3	22,3	25,0	30,6	32,8
16	5,14	5,81	7,96	9,31	15,3	23,5	26,3	32,0	34,3
17	5,70	6,41	8,67	10,1	16,3	24,8	27,6	33,4	35,7
18	6,26	7,01	9,39	10,9	17,3	26,0	28,9	34,8	37,2
19	6,84	7,63	10,1	11,7	18,3	27,2	30,1	36,2	38,6
20	7,43	8,26	10,9	12,4	19,3	28,4	31,4	37,6	40,0
21	8,03	8,90	11,6	13,2	20,3	29,6	32,7	38,9	41,4
22	8,64	9,54	12,3	14,0	21,3	30,8	33,9	40,3	42,8
23	9,26	10,2	13,1	14,8	22,3	32,0	35,2	41,6	44,2
24	9,89	10,9	13,8	15,7	23,3	33,2	36,4	43,0	45,6
25	10,5	11,5	14,6	16,5	24,3	34,4	37,7	44,3	46,9
26	11,2	12,2	15,4	17,3	25,3	35,6	38,9	45,6	48,3
27	11,8	12,9	16,2	18,1	26,3	36,7	40,1	47,0	49,6
28	12,5	13,6	16,9	18,9	27,3	37,9	41,3	48,3	51,0
29	13,1	14,3	17,7	19,8	28,3	39,1	42,6	49,6	52,3
30	13,8	15,0	18,5	20,6	29,3	40,3	43,8	50,9	53,7
40	20,7	22,2	26,5	29,1	39,3	51,8	55,8	63,7	66,8
50	28,0	29,7	34,8	37,7	49,3	63,2	67,5	76,2	79,5
60	35,5	37,5	43,2	46,5	59,3	74,4	79,1	88,4	92,0
70	43,3	45,4	51,7	55,3	69,3	85,5	90,5	100	104
80	51,2	53,5	60,4	64,3	79,3	96,6	102	112	116
90	59,2	61,8	69,1	73,3	89,3	108	113	124	128
100	67,3	70,1	77,9	82,4	99,3	118	124	136	140

Tafel 5. 0,95-Quantile von F-Verteilungen

Tabellarisiert sind für die jeweiligen Freiheitsgrade m und n die 0,95-Quantile
$f_{0,05} = F_{m,n;0,95}$ mit

$$P\{F > f_{0,05}\} = 0,05 \ .$$

n \ m	1	2	3	4	5	6	7	8	9	10	∞
1	161	200	216	225	230	234	237	239	241	242	254
2	18.5	19,0	19,2	19,2	19,3	19,3	19,4	19,4	19,4	19,4	19,5
3	10,1	9,55	9,28	9,12	9,01	8,94	8,89	8,85	8,81	8,79	8,53
4	7,71	6,94	6,59	6,39	6,26	6,16	6,09	6,04	6,00	5,96	5,63
5	6,61	5,79	5,41	5,19	5,05	4,95	4,88	4,82	4,77	4,74	4,37
6	5,99	5,14	4,76	4,53	4,39	4,28	4,21	4,15	4,10	4,06	3,67
7	5,59	4,74	4,35	4,12	3,97	3,87	3,79	3,73	3,68	3,64	3,23
8	5,32	4,46	4,07	3,84	3,69	3,58	3,50	3,44	3,39	3,35	2,93
9	5,12	4,26	3,86	3,63	3,48	3,37	3,29	3,23	3,18	3,14	2,71
10	4,96	4,10	3,71	3,48	3,33	3,22	3,14	3,07	3,02	2,98	2,54
11	4,84	3,98	3,59	3,36	3,20	3,09	3,01	2,95	2,90	2,85	2,40
12	4,75	3,89	3,49	3,26	3,11	3,00	2,91	2,85	2,80	2,75	2,30
13	4,67	3,81	3,41	3,18	3,03	2,92	2,83	2,77	2,71	2,67	2,21
14	4,60	3,74	3,34	3,11	2,96	2,85	2,76	2,70	2,65	2,60	2,13
15	4,54	3,68	3,29	3,06	2,90	2,79	2,71	2,64	2,59	2,54	2,07
16	4,49	3,63	3,24	3,01	2,85	2,74	2,66	2,59	2,54	2,49	2,01
17	4,45	3,59	3,20	2,96	2,81	2,70	2,61	2,55	2,49	2,45	1,96
18	4,41	3,55	3,16	2,93	2,77	2,66	2,58	2,51	2,46	2,41	1,92
19	4,38	3,52	3,13	2,90	2,74	2,63	2,54	2,48	2,42	2,38	1,88
20	4,35	3,49	3,10	2,87	2,71	2,60	2,51	2,45	2,39	2,35	1,84
21	4,32	3,47	3,07	2,84	2,68	2,57	2,49	2,42	2,37	2,32	1,81
22	4,30	3,44	3,05	2,82	2,66	2,55	2,46	2,40	2,34	2,30	1,78
23	4,28	3,42	3,03	2,80	2,64	2,53	2,44	2,37	2,32	2,27	1,76
24	4,26	3,40	3,01	2,78	2,62	2,51	2,42	2,36	2,30	2,25	1,73
25	4,24	3,39	2,99	2,76	2,60	2,49	2,40	2,34	2,28	2,24	1,71
26	4,23	3,37	2,98	2,74	2,59	2,47	2,39	2,32	2,27	2,22	1,69
27	4,21	3,35	2,96	2,73	2,57	2,46	2,37	2,31	2,25	2,20	1,67
28	4,20	3,34	2,95	2,71	2,56	2,45	2,36	2,29	2,24	2,19	1,65
29	4,18	3,33	2,93	2,70	2,55	2,43	2,35	2,28	2,22	2,18	1,64
30	4,17	3,32	2,92	2,69	2,53	2,42	2,33	2,27	2,21	2,16	1,62
40	4,08	3,23	2,84	2,61	2,45	2,34	2,25	2,18	2,12	2,08	1,51
50	4,03	3,18	2,79	2,56	2,40	2,29	2,20	2,13	2,07	2,03	1,44
60	4,00	3,15	2,76	2,53	2,37	2,25	2,17	2,10	2,04	1,99	1,39
100	3,94	3,09	2,70	2,46	2,31	2,19	2,10	2,03	1,97	1,93	1,28
∞	3,84	3,00	2,60	2,37	2,21	2,10	2,01	1,94	1,88	1,83	1,00

Literatur

[1] Bandemer, H., Bellmann, A., Jung, W., Richter, K.: *Optimale Versuchsplanung*. Harri Deutsch, Zürich Frankfurt am Main Thun 1976

[2] Bauer, H.: *Wahrscheinlichkeitstheorie*. 4. Aufl. De Gruyter, Berlin New York 1991

[3] Berger, J.O.: *Statistical Decision Theory and Bayesian Analysis*. 2. Aufl. Springer, Berlin Heidelberg New York 1985

[4] Bickel, P.J., Doksum, K.A.: *Mathematical Statistics*. Holden-Day, San Francisco 1977

[5] Brockwell, P.J., Davis, R.A.: *Time Series: Theory and Methods*. 2. Aufl. Springer, Berlin Heidelberg New York 1991

[6] Cox, D.R., Hinkley, D.V.: *Theoretical Statistics*. Chapman & Hall, London 1974

[7] Cox, D.R., Wermuth, N.: *Multivariate Dependencies: Models, Analysis and Interpretation*. Chapman & Hall, London 1995

[8] Cramér, H.: *Mathematical Methods of Statistics*. Princeton University Press, Princeton 1946

[9] Dinges, H., Rost, H.: *Prinzipien der Stochastik*. Teubner, Stuttgart 1982

[10] Feller, W.: *An Introduction to Probability Theory and Its Applications*, vols. 1, 2. Wiley, New York 1971, 1966

[11] Freedman, D.: *Markov Chains*. Springer, Berlin Heidelberg New York 1983

[12] Gänßler, P., Stute, W.: *Wahrscheinlichkeitstheorie*. Springer, Berlin Heidelberg New York 1977

[13] Good, Ph.: *Permutation Tests*. Springer, Berlin Heidelberg New York 1994

[14] Hampel, F.R., Ronchetti, E.M., Rousseeuw, P.J., Stahel, W.A.: *Robust Statistics*. Wiley, New York 1986

[15] Hastie, T.J., Tibshirani, R.J.: *Generalized Additive Models*. Chapman & Hall, London 1990

[16] Klingenberg, W.: *Lineare Algebra und Geometrie*. 3. Aufl. Springer, Berlin Heidelberg New York 1992

[17] Krickeberg, K.: *Wahrscheinlichkeitstheorie*. Teubner, Stuttgart 1963

[18] Mammen, E.: *When Does Bootstrap Work?* Lecture Notes in Statistics, vol. 77. Springer, Berlin Heidelberg New York 1992

[19] Manoukian, E.B.: *Modern Concepts and Theorems of Mathematical Statistics.* Springer, Berlin Heidelberg New York 1986

[20] McCullagh, P., Nelder, J.: *Generalized Linear Models.* Chapman & Hall, London 1989

[21] Natanson, I.P.: *Theorie der Funktionen einer reellen Veränderlichen.* Akademie-Verlag, Berlin 1981

[22] Pratt, J.W., Gibbons, J.D.: *Concepts of Nonparametric Theory.* Springer, Berlin Heidelberg New York 1981

[23] Reiss, R.-D.: *A Course on Point Processes.* Springer, Berlin Heidelberg New York 1993

[24] Särndal, C.-E., Swensson, B., Wretman, J.: *Model Assisted Survey Sampling.* Springer, Berlin Heidelberg New York 1992

[25] Sachs, L.: *Angewandte Statistik.* 7. Aufl. Springer, Berlin Heidelberg New York 1991

[26] Schmetterer, L.: *Einführung in die Mathematische Statistik.* 2. Aufl. Springer, Wien Heidelberg New York 1966

[27] Schneeweiß, H., Mittag, H.-J.: *Lineare Modelle mit fehlerbehafteten Daten.* Physica-Verlag, Heidelberg Wien 1986

[28] Stoyan, D., Mecke, J.: *Stochastische Geometrie.* Akademie-Verlag, Berlin 1983

[29] Stoyan, D., Kendall, W.S., Mecke, J.: *Stochastic Geometry and Its Applications.* Wiley, New York 1987

[30] Tanner, M.A.: *Tools for Statistical Inference.* 2. Aufl. Springer, Berlin Heidelberg New York 1993

[31] Todorovic, P.: *An Introduction to Stochastic Processes and Their Applications.* Springer, Berlin Heidelberg New York 1992

[32] Tukey, J.W.: *Exploratory Data Analysis.* Addison-Wesley, Reading, Mass. 1977

[33] Wagon, S.: *The Banach-Tarski Paradox.* Cambridge University Press, Cambridge 1985

[34] Walter, W.: *Analysis 1.2.* 3. Aufl. Springer, Berlin Heidelberg New York 1992

Tabellenwerke

[35] Graf, U., Henning, H.-J., Stange,, K., Wilrich, P.Th.: *Formeln und Tabellen der angewandten mathematischen Statistik.* 3. Aufl. Springer, Berlin Heidelberg New York 1987

[36] Lieberman, G.J., Owen, D.B.: *Tables of the Hypergeometric Probability Distribution.* Stanford University Press, Stanford 1961

[37] Lindley, D.V., Scott, W.F.: *New Cambridge Elementary Statistical Tables.* Cambridge University Press, Cambridge 1984

[38] National Bureau of Standards: *Tables of the Binomial Probability Distribution.* Applied Mathematics Series 6. U.S. Department of Commerce. Washington, D.C. 1952

[39] Pearson, E.S., Hartley, H.O.: *Biometrika Tables for Statisticians*. Cambridge University Press, Cambridge 1970

[40] Wright, T.: *Exact Confidence Bounds when Sampling from Small Finite Universes*. Lecture Notes in Statistics, vol. 66. Springer, Berlin Heidelberg New York 1991

Weiterführende Studien

Das Studium der stochastischen Methoden kann in viele Richtungen weitergehen. Interessiert man sich für einen systematischen, auf die Maßtheorie gestützten Aufbau der Wahrscheinlichkeitstheorie, so kann man [12], [17] oder [2] konsultieren. Möchte man dagegen sehen, wie die Wahrscheinlichkeitsrechung konkrete Probleme angeht, so ist immer noch das klassische Buch [10] zu empfehlen und an neueren Büchern [9]. Eine kurze und übersichtliche Einführung in die stochastischen Prozess gibt [31], die man für das Gebiet der Markoffschen Ketten durch [11] und für das der Punktprozesse durch [23] ergänzen kann. In das reizvolle und wichtige Gebiet der stochastischen Geometrie führen [28] und [29] ein.

Die Grundlagen der mathematischen Statistik in ihrer jetzt schon klassischen Form lernt man z.B. aus [4] oder [6] und, vom Bayesschen Standpunkt aus, aus [3]. In [19] werden die Grundbegriffe und Ergebnisse in mathematisch strenger Form, aber ohne Beweise, zusammengestellt.

Am anderen Ende des Spektrums steht die Sammlung [25] praktischer Verfahren. Oft ist es aber zweckmäßig, sich zunächst einmal die Daten in mehr direkter Weise anzusehen, wie wir es in Kapitel IX und in einigen Aufgaben gemacht haben. Dies ist die sogenannte exploratorische Datenanalyse, für die man immer noch das Buch [32] mit großem Nutzen zu Rate ziehen kann.

Daneben gibt es viele Spezialgebiete und neuere Entwicklungen. Die wohl am meisten angewandten statistischen Methoden sind die der Stichproben, die in [24] eine zwischen Theorie und Praxis wohlausgewogene Darstellung finden. In das Gebiet der statistischen Analyse von Zeitreihen kann man über [5] einsteigen und in das der allgemeinen linearen Modelle, die die von Kapitel X verallgemeinern, über [20], während [22] die nichtparametrische Statistik systematischer weiterführt.

Viele der interessantesten neuen Entwicklungen in der Statistik gehen das Problem der Abhängigkeiten zwischen Variablen, das wir in Kapitel X im Rahmen der multilinearen Regression beschrieben haben, in sehr verschiedenartiger Weise an. Als Beispiel nennen wir einerseits [7], wo es sich u.a. um die Frage einer eventuellen kausalen Interpretation solcher Abhängigkeiten handelt, und andererseits [15]. Das letztere Buch ist zugleich ein Beispiel für *computerintensive Verfahren*, zu denen auch die in Kapitel XI erwähnten gehören, die weitgehend Gebrauch von Simulationen machen. Einen Einblick in diese Dinge aus verschiedenen Blickwinkeln bekommt man, wenn man sich [13], [30] und [18] ansieht.

Sachverzeichnis